高等学校"十一五"规划教材

机械设计制造及其自动化系列



MECHANICAL OPTIMAL DESIGN

# 机械优化设计

（第2版）

孙全颖　白清顺　刘义翔　主编

哈爾濱工業大學出版社

## 内容提要

本书系统地论述了机械优化设计的基本概念、基本理论和基本方法，并且通过实例说明如何应用优化方法解决机械设计问题。主要内容有：优化设计概述、优化设计的数学基础、一维搜索方法、无约束优化方法、约束优化方法、多目标函数优化方法、离散变量的优化设计方法、模糊优化设计、现代智能优化算法——遗传算法和机械优化设计实例。本书是编者在多年机械优化设计教学和科研的基础上编写的，内容安排上由浅入深、通俗易懂，并尽可能体现最新的优化方法。

本书可作为高等工科院校机械类或近机械类专业本科生、研究生教材，也可供有关专业教师或工程技术人员学习和参考。

## Abstract

This book discusses systematically the basic concept of mechanical optimal design, the basic theory and methods. Many practical examples are provided to demonstrate how to apply optimal method to solve the problems of mechanical design. The main contents include optimal design summary, mathematics base of optimal design, searching method of one dimension, unconstraint optimal method, constraint optimal method, multiple objective function optimal method , optimal method of discrete variables ,fuzzy optimal design modern intelligent optimization algorithms-Genetic Algorithms and mechanical optimal design examples. Editor for many years mechanical optimal design on the teaching and research written. Deep arrangement of contents, easy to understand, as for as possible reflect the latest optimization mothod. This book can be used as a test book for undergraduate students and graduates studying mechanical engineering or other relevant major. It can also be used as a reference book for professional teacher or engineering technical personnel.



**图书在版编目(CIP)数据**

机械优化设计/孙全颖，白清顺，刘义翔主编．—2版．
—哈尔滨：哈尔滨工业大学出版社，2012．1(2015．2重印)
ISBN 978-7-5603-2526-2

Ⅰ．①机…　Ⅱ．①孙…　②白…　③刘…　Ⅲ．①机械设计：最优设计　Ⅳ．①TH122

中国版本图书馆CIP数据核字(2011)第249659号

责任编辑　许雅莹
封面设计　卞秉利
出版发行　哈尔滨工业大学出版社
社　　址　哈尔滨市南岗区复华四道街10号　邮编150006
传　　真　0451－86414749
网　　址　http://hitpress.hit.edu.cn
印　　刷　黑龙江省地质测绘印制中心印刷厂
开　　本　787mm×1092mm　1/16　印张16.5　字数400千字
版　　次　2007年7月第1版　2012年1月第2版
　　　　　2015年2月第3次印刷
书　　号　ISBN 978-7-5603-2526-2
定　　价　29.00元

# 高等学校“十一五”规划教材
# 机械设计制造及其自动化系列


**编写委员会名单**

（按姓氏笔画排序）

**主　任**　姚英学

**副主任**　尤　波　巩亚东　高殿荣　薛　开　戴文跃

**编　委**　王守城　巩云鹏　宋宝玉　张　慧　张庆春　郑　午　赵丽杰　郭艳玲　谢伟东　韩晓娟

**编审委员会名单**

（按姓氏笔画排序）

**主　任**　蔡鹤皋

**副主任**　邓宗全　宋玉泉　孟庆鑫　闻邦椿

**编　委**　孔祥东　卢泽生　李庆芬　李庆领　李志仁　李洪仁　李剑峰　李振加　赵　继　董　申　谢里阳

# 总　序

自1999年教育部对普通高校本科专业设置目录调整以来，各高校都对机械设计制造及其自动化专业进行了较大规模的调整和整合，制定了新的培养方案和课程体系。目前，专业合并后的培养方案、教学计划和教材已经执行和使用了几个循环，收到了一定的效果，但也暴露出一些问题。由于合并的专业多，而合并前的各专业又有各自的优势和特色，在课程体系、教学内容安排上存在比较明显的"拼盘"现象；在教学计划、办学特色和课程体系等方面存在一些不太完善的地方；在具体课程的教学大纲和课程内容设置上，还存在比较多的问题，如课程内容衔接不当、部分核心知识点遗漏、不少教学内容或知识点多次重复、知识点的设计难易程度还存在不当之处、学时分配不尽合理、实验安排还有不适当的地方等。这些问题都集中反映在教材上，专业调整后的教材建设尚缺乏全面系统的规划和设计。

针对上述问题，哈尔滨工业大学机电工程学院从"机械设计制造及其自动化"专业学生应具备的基本知识结构、素质和能力等方面入手，在校内反复研讨该专业的培养方案、教学计划、培养大纲、各系列课程应包含的主要知识点和系列教材建设等问题，并在此基础上，组织召开了由哈尔滨工业大学、吉林大学、东北大学等9所学校参加的机械设计制造及其自动化专业系列教材建设工作会议，联合建设专业教材，这是建设高水平专业教材的良好举措。因为通过共同研讨和合作，可以取长补短、发挥各自的优势和特色，促进教学水平的提高。

会议通过研讨该专业的办学定位、培养要求、教学内容的体系设置、关键知识点、知识内容的衔接等问题，进一步明确了设计、制造、自动化三大主线课程教学内容的设置，通过合并一些课程，可避免主要知识点的重复和遗漏，有利于加强课程设置上的系统性、明确自动化在本专业中的地位、深化自动化系列课程内涵，有利于完善学生的知识结构、加强学生的能力培养，为该系列教材的编写奠定了良好的基础。

本着"总结已有、通向未来、打造品牌、力争走向世界"的工作思路，在汇聚多所学校优势和特色、认真总结经验、仔细研讨的基础上形成了这套教材。参加编写的主编、副主编都是这几所学校在本领域的知名教授，他们除了承担本科生教学外，还承担研究生教学和大量的科研工作，有着丰富的教学和科研经历，同时有编写教材的经验；参编人员也都是各学校近年来在教学第一线工作的骨干教师。这是一支高水平的教材编写队伍。

这套教材有机整合了该专业教学内容和知识点的安排，并应用近年来该专业领域的科研成果来改造和更新教学内容、提高教材和教学水平，具有系列化、模块化、现代化的特点，反映了机械工程领域国内外的新发展和新成果，内容新颖、信息量大、系统性强。我深信：这套教材的出版，对于推动机械工程领域的教学改革、提高人才培养质量必将起到重要的推动作用。

蔡鹤皋

哈尔滨工业大学教授

中国工程院院士

2009年2月于哈工大

# 第2版前言

机械优化设计是把数学规划的理论与方法应用于机械设计中，以电子计算机作为计算工具，按照预定的目标寻求机械最优设计方案的有关参数的现代先进设计方法之一，这种方法的推广和应用对提高机械新产品的设计水平和机械现有产品设计方案的改进是极有价值的。

本书是作者多年教学与设计实践的总结，也是在历次所编讲义、教材的基础上几经修改编撰而成。在编写过程中，力求通俗易懂，始终贯彻“少而精”和“理论联系实际”的原则，并尽可能将最新技术引入其中，内容编排由浅入深，注重逻辑性与系统性，强调物理概念与几何解释，便于工程应用。本次修订主要体现在两个方面，第一是增加了机械优化设计专业术语的英文词汇，以便于读者对英文相关资料进行检索；第二是增加了介绍现代智能优化方法——遗传算法一章，以体现机械优化设计的最新成果。

本书详细地阐述了机械优化设计的基本概念、基本理论和基本方法，简要介绍了现代智能优化方法——遗传算法，在书中的最后一章叙述了机械优化设计应注意的问题、设计实例以及基于 ANSYS 软件的优化过程简介，体现了设计理论、方法与设计实践以及最新设计技术密切结合的良好效果。

本书除绪论外共分 10 章，第 1 章介绍了机械优化设计的基本概念；第 2 章介绍了机械优化设计所涉及的数学基础知识；第 3、4、5 章分别介绍了一维搜索、无约束优化方法和约束优化方法；第 6、7、8 章分别介绍了多目标函数优化方法、离散变量的优化设计方法和模糊优化设计；第 9 算简要介绍了现代智能优化方法——遗传算法；第 10 章介绍了机械优化设计实例。

本书由哈尔滨理工大学孙全颖、哈尔滨工业大学白清顺和哈尔滨商业大学刘义翔任主编，哈尔滨理工大学赖一楠参加了编写。其中绪论、第 5 章、第 9 章、第 10 章 10.1、10.2、10.3 节由孙全颖编写，第 3 章、第 4 章、第 10 章 10.5 节由白清顺编写，第 1 章、第 2 章、第 6 章由刘义翔编写；第 7 章、第 8 章、第 10 章 10.4 节由赖一楠编写。

本书参考了大量文献资料，在此向有关作者、编者表示感谢。

由于编者水平有限，书中缺点、错误在所难免，诚恳地希望读者批评、指正，以便于教材质量的进一步提高。

作　者

**2012 年 1 月**

# 目　录

# 第 0 章 绪论

优化设计(Optimazation Design)是 20 世纪 60 年代初发展起来的一门新的学科,也是一项新的设计技术。它是将数学规划(Mathematical Programming)理论与计算技术应用于设计领域,按照预定的设计目标,以电子计算机及计算程序作为设计手段,寻求最优设计方案(Optimal Design Alternative)的有关参数,从而获得较好的技术经济效果。因此,优化设计可以形象地表示为:专业理论+数学规划理论+电子计算机。

1. 机械传统设计到机械优化设计

关于最优化(Optimization)的概念,在机械设计和工程设计中早已存在,对于任何一位从事机械设计的设计者来说,总是致力于做出一个最优设计方案,使所设计的产品具有最好的使用性能和最低的材料消耗与制造成本,以便获得最佳的技术经济效益。例如,设计齿轮传动机构时,在保证承载能力的前提下,应考虑使其尺寸紧凑、用料省、成本低;或者在材料及结构尺寸给定的条件下,考虑使齿轮的承载能力大、寿命长。这就是机械设计中的最优化问题。

按照机械设计的传统方法所进行的设计过程一般可以概括为"设计—分析—再设计"的过程,即首先根据设计任务书提出的要求和给定的数据,在调查、研究、收集和分析有关资料的基础上,参照相同或类比现有的、已完成的较成熟的设计方案,凭借设计者的经验,辅以必要的分析、计算和试验来确定初始设计方案。然后,根据初始设计方案的设计参数进行强度、刚度、抗振性、耐磨性、稳定性等方面的性能分析及校核计算,检查各项性能是否满足设计指标要求。如果某些性能指标得不到满足,则设计人员将凭借经验或直观判断对设计方案和设计参数进行修改,并再一次进行性能分析及校核计算,如此反复,直到获得完全满足设计指标要求的设计方案为止。显然,这种设计过程就是一个人工试凑和定性分析的类比过程,主要的工作是性能的重复分析,不仅需要花费较长的设计时间,增长设计周期,而且每次的方案与参数修改,仅仅是凭借设计人员的经验和直观判断,并不是依据某种理论精确计算出来的,因此,也就无法判断所确定的设计方案是否最优。实践证明,按照机械设计的传统设计方法做出的设计方案,大部分都有改进提高的余地。

机械优化设计(Mechanical Optimal Design)具有传统设计所不具备的特点,主要表现在以下两个方面。

(1)机械优化设计能使各种设计参数自动向更优的方向进行调整,直到找到一个尽可能完善的或最合适的设计方案。

(2)机械优化设计的设计手段是采用电子计算机,可以在较短的时间内从大量的方案中选出最优的设计方案,减少设计时间,缩短设计周期。

2. 机械优化设计发展概况

20 世纪 50 年代以前,用于解决最优化问题的数学方法仅限于古典的微分法(Differential Method)和变分法(Variational Method)。20 世纪 50 年代末数学规划方法首次用于结构优化设计，并成为优化设计中寻优方法的理论基础。数学规划方法是在第二次世界大战期间发展起来的一个新的数学分支，它的主要内容是线性规划（Linear Programming）和非线性规划（Nonlinear Programming），此外，还有动态规划、几何规划和随机规划等。在数学规划方法的基础上发展起来的最优化技术，是20世纪60年代初由于电子计算机引入结构设计领域后而逐步形成的一种有效的设计方法。这种设计方法不仅解决了传统设计方法不能解决的复杂的优化设计问题，而且随着大型电子计算机的出现，又使最优化技术及其理论得到了进一步的发展，使之成为应用数学中的一个重要分支，并在许多科学技术领域中得到应用。

几十年来，最优化设计方法已陆续应用到建筑结构、化工、冶金、铁路、航空、造船、机械、车辆、自动控制系统、电力系统以及电机、电器等工程设计领域，并取得了显著效果。其中在机械设计领域的应用，如连杆、凸轮机构、各种减速器、滚动轴承、滑动轴承优化设计以及轴、弹簧、制动器等各种常用零部件的优化设计都取得了丰硕的成果。据统计，对于一般的机械结构优化设计，比传统机械设计方法可节省材料7%～40%。一般说来，设计问题越复杂，涉及的因素越多，优化设计结果所取得的效益越大。

近年发展起来的计算机辅助设计（Computer Aided Design），在引入优化设计方法后，使得在其设计过程中既能够不断选择设计参数并评选最优设计方案，又可以加快设计速度、缩短设计周期。在科学技术发展要求机械产品更新周期日益缩短的今天，将优化设计方法与计算机辅助设计结合起来，使设计过程完全自动化，已成为设计方法的一个重要发展趋势。

3. 机械优化设计课程的主要内容

由于机械优化设计是应用数学规划方法来求解机械设计问题的最优方案（Optimum Alternative），并以电子计算机及计算程序作为设计手段，因此，机械优化设计工作包括以下两部分内容。

（1）用数学表达式来描述实际机械设计问题，即建立数学模型（Mathematic Model）。

（2）选择适当的优化方法及其程序，通过电子计算机来求解数学模型，从而获得最优设计方案。

本书的主要内容分为优化设计的基本概念、常用的优化方法和典型优化设计实例3大部分。从机械优化设计的基本概念和优化设计有关的数学基础知识入手，重点介绍了一维搜索、无约束优化方法和约束优化方法的基本原理和算法、了解多目标优化设计方法、离散变量优化设计方法、模糊优化设计方法和遗传算法的基本原理，最后用几个典型机械优化设计实例，说明如何应用优化方法解决实际机械优化设计中的问题。

希望读者通过对本书的学习，了解机械优化设计的概念，掌握常用优化方法的基本原理、算法及应用特点，树立正确的机械优化设计观点，具备解决一般机械优化设计问题的能力。

# 第1章 优化设计概述

**【内容提要】** 本章主要讲述优化设计的基本概念，并通过实例介绍了优化设计的数学模型，同时直观地用几何观点解释优化设计数学模型的概念。

**【课程指导】** 通过对本章的学习，理解优化设计的基本概念，掌握优化设计数学模型的内容和概念。

优化设计是用数学规划理论和计算机自动选优技术的有机结合来求解最优化问题。对工程问题进行优化设计，首先需要将工程问题转化成数学模型，即用优化设计的数学表达式描述工程设计问题。然后，按照数学模型的特点选择合适的优化方法和计算程序，运用计算机求解，获得最优设计方案。

## 1.1 优化设计数学模型

### 1.1.1 实例

工程设计的基本特征在于它的约束性、多解性和相对性。一项设计常常在一定的技术与物质条件下，要求取得一个技术经济指标最佳的方案。

**【例1.1】** 设计一个体积为5 $m^3$ 的薄板包装箱，如图1.1所示，其中一边的长度不小于4 m，要求使薄板材料消耗最少，试确定包装箱的尺寸参数，即确定包装箱的长、宽和高。

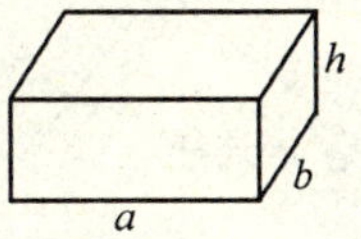


图1.1 薄板包装箱结构示意图

设包装箱的长、宽、高和表面积分别为 $a$、$b$、$h$ 和 $s$。因包装箱的表面积 $s$ 与它的长 $a$、宽 $b$ 和高 $h$ 3个尺寸参数有关，故取与包装箱薄板材料消耗直接相关的表面积 $s$ 作为设计目标。

若首先固定包装箱一边长度 $a=4$ m，满足包装箱体积为5 $m^3$ 设计要求的设计方案可以有多种，见表1.1。

表 1.1　包装箱的设计方案

| 设计方案 | | 1 | 2 | 3 | 4 | 5 | … |
|---|---|---|---|---|---|---|---|
| 包装箱尺寸设计 | 宽度 $b$/m | 1.000 0 | 1.100 0 | 1.200 0 | 1.300 0 | 1.400 0 | … |
| | 高度 $h$/m | 1.250 0 | 1.136 4 | 1.041 7 | 0.961 5 | 0.892 9 | … |
| | 表面积 $s/\text{m}^2$ | 20.500 0 | 20.390 9 | 20.433 3 | 20.592 3 | 20.842 9 | … |

如果取包装箱一边长度 $a>4$ m 的某一固定值，则包装箱的宽度 $b$ 和高度 $h$ 同样会有许多种结果。

按照传统设计方法，是从上面的众多可行方案中选择出包装箱表面积 $s$ 最小的设计方案。

若采用优化设计方法，该问题可以描述为：

在满足包装箱的体积 $a\times b\times h=5\ \text{m}^3$，长度 $a>4$ m，宽度 $b>0$ 和高度 $h>0$ 的限制条件下，确定设计参数 $a$、$b$ 和 $h$ 的值，使包装箱的表面积 $s=(a\times b+b\times h+h\times a)\times 2$ 达到最小值。然后选择合适的优化方法对该优化设计问题进行求解，得到的优化结果是

$$a=4\ \text{m}\quad b=h=1.118\ \text{m}\quad s=20.388\ \text{m}^2$$

【例 1.2】　平面四连杆机构的优化设计。

平面四连杆机构的设计主要是根据运动学的要求，确定其几何尺寸，以实现给定的运动规律。

图 1.2 所示是一个曲柄摇杆机构。图中 $x_1$、$x_2$、$x_3$ 和 $x_4$ 分别是曲柄 $AB$、连杆 $BC$、摇杆 $CD$ 和机架 $AD$ 的长度。$\varphi$ 是曲柄输入角，$\Psi_0$ 是摇杆输出角的起始位置角，同时规定 $\varphi_0$ 为摇杆在右极限位置角 $\Psi_0$ 时的曲柄输入角的起始位置角，它们由 $x_1$、$x_2$、$x_3$ 和 $x_4$ 确定。通常设定曲柄长度 $x_1=1.0$，而在这里 $x_4$ 是给定的，并设 $x_4=5.0$，所以只有 $x_2$ 和 $x_3$ 是需要设计的变量。

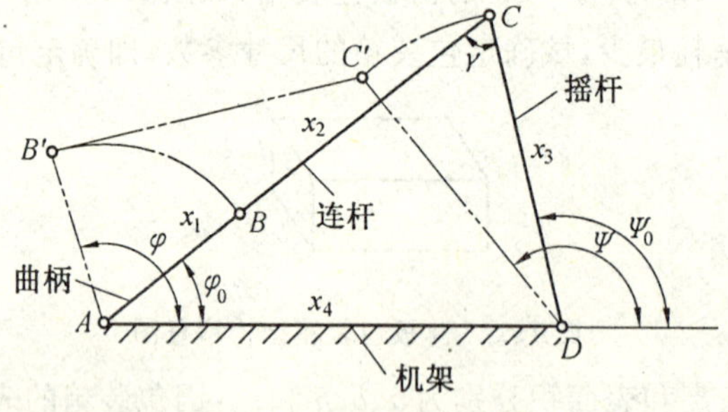


图 1.2　曲柄摇杆机构

设计时，可在给定最大和最小传动角 $\gamma$ 的前提下，当曲柄从 $\varphi_0$ 位置转到 $\varphi_0+90°$ 时，要求摇杆的输出角最优地实现一个给定的运动规律 $f_0(\varphi)$。例如，要求

$$f_0(\varphi)=\Psi=\Psi_0+\frac{2}{3\pi}(\varphi-\varphi_0)^2$$

对于这样的设计问题，可以取摇杆的期望输出角 $\Psi=f_0(\varphi)$ 和实际输出角 $\Psi_j=f_j(\varphi)$ 的误差平方积分准则作为目标函数，使 $f(x)=\int_{\varphi_0}^{\varphi_0+\frac{\pi}{2}}(\Psi-\Psi_j)^2\mathrm{d}\varphi$ 最小。

当把输入角$\varphi$取$s$个点进行数值计算时，它可以化为$f(\boldsymbol{X})=f(x_3,x_4)=\sum_{i=0}^{s}(\Psi_i-\Psi_{ji})^2$最小。

相应的约束条件如下：

(1) 曲柄与机架共线位置时的传动角(连杆$BC$和摇杆$CD$之间的夹角)

最大传动角

$$\gamma_{\max}\leqslant 135^\circ$$

最小传动角

$$\gamma_{\min}\geqslant 45^\circ$$

对本问题可以计算出

$$\gamma_{\max}=\arccos\left[\frac{x_2^2+x_3^2-36}{2x_2x_3}\right]$$

$$\gamma_{\min}=\arccos\left[\frac{x_2^2+x_3^2-16}{2x_2x_3}\right]$$

所以

$$x_2^2+x_3^2-2x_2x_3\cos 135^\circ-36\geqslant 0$$

$$x_2^2+x_3^2-2x_2x_3\cos 45^\circ+16\geqslant 0$$

(2) 曲柄存在条件

$$x_2\geqslant x_1\quad x_3\geqslant x_1\quad x_4\geqslant x_1$$

$$x_2+x_3\geqslant x_1+x_4$$

$$x_4-x_1\geqslant x_2-x_3$$

(3) 边界约束

当$x_1=1.0$时，若给定$x_4$，则可求出$x_2$和$x_3$的边界值。例如，当$x_4=5.0$时，则有曲柄存在条件和边界值限制条件如下

$$x_2+x_3-6\geqslant 0$$

$$4-x_2+x_3\geqslant 0$$

和

$$1\leqslant x_2\leqslant 7$$

$$1\leqslant x_3\leqslant 7$$

**【例1.3】** 机床主轴结构的优化设计。

图1.3所示是一个机床主轴的典型结构原理图。对于这类问题，目前是采用有限元法，利用状态方程来计算轴端变形$y$和固有频率$\omega$。

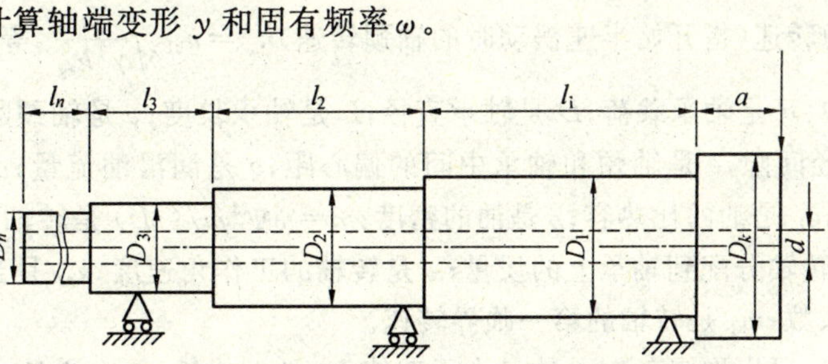


图1.3 机床主轴的典型结构原理图

优化设计的任务是确定 $D_i$、$l_i$ 和 $a$，保证 $y$ 和 $\omega$ 在允许限内，使结构的质量最轻。$[y]$ 及 $w_0$ 分别为许用变形量和许用固有频率。这时，问题归结为：求 $D_i$、$l_i$、$a$ 的值，使质量 $f(D_i, l_i, a)=\frac{1}{4}\rho\pi[\sum(D_i^2-d^2)l_i+(D_k^2-d^2)a]$ 为最小，并满足条件

$$
\begin{aligned}
&y \leqslant [y] \\
&\omega^2 \geqslant \omega_0^2 \\
&D_{i\min} \leqslant D_i \leqslant D_{i\max} \quad (i=1,2,\cdots,n) \\
&l_{i\min} \leqslant l_i \leqslant l_{i\max} \quad (i=1,2,\cdots,n) \\
&a_{\min} \leqslant a \leqslant a_{\max} \\
&N_{\min} \leqslant \frac{l_1}{a} \leqslant N_{\max}
\end{aligned}
$$

式中　$\rho$—— 材料的密度；

$D_i$、$l_i$ —— 阶梯形主轴的外径和对应的长度；

$D_k$—— 与 $a$ 对应的外径。

在主轴结构动力优化设计时，也可取由振型和质量确定的能耗为目标函数，约束条件可以取激振力频率避开$(1\pm 20\%)\omega$ 的禁区范围。

【例 1.4】　轴承和轴承系统的优化设计。

对于动压式滑动轴承，当取无量纲形式的表达式时，通过计算机可以得出：

承载能力系数 $=\frac{F\Psi^2}{\eta vL}$

润滑油流量系数 $=\frac{q}{\Psi vDL}$

轴承的功耗 $=\frac{\mu Fv}{102}$

轴承的温升 $=\frac{\mu Fv}{427c_p\rho q}$

摩擦阻力系数 $=\frac{\mu}{\Psi}$

圆柱轴承的最小油膜厚度 $=\frac{D}{2}\Psi\left(1-\frac{e}{c}\right)$

轴颈的失稳转速(指开始半速涡动时的轴颈转速) $n_\omega=n_{\mathrm{kI}}\sqrt{\frac{\overline{m}}{\gamma^2 k_{\mathrm{eg}}}}$，等等。

上述各式中：$F$ 是轴承载荷；$D$ 是轴承直径；$L$ 是轴承长度；$v$ 是轴颈圆周速度；$\eta$ 是润滑油黏度；$c$ 是半径间隙；$e$ 是轴颈和轴承中间的偏心距；$q$ 是润滑油流量；$\mu$ 是摩擦因数；$\Psi=2c/D$ 是间隙比；$c_P$ 是油的比热容；$\rho$ 是油的密度；$\overline{m}=\omega\Psi^3 m/(\eta L)$ 是转轴分配到轴承上的无量纲质量；$m$ 是转轴分配到轴承上的质量；$\omega$ 是转轴的工作角速度；$k_{\mathrm{eg}}$ 是当量刚度；$\gamma$ 是刚度和阻尼的比例系数；$n_{\mathrm{kI}}$ 是转轴的第一临界转速。

优化设计时，可以取滑动轴承的最大承载能力、最小功耗、最小流量、最小温升或振动过程中的油膜稳定性等其中的一个或几个的组合作为目标函数；其约束条件可以是最小油膜厚度、轴承温升、轴承功耗、轴承转速、轴承的长径比等。

对一般的轴承系统，可以从动力学角度考虑它的优化设计。

若把轴承系统看做由支承和轴承处的轴所组成，则在工作时，由轴和支承的质量、轴承系统刚度和阻尼组成一个振动系统。在外力作用下，它会产生沿垂直和水平两个方向的强迫振动。如果忽略垂直和水平方向上的刚度和阻尼的相互影响，则可以对它的两个方向的振动分别进行研究。若只考虑系统在垂直方向上的振动，则它可以简化成图1.4所示的力学模型。图1.4中，$m_1$、$k_1$和$\delta_1$分别为轴的当量质量、轴承刚度系数和阻尼系数；$m_2$、$k_2$和$\delta_2$分别为支承的质量、支承座的刚度系数和阻尼系数。这是一个两自由度的振动系统。

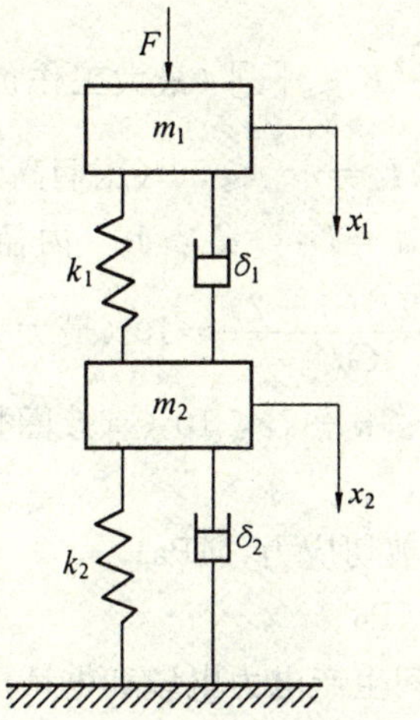


图1.4　轴承系统的力学模型

设计时，可以选择调整$m_1$、$k_1$、$\delta_1$、$m_2$、$k_2$、$\delta_2$使系统强迫振动引起的振幅$X_1$和激振力$F$之比$X_1/F$，即动柔度最小（或动刚度最大）；但是必须避免共振，同时$m_1$、$k_1$、$\delta_1$、$m_2$、$k_2$、$\delta_2$等应有一个设计对象所能允许的变化范围。

当忽略阻尼影响时，可以通过系统的两个自由度振动的运动方程

$$\boldsymbol{M}\ddot{\boldsymbol{x}} + \boldsymbol{K}\boldsymbol{x} = \boldsymbol{F}$$

解出其动柔度$X_1/F$。式中的$\boldsymbol{M}$和$\boldsymbol{K}$是系统的质量矩阵和刚度矩阵。

避免共振就是避免激振力频率$\omega$（例如轴的工作频率$\omega$）与系统的固有振动频率$\omega_i$重合。工程上按系统固有频率值给出一个频率禁区，使激振力频率不落在频率禁区内，一般要求激振力频率$\omega$避开$(1 \pm 20\%)\omega_i$禁区范围。

这样，问题可归结为：确定设计变量$\boldsymbol{X} = [m_1 \quad k_1 \quad \delta_1 \quad m_2 \quad k_2 \quad \delta_2]^{\mathrm{T}}$使目标函数$\dfrac{X_1}{F} = f(\boldsymbol{X})$最小，约束条件为

若$\omega_i > \omega$，则$\omega_i > 1.2\omega$；若$\omega_i < \omega$，则$\omega_i < 0.8\omega$。

$$x_{i\min} \leqslant x_i \leqslant x_{i\max}$$

其中，$x_i$分别代表$m_1$、$k_1$、$\delta_1$、$m_2$、$k_2$、$\delta_2$等设计变量。在实际设计中，轴的当量质量一般是给定的，这时，设计变量中不应再包括$m_1$。

**【例1.5】**　设计一螺旋压缩弹簧，使其质量最轻。设计要求是：最大工作负荷$P = 30$ N，最大工作变形量$F = 10$ mm，压柄高$H_b < 50$ mm，压簧内径$D_1 > 16$ mm，有效圈数$n$为3～10圈。

显然，当给定压簧材料之后，压簧的质量就正比于它的体积 $V$。若用 $D_2$、$n$、$d$ 分别表示压簧的中径、压簧的总圈数和弹簧丝的直径，则这个优化设计问题的数学模型可写成如下形式：

求设计变量 $D_2$、$n$、$d$ 之值，使目标函数

$$f(D_2、n、d)=V=\pi D_2 n\frac{\pi d^2}{4}\rightarrow f_{\min}$$

并满足约束条件

$$\frac{8PD_2}{\pi d^3}K\leqslant[\tau]\ \text{(最大工作负荷约束)}$$

$$H_b=nd\leqslant 50\ \text{(压柄高约束)}$$

$$D_1=D_2-d\geqslant 16\ \text{(内径约束)}$$

$$F=\frac{8PD_2^3(n-2)}{Gd^4}=10\ \text{(最大变形量约束)}$$

$$3\leqslant n-2\leqslant 10\ \text{(有效圈数约束)}$$

式中 $K$—— 曲度系数；

$[\tau]$—— 压簧材料许用剪切应力，MPa；

$G$—— 剪切弹性模量，MPa。

【例 1.6】 某电线电缆车间生产电力电缆和电话电缆两种产品。每生产电力电缆 1 m 需用材料 9 kg，3 个工时，消耗电能 4 kW·h，可得利润 60 元；每生产电话电缆 1 m 需用材料 4 kg，10 个工时，消耗电能 5 kW·h，可得利润 120 元。若每天材料可供应 360 kg，有 300 个工时，电能 200 kW·h 可利用。如要获得最大利润，每天应生产电力电缆、电话电缆的长度各多少米？

设每天生产的电力电缆、电话电缆两种产品的长度以分别为 $x_1$ 米和 $x_2$ 米。在生产能力（材料、工时和电能）限制条件下，使求得的 $x_1$ 和 $x_2$ 值达到最大利润的目标，于是这个优化问题的数学模型可写成如下形式。

求变量 $x_1$，$x_2$ 之值，使目标函数

$$f(x_1,x_2)=60x_1+120x_2\rightarrow f_{\max}$$

并满足约束条件

$$9x_1+4x_2\leqslant 360\ \text{(材料约束)}$$

$$3x_1+10x_2\leqslant 300\ \text{(工时约束)}$$

$$4x_1+5x_2\leqslant 200\ \text{(电能约束)}$$

$$x_1\geqslant 0$$

$$x_2\geqslant 0$$

在约束条件中，前 3 个不等式是生产能力的限制条件；后两个不等式也是限制条件，它表明 $x_1$ 和 $x_2$ 不能取负值，是边界约束条件。

当然还可以举出一些其他行业的例子，但不管是哪个专业范围内的问题，都可以按照如下的方法和步骤来建立相应的优化设计问题的数学模型。

(1) 根据设计要求，应用专业范围内的现行理论和经验，对优化对象进行分析。必要时，需要对传统设计中的公式进行改进，并尽可能反映该专业范围内的现代技术进步的成果；

(2) 对结构诸参数进行分析，以确定设计的原始参数、设计常数和设计变量(Design Variables)；

(3) 根据设计要求，确定并构造目标函数(Objective Function)和相应的约束条件(Constrains)，有时要构造多个目标函数；

(4) 必要时对数学模型进行规范化，以消除各组成项间由于量纲不同等原因导致的数量悬殊的影响。

有时不了解结构(或系统)的内部特性，则可建立黑箱(Black Box)模型。

为了对优化设计的数学模型有更清晰的理解，在这里对构成数学模型的3个基本要素的有关基本概念做进一步的介绍。

### 1.1.2 设计变量

1. 基本参数

机械设计中的一个零件、部件、机构或是一台工艺装备的设计方案，可以用一组基本参数的数组表示。在设计中，选用哪些参数表示一个设计方案，需要依据设计问题的性质而定。有的可能用到几何参数(如零件的外形尺寸、截面尺寸、机构的运动学尺寸等)；有的可能用到某些物理参数(如构件的质量、惯性矩、频率、力矩等)；有的还可能用到一些代表工作性能的导出量(如应力、挠度、效率、冲击系数等)。总之，基本参数是一些对该项设计性能指标好坏有直接影响的量。

在一项设计中，有些参数是可以根据设计要求给定的，有一些则需要在设计中优选。对于需要优选的参数，在设计过程中均把它看成是变化的量，称它为设计变量。设计变量是一组相互独立的基本参数，如例1.5，当压簧材料给定后，$[\tau]$ 和 $G$ 也就唯一确定了，这些参数称为设计常量，而另外一些参数 $D_2$、$n$ 及 $d$ 的数值要在设计过程中优选确定，这些参数就是设计变量。但是，如果某一参数可以由其他参数导出，这种非独立的参数是不能作为设计变量来处理的。例如，在一对齿轮传动中，传动比 $i$、两齿轮齿数 $z_1$、$z_2$ 这3个参数，在确定了其中的任意两个参数之后，根据 $i=z_1/z_2$ 即可导出第3个参数，对于这种情况，只能选择其中的两个参数作为设计变量。所以，设计变量应当是在优化设计过程中进行选择并最终必须确定的相互独立的设计参数。

2. 设计方案的表示形式

设计变量是一组数，这组数构成了一个数组，这个数组在最优化设计中被看成一个向量(Vector)。设有 $n$ 个设计变量 $x_1, x_2, \cdots, x_n$，将它们看做某一向量 $\boldsymbol{X}$ 沿 $n$ 个坐标轴的分量，若用矩阵来表示，即

$$\boldsymbol{X}=\begin{bmatrix} x_1 \\ x_2 \\ \vdots \\ x_n \end{bmatrix}=[x_1 \quad x_2 \quad \cdots \quad x_n]^{\mathrm{T}} \tag{1.1}$$

式中的“T”是转置符，即把列向量转置为行向量。

与式(1.1)这种表示形式所对应的重要概念是设计空间(Design Domain)，即以 $n$ 个设计变量为坐标轴组成的实空间，或称 $n$ 维实欧氏空间，用 $R^n$ 表示。设计空间由代表各个设

计变量的坐标轴组成，例如当 $n=2$，设计空间是以 $x_1$ 和 $x_2$ 为坐标轴的平面，平面上任一点的坐标$(x_1,x_2)$均对应着一个二维设计变量 $\boldsymbol{X}=[x_1 \quad x_2]^{\mathrm{T}}$；当 $n=3$ 时，即由三个设计变量 $x_1$、$x_2$ 和 $x_3$ 组成一个三维空间，空间中任意一点的坐标$(x_1,x_2,x_3)$均对应一个三维设计变量 $\boldsymbol{X}=[x_1 \quad x_2 \quad x_3]^{\mathrm{T}}$，如图 1.5 所示；当 $n>3$ 时，由 $n$ 个分量 $x_1,x_2,\cdots,x_n$ 组成 $n$ 维实欧氏空间。设计空间是所有设计方案（即设计点、设计向量）的集合，$n$ 维实欧氏空间用集合概念表示为 $\boldsymbol{X}\in R^n$。

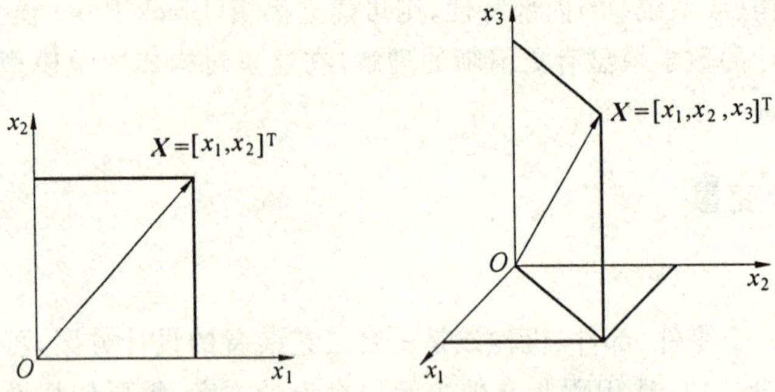


(a) 二维设计平面　　(b) 三维设计空间

图 1.5　设计空间

一组设计变量 $\boldsymbol{X}^{(k)}$，即代表一个设计方案，设计空间中的任意一个设计方案，认为它是从设计空间原点出发的设计向量 $\boldsymbol{X}^{(k)}$，最优设计方案用记号 $\boldsymbol{X}^*$ 表示。

设计变量的数目称为优化设计的维数。设计变量的数目越多，即设计方案的维数越高，表明考虑问题越周全，设计的自由度也越大，容易得到理想的结果；但随着设计数目的增多，也必然使问题复杂化，给优化带来更大的困难。

## 1.1.3　约束条件

设计空间是所有设计方案的集合，设计空间内每一点都代表一个设计方案，但是，实际上这些设计方案，并不是在工程实际中都是可行的。因为机械设计中的设计变量 $x_i(i=1,2,\cdots,n)$ 的值不能任意选取，一般总要受某些条件的限制，这些限制条件就是设计的约束条件。每个约束条件用设计变量或它的函数表示，故又称为约束函数，即设计约束。

*1. 约束条件的形式*

设计的约束条件是由实际的设计要求导出的，一般可以分为边界约束和性能约束两种。边界约束是指设计变量取值范围的界限，边界约束又称为区域约束，即考虑设计变量的取值范围（最大允许值和最小允许值）。例如，机构设计中的杆件长度取值的上下限；齿轮最小和最大齿数限制范围。有些设计变量，如长度、质量等，取正值才有实际意义，对这些设计变量的限制条件也属于边界约束。性能约束是指对机械工作性能要求的限制条件，例如，机械零件的强度、刚度、效率或振动频率的允许范围，这类约束函数，可根据力学和机械设计的公式与规范导出。

机械优化设计的约束函数大部分是不等式的，也有是等式的，如例 1.5 中，压簧最大变形量的约束就是等式约束函数。

不等式约束函数、等式约束函数的一般表达形式为

$$g_j(\boldsymbol{X}) \leqslant 0 \quad (j=1,2,\cdots,m)$$

或

$$g_j(\boldsymbol{X}) \geqslant 0 \quad (j=1,2,\cdots,m)$$

和

$$h_k(\boldsymbol{X})=0 \quad (k=1,2,\cdots,l)$$

这3种形式可以处理成统一的形式，即

$$g_j(\boldsymbol{X}) \leqslant 0 \quad (j=1,2,\cdots,m)$$

因为对于 $g_j(\boldsymbol{X}) \geqslant 0(j=1,2,\cdots,m)$ 可以用 $-g_j(\boldsymbol{X}) \leqslant 0(j=1,2,\cdots,m)$ 来代替；而对于 $h_k(\boldsymbol{X})=0(k=1,2,\cdots,l)$ 可以用两个不等式约束函数 $h_k(\boldsymbol{X}) \leqslant 0(k=1,2,\cdots,l)$ 和 $-h_k(\boldsymbol{X}) \leqslant 0(k=1,2,\cdots,l)$ 来代替。

在有的文献中，将约束分为显约束和隐约束两种，这是根据约束条件的函数性质而定的。显约束是指与设计变量有明显函数关系的一种约束条件，而对于复杂结构的性能约束函数(如变形、应力、频率等)，该结构最大工作应力可能是通过有限元方法计算得到的，机构的运动误差可能是用数值积分方法计算得到的，只能表示成关于设计变量的隐约束条件。

另外，在某些工程设计中，还有可能出现另一类约束条件，如经验性的约束、条件性的约束或离散设计变量取离散值的约束等。

2. 可行域与非可行域

在优化设计中，由于引入了约束条件，因此，只有满足约束条件的设计方案，才是可行的设计方案。从几何概念来看，一个不等式约束条件 $g(\boldsymbol{X}) \leqslant 0$，把设计空间划分为两部分：一部分满足约束条件，即 $g(\boldsymbol{X})<0$ 的部分；另一部分不满足约束条件，即 $g(\boldsymbol{X})>0$ 的部分。两部分的分界面(线)$g(\boldsymbol{X})=0$ 称为约束面(线)。换言之，在设计空间内，$g(\boldsymbol{X})=0$ 表示为一个约束面(线)，它把设计空间分成满足约束条件的部分 $g(\boldsymbol{X})<0$ 和不满足约束条件的部分 $g(\boldsymbol{X})>0$。在图1.6所示的二维设计平面中，可以直观地理解这个概念，在约束线不满足约束条件的一侧画阴影线来表示这个部分不符合约束要求。

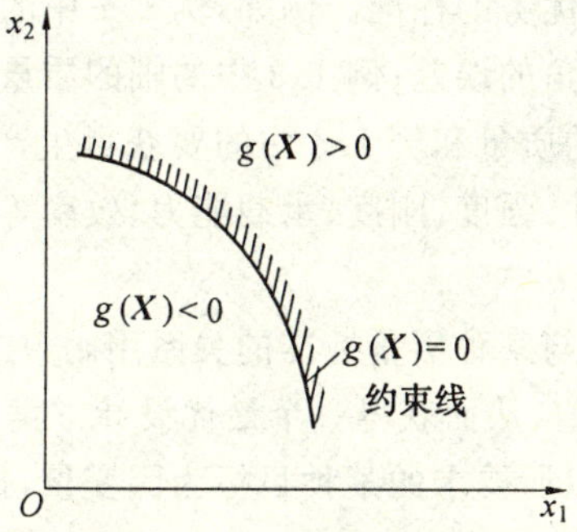


图1.6 二维约束线

显然，若有 $m$ 个不等式约束条件 $g_j(\boldsymbol{X}) \leqslant 0(j=1,2,\cdots,m)$，它们的约束面在设计空间中围出两个区域，如图1.7所示。在二维设计平面内，由四条约束线围出的两个区域的情况，满足所有约束条件的区域，即图中由各约束线围出的没有阴影线的区域，称为可行设计区域，简称可行域(Feasible Region)，其数学表达式为

$$\mathscr{D}=\{\boldsymbol{X} \mid_{g_j(\boldsymbol{X}) \quad (j=1,2,\cdots,m)}\} \tag{1.2}$$

也就是说，设计变量只允许在这个区域中选取。由此容易得知，在可行域之外的区域，则为非可行域。严格地说，只要不满足任意一个约束条件的区域都是非可行域(Nonfeasible Region)。例如，图1.7中$a,b,c,d$这四个非可行域中的点，只是不满足$g_1(\boldsymbol{X})\leqslant 0$一个约束条件。

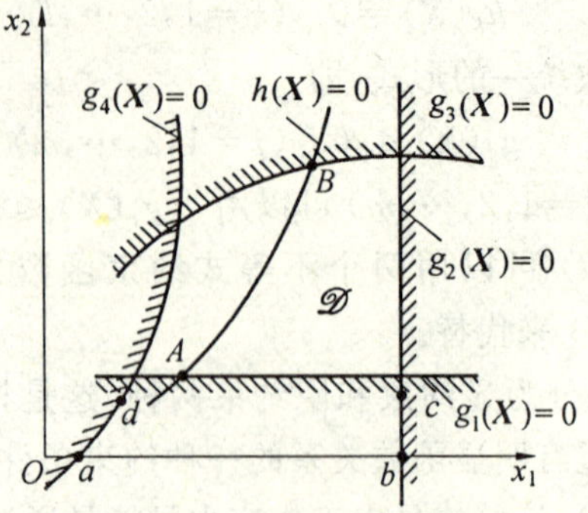


图1.7　可行域与非可行域

如果除不等式约束条件外，还有等式约束条件$h(\boldsymbol{X})=0$，如图1.7所示。在这种情况下，设计方案只允许在可行域$\mathscr{D}$内的等式约束曲线$h(\boldsymbol{X})=0$上选取，即在该曲线的$AB$段中选取，因为只有此线段中的点才满足所有不等式和等式的约束。

以上是以二维设计平面为例来说明可行域的概念，这是为了便于用平面图形形象地表示出来。对三维和三维以上的情况，约束条件是曲面或超越曲面，由约束曲面围成的可行域是多曲面或超越曲面围成的空间，不便用图形表示。

### 1.1.4　目标函数

在无约束优化问题的设计空间中，或者在约束优化问题的可行域中，都有无数个设计方案可供选择。优化设计的目的在于从一切可能有的方案中评选出一个最优的设计方案来，这就得有一个衡量设计方案优劣的标准。例如，例1.1中的包装箱的表面积；例1.2中的机构的期望输出角与实际输出角的误差；例1.3中的轴的质量；例1.4中的动压滑动轴承的动柔度；例1.5中的压缩弹簧的质量和例1.6中的要获得生产电缆的最大利润等都是衡量标准。在机械设计中，结构尺寸、强度、刚度、承载能力、效率等，都可以根据设计要求作为衡量设计方案优劣的准则。

优化设计要把设计变量与某种衡量标准的关系用函数式来表达，追求该函数值最小(或最大)以求得一组设计变量值，从而获得一个最优设计方案。这里的函数就称为目标函数，它是以设计变量为自变量，以所要求的某种目标为因变量，按一定关系所建立的用以评价设计方案优劣的数学关系式。

在优化设计中，若追求目标函数值最小，如例1.1和例1.2，则写成

$$\min_{\boldsymbol{X}\in R^n} f(\boldsymbol{X}) \tag{1.3}$$

若追求目标函数值最大，如例1.5和例1.6，则写成

$$\max_{\boldsymbol{X}\in R^n} f(\boldsymbol{X}) \tag{1.4}$$

由于$\max\limits_{\boldsymbol{X}\in R^n} f(\boldsymbol{X})$与$\min\limits_{\boldsymbol{X}\in R^n}[-f(\boldsymbol{X})]$等价，为了算法和程序的统一，通常都写成追求目标函

数值最小的形式，即式(1.3)。

目标函数有单目标函数和多目标函数之分。用一个评价标准建立的目标函数称为单目标函数，单目标函数的优化问题称为单目标优化问题(Single Object Optimization Problem)，前面的几个例子都是单目标优化问题。若同时兼顾几个评价标准而建立目标函数，则称为多目标优化问题(Multi-object Optimization Problem)，有关多目标优化问题将在第6章介绍。

### 1.1.5 优化设计数学模型

优化设计问题的数学模型是实际设计问题的抽象描述。在明确设计变量、约束条件、目标函数及相应的一些概念之后，现在来介绍建立优化设计数学模型的有关问题。

设某项设计有 $n$ 个设计变量 $\boldsymbol{X}=[x_1 \quad x_2 \quad \cdots \quad x_n]^{\mathrm{T}}$，在满足

$$g_j(\boldsymbol{X})=g_j(x_1,x_2,\cdots,x_n)\leqslant 0 \quad (j=1,2,\cdots,m)$$

和

$$h_k(\boldsymbol{X})=h_k(x_1,x_2,\cdots,x_n)=0 \quad (k=1,2,\cdots,l<n)$$

约束条件下，求目标函数 $f(\boldsymbol{X})=f(x_1,x_2,\cdots,x_n)$ 最小。这样的最优化问题一般称为“数学规划问题”，可抽象成数学模型，简记为

$$\begin{cases} \min\limits_{\boldsymbol{X}\in R^n} f(\boldsymbol{X}) \\ \text{s.t.} \quad g_j(\boldsymbol{X})\leqslant 0 \quad (j=1,2,\cdots,m) \\ \qquad h_k(\boldsymbol{X})=0 \quad (k=1,2,\cdots,l<n) \end{cases} \tag{1.5}$$

(注：s. t. 为 Subject to(受约束于) 的英文缩写。)

亦可写成

$$\begin{cases} \min\limits_{\boldsymbol{X}\in \mathscr{D}\subset R^n} f(\boldsymbol{X}) \\ \mathscr{D}: g_j(\boldsymbol{X})\leqslant 0 \quad (j=1,2,\cdots,m) \\ \qquad h_k(\boldsymbol{X})=0 \quad (k=1,2,\cdots,l<n) \end{cases} \tag{1.6}$$

或

$$\begin{cases} \min\limits_{\boldsymbol{X}\in \mathscr{D}\subset R^n} f(\boldsymbol{X}) \\ \mathscr{D}=\{\boldsymbol{X}\mid_{g_j(\boldsymbol{X})\leqslant 0 \quad (j=1,2,\cdots,m);\, h_k(\boldsymbol{X})=0 \quad (k=1,2,\cdots,l<n)}\} \end{cases} \tag{1.7}$$

以上表述的最优化问题中，若目标函数 $f(\boldsymbol{X})$ 和约束条件 $g_j(\boldsymbol{X})(j=1,2,\cdots,m)$、$h_k(\boldsymbol{X})(k=1,2,\cdots,l)$ 都是设计变量的线性函数时，称为线性规划问题；当 $f(\boldsymbol{X})$ 和 $g_j(\boldsymbol{X})$ $(j=1,2,\cdots,m)$、$h_k(\boldsymbol{X})(k=1,2,\cdots,l)$ 中有一个或多个是设计变量的非线性函数时，则称为非线性规划问题。当约束条件数 $m$、$l$ 不全为零时，称为约束优化问题(Constratined Optimization Rroblem)；而当约束条件数 $m=l=0$ 时，即约束条件不存在，则称为无约束优化问题(Unconstrained Optimization Problem)，其优化设计的数学模型记为

$$\min_{\boldsymbol{X}\in R^n} f(\boldsymbol{X}) \tag{1.8}$$

在机械优化设计问题中，多数是约束非线性规划问题。

设计变量和约束条件的个数可表明优化设计问题规模的大小。通常把设计变量和约束条件都不超过10个的，称为小型问题；都超过10个而不超过50个的称中型问题；都超过50

个的称大型问题。

一般说来，一个实际问题常常是比较复杂的，想要将它用数学模型正确表达出来，往往需要从两个相矛盾的情况中做出决策。一方面希望建立一个复杂的数学模型，以便将设计问题精确地描述出来；另一方面又希望建立一个比较容易处理的数学模型，以便于计算。要想恰当地处理这两方面，就需要有丰富的建模技巧。所谓建模技巧，就是对问题能做出正确分析判断、善于抓住主要矛盾、体现问题实质的能力。下面举一个优化设计建模的实例进行说明。

【例 1.7】 图 1.8 所示为承受纯扭载荷的空心传动轴。设传递的扭矩为 $M$，轴的外径为 $D$，内径为 $d$。试在满足强度和扭转稳定的条件下，求用料最节省的设计方案，建立空心扭转轴优化设计的数学模型。

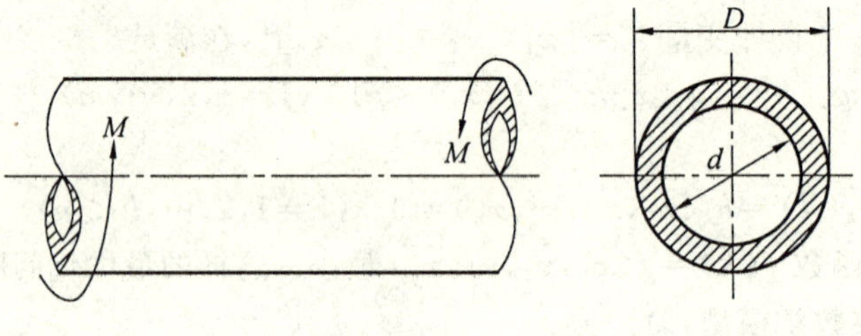


图 1.8 空心传动轴

空心轴的用料情况，可以用轴的截面面积 $S=\pi(D^2-d^2)/4$ 表示。根据材料力学知识，扭转的最大工作剪切应力 $\tau_{\max}=\dfrac{16MD}{\pi(D^4-d^4)}$，扭皱稳定的临界剪应力 $\tau_b=0.7E\left(\dfrac{D-d}{2D}\right)^{1.5}$。

因此，将与空心轴截面面积 $S$ 直接相关的外径 $D$ 和内径 $d$ 作为设计变量，即

$$\boldsymbol{X}=\begin{bmatrix}x_1\\x_2\end{bmatrix}=\begin{bmatrix}D\\d\end{bmatrix}$$

为了简化目标函数，可以省略空心轴截面面积 $S$ 的表达式中的常数 $\pi/4$，而用一个与空心轴截面面积 $S$ 等价的定量指标$(x_1^2-x_2^2)$ 来建立目标函数，即

$$\min_{x\in R^2} f(\boldsymbol{X})=x_1^2-x_2^2$$

设计约束为

$$g_1(\boldsymbol{X})=-x_2\leqslant 0 \text{（空心轴的内径为正值）}$$

$$g_2(\boldsymbol{X})=-x_1+x_2\leqslant 0 \text{（空心轴的外径大于内径）}$$

$$g_3(\boldsymbol{X})=\frac{16Mx_1}{\pi(x_1^4-x_2^4)}-[\tau]\leqslant 0 \text{（空心轴的扭转强度条件）}$$

$$g_4(\boldsymbol{X})=\frac{16Mx_1}{\pi(x_1^4-x_2^4)}-0.7E\left(\frac{x_1-x_2}{2x_1}\right)^{1.5}\leqslant 0 \text{（空心轴的扭皱稳定条件）}$$

式中 $E$—— 材料的弹性模量，MPa；

$[\tau]$—— 材料的许用剪切应力，MPa。

由此可以列出该优化问题的数学模型，即

$$\min_{X\in R^2} f(\boldsymbol{X}) = x_1^2 - x_2^2$$

$$\text{s.t.}\quad g_1(\boldsymbol{X}) = -x_2 \leqslant 0$$

$$g_2(X) = -x_1 + x_2 \leqslant 0$$

$$g_3(\boldsymbol{X}) = \frac{16Mx_1}{\pi(x_1^4 - x_2^4)} - [\tau] \leqslant 0$$

$$g_4(\boldsymbol{X}) = \frac{16Mx_1}{\pi(x_1^4 - x_2^4)} - 0.7E(\frac{x_1 - x_2}{2x_1})^{1.5} \leqslant 0$$

这是一个二维约束非线性规划问题。

综上所述，优化设计的数学模型实际上是优化设计的数学表达形式，它反映了优化设计问题中各个主要因素之间的内在联系。因此，工程技术人员运用掌握的专业技术理论和数学知识，正确地从实际工程优化设计问题中抽象出数学模型，是进行工程优化设计的关键，也是优化设计必须解决的首要问题。

## 1.2 优化设计几何概念

在机械优化设计中，绝大多数的数学模型都属于有约束的非线性规划问题。为了直观地理解优化设计中的某些重要概念，在这一节中用几何图形来描述约束优化设计问题。

### 1.2.1 等值面(线)

目标函数的值是评价设计方案优劣的指标。$n$ 维变量的目标函数，其函数图像只能在 $n+1$ 维空间中描述出来。当给定一个设计方案，即给定一组 $x_1, x_2, \cdots, x_n$ 的值时，目标函数 $f(\boldsymbol{X}) = f(x_1, x_2, \cdots, x_n)$ 必相应有一确定的函数值；但若给定一个值 $f(\boldsymbol{X})$，却有无限多组值 $x_1, x_2, \cdots, x_n$ 与之对应，也就是当 $f(\boldsymbol{X}) = a$ 时，$\boldsymbol{X} = [x_1 \quad x_2 \quad \cdots \quad x_n]^{\mathrm{T}}$ 在设计空间中对应有一个点集。通常这个点集是一个曲面（二维是曲线，三维是曲面，大于三维称超曲面），称之为目标函数的等值面(Equivalent Surface)。当给定一系列的 $a$ 值，即 $a = a_1, a_2, \cdots$ 时，相应有 $f(\boldsymbol{X}) = a_1, a_2, \cdots$，这样可以得到一组曲面族 —— 等值面族(Equivalent Surface Family)。显然，等值面具有下述特性，即在一个特定的等值面上，尽管设计方案很多，但每一个设计方案的目标函数值都是相等的。

现以二维无约束优化设计问题为例阐明其几何意义。如图 1.9 所示，二维目标函数 $f(\boldsymbol{X}) = f(x_1, x_2)$ 在以 $x_1$、$x_2$ 和 $f(\boldsymbol{X})$ 为坐标的三维坐标系空间内是一个曲面。在二维设计平面 $x_1Ox_2$ 中，每一个点 $\boldsymbol{X} = [x_1\ x_2]^{\mathrm{T}}$ 都有一个相应的目标函数值 $f(\boldsymbol{X}) = f(x_1, x_2)$，它在图中反映为沿 $f(\boldsymbol{X})$ 轴方向的高度。若将 $f(\boldsymbol{X}) = f(x_1, x_2)$ 曲面上具有相同高度的点投影到设计平面 $x_1Ox_2$ 上，则得 $f(\boldsymbol{X}) = f(x_1, x_2) = a$ 的平面曲线，这个曲线就是符合 $f(\boldsymbol{X}) = f(x_1, x_2) = a$ 的点集，称为目标函数的等值线(Contour Line)（等值线是等值面在二维设计空间中的特定形态）。当给定一系列不同的 $a$ 值时，可以得到一组平面曲线：$f(\boldsymbol{X}) = f(x_1, x_2) = a_1, f(\boldsymbol{X}) = f(x_1, x_2) = a_2, \cdots$，这组曲线图构成目标函数的等值线族(Contour Line Family)。由图可以清楚地看到等值线的分布情况，它反映目标函数值的变化情况，等值线越向里，目标函数越小，对于一个有中心的曲线族来说，目标函数的无约束极小点就是等值线族的一个共同中心 $\boldsymbol{X}^*$。故从几何意义上来说，求目标函数无约束极小点，也就是求其等

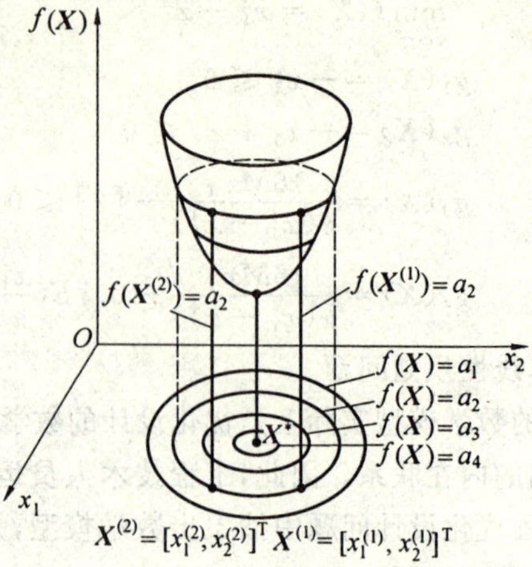


图 1.9 三维坐标系空间曲面

值线族的共同中心。

以上二维设计空间等值线的介绍，可推广到多维问题的分析中，但需注意的是，对于三维问题在设计空间中是等值面，高于三维的问题在设计空间中则是等值超曲面。

### 1.2.2 最优解

求 $n$ 个设计变量在满足约束条件下目标函数极小化的问题，可以想象为在 $n+1$ 维坐标系的约束可行域内，寻找目标函数最小值的点 $\boldsymbol{X}^*=[x_1^* \ x_2^* \ \cdots \ x_n^*]^{\mathrm{T}}$，并满足

$$\min_{\boldsymbol{X}\in R^n} f(\boldsymbol{X})=f(\boldsymbol{X}^*)$$

$$\text{s.t.} \quad g_j(\boldsymbol{X}^*)\leqslant 0 \quad (j=1,2,\cdots,m)$$

$$h_k(\boldsymbol{X}^*)=0 \quad (k=1,2,\cdots,l)$$

则称 $\boldsymbol{X}^*$ 为最优点(Optimal Point)，即最优设计方案，$f(\boldsymbol{X}^*)$ 为最优值(Optimal Value)。最优点 $\boldsymbol{X}^*$ 和最优值 $f(\boldsymbol{X}^*)$ 构成一个约束最优解(Optimal Solution)。

如果当一组设计变量 $\boldsymbol{X}^*=[x_1^* \quad x_2^* \quad \cdots \quad x_n^*]^{\mathrm{T}}$ 仅使目标函数取最小，而并无约束条件，即满足

$$\min_{\boldsymbol{X}\in R^2} f(\boldsymbol{X})=f(\boldsymbol{X}^*)$$

则称 $\boldsymbol{X}^*$ 和 $f(\boldsymbol{X}^*)$ 为无约束最优解，显然，无约束最优解就是目标函数的极值及其极值点。

当 $n=2$ 时，上述优化设计问题可以用几何图形来描述，例如，已知二维约束优化问题的数学模型为

$$\min_{\boldsymbol{X}\in R^2} f(\boldsymbol{X})=x_1^2-x_2^2-4x_1+4$$

$$\text{s.t.} \quad g_1(\boldsymbol{X})=-x_1+x_2-2\leqslant 0$$

$$g_2(\boldsymbol{X})=x_1^2-x_2+1\leqslant 0$$

$$g_3(\boldsymbol{X})=-x_1\leqslant 0$$

$$g_4(\boldsymbol{X})=-x_2\leqslant 0$$

求其最优解 $\boldsymbol{X}^*$ 和 $f(\boldsymbol{X}^*)$。

在以 $x_1$、$x_2$ 和 $f(\boldsymbol{X})$ 为坐标的三维空间中，可做出目标函数和各约束函数的立体图形。

如图1.10所示，目标函数 $f(\boldsymbol{X})$ 是锥形曲面，约束面 $g_1(\boldsymbol{X})$ 是平面，$g_2(\boldsymbol{X})$ 是抛物面，$g_3(\boldsymbol{X})$、$g_4(\boldsymbol{X})$ 是分别通过 $x_1$ 轴、$x_2$ 轴的平面。

因为 $f(\boldsymbol{X})=x_1^2-x_2^2-4x_1+4=(x_1-2)^2+x_2^2$，当给定 $f(\boldsymbol{X})$ 一系列数值，如 1,4,9,… 时，则在 $x_1Ox_2$ 平面内得到一系列等值线。由约束面：直线 $g_1(\boldsymbol{X})=0$、$g_3(\boldsymbol{X})=0$、$g_4(\boldsymbol{X})=0$ 和抛物线 $g_2(\boldsymbol{X})=0$ 组成的阴影线里侧的区域即为可行域。在可行域内目标函数最小值的点 $\boldsymbol{X}^*$ 为约束面与等值线的切点，即

$$\boldsymbol{X}^*=\begin{bmatrix}x_1^*\\x_2^*\end{bmatrix}=\begin{bmatrix}0.58\\1.34\end{bmatrix}$$

最优值为

$$f(\boldsymbol{X}^*)=0.58^2+1.34^2-4\times0.58+4=3.812$$

最优点 $\boldsymbol{X}^*=[0.58\quad 1.34]^{\mathrm{T}}$ 和最优值 $f(\boldsymbol{X}^*)=3.812$ 就是约束最优解。

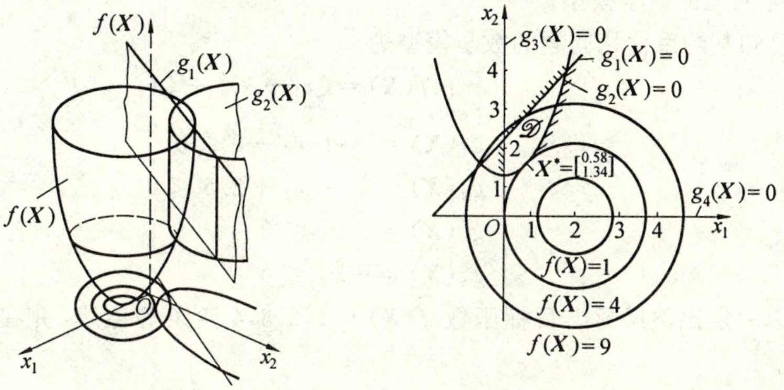


图1.10　二维约束优化问题的几何描述

在这个例子中可以看到，最优点 $\boldsymbol{X}^*$ 落在可行域的边界上，即位于约束曲线 $g_2(\boldsymbol{X})=0$ 上，这是约束优化设计最优点的普遍情况。由于 $g_2(\boldsymbol{X})$ 对确定最优点起决定性作用，这个约束条件就称为起作用约束(Active Constraint)。

如果把这个例子的约束条件全部取消，则变为无约束优化问题，此时的最优解为

$$\boldsymbol{X}^*=\begin{bmatrix}x_1^*\\x_2^*\end{bmatrix}=\begin{bmatrix}2\\0\end{bmatrix}$$

$$f(\boldsymbol{X}^*)=0$$

如前所述，这个最优点就是目标函数等值线族的中心点，即目标函数的极小点。

把上述概念推广到 $n$ 维的约束优化设计问题，就不难理解，$n$ 个设计变量 $x_1,x_2,\cdots,x_n$ 组成一个设计空间，在这个空间中的每一个点代表一个设计方案，此时 $n$ 个设计变量具有确定的值。每一个不等式约束条件在 $n$ 维设计空间内有一个约束超曲面，$m$ 个不等式约束的超曲面在设计空间中围成一个可行域 $\mathscr{D}$。当目标函数取某一定值时，就在 $n$ 维设计空间内构成一个目标函数的等值超曲面，一系列目标函数的等值超曲面表示了目标函数值的变化规律。优化设计过程就是在可行域 $\mathscr{D}$ 内寻找一个目标函数值最小的设计点 $\boldsymbol{X}^*$，这个最优点 $\boldsymbol{X}^*$ 一般是等值超曲面与约束超曲面的切点，对于无约束优化问题则是目标函数本身的极小点。

## 习　　题

1.1　优化设计的数学模型是如何对优化设计工程问题描述的？

1.2　如何直观地描述优化设计的几何概念？

1.3　某机床厂生产 A、B 两种机床，每一台 A、B 机床所需原料分别为 2 000 kg 和 3 000 kg，所需工时分别为 4 000 h 和 8 000 h，而产值分别为 4 万元和 6 万元。如果工厂每月能提供原材料为 100 000 kg，总工时为 120 000 h，现应如何安排两种机床的月产台数，才能使月产值最高，写出这一优化问题的数学模型。

1.4　已知一拉伸弹簧受拉力 $P$，剪切弹性模量 $G$，材料密度 $\gamma$，许用剪切应力 $[\tau]$，许用最大变形量 $[\lambda]$。欲选择一组设计变量 $\boldsymbol{X}=[x_1\quad x_2\quad x_3]^{\mathrm{T}}=[d\quad D_2\quad n]^{\mathrm{T}}$ 使弹簧质量最轻，同时还满足下列限制条件：弹簧圈数 $n\geqslant 3$，簧丝直径 $d\geqslant 0.5$，弹簧中径 $10\leqslant D_2\leqslant 50$，试建立该优化问题的数学模型。

1.5　已知某约束优化问题的数学模型为

$$\min_{\boldsymbol{X}\in R^2} f(\boldsymbol{X})=(x_1-3)^2+(x_2-4)^2$$

$$\begin{aligned}\text{s.t.}\quad & g_1(\boldsymbol{X})=x_1+x_2-5\leqslant 0\\ & g_2(\boldsymbol{X})=x_1-x_2+2.5\leqslant 0\\ & g_3(\boldsymbol{X})=-x_1\leqslant 0\\ & g_4(\boldsymbol{X})=-x_2\leqslant 0\end{aligned}$$

(1) 试以一定比例尺画出目标函数 $f(\boldsymbol{X})=1,2,3,4$ 四条等值线，并在图上画出可行域。

(2) 从图上确定无约束最优解 $\boldsymbol{X}_1^*$、$f(\boldsymbol{X}_1^*)$ 和约束最优解 $\boldsymbol{X}_2^*$、$f(\boldsymbol{X}_2^*)$。

(3) 该问题属于线性规划问题还是非线性规划问题？

(4) 若在该问题中又加入等式约束 $h(\boldsymbol{X})=x_1-x_2=0$，写出约束最优解 $\boldsymbol{X}_3^*$，$f(\boldsymbol{X}_3^*)$。

第 2 章

# 优化设计的数学基础

【内容提要】 本章主要讲述优化设计中涉及的数学基础——多元函数极值理论。

【课程指导】 通过本章学习，掌握优化设计涉及的多元函数的方向导数、梯度和泰勒展开式等有关数学知识，无约束优化问题和约束优化问题的极值条件以及优化设计的迭代方法及其终止准则，为进一步学习无约束优化方法和约束优化方法奠定基础。

## 2.1 多元函数的方向导数和梯度

在优化设计的数学模型中，多元函数仅表示诸设计变量与设计方案评价标准之间的依赖关系，即各自变量与因变量(函数)之间的关系。为了研究最优解的寻求方法，需要对多元函数做某些定量的分析，如同一元函数一样，首先要考察函数与自变量之间的变化关系，即函数相对于自变量的变化率，包括沿某一指定方向的变化率和最大变化率，这就引入了方向导数(Directional Derivative)和梯度(Gradient)的概念。

### 2.1.1 偏导数

一元函数中的导数(Derivative)是描述函数相对于自变量的变化率，多元函数的偏导数(Partial Derivative)是描述函数只相对于其中一个自变量(其余自变量保持不变)的变化率，如图 2.1 所示。

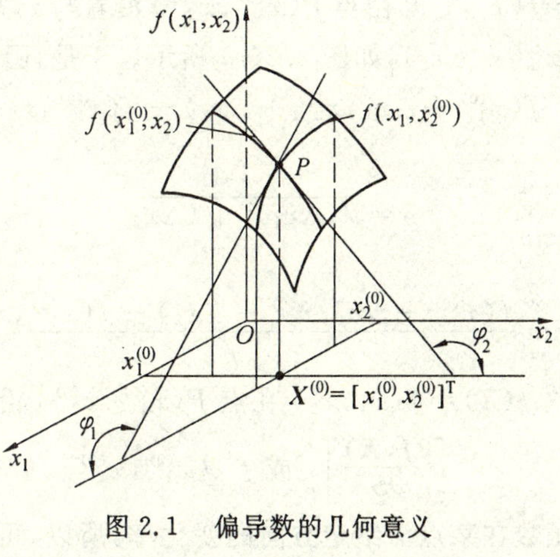


图 2.1 偏导数的几何意义

设二元函数 $f(\boldsymbol{X})=f(x_1,x_2)$，在点 $P(x_1^{(0)},x_2^{(0)})$ 处沿 $x_1$ 轴方向有增量 $\Delta x_1$，则函数的相应增量为

$$f(x_1^{(0)}+\Delta x_1,x_2^{(0)})-f(x_1^{(0)},x_2^{(0)})$$

当 $\Delta x_1$ 无限减小时，若极限

$$\lim_{\Delta x_1 \to 0} \frac{f(x_1^{(0)} + \Delta x_1, x_2^{(0)}) - f(x_1^{(0)}, x_2^{(0)})}{\Delta x_1}$$

存在，则这个极限称为函数 $f(\boldsymbol{X})$ 在点 $P$ 处的对 $x_1$ 的偏导数，记作

$$\left[\frac{\partial f(\boldsymbol{X})}{\partial x_1}\right]_P \text{ 或 } f'_{x_1}(x_1^{(0)}, x_2^{(0)})$$

它的几何意义是曲面 $f(x_1, x_2)$ 被平面 $x_2 = x_2^{(0)}$ 所截成的曲线 $f(x_1, x_2^{(0)})$ 在点 $P$ 的切线对 $x_1$ 轴的斜率，即

$$\tan\varphi_1 = \frac{\partial f(x_1^{(0)}, x_2^{(0)})}{\partial x_1}$$

同样，函数 $f(\boldsymbol{X})$ 在点 $P$ 处的对 $x_2$ 的偏导数就定义为下列极限，即

$$\lim_{\Delta x_2 \to 0} \frac{f(x_1^{(0)}, x_2^{(0)} + \Delta x_2) - f(x_1^{(0)}, x_2^{(0)})}{\Delta x_2}$$

记作

$$\left[\frac{\partial f(\boldsymbol{X})}{\partial x_2}\right]_P \text{ 或 } f'_{x_2}(x_1^{(0)}, x_2^{(0)})$$

它是曲面 $f(x_1, x_2)$ 被平面 $x_1 = x_1^{(0)}$ 所截成的曲线 $f(x_1^{(0)}, x_2)$ 在点 $P$ 的切线对 $x_2$ 轴的斜率，即

$$\tan\varphi_2 = \frac{\partial f(x_1^{(0)}, x_2^{(0)})}{\partial x_2}$$

由此可知，二元函数在某点的偏导数是函数对于一个自变量的变化率，而另一个自变量保持不变，即函数在某点沿 $x_1$ 轴（或 $x_2$ 轴）这个特殊方向的变化率。那么在某点沿其他方向函数的变化率怎样呢？这就是下面介绍的方向导数。

### 2.1.2 方向导数

设二元函数 $f(\boldsymbol{X}) = f(x_1, x_2)$，由点 $P(x_1^{(0)}, x_2^{(0)})$ 沿着与 $x_1$ 轴正向夹角为 $\alpha$ 的向量 $\boldsymbol{S}$ 变化到点 $P'(x_1^{(0)} + \Delta x_1, x_2^{(0)} + \Delta x_2)$，如图 2.2(a) 所示。于是，函数相应的增量为

$$f(x_1^{(0)} + \Delta x_1, x_2^{(0)} + \Delta x_2) - f(x_1^{(0)}, x_2^{(0)})$$

点 $P$ 至点 $P'$ 的距离为

$$\rho = \sqrt{(\Delta x_1)^2 + (\Delta x_2)^2}$$

当 $\rho$ 无限缩小，若极限

$$\lim_{\rho \to 0} \frac{f(x_1^{(0)} + \Delta x_1, x_2^{(0)} + \Delta x_2) - f(x_1^{(0)}, x_2^{(0)})}{\rho}$$

存在，则这个极限称函数 $f(\boldsymbol{X}) = f(x_1, x_2)$ 在点 $P(x_1^{(0)}, x_2^{(0)})$ 沿向量 $\boldsymbol{S}$ 的方向导数，记作

$$\left[\frac{\partial f(\boldsymbol{X})}{\partial \boldsymbol{S}}\right]_P \text{ 或 } f'_S(x_1^{(0)}, x_2^{(0)})$$

显然，方向导数是函数在某点沿给定方向的变化率，所以，可以把它看成是偏导数的推广，并可用偏导数来表示，即

$$\frac{\partial f(x_1^{(0)},x_2^{(0)})}{\partial \boldsymbol{S}}=\lim_{\rho\to 0}\frac{f(x_1^{(0)}+\Delta x_1,x_2^{(0)}+\Delta x_2)-f(x_1^{(0)},x_2^{(0)})}{\rho}=$$

$$\lim_{\rho\to 0}\left[\frac{f(x_1^{(0)}+\Delta x_1,x_2^{(0)}+\Delta x_2)-f(x_1^{(0)},x_2^{(0)}+\Delta x_2)}{\Delta x_1}\cdot\frac{\Delta x_1}{\rho}+\frac{f(x_1^{(0)},x_2^{(0)}+\Delta x_2)-f(x_1^{(0)},x_2^{(0)})}{\Delta x_2}\cdot\frac{\Delta x_2}{\rho}\right]$$

于是得

$$\frac{\partial f(x_1^{(0)},x_2^{(0)})}{\partial \boldsymbol{S}}=\frac{\partial f(x_1^{(0)},x_2^{(0)})}{\partial x_1}\cos\alpha+\frac{\partial f(x_1^{(0)},x_2^{(0)})}{\partial x_2}\cos\beta=\frac{\partial f(x_1^{(0)},x_2^{(0)})}{\partial x_1}\cos\alpha+\frac{\partial f(x_1^{(0)},x_2^{(0)})}{\partial x_2}\sin\alpha \tag{2.1}$$

式中，$\cos\alpha=\frac{\Delta x_1}{\rho}$ 和 $\cos\beta=\sin\alpha=\frac{\Delta x_2}{\rho}$ 称为方向 $\boldsymbol{S}$ 的方向余弦。

同理，对于三元函数 $f(\boldsymbol{X})=f(x_1,x_2,x_3)$，在三维空间的一点 $P=f(x_1^{(0)},x_2^{(0)},x_3^{(0)})$ 沿向量 $\boldsymbol{S}$(它与 $x_1$ 轴、$x_2$ 轴和 $x_3$ 的夹角分别为 $\alpha$、$\beta$ 和 $\gamma$，如图 2.2(b) 所示，这三个夹角称为向量 $\boldsymbol{S}$ 的方向角) 的方向导数为

$$\frac{\partial f(x_1^{(0)},x_2^{(0)},x_3^{(0)})}{\partial \boldsymbol{S}}=\frac{\partial f(x_1^{(0)},x_2^{(0)},x_3^{(0)})}{\partial x_1}\cos\alpha+\frac{\partial f(x_1^{(0)},x_2^{(0)},x_3^{(0)})}{\partial x_2}\cos\beta+\frac{\partial f(x_1^{(0)},x_2^{(0)},x_3^{(0)})}{\partial x_3}\cos\gamma \tag{2.2}$$

多元函数的方向导数可写成

$$\frac{\partial f(x_1^{(0)},x_2^{(0)},\cdots,x_n^{(0)})}{\partial \boldsymbol{S}}=\sum_{i=1}^{n}\frac{\partial f(x_1^{(0)},x_2^{(0)},\cdots,x_n^{(0)})}{\partial x_i}\cos\alpha_i \tag{2.3}$$

式中，$\alpha_i(i=1,2,\cdots,n)$ 为某向量 $\boldsymbol{S}$ 的 $n$ 个方向角。

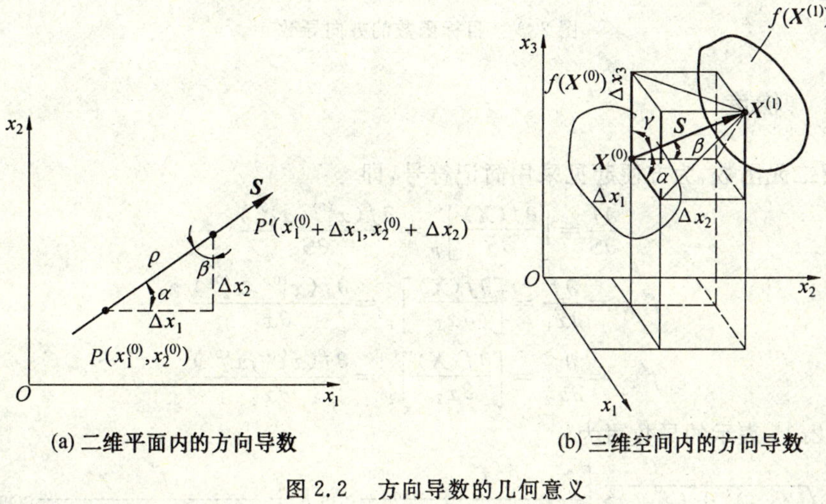


(a) 二维平面内的方向导数　　(b) 三维空间内的方向导数

图 2.2　方向导数的几何意义

**【例 2.1】**　求目标函数 $f(\boldsymbol{X})=f(x_1,x_2)=\frac{\pi}{4}x_1^2x_2$ 在点 $\boldsymbol{X}^{(0)}=[1\quad 1]^{\mathrm{T}}$ 处沿向量 $\boldsymbol{S}_1$ 和 $\boldsymbol{S}_2$ 两方向的方向导数。如图 2.3 所示，向量 $\boldsymbol{S}_1$ 的方向：$\alpha_1=\alpha_2=\pi/4$；向量 $\boldsymbol{S}_2$ 的方向：$\alpha_1=\pi/3,\alpha_2=\pi/6$。

**解** 由式(2.3)可知，对于二个设计变量(二维)的目标函数，其方向导数为

$$\left.\frac{\partial f(x_1,x_2)}{\partial \boldsymbol{S}}\right|_{\boldsymbol{X}^{(0)}}=\left.\frac{\partial f(x_1,x_2)}{\partial x_1}\right|_{\boldsymbol{X}^{(0)}}\cos\alpha_1+\left.\frac{\partial f(x_1,x_2)}{\partial x_2}\right|_{\boldsymbol{X}^{(0)}}\cos\alpha_2$$

将

$$\begin{cases}\left.\dfrac{\partial f(x_1,x_2)}{\partial x_1}\right|_{\boldsymbol{X}^{(0)}}=\left.\dfrac{\pi}{2}x_1x_2\right|_{\substack{x_1=1\\x_2=1}}=\dfrac{\pi}{2}\\ \left.\dfrac{\partial f(x_1,x_2)}{\partial x_2}\right|_{\boldsymbol{X}^{(0)}}=\left.\dfrac{\pi}{4}x_1^2\right|_{\substack{x_1=1\\x_2=1}}=\dfrac{\pi}{4}\end{cases}$$

代入上式，得

$$\begin{cases}\left.\dfrac{\partial f(x_1,x_2)}{\partial \boldsymbol{S}_1}\right|_{\boldsymbol{X}^{(0)}}=\dfrac{\pi}{2}\cos\dfrac{\pi}{4}+\dfrac{\pi}{4}\cos\dfrac{\pi}{4}=\dfrac{3\sqrt{2}}{8}\pi\\ \left.\dfrac{\partial f(x_1,x_2)}{\partial \boldsymbol{S}_2}\right|_{\boldsymbol{X}^{(0)}}=\dfrac{\pi}{2}\cos\dfrac{\pi}{3}+\dfrac{\pi}{4}\cos\dfrac{\pi}{6}=\dfrac{\pi}{4}\left[1+\dfrac{\sqrt{3}}{2}\right]\end{cases}$$

通过例 2.1 可以看出，对一般函数来说，在同一点沿不同方向的方向导数是不一样的。在优化方法中，重要的是要知道沿什么方向函数的变化率最大，为此，需要引入梯度概念。

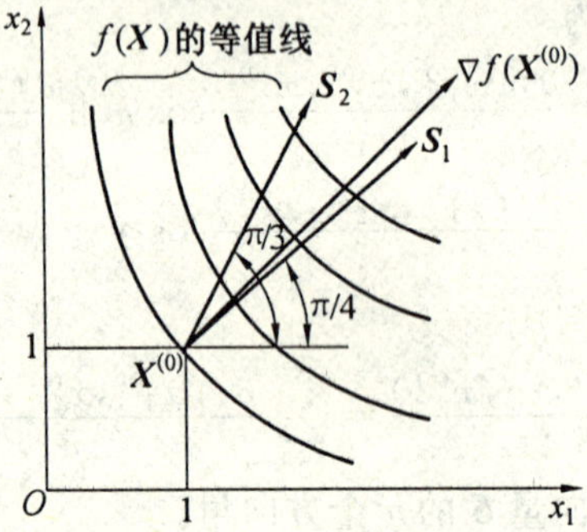


图 2.3 目标函数的方向导数

## 2.1.3 梯度

先介绍二元函数，为方便起见采用简记符号，即

$$\frac{\partial f}{\partial \boldsymbol{S}}=\left[\frac{\partial f(\boldsymbol{X})}{\partial \boldsymbol{S}}\right]_P=\frac{\partial f(x_1^{(0)},x_2^{(0)})}{\partial \boldsymbol{S}}$$

$$f'_{x_1}=\frac{\partial f}{\partial x_1}=\left[\frac{\partial f(\boldsymbol{X})}{\partial x_1}\right]_P=\frac{\partial f(x_1^{(0)},x_2^{(0)})}{\partial x_1}$$

$$f'_{x_2}=\frac{\partial f}{\partial x_2}=\left[\frac{\partial f(\boldsymbol{X})}{\partial x_2}\right]_P=\frac{\partial f(x_1^{(0)},x_2^{(0)})}{\partial x_2}$$

把式(2.1)表示的导数写为

$$\frac{\partial f}{\partial \boldsymbol{S}}=\sqrt{(f'_{x_1})^2+(f'_{x_2})^2}\left[\frac{f'_{x_1}}{\sqrt{(f'_{x_1})^2+(f'_{x_2})^2}}\cos\alpha+\frac{f'_{x_2}}{\sqrt{(f'_{x_1})^2+(f'_{x_2})^2}}\cos\beta\right]$$

若把上式括号内各分数看成方向 $\boldsymbol{G}$ 的方向余弦，即令

$$\frac{f'_{x_1}}{\sqrt{(f'_{x_1})^2+(f'_{x_2})^2}}=\cos\alpha_1,\frac{f'_{x_2}}{\sqrt{(f'_{x_1})^2+(f'_{x_2})^2}}=\cos\beta_1$$

则

$$\frac{\partial f}{\partial \boldsymbol{S}}=\sqrt{(f'_{x_1})^2+(f'_{x_2})^2}\left[\cos\alpha_1\cos\alpha+\cos\beta_1\cos\beta\right]=\sqrt{(f'_{x_1})^2+(f'_{x_2})^2}\cos\langle \boldsymbol{G},\boldsymbol{S}\rangle \tag{2.4}$$

式中，$\langle \boldsymbol{G},\boldsymbol{S}\rangle$ 表示向量 $\boldsymbol{G}$ 与向量 $\boldsymbol{S}$ 的夹角。

由于 $|\cos\langle \boldsymbol{G},\boldsymbol{S}\rangle|\leqslant 1$，所以当 $\cos\langle \boldsymbol{G},\boldsymbol{S}\rangle=1$ 时，方向导数达到最大值 $\frac{\partial f}{\partial \boldsymbol{S}}=\sqrt{(f'_{x_1})^2+(f'_{x_2})^2}$；而当 $\cos\langle \boldsymbol{G},\boldsymbol{S}\rangle=-1$ 时，方向导数达到最小值 $\frac{\partial f}{\partial S}=-\sqrt{(f'_{x_1})^2+(f'_{x_2})^2}$。前者表示函数的变化率最大，即函数增大最快；后者表示函数在负方向变化率最大，即函数下降最快。

$\cos\langle \boldsymbol{G},\boldsymbol{S}\rangle=1$ 意味着向量 $\boldsymbol{G}$ 与向量 $\boldsymbol{S}$ 的夹角为零，即向量 $\boldsymbol{S}$ 重合向量 $\boldsymbol{G}$。而向量 $\boldsymbol{G}$ 是以 $f'_{x_1}$ 和 $f'_{x_2}$ 为分量、长度为 $\sqrt{(f'_{x_1})^2+(f'_{x_2})^2}$ 的一个向量，它的方向是函数变化率最大的方向。这种表示函数变化率最大方向上的向量就称为梯度，用符号 grad 或 $\nabla$ 表示，即

$$\operatorname{grad} f(\boldsymbol{X})=\nabla f(\boldsymbol{X})=\begin{bmatrix} f'_{x_1} \\ f'_{x_2}\end{bmatrix}=\begin{bmatrix}\frac{\partial f}{\partial x_1} & \frac{\partial f}{\partial x_2}\end{bmatrix}^{\mathrm{T}} \tag{2.5}$$

长度 $\sqrt{(f'_{x_1})^2+(f'_{x_2})^2}$ 表示在梯度方向函数的变化率，称为梯度的模，用符号 $\|\nabla f(\boldsymbol{X})\|$ 表示，即

$$\|\nabla f(\boldsymbol{X})\|=\sqrt{(f'_{x_1})^2+(f'_{x_2})^2} \tag{2.6}$$

将上式代入式(2.4)后，则方向导数为

$$\frac{\partial f}{\partial \boldsymbol{S}}=\|\nabla f(\boldsymbol{X})\|\cos\langle \boldsymbol{G},\boldsymbol{S}\rangle \tag{2.7}$$

式(2.7)表明方向导数等于梯度的模在该方向 $\boldsymbol{S}$ 上的投影。显然，当方向 $\boldsymbol{S}$ 与方向 $\boldsymbol{G}$ 重合，即夹角为零时，方向导数就等于梯度。

上述梯度的概念可以推广到 $n$ 元函数，设函数 $f(\boldsymbol{X})=f(x_1,x_2,\cdots,x_n)$ 在定义域内有连续偏导数 $\frac{\partial f}{\partial x_i}(i=1,2,\cdots,n)$，则函数 $f(\boldsymbol{X})$ 在某点的梯度是以其偏导数为分量的向量，即

$$\nabla f(\boldsymbol{X})=\begin{bmatrix}\frac{\partial f}{\partial x_1} & \frac{\partial f}{\partial x_2} & \cdots & \frac{\partial f}{\partial x_n}\end{bmatrix}^{\mathrm{T}} \tag{2.8}$$

梯度的模为

$$\|\nabla f(\boldsymbol{X})\|=\sqrt{\left(\frac{\partial f}{\partial x_1}\right)^2+\left(\frac{\partial f}{\partial x_2}\right)^2+\cdots+\left(\frac{\partial f}{\partial x_n}\right)^2} \tag{2.9}$$

梯度 $\nabla f$ 在优化设计方法中具有重要的作用，它具有下列几个重要的性质。

(1) 梯度是一个向量，函数 $f(\boldsymbol{X})$ 的梯度方向是函数变化率最大的方向。正梯度 $\nabla f$ 方向是函数值最快上升的方向；负梯度 $-\nabla f$ 方向是函数值最快下降的方向。梯度的模 $\|\nabla f\|$ 就是函数的最大变化率。

(2) 函数 $f(\boldsymbol{X})$ 在某点的梯度方向是指在该点函数值的最快上升方向，函数在其定义域内的各点都对应着一个确定的梯度，所以，函数在某点的梯度仅仅是对函数在该点附近而言的，梯度是函数的一种局部性质。

(3) 函数 $f(\boldsymbol{X})$ 在某点的梯度与过该点的函数等值面(线)是正交的，即梯度方向是函数等值面(线)的法线方向。图 2.4 表示二元函数的情形，当给定不同的函数值，如 $f(\boldsymbol{X})=30$，

$f(\boldsymbol{X})=40$，$f(\boldsymbol{X})=50$，…，按照这一系列平面曲线方程，在图上可做出一族等值线。在等值线某一点 $A$(或 $B$)，沿等值线的切线方向 $t-t$ 函数的变化率显然等于零。在两条邻近的等值线之间，函数有一个增量，从 $A$(或 $B$) 点至邻近等值线的最短的距离是沿该点法线方向，显然这个方向是函数变化率最大的方向，即梯度方向。

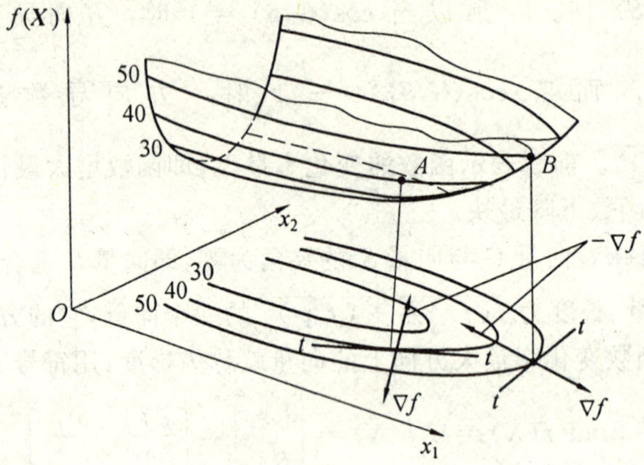


图 2.4 梯度方向的几何意义

### 2.1.4 几种特殊类型函数的梯度

下面介绍几种特殊类型函数求梯度的公式。为了介绍方便，首先研究二次函数用向量及矩阵(Matrix)的表达方法，这种表达方法便于识别曲线类型，研究曲线性质并使方程式简化。

若

$$f(\boldsymbol{X})=f(x_1,x_2)=ax_1^2+bx_1x_2+cx_2^2+dx_1+ex_2+f$$

令

$$\boldsymbol{X}=\begin{bmatrix}x_1\\x_2\end{bmatrix},\boldsymbol{A}=\begin{bmatrix}2a & b\\b & 2c\end{bmatrix},\boldsymbol{B}=\begin{bmatrix}d\\e\end{bmatrix},\boldsymbol{C}=[f]$$

则

$$f(\boldsymbol{X})=f(x_1,x_2)=ax_1^2+bx_1x_2+cx_2^2+dx_1+ex_2+f=$$
$$\frac{1}{2}\boldsymbol{X}^{\mathrm{T}}\boldsymbol{A}\boldsymbol{X}+\boldsymbol{B}^{\mathrm{T}}\boldsymbol{X}+\boldsymbol{C} \tag{2.10}$$

**【例 2.2】** 将 $f(\boldsymbol{X})=f(x_1,x_2)=x_1^2-2x_1x_2+x_2^2-8x_1+9x_2+10$ 写成向量及矩阵形式。

**解** 由式(2.10)可知，$a=1,b=-2,c=1,d=-8,e=9,f=10$

所以

$$f(\boldsymbol{X})=\frac{1}{2}[x_1\quad x_2]\begin{bmatrix}2 & -2\\-2 & 2\end{bmatrix}\begin{bmatrix}x_1\\x_2\end{bmatrix}+[-8\quad 9]\begin{bmatrix}x_1\\x_2\end{bmatrix}+10=$$
$$[x_1\quad x_2]\begin{bmatrix}1 & -1\\-1 & 1\end{bmatrix}\begin{bmatrix}x_1\\x_2\end{bmatrix}+[-8\quad 9]\begin{bmatrix}x_1\\x_2\end{bmatrix}+10=$$
$$\frac{1}{2}\boldsymbol{X}^{\mathrm{T}}\boldsymbol{A}\boldsymbol{X}+\boldsymbol{B}^{\mathrm{T}}\boldsymbol{X}+\boldsymbol{C}$$

式中

$$X=\begin{bmatrix}x_1\\x_2\end{bmatrix},A=\begin{bmatrix}2&-2\\-2&2\end{bmatrix},B=\begin{bmatrix}-8\\9\end{bmatrix},C=[10]$$

如果 $f(\boldsymbol{X})$ 为 $n$ 元函数，则可按下式化为向量及矩阵形式，即

$$f(\boldsymbol{X})=f(x_1,x_2,\cdots,x_n)=\sum_{i=1}^{n}\sum_{j=1}^{n}a_{ij}x_ix_j+\sum_{k=1}^{n}b_kx_k+c=\boldsymbol{X}^{\mathrm{T}}\boldsymbol{A}\boldsymbol{X}+\boldsymbol{B}^{\mathrm{T}}\boldsymbol{X}+\boldsymbol{C} \tag{2.11}$$

式中

$$\boldsymbol{X}=\begin{bmatrix}x_1\\x_2\\\vdots\\x_n\end{bmatrix},\boldsymbol{A}=\begin{bmatrix}a_{11}&a_{12}&\cdots&a_{1n}\\a_{21}&a_{22}&\cdots&a_{2n}\\\vdots&\vdots&&\vdots\\a_{n1}&a_{n2}&\cdots&a_{nn}\end{bmatrix},\boldsymbol{B}=\begin{bmatrix}b_1\\b_2\\\vdots\\b_n\end{bmatrix},\boldsymbol{C}=[c]$$

1. 函数 $f(\boldsymbol{X})=B^{\mathrm{T}}\boldsymbol{X}$ 的梯度

因为

$$f(\boldsymbol{X})=\boldsymbol{B}^{\mathrm{T}}\boldsymbol{X}=[b_1\quad b_2\quad\cdots\quad b_n]\begin{bmatrix}x_1\\x_2\\\vdots\\x_n\end{bmatrix}=b_1x_1+b_2x_2+\cdots+b_nx_n$$

$b_1,b_2,\cdots,b_n$ 为常向量 $\boldsymbol{B}$ 的分量，所以

$$\frac{\partial f(\boldsymbol{X})}{\partial x_i}=\frac{\partial(\boldsymbol{B}^{\mathrm{T}}\boldsymbol{X})}{\partial x_i}=b_i\quad(i=1,2,\cdots,n)$$

从而得函数的梯度为

$$\nabla f(\boldsymbol{X})=\nabla(\boldsymbol{B}^{\mathrm{T}}\boldsymbol{X})=\boldsymbol{B} \tag{2.12}$$

2. 函数 $f(\boldsymbol{X})=\boldsymbol{X}^{\mathrm{T}}\boldsymbol{X}$ 的梯度

因为

$$f(\boldsymbol{X})=\boldsymbol{X}^{\mathrm{T}}\boldsymbol{X}=[x_1\quad x_2\quad\cdots\quad x_n]\begin{bmatrix}x_1\\x_2\\\vdots\\x_n\end{bmatrix}=x_1^2+x_2^2+\cdots+x_n^2$$

所以

$$\frac{\partial f(\boldsymbol{X})}{\partial x_i}=\frac{\partial(\boldsymbol{X}^{\mathrm{T}}\boldsymbol{X})}{\partial x_i}=2x_i\quad(i=1,2,\cdots,n)$$

从而得函数的梯度为

$$\nabla f(\boldsymbol{X})=\nabla(\boldsymbol{X}^{\mathrm{T}}\boldsymbol{X})=2\boldsymbol{X} \tag{2.13}$$

3. 函数 $f(\boldsymbol{X})=\boldsymbol{X}^{\mathrm{T}}\boldsymbol{A}\boldsymbol{X}$ 的梯度

此处 $\boldsymbol{A}$ 为实对称矩阵，因为

$$f(\boldsymbol{X})=\sum_{i=1}^{n}\sum_{j=1}^{n}a_{ij}x_ix_j$$

所以

$$\frac{1}{2}\frac{\partial f(\boldsymbol{X})}{\partial x_i}=\frac{1}{2}\frac{\partial(\boldsymbol{X}^{\mathrm{T}}\boldsymbol{A}\boldsymbol{X})}{\partial x_i}=\sum_{j=1}^{n}a_{ij}x_j \quad (i=1,2,\cdots,n)$$

故有

$$\frac{1}{2}\nabla f(\boldsymbol{X})=\frac{1}{2}\nabla(\boldsymbol{X}^{\mathrm{T}}\boldsymbol{A}\boldsymbol{X})=\begin{bmatrix}\sum_{j=1}^{n}a_{1j}x_j\\ \sum_{j=1}^{n}a_{2j}x_j\\ \vdots\\ \sum_{j=1}^{n}a_{nj}x_j\end{bmatrix}=\boldsymbol{A}\boldsymbol{X} \tag{2.14}$$

对于一般的二次函数

$$f(\boldsymbol{X})=\frac{1}{2}\boldsymbol{X}^{\mathrm{T}}\boldsymbol{A}\boldsymbol{X}+\boldsymbol{B}^{\mathrm{T}}\boldsymbol{X}+\boldsymbol{C}$$

根据上述公式,极易求出其梯度为

$$\nabla f(\boldsymbol{X})=\boldsymbol{A}\boldsymbol{X}+\boldsymbol{B} \tag{2.15}$$

**【例 2.3】** 求函数 $f(\boldsymbol{X})=\frac{1}{2}(a_{11}x_1^2+2a_{12}x_1x_2+a_{22}x_2^2)+b_1x_1+b_2x_2+c$ 的梯度。

**解法 1** 由式(2.8)得函数的梯度为

$$\nabla f(\boldsymbol{X})=\begin{bmatrix}\frac{\partial f(\boldsymbol{X})}{\partial x_1}\\ \frac{\partial f(\boldsymbol{X})}{\partial x_2}\end{bmatrix}=\begin{bmatrix}a_{11}x_1+a_{12}x_2+b_1\\ a_{12}x_1+a_{22}x_2+b_2\end{bmatrix}=\begin{bmatrix}a_{11} & a_{12}\\ a_{12} & a_{22}\end{bmatrix}\begin{bmatrix}x_1\\ x_2\end{bmatrix}+\begin{bmatrix}b_1\\ b_2\end{bmatrix}=\boldsymbol{A}\boldsymbol{X}+\boldsymbol{B}$$

式中

$$\boldsymbol{A}=\begin{bmatrix}a_{11} & a_{12}\\ a_{12} & a_{22}\end{bmatrix},\boldsymbol{B}=\begin{bmatrix}b_1\\ b_2\end{bmatrix},a_{12}=a_{21}$$

由式(2.9)得梯度的模为

$$\|\nabla f(\boldsymbol{X})\|=\sqrt{\left(\frac{\partial f(\boldsymbol{X})}{\partial x_1}\right)^2+\left(\frac{\partial f(\boldsymbol{X})}{\partial x_2}\right)^2}=\sqrt{(a_{11}x_1+a_{12}x_2+b_1)^2+(a_{12}x_1+a_{22}x_2+b_2)^2}$$

**解法 2** 该函数属于一般的二次函数,写成向量矩阵形式则为

$$f(\boldsymbol{X})=\frac{1}{2}\boldsymbol{X}^{\mathrm{T}}\boldsymbol{A}\boldsymbol{X}+\boldsymbol{B}^{\mathrm{T}}\boldsymbol{X}+\boldsymbol{C}$$

由式(2.15)知其梯度为

$$\nabla f(\boldsymbol{X})=\boldsymbol{A}\boldsymbol{X}+\boldsymbol{B}$$

结果与解法 1 相同。

**【例 2.4】** 求目标函数 $f(\boldsymbol{X})=f(x_1,x_2)=x_1^2+x_2^2-4x_1+4$ 在点 $\boldsymbol{X}^{(1)}=[3\quad 2]^{\mathrm{T}}$ 和点 $\boldsymbol{X}^{(2)}=[2\quad 0]^{\mathrm{T}}$ 的梯度。

**解** 由式(2.8)可得函数的梯度为

$$\nabla f(\boldsymbol{X})=\begin{bmatrix}\frac{\partial f(\boldsymbol{X})}{\partial x_1}\\ \frac{\partial f(\boldsymbol{X})}{\partial x_2}\end{bmatrix}=\begin{bmatrix}2x_1-4\\ 2x_2\end{bmatrix}$$

点 $\boldsymbol{X}^{(1)}=[3\quad 2]^{\mathrm{T}}$ 的梯度为

$$\nabla f(\boldsymbol{X}^{(1)})=\begin{bmatrix}\dfrac{\partial f(\boldsymbol{X})}{\partial x_1}\\\dfrac{\partial f(\boldsymbol{X})}{\partial x_2}\end{bmatrix}_{\substack{x_1=3\\x_2=2}}=\begin{bmatrix}2x_1-4\\2x_2\end{bmatrix}_{\substack{x_1=3\\x_2=2}}=\begin{bmatrix}2\\4\end{bmatrix}$$

该点的梯度表示如图 2.5 所示，图中同心圆族是函数 $f(\boldsymbol{X})$ 的等值线，在点 $\boldsymbol{X}^{(1)}=[3\quad 2]^{\mathrm{T}}$ 作与 $x_1$ 轴交角成 $\alpha=\arctan\dfrac{4}{2}$ 的向量就是该点的梯度，可以看出，梯度方向是等值线上该点切线 $t-t$ 的法线方向。

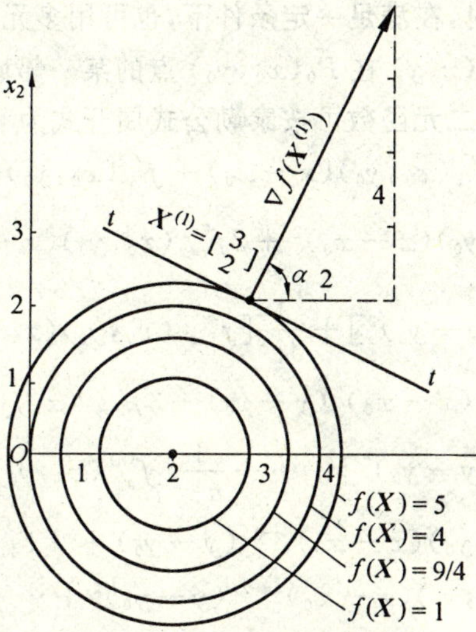


图 2.5　函数的梯度表示

在点 $\boldsymbol{X}^{(2)}=[2\quad 0]^{\mathrm{T}}$ 的梯度为

$$\nabla f(\boldsymbol{X}^{(2)})=\begin{bmatrix}\dfrac{\partial f(\boldsymbol{X})}{\partial x_1}\\\dfrac{\partial f(\boldsymbol{X})}{\partial x_2}\end{bmatrix}_{\substack{x_1=2\\x_2=0}}=\begin{bmatrix}2x_1-4\\2x_2\end{bmatrix}_{\substack{x_1=2\\x_2=0}}=\begin{bmatrix}0\\0\end{bmatrix}$$

上式表示在点 $\boldsymbol{X}^{(2)}=[2\quad 0]^{\mathrm{T}}$ 的梯度为零，即在该点沿 $x_1$ 轴和 $x_2$ 轴的函数变化率都为零，这个点就是函数的极值点。第 1 章第 2 节曾经分析过这个二元函数的无约束极小点为 $[2\quad 0]^{\mathrm{T}}$。由此可证实上述的结论：若函数在某一点有极值，则该点的所有的一阶偏导数必定等于零，即梯度 $\nabla f=\mathbf{0}$。

## 2.2　多元函数的泰勒(Taylor)展开式

多元目标函数可能是很复杂的函数，为了便于研究函数的极值问题，在保证足够精度的前提下，往往将原目标函数在所讨论的点附近展开泰勒多项式，用来近似原来函数。泰勒展开式在优化方法中十分重要，许多方法及其收敛性的证明都是从它出发的。

当目标函数为一元函数时，由泰勒公式可知：若函数 $f(x)$ 在含有 $x_0$ 点的某个开区间 $(a,b)$ 内具有直到 $(n+1)$ 阶导数，则当 $x$ 在 $(a,b)$ 内时，$f(x)$ 可以表示为 $(x-x_0)$ 的一个 $n$

次多项式与一个余项 $R_n(x)$ 的和,即

$$f(x)=f(x_0)+\frac{f'(x_0)}{1!}(x-x_0)+\frac{f''(x_0)}{2!}(x-x_0)^2+\cdots+\frac{f^{(n)}(x_0)}{n!}(x-x_0)^n+R_n$$

在实际计算中,忽略二阶以上的高阶微量,只取前 3 项,则目标函数可以近似表达为

$$f(x)\approx f(x_0)+f'(x_0)(x-x_0)+\frac{1}{2}f''(x_0)(x-x_0)^2 \tag{2.16}$$

或

$$\Delta f(x)=f(x)-f(x_0)\approx f'(x_0)\Delta x+\frac{1}{2}f''(x_0)\Delta x^2$$

当目标函数为多元函数时,在满足一定条件下,也可用多元多项式作为它的近似函数。例如,对于二阶函数,若 $z=f(x,y)$ 在 $P_0(x_0,y_0)$ 点的某一邻域内有一阶直到 $(n+1)$ 阶的连续偏导数,则在这个邻域内二元函数可按泰勒公式展开式为

$$\begin{aligned}f(x,y)=&f(x_0,y_0)+f'_x(x_0,y_0)(x-x_0)+f'_y(x_0,y_0)(y-y_0)+\\&\frac{1}{2!}[f''_{x^2}(x_0,y_0)(x-x_0)^2+2f''_{xy}(x_0,y_0)(x-x_0)(y-y_0)+\\&f''_{y^2}(x_0,y_0)(y-y_0)^2]+\frac{1}{3!}[f'''_{x^3}(x_0,y_0)(x-x_0)^3+\\&3f''_{x^2y}(x_0,y_0)(x-x_0)^2(y-y_0)+3f''_{xy^2}(x_0,y_0)(x-x_0)(y-y_0)^2+\\&f'''_{y^3}(x_0,y_0)(y-y_0)^3]+\cdots+\frac{1}{n!}[f^{(n)}_{x^n}(x_0,y_0)(x-x_0)^n+\\&C_n^1f^{(n)}_{x^{(n-1)}y}(x_0,y_0)(x-x_0)^{(n-1)}(y-y_0)+\\&C_n^2f^{(n)}_{x^{(n-2)}y^2}(x_0,y_0)(x-x_0)^{(n-2)}(y-y_0)^2+\cdots+\\&C_n^nf^{(n)}_{y^n}(x_0,y_0)(y-y_0)^n]+R_n\end{aligned}$$

若忽略二阶以上的各阶微量,则二元函数可近似地展开为

$$\begin{aligned}f(x,y)\approx&f(x_0,y_0)+f'_x(x_0,y_0)(x-x_0)+f'_y(x_0,y_0)(y-y_0)+\\&\frac{1}{2}[f''_{x^2}(x_0,y_0)(x-x_0)^2+2f''_{xy}(x_0,y_0)(x-x_0)(y-y_0)+\\&f''_{y^2}(x_0,y_0)(y-y_0)^2]\end{aligned} \tag{2.17}$$

若以向量矩阵形式表示,则二元函数 $f(\boldsymbol{X})$,其中 $\boldsymbol{X}=[x_1\quad x_2]^{\mathrm{T}}$,在函数上某点 $\boldsymbol{X}^{(0)}$ 展开成泰勒二次多项式为

$$\begin{aligned}f(\boldsymbol{X})\approx&f(\boldsymbol{X}^{(0)})+\frac{\partial f(\boldsymbol{X}^{(0)})}{\partial x_1}\mathrm{d}x_1+\frac{\partial f(\boldsymbol{X}^{(0)})}{\partial x_2}\mathrm{d}x_2+\\&\frac{1}{2}\left[\frac{\partial^2 f(\boldsymbol{X}^{(0)})}{\partial x_1^2}(\mathrm{d}x_1)^2+2\frac{\partial^2 f(\boldsymbol{X}^{(0)})}{\partial x_1\partial x_2}\mathrm{d}x_1\mathrm{d}x_2+\frac{\partial^2 f(\boldsymbol{X}^{(0)})}{\partial x_2^2}(\mathrm{d}x_2)^2\right]\end{aligned}$$

或

$$\begin{aligned}f(\boldsymbol{X})\approx&f(\boldsymbol{X}^{(0)})+\begin{bmatrix}\dfrac{\partial f(\boldsymbol{X}^{(0)})}{\partial x_1}&\dfrac{\partial f(\boldsymbol{X}^{(0)})}{\partial x_2}\end{bmatrix}\begin{bmatrix}\mathrm{d}x_1\\\mathrm{d}x_2\end{bmatrix}+\\&\frac{1}{2}[\mathrm{d}x_1\quad\mathrm{d}x_2]\begin{bmatrix}\dfrac{\partial^2 f(\boldsymbol{X}^{(0)})}{\partial x_1^2}&\dfrac{\partial^2 f(\boldsymbol{X}^{(0)})}{\partial x_1\partial x_2}\\\dfrac{\partial^2 f(\boldsymbol{X}^{(0)})}{\partial x_1\partial x_2}&\dfrac{\partial^2 f(\boldsymbol{X}^{(0)})}{\partial x_2^2}\end{bmatrix}\begin{bmatrix}\mathrm{d}x_1\\\mathrm{d}x_2\end{bmatrix}\end{aligned}$$

由式(2.8)知目标函数的梯度为

$$\nabla f(\boldsymbol{X}^{(0)})=\left[\frac{\partial f(\boldsymbol{X}^{(0)})}{\partial x_1}\quad \frac{\partial f(\boldsymbol{X}^{(0)})}{\partial x_2}\right]^{\mathrm{T}}$$

故上式可改写成

$$f(\boldsymbol{X})\approx f(\boldsymbol{X}^{(0)})+[\nabla f(\boldsymbol{X}^{(0)})]^{\mathrm{T}}[\boldsymbol{X}-\boldsymbol{X}^{(0)}]+\frac{1}{2}[\boldsymbol{X}-\boldsymbol{X}^{(0)}]^{\mathrm{T}}\nabla^2 f(\boldsymbol{X}^{(0)})[\boldsymbol{X}-\boldsymbol{X}^{(0)}] \tag{2.18}$$

$$\nabla^2 f(\boldsymbol{X}^{(0)})=\begin{bmatrix}\dfrac{\partial^2 f(\boldsymbol{X}^{(0)})}{\partial x_1^2} & \dfrac{\partial^2 f(\boldsymbol{X}^{(0)})}{\partial x_1\partial x_2}\\ \dfrac{\partial^2 f(\boldsymbol{X}^{(0)})}{\partial x_2\partial x_1} & \dfrac{\partial^2 f(\boldsymbol{X}^{(0)})}{\partial x_2^2}\end{bmatrix} \tag{2.19}$$

对于$n$元函数，在$\boldsymbol{X}^{(0)}$点展开的泰勒多项式具有与式(2.18)完全相同的形式，只是其中

$$\boldsymbol{X}=[x_1\quad x_2\quad \cdots\quad x_n]^{\mathrm{T}}$$

$$\nabla f(\boldsymbol{X}^{(0)})=\left[\frac{\partial f(\boldsymbol{X}^{(0)})}{\partial x_1}\quad \frac{\partial f(\boldsymbol{X}^{(0)})}{\partial x_2}\quad \cdots\quad \frac{\partial f(\boldsymbol{X}^{(0)})}{\partial x_n}\right]^{\mathrm{T}}$$

$$\nabla^2 f(\boldsymbol{X}^{(0)})=\begin{bmatrix}\dfrac{\partial^2 f(\boldsymbol{X}^{(0)})}{\partial x_1^2} & \dfrac{\partial^2 f(\boldsymbol{X}^{(0)})}{\partial x_1\partial x_2} & \cdots & \dfrac{\partial^2 f(\boldsymbol{X}^{(0)})}{\partial x_1\partial x_n}\\ \dfrac{\partial^2 f(\boldsymbol{X}^{(0)})}{\partial x_2\partial x_1} & \dfrac{\partial^2 f(\boldsymbol{X}^{(0)})}{\partial x_2^2} & \cdots & \dfrac{\partial^2 f(\boldsymbol{X}^{(0)})}{\partial x_2\partial x_n}\\ \vdots & \vdots & & \vdots\\ \dfrac{\partial^2 f(\boldsymbol{X}^{(0)})}{\partial x_n\partial x_1} & \dfrac{\partial^2 f(\boldsymbol{X}^{(0)})}{\partial x_n\partial x_2} & \cdots & \dfrac{\partial^2 f(\boldsymbol{X}^{(0)})}{\partial x_n^2}\end{bmatrix} \tag{2.20}$$

式(2.20)中等号右边的这种由二阶偏导数构成的$n\times n$阶对称矩阵，称为海色矩阵(Hessian's Matrix)。

## 2.3 无约束优化问题的极值条件

无约束优化问题一般归结为寻求目标函数的极值问题。极值是函数的极大值和极小值的统称，使函数取得极值的点称为极值点。对于多变量复杂的目标函数，当函数不是单峰函数时，则有几个极值点，各个极值点都称为局部极值点，或局部最优点。在这种情况下，一般先求出若干极值点，然后通过比较来确定函数的全局极值点，即全局最优点。本节主要介绍多元函数的局部极值问题。

### 2.3.1 一元函数的极值条件

由高等数学中的极值概念可知，任何一个单值、连续、可微分的不受任何约束的一元函数$y=f(x)$在$x=x_0$点处有极值的充分必要条件是

$$f'(x_0)=0 \text{ 和 } f''(x_0)\begin{cases}>0 & \text{极小值(见图 2.6(a))}\\ <0 & \text{极大值(见图 2.6(b))}\end{cases} \tag{2.21}$$

通常称一阶导数等于零的点为驻点，所以函数的极值点一定是驻点，但驻点不一定是极值点，例如，拐点($f'(x_0)=0$，$f''(x_0)=0$，见图2.6(c))。

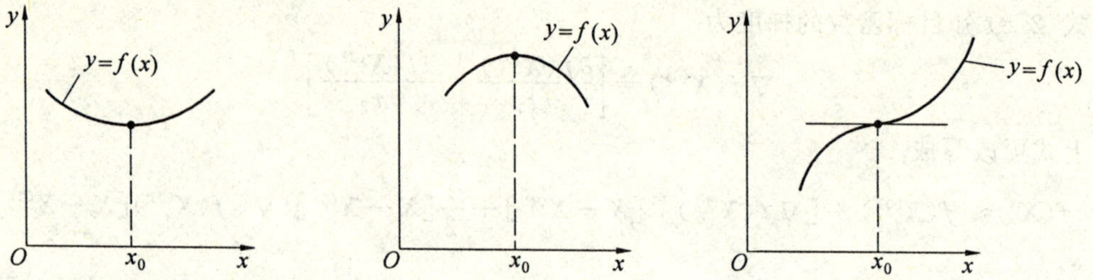


(a)极小点 (b)极大点 (c)驻点

图 2.6 一元函数的极值点

### 2.3.2 二元函数的极值条件

对于二维设计问题，即对二元函数 $z=f(x,y)$ 来说，可以用一个空间曲面来说明，如图2.7所示。

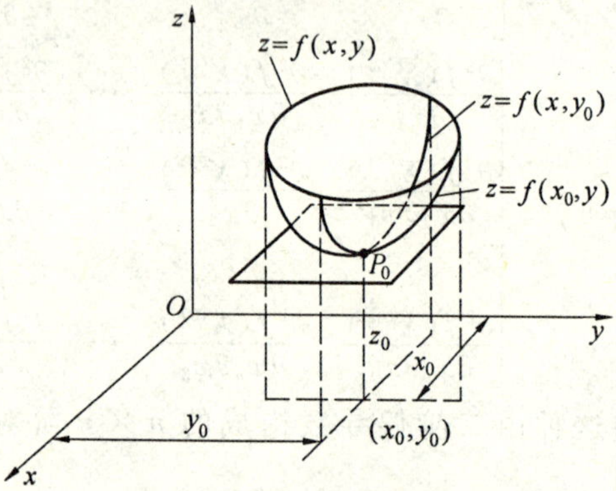


图 2.7 二元函数的极值点

若二元函数在某点 $P_0(x_0,y_0)$ 有极小值，则过 $P_0$ 点分别垂直于 $x,y$ 轴的平面与该曲面的交线 $z=f(x_0,y)$，$z=f(x,y_0)$ 亦必同时在 $P_0$ 点处有极小值，而这两条曲线为一元函数。如果它们在给定区间是连续的，且处处有导数，则它们在 $P_0$ 点处存在极值的必要条件是一阶导数为零。由此可见，二元函数 $z=f(x,y)$ 在某点 $P_0(x_0,y_0)$ 存在极值的必要条件应为

$$\frac{\partial f(x_0,y_0)}{\partial x}=f'_x(x_0,y_0)=0$$

$$\frac{\partial f(x_0,y_0)}{\partial y}=f'_y(x_0,y_0)=0$$

同一元函数一样，满足上述条件的是一个驻点。

例如，二元函数 $z=f(x,y)=y^2-x^2$ 的驻点，可通过令一阶偏导数等于零来求得，即

$$\frac{\partial f(x,y)}{\partial x}=-2x=0$$

$$\frac{\partial f(x,y)}{\partial y}=2y=0$$

所以，原点(0,0)是函数的驻点。在以 $x,y$ 和 $z$ 为坐标轴的三维空间中，此二元函数表示为曲面，如图2.8所示。从图中看到坐标原点对一元函数 $z=-x^2$ 来说，是极大值点；而对于一

元函数 $z=y^2$ 来说，则是极小值点，所以原点(0,0)不是该二元函数的极值点。由于曲线像马鞍形，所以这个驻点通常称为鞍点。由此可见，满足上述条件的点只能说明是驻点，是否为极值点尚需引出充分条件来判断。

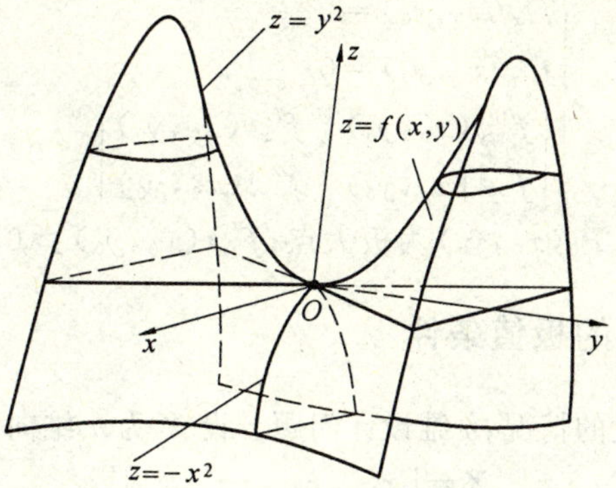


图 2.8 驻点不是极值点而是鞍点

设二元函数 $z=f(x,y)$ 在某点 $P_0(x_0,y_0)$ 处有驻点，且在该点附近函数连续并有一阶、二阶偏导数，用泰勒公式将 $f(x,y)$ 展开成的 $(x-x_0)$，$(y-y_0)$ 多项式，并忽略二阶以上的各阶微量，则可近似地写为

$$f(x,y)\approx f(x_0,y_0)+f'_x(x_0,y_0)(x-x_0)+f'_y(x_0,y_0)(y-y_0)+$$
$$\frac{1}{2}[f''_{x^2}(x_0,y_0)(x-x_0)^2+f''_{xy}(x_0,y_0)(x-x_0)(y-y_0)+$$
$$f''_{yx}(x_0,y_0)(y-y_0)(x-x_0)+f''_{y^2}(x_0,y_0)(y-y_0)^2]$$

因在驻点 $P_0(x_0,y_0)$ 处 $f'_x(x_0,y_0)=f'_y(x_0,y_0)=0$，而 $f''_{xy}(x_0,y_0)=f''_{yx}(x_0,y_0)$，且令 $x=x_0+\Delta x$，$y=y_0+\Delta y$，则上式可改为

$$f(x_0+\Delta x,y_0+\Delta y)-f(x_0,y_0)=\frac{1}{2}[f''_{x^2}(x_0,y_0)(\Delta x)^2+2f''_{xy}(x_0,y_0)\Delta x\Delta y+$$
$$f''_{y^2}(x_0,y_0)\Delta y^2]=D \tag{2.22}$$

从上式不难看出，当 $\Delta x$，$\Delta y$ 在 $P_0(x_0,y_0)$ 点附近范围内变动时，若 $D$ 值恒为正值，则 $f(x_0,y_0)$ 为极小值，$P_0(x_0,y_0)$ 点为极小点；若 $D$ 值恒为负值，则 $f(x_0,y_0)$ 为极大值，$P_0(x_0,y_0)$ 点为极大点；若 $D$ 值在 $P_0(x_0,y_0)$ 点两侧的符号不同时，则 $P_0(x_0,y_0)$ 点虽是驻点，但不是极值点。

式(2.22)的方括号中，是 $\Delta x$，$\Delta y$ 的二次三项式。若令 $f''_{x^2}(x_0,y_0)=A$，$f''_{xy}(x_0,y_0)=B$，$f''_{y^2}(x_0,y_0)=C$，则二次三项式可写成

$$A\Delta x^2+2B\Delta x\Delta y+C\Delta y^2=\frac{1}{A}(A^2\Delta x^2+2AB\Delta x\Delta y+AC\Delta y^2)=$$
$$\frac{1}{A}[(A\Delta x+B\Delta y)^2+(AC-B^2)\Delta y^2]=$$
$$2D$$

由上式及式(2.22)可知，若 $AC-B^2>0$ 或

$$[f''_{xy}(x_0,y_0)]^2<f''_{x^2}(x_0,y_0)f''_{y^2}(x_0,y_0) \tag{2.23}$$

则 $D$ 值保持恒定符号，且除 $\Delta x=0$，$\Delta y=0$ 外，$D$ 值的符号与 $f''_{x^2}(x_0,y_0)=A$ 相同。若

$f''_{x^2}(x_0,y_0)<0$,则 $P_0(x_0,y_0)$ 为极大点;若 $f''_{x^2}(x_0,y_0)>0$,则 $P_0(x_0,y_0)$ 为极小点。

因此,若二元函数 $z=f(x,y)$ 在 $P_0(x_0,y_0)$ 点的某个邻域内有连续二阶偏导数,则在该点存在极值的充分必要条件是

$$\begin{cases} f'_x(x_0,y_0)=0 \\ f'_y(x_0,y_0)=0 \\ \begin{vmatrix} f''_{xy}(x_0,y_0) & f''_{x^2}(x_0,y_0) \\ f''_{y^2}(x_0,y_0) & f''_{xy}(x_0,y_0) \end{vmatrix} < 0 \end{cases} \tag{2.24}$$

且 $f''_{x^2}(x_0,y_0)<0$ 时,则 $P_0(x_0,y_0)$ 为极大点;$f''_{x^2}(x_0,y_0)>0$ 时,$P_0(x_0,y_0)$ 为极小点。

### 2.3.3 多元函数的极值条件

现在研究一下更一般的情况,$n$ 维设计问题。设 $\boldsymbol{X}$ 为 $n$ 维向量,即

$$\boldsymbol{X}=[x_1 \quad x_2 \quad \cdots \quad x_n]^{\mathrm{T}}$$

若函数 $f(\boldsymbol{X})=f(x_1,x_2,\cdots,x_n)$ 在某一点 $\boldsymbol{X}^{(0)}$ 附近连续且恒有

$$f(\boldsymbol{X}^{(0)})<f(\boldsymbol{X}) \text{ 或 } f(\boldsymbol{X}^{(0)})>f(\boldsymbol{X})$$

则称 $\boldsymbol{X}$ 点为极值点(极小点或极大点),在极值点处显然满足条件

$$\frac{\partial f(\boldsymbol{X}^{(0)})}{\partial x_i}=0 \quad (i=1,2,\cdots,n) \tag{2.25}$$

前面已经讲到,由偏导数 $\dfrac{\partial f(\boldsymbol{X})}{\partial x_i}=0(i=1,2,\cdots,n)$ 表示的向量,称为函数的梯度,并以 $\nabla f(\boldsymbol{X})$ 表示。由此可以得出一条重要的结论,即如果在 $\boldsymbol{X}^{(0)}$ 点处函数 $f(\boldsymbol{X})$ 有极值时,那么 $f(\boldsymbol{X})$ 在 $\boldsymbol{X}^{(0)}$ 点处的梯度为零向量,即

$$\nabla f(\boldsymbol{X}^{(0)})=\left[\frac{\partial f(\boldsymbol{X}^{(0)})}{\partial x_1} \quad \frac{\partial f(\boldsymbol{X}^{(0)})}{\partial x_2} \quad \cdots \quad \frac{\partial f(\boldsymbol{X}^{(0)})}{\partial x_n}\right]^{\mathrm{T}}=[0 \quad 0 \quad \cdots \quad 0]^{\mathrm{T}}=\boldsymbol{0} \tag{2.26}$$

式(2.25)和式(2.26)是 $n$ 元函数存在极值的必要条件,下面推导充分条件。

若 $n$ 元函数 $f(\boldsymbol{X})$ 在 $\boldsymbol{X}^{(0)}$ 点的某一邻域内连续且有直到 $(n+1)$ 阶的连续导数,则在该点附近用泰勒公式将 $f(\boldsymbol{X})$ 展开后得

$$f(\boldsymbol{X})\approx f(\boldsymbol{X}^{(0)})+\sum_{i=1}^{n}\frac{\partial f(\boldsymbol{X}^{(0)})}{\partial x_i}(x_i-x_i^{(0)})+\frac{1}{2}\sum_{j=1}^{n}\sum_{i=1}^{n}(x_i-x_i^{(0)})(x_j-x_j^{(0)}) \tag{2.27}$$

或写成向量矩阵的形式

$$f(\boldsymbol{X})\approx f(\boldsymbol{X}^{(0)})+[\nabla f(\boldsymbol{X}^{(0)})]^{\mathrm{T}}[\boldsymbol{X}-\boldsymbol{X}^{(0)}]+\frac{1}{2}[\boldsymbol{X}-\boldsymbol{X}^{(0)}]^{\mathrm{T}}\nabla^2 f(\boldsymbol{X}^{(0)})[\boldsymbol{X}-\boldsymbol{X}^{(0)}] \tag{2.28}$$

式中,$\nabla^2 f(\boldsymbol{X}^{(0)})$ 为 $f(\boldsymbol{X})$ 在 $\boldsymbol{X}^{(0)}$ 点的二阶偏导数矩阵,或即 $f(\boldsymbol{X})$ 的海色矩阵(见式(2.20))。

因为 $\boldsymbol{X}^{(0)}$ 点为极值点,故 $\nabla f(\boldsymbol{X}^{(0)})=0$,则式(2.28)可改写成

$$f(\boldsymbol{X})-f(\boldsymbol{X}^{(0)})\approx\frac{1}{2}[\boldsymbol{X}-\boldsymbol{X}^{(0)}]^{\mathrm{T}}\nabla^2 f(\boldsymbol{X}^{(0)})[\boldsymbol{X}-\boldsymbol{X}^{(0)}] \tag{2.29}$$

令海色矩阵 $\nabla^2 f(\boldsymbol{X}^{(0)})=\boldsymbol{H}(\boldsymbol{X}^{(0)})$,则上式可改写成

$$f(\boldsymbol{X})-f(\boldsymbol{X}^{(0)})\approx\frac{1}{2}[\boldsymbol{X}-\boldsymbol{X}^{(0)}]^{\mathrm{T}}\boldsymbol{H}(\boldsymbol{X}^{(0)})[\boldsymbol{X}-\boldsymbol{X}^{(0)}] \tag{2.30}$$

在 $\boldsymbol{X}^{(0)}$ 点附近的领域内，若对一切的 $\boldsymbol{X}$ 恒有

$$f(\boldsymbol{X})-f(\boldsymbol{X}^{(0)})>0\ 或[\boldsymbol{X}-\boldsymbol{X}^{(0)}]^{\mathrm{T}}\boldsymbol{H}(\boldsymbol{X}^{(0)})[\boldsymbol{X}-\boldsymbol{X}^{(0)}]>0 \tag{2.31}$$

则 $\boldsymbol{X}^{(0)}$ 点为极小点，否则当对一切的 $\boldsymbol{X}$ 恒有

$$f(\boldsymbol{X})-f(\boldsymbol{X}^{(0)})<0\ 或[\boldsymbol{X}-\boldsymbol{X}^{(0)}]^{\mathrm{T}}\boldsymbol{H}(\boldsymbol{X}^{(0)})[\boldsymbol{X}-\boldsymbol{X}^{(0)}]<0 \tag{2.32}$$

时，则 $\boldsymbol{X}^{(0)}$ 点为极大点。

根据矩阵理论知识，若要满足式(2.31)，海色矩阵 $\boldsymbol{H}(\boldsymbol{X}^{(0)})$ 必须为正定(Positive Definite Matrix)，即 $f(\boldsymbol{X})$ 在 $\boldsymbol{X}^{(0)}$ 点具有极小值的充分条件是海色矩阵在该点附近为正定；若要满足式(2.32)，海色矩阵 $\boldsymbol{H}(\boldsymbol{X}^{(0)})$ 必须为负定(Negative Definite Matrix)，即 $f(\boldsymbol{X})$ 在 $\boldsymbol{X}^{(0)}$ 点具有极大值的充分必要条件是海色矩阵在该点附近为负定。

因此，$n$ 元函数 $f(\boldsymbol{X})=f(x_1,x_2,\cdots,x_n)$ 在点 $\boldsymbol{X}^{(0)}$ 处存在极值的充分必要条件是

(1) 各项一阶偏导数为零，即

$$\frac{\partial f(\boldsymbol{X}^{(0)})}{\partial x_i}=0\quad(i=1,2,\cdots,n)\ 或\ \nabla f(\boldsymbol{X}^{(0)})=\boldsymbol{0}$$

(2) 海色矩阵为正定或负定，即

$$\nabla^2 f(\boldsymbol{X}^{(0)})=\boldsymbol{H}(\boldsymbol{X}^{(0)})=\begin{bmatrix}\frac{\partial^2 f(\boldsymbol{X}^{(0)})}{\partial x_1^2} & \frac{\partial^2 f(\boldsymbol{X}^{(0)})}{\partial x_1\partial x_2} & \cdots & \frac{\partial^2 f(\boldsymbol{X}^{(0)})}{\partial x_1\partial x_n}\\ \frac{\partial^2 f(\boldsymbol{X}^{(0)})}{\partial x_2\partial x_1} & \frac{\partial^2 f(\boldsymbol{X}^{(0)})}{\partial x_2^2} & \cdots & \frac{\partial^2 f(\boldsymbol{X}^{(0)})}{\partial x_2\partial x_n}\\ \vdots & \vdots & & \vdots\\ \frac{\partial^2 f(\boldsymbol{X}^{(0)})}{\partial x_n\partial x_1} & \frac{\partial^2 f(\boldsymbol{X}^{(0)})}{\partial x_n\partial x_2} & \cdots & \frac{\partial^2 f(\boldsymbol{X}^{(0)})}{\partial x_n^2}\end{bmatrix} \tag{2.33}$$

为正定或负定。且当 $\boldsymbol{H}(\boldsymbol{X}^{(0)})$ 为正定时，$\boldsymbol{X}^{(0)}$ 为极小点；$\boldsymbol{H}(\boldsymbol{X}^{(0)})$ 为负定时，$\boldsymbol{X}^{(0)}$ 为极大点；当 $\boldsymbol{H}(\boldsymbol{X}^{(0)})$ 既不是正定的，也不是负定的，则此时的驻点为鞍点。

在线性代数中已证明，任一正方阵 $\boldsymbol{A}$ 为正定时，则任一向量 $\boldsymbol{X}$ 能使 $\boldsymbol{X}^{\mathrm{T}}\boldsymbol{A}\boldsymbol{X}$ 的值恒大于零。检验方法是计算正方阵 $\boldsymbol{A}$ 的每一主子式，它们的值均应恒大于零，即当 $\boldsymbol{A}=|a_{ij}|$ 时，应有

$$a_{11}>0,\begin{vmatrix}a_{11} & a_{12}\\ a_{21} & a_{22}\end{vmatrix}>0,\begin{vmatrix}a_{11} & a_{12} & a_{13}\\ a_{21} & a_{22} & a_{23}\\ a_{31} & a_{32} & a_{33}\end{vmatrix}>0,\cdots,\begin{vmatrix}a_{11} & a_{12} & \cdots & a_{1n}\\ a_{21} & a_{22} & \cdots & a_{2n}\\ \vdots & \vdots & & \vdots\\ a_{n1} & a_{n2} & \cdots & a_{nn}\end{vmatrix}>0 \tag{2.34a}$$

对于负定的情况，以上各阶主子式的行列式的值，应负、正交替地变化符号，即当 $\boldsymbol{A}=[a_{ij}]$ 时，应有

$$a_{11}<0,\begin{vmatrix}a_{11} & a_{12}\\ a_{21} & a_{22}\end{vmatrix}>0,\begin{vmatrix}a_{11} & a_{12} & a_{13}\\ a_{21} & a_{22} & a_{23}\\ a_{31} & a_{32} & a_{33}\end{vmatrix}<0,\cdots,\begin{vmatrix}a_{11} & a_{12} & \cdots & a_{1n}\\ a_{21} & a_{22} & \cdots & a_{2n}\\ \vdots & \vdots & & \vdots\\ a_{n1} & a_{n2} & \cdots & a_{nn}\end{vmatrix}(-1)^n>0 \tag{2.34b}$$

**【例 2.5】** 试证明函数 $f(\boldsymbol{X})=x_1^4-2x_1^2x_2+x_1^2+x_2^2-4x_1+5$ 在点 $\boldsymbol{X}^{(0)}=[2\quad 4]^{\mathrm{T}}$ 处

具有极小值。

**证明** 计算 $f(\boldsymbol{X})$ 函数的一阶和二阶偏导数

$$\frac{\partial f(\boldsymbol{X})}{\partial x_1}=4x_1^3-4x_1x_2+2x_1-4$$

$$\frac{\partial f(\boldsymbol{X})}{\partial x_2}=-2x_1^2+2x_2$$

$$\frac{\partial f^2(\boldsymbol{X})}{\partial x_1^2}=12x_1^2-4x_2+2$$

$$\frac{\partial f^2(\boldsymbol{X})}{\partial x_1x_2}=-4x_1$$

$$\frac{\partial f^2(\boldsymbol{X})}{\partial x_2^2}=2$$

将 $x_1^{(0)}=2, x_2^{(0)}=4$ 代入得

$$\frac{\partial f(\boldsymbol{X}^{(0)})}{\partial x_1}=\frac{\partial f(\boldsymbol{X}^{(0)})}{\partial x_2}=0$$

即

$$\nabla f(\boldsymbol{X}^{(0)})=\begin{bmatrix}\dfrac{\partial f(\boldsymbol{X}^{(0)})}{\partial x_1}\\ \dfrac{\partial f(\boldsymbol{X}^{(0)})}{\partial x_2}\end{bmatrix}=\begin{bmatrix}0\\0\end{bmatrix}=\boldsymbol{0}$$

存在极值的必要条件成立，海色矩阵

$$\boldsymbol{H}(\boldsymbol{X}^{(0)})=\begin{bmatrix}\dfrac{\partial f^2(\boldsymbol{X}^{(0)})}{\partial x_1^2} & \dfrac{\partial f^2(\boldsymbol{X}^{(0)})}{\partial x_1x_2}\\ \dfrac{\partial f^2(\boldsymbol{X}^{(0)})}{\partial x_2x_1} & \dfrac{\partial f^2(\boldsymbol{X}^{(0)})}{\partial y_1^2}\end{bmatrix}=\begin{bmatrix}34 & -8\\ -8 & 2\end{bmatrix}$$

因 $a_{11}=34>0$，$\begin{vmatrix}34 & -8\\ -8 & 2\end{vmatrix}=4>0$，所以 $\boldsymbol{H}(\boldsymbol{X}^{(0)})$ 为正定，存在极小值的充分条件亦成立。

故该函数 $f(\boldsymbol{X})$ 在点 $\boldsymbol{X}^{(0)}=[2\quad 4]^{\mathrm{T}}$ 处有极小值。将 $x_1^{(0)}=2, x_2^{(0)}=4$ 代入 $f(\boldsymbol{X})$ 后得极小值为 1。

**【例 2.6】** 求函数 $f(\boldsymbol{X})=4+4.5x_1-4x_2+x_1^2+2x_2^2-2x_1x_2+x_1^4-2x_1^2x_2$ 的极值点。

**解** 计算 $f(\boldsymbol{X})$ 函数的一阶偏导数

$$\frac{\partial f(\boldsymbol{X})}{\partial x_1}=4.5+2x_1-2x_2+4x_1^3-4x_1x_2$$

$$\frac{\partial f(\boldsymbol{X})}{\partial x_2}=-4+4x_2-2x_1-2x_1^2$$

解联立方程式，得 3 个驻点

$$\boldsymbol{X}^{(1)}=\begin{bmatrix}1.941\\3.854\end{bmatrix},\boldsymbol{X}^{(2)}=\begin{bmatrix}-1.053\\1.028\end{bmatrix},\boldsymbol{X}^{(3)}=\begin{bmatrix}0.6117\\1.4929\end{bmatrix}$$

计算 3 个驻点的海色矩阵 $\boldsymbol{H}(\boldsymbol{X}^{(1)})$，$\boldsymbol{H}(\boldsymbol{X}^{(2)})$，$\boldsymbol{H}(\boldsymbol{X}^{(3)})$，并判定其正定性。

经计算（参照【例 2.5】，略），海色矩阵 $\boldsymbol{H}(\boldsymbol{X}^{(1)})$，$\boldsymbol{H}(\boldsymbol{X}^{(2)})$ 为正定，而 $\boldsymbol{H}(\boldsymbol{X}^{(3)})$ 为不定。故

点 $\boldsymbol{X}^{(1)}=\begin{bmatrix}1.941\\3.854\end{bmatrix}$，$\boldsymbol{X}^{(2)}=\begin{bmatrix}-1.053\\1.028\end{bmatrix}$ 为极小点，极小值分别为 $f(\boldsymbol{X}^{(1)})=0.9855$ 和 $f(\boldsymbol{X}^{(2)})=-0.5134$。

## 2.4 凸集、凸函数与凸规划

由函数极值条件所确定的极小点 $\boldsymbol{X}^*$，是指函数 $f(\boldsymbol{X})$ 在点 $\boldsymbol{X}^*$ 附近的一切 $\boldsymbol{X}$ 均满足不等式

$$f(\boldsymbol{X})>f(\boldsymbol{X}^*)$$

所以称函数 $f(\boldsymbol{X})$ 在点 $\boldsymbol{X}^*$ 处取得局部极小值，称 $\boldsymbol{X}^*$ 为局部极小点（有时在局部极小值和局部极小点前还加上“严格”二字，以区别于满足不等式 $f(\boldsymbol{X})\geqslant f(\boldsymbol{X}^*)$ 的情况），因此，由函数极值条件所确定的极小点只是反映函数在 $\boldsymbol{X}^*$ 附近的局部性质。

优化设计问题一般是要求目标函数在某一区域内的最小点，也就是要求全局极小点。函数的局部极小点并不一定就是全局极小点，只有函数具备某种性质时，二者才等同，因此应对局部极小点和全局极小点之间的关系作进一步的说明。

关于这个问题，从一元函数的情况可以得到启发。设 $f(x)$ 为定义在区间 $[a,b]$ 上的一元函数，如果它的图形是下凸的，从图 2.9 中容易看出它的极小点 $x^*$ 同时也是函数 $f(x)$ 在区间 $[a,b]$ 上的最小点，我们称这样的函数具有凸性（Convexity）。如果 $f(x)$ 具有二阶导数，且 $f''(x)\geqslant 0$，则函数 $f(x)$ 向下凸，这说明函数的凸性可由二阶导数的符号来判断。为了研究多元函数 $f(\boldsymbol{X})$ 的凸性，需要首先阐明函数定义域所具有的性质，所以先介绍凸集（Convex Set）的概念。

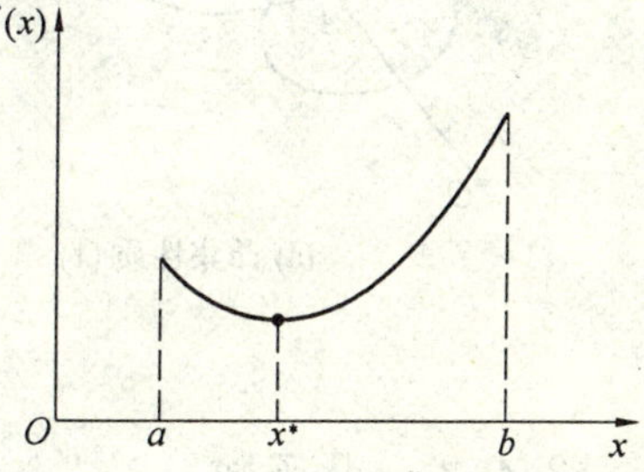


图 2.9 下凸的一元函数

### 2.4.1 凸集

一个点集（或区域），如果连接其中的任意两点 $\boldsymbol{X}^{(1)}$ 和 $\boldsymbol{X}^{(2)}$ 的线段都全部包含在该集合内，就称该点集为凸集，否则称为非凸集，如图 2.10 所示。

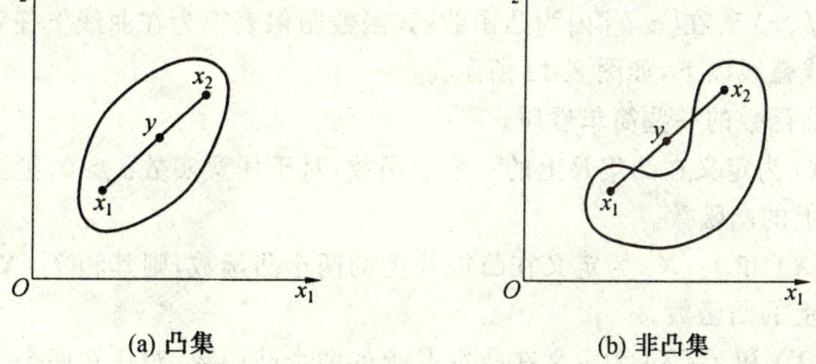


图 2.10 凸集和非凸集

凸集的概念可以用数学的语言简练地表示为：

如果对一切 $\boldsymbol{X}^{(1)} \in R, \boldsymbol{X}^{(2)} \in R$ 及一切满足 $0 \leqslant \alpha \leqslant 1$ 的实数 $\alpha$，点 $\alpha\boldsymbol{X}^{(1)} + (1-\alpha)\boldsymbol{X}^{(2)} \equiv \boldsymbol{Y} \in R$，则称集合 $R$ 为凸集。凸集既可以是有界的，也可以是无界的。$n$ 维空间中的 $r$ 维子空间也是凸集，例如三维空间中的平面。

凸集具有以下性质。

(1) 若 $A$ 是一个凸集，$\beta$ 是一个实数，$\boldsymbol{a}$ 是凸集 $A$ 中的动点，即 $\boldsymbol{a} \in A$，则集合

$$\beta A = \{\boldsymbol{X}: \boldsymbol{X} = \beta \boldsymbol{a}, \boldsymbol{a} \in A\} \tag{2.35}$$

还是凸集。当 $\beta = 2$，如图 2.11(a) 所示。

(2) 若 $A$ 和 $B$ 是凸集，$\boldsymbol{a}, \boldsymbol{b}$ 分别是凸集 $A$、$B$ 中的动点，即 $\boldsymbol{a} \in A, \boldsymbol{b} \in B$，则集合

$$A + B = \{\boldsymbol{X}: \boldsymbol{X} = \boldsymbol{a} + \boldsymbol{b}, \boldsymbol{a} \in A, \boldsymbol{b} \in B\} \tag{2.36}$$

还是凸集，如图 2.11(b) 所示。

(3) 任何一组凸集的交集还是凸集，如图 2.11(c) 所示。

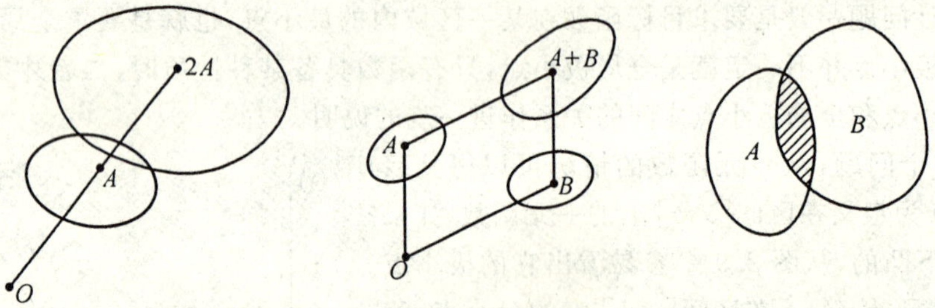


(a) 凸集性质 (1)　(b) 凸集性质 (2)　(c) 凸集性质 (3)

图 2.11　凸集的性质

### 2.4.2　凸函数

函数 $f(\boldsymbol{X})$，如果在连接其凸集定义域内任意两点的 $\boldsymbol{X}^{(1)}$、$\boldsymbol{X}^{(2)}$ 线段上，函数值总小于或等于用 $f(\boldsymbol{X}^{(1)})$ 及 $f(\boldsymbol{X}^{(2)})$ 作线性内插所得的值，那么称 $f(\boldsymbol{X})$ 为凸函数 (Convex Function)。用数学语言表达为

$$f(\alpha\boldsymbol{X}^{(1)} + (1-\alpha)\boldsymbol{X}^{(2)}) \leqslant \alpha f(\boldsymbol{X}^{(1)}) + (1-\alpha) f(\boldsymbol{X}^{(2)}) \tag{2.37a}$$

其中

$$0 \leqslant \alpha \leqslant 1 \tag{2.37b}$$

若将式(2.37a) 和(2.37b) 中的等号去掉，则称 $f(\boldsymbol{X})$ 为严格凸函数。

一元函数 $f(x)$ 若在$[a,b]$ 内为凸函数，其函数图像表现为在曲线上任意两点所连的直线不会落在曲线弧线以下，如图 2.12 所示。

下面给出凸函数的一些简单性质。

(1) 设 $f(\boldsymbol{X})$ 为定义在凸集 $R$ 上的一个凸函数，对于任意实数 $\alpha > 0$，则函数 $\alpha f(\boldsymbol{X})$ 也是定义在凸集 $R$ 上的凸函数。

(2) 设 $f_1(\boldsymbol{X})$ 和 $f_2(\boldsymbol{X})$ 为定义在凸集 $R$ 上的两个凸函数，则其和 $f_1(\boldsymbol{X}) + f_2(\boldsymbol{X})$ 也是定义在凸集 $R$ 上的凸函数。

(3) 设 $f_1(\boldsymbol{X})$ 和 $f_2(\boldsymbol{X})$ 为定义在凸集 $R$ 上的两个凸函数，对任意两个正数 $\alpha$ 和 $\beta$，则函数 $\alpha f_1(\boldsymbol{X}) + \beta f_2(\boldsymbol{X})$ 也是定义在凸集 $R$ 上的凸函数。

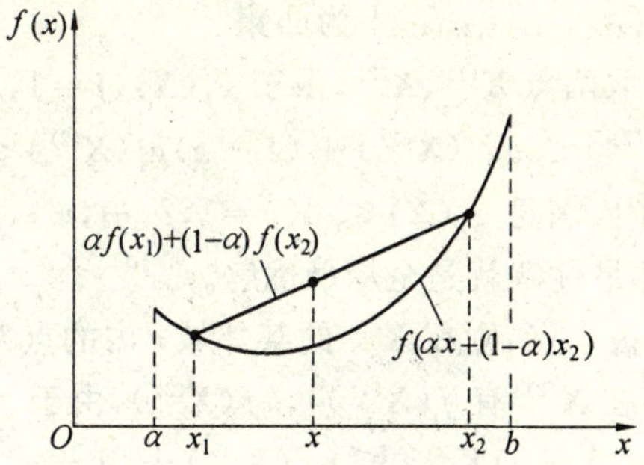


图 2.12 凸函数的定义

### 2.4.3 凸性条件

凸性条件(Convexity condition)是用来判断一个函数是否具有凸性的条件。

设 $f(\boldsymbol{X})$ 为定义在凸集 $R$ 上,且具有连续一阶导数的函数,则 $f(\boldsymbol{X})$ 在凸集 $R$ 上为凸函数的充分必要条件是对凸集 $R$ 内任意不同两点 $\boldsymbol{X}^{(1)}$、$\boldsymbol{X}^{(2)}$,不等式

$$f(\boldsymbol{X}^{(2)}) \geqslant f(\boldsymbol{X}^{(1)}) + [\boldsymbol{X}^{(2)} - \boldsymbol{X}^{(1)}]^{\mathrm{T}} \nabla f(\boldsymbol{X}^{(1)}) \tag{2.38}$$

恒成立。

这是根据函数 $f(\boldsymbol{X})$ 的一阶导数信息,即 $f(\boldsymbol{X})$ 的梯度 $\nabla f(\boldsymbol{X})$ 来判断函数的凸性。也可以用函数 $f(\boldsymbol{X})$ 的二阶导数信息,即 $f(\boldsymbol{X})$ 的海色矩阵 $\boldsymbol{H}(\boldsymbol{X})$ 来判断函数的凸性。

设 $f(\boldsymbol{X})$ 为定义在凸集 $R$ 上,且具有连续二阶导数的函数,则 $f(\boldsymbol{X})$ 在凸集 $R$ 上为凸函数的充分必要条件是海色矩阵 $\boldsymbol{H}(\boldsymbol{X})$ 在凸集 $R$ 上处处半正定(证明略)。

### 2.4.3 凸规划

对于约束优化问题

$$\min_{\boldsymbol{X}\in R^n} f(\boldsymbol{X})$$

$$\text{s.t.}\quad g_j(\boldsymbol{X}) \leqslant 0 \quad (j=1,2,\cdots,m)$$

若 $f(\boldsymbol{X})$、$g_j(\boldsymbol{X})(j=1,2,\cdots,m)$ 都为凸函数,则称此问题为凸规划(Convex Programming)。

凸规划有如下性质。

(1) 若给定一点 $\boldsymbol{X}^{(0)}$,则集合 $R=\{\boldsymbol{X} \mid {}_{f(\boldsymbol{X})\leqslant f(\boldsymbol{X}^{(0)})}\}$ 为凸集。此性质表明,当 $f(\boldsymbol{X})$ 为二元函数时,其等值线呈现大圈套小圈形式。

【证明】取集合 $R$ 中任意两点 $\boldsymbol{X}^{(1)}$、$\boldsymbol{X}^{(2)}$,则有

$$f(\boldsymbol{X}^{(1)}) \leqslant f(\boldsymbol{X}^{(0)})$$

$$f(\boldsymbol{X}^{(2)}) \leqslant f(\boldsymbol{X}^{(0)})$$

由于 $f(\boldsymbol{X})$ 为凸函数,又有

$$\begin{aligned} f[\alpha\boldsymbol{X}^{(1)} + (1-\alpha)\boldsymbol{X}^{(2)}] \leqslant & \alpha f(\boldsymbol{X}^{(1)}) + (1-\alpha) f(\boldsymbol{X}^{(2)}) \leqslant \\ & \alpha f(\boldsymbol{X}^{(0)}) + (1-\alpha) f(\boldsymbol{X}^{(0)}) = \\ & f(\boldsymbol{X}^{(0)}) \end{aligned}$$

即点 $\boldsymbol{X}=\alpha\boldsymbol{X}^{(1)}+(1-\alpha)\boldsymbol{X}^{(2)}$ 满足 $f(\boldsymbol{X})\leqslant f(\boldsymbol{X}^{(0)})$,故在 $R$ 集合之内,根据凸集定义,$R$ 为凸集。

(2) 可行域 $R=\{X \mid_{g_j(X)\leqslant 0 \quad (j=1,2,\cdots,m)}\}$ 为凸集。

【证明】在集合 $R$ 内任取两点 $X^{(1)}$、$X^{(2)}$，由于 $g_j(X)(j=1,2,\cdots,m)$ 为凸函数，则有

$$g_j[\alpha X^{(1)}+(1-\alpha)X^{(2)}]\leqslant \alpha g_j(X^{(1)})+(1-\alpha)g_j(X^{(2)})\leqslant 0 \quad (j=1,2,\cdots,m)$$

即点 $X=\alpha X^{(1)}+(1-\alpha)X^{(2)}$ 满足 $g_j(X)\leqslant 0(j=1,2,\cdots,m)$，故在集合 $R$ 之内，为凸集。

(3) 凸规划的任何局部最优解就是全局最优解。

【证明】设 $X^{(1)}$ 为局部极小点，则在 $X^{(1)}$ 的某邻域 $r$ 内的点 $X$ 有 $f(X)\geqslant f(X^{(1)})$。假若 $X^{(1)}$ 不是全局极小点，设存在 $X^{(2)}$ 有 $f(X^{(1)})>f(X^{(2)})$，由于 $f(X)$ 为凸函数，故有

$$\begin{aligned} f[\alpha X^{(1)}+(1-\alpha)X^{(2)}]\leqslant{}& \alpha f(X^{(1)})+(1-\alpha)f(X^{(2)})< \\ & \alpha f(X^{(1)})+(1-\alpha)f(X^{(1)})= \\ & f(X^{(1)}) \end{aligned}$$

当 $a\to 1$ 时，点 $X=\alpha X^{(1)}+(1-\alpha)X^{(2)}$ 进入 $X$ 邻域内 $r$，则将有

$$f(X^{(1)})\leqslant f[\alpha X^{(1)}+(1-\alpha)X^{(2)}]<f(X^{(1)})$$

这显然是矛盾的，所以不存在 $X^{(2)}$ 使 $f(X^{(2)})<f(X^{(1)})$，从而证出 $X^{(1)}$ 应为全局极小点。

## 2.5 约束优化问题的极值条件

### 2.5.1 约束极值问题

约束优化问题，即是求一个设计点 $X^*=[x_1^* \quad x_2^* \quad \cdots \quad x_n^*]^T$，使目标函数

$$\min_{X\in R^n} f(X)=f(X^*)$$

且满足约束条件

$$g_j(X^*)\leqslant 0 \quad (j=1,2,\cdots,m)$$
$$h_k(X^*)=0 \quad (k=1,2,\cdots,l<n)$$

这个最优点 $X^*$ 称为约束最优点或条件极值点。

显然，约束最优点不仅与目标函数的性质有关，而且还与约束函数的性质有关，因此，约束的极值问题远比无约束的极值问题复杂。

在图 2.13 中，列出了对于二维约束优化问题可能遇到的几种情况。

图 2.13(a) 所示的目标函数是凸函数，三条约束曲线围成的可行域是一个凸集。从图中看到，椭圆形等值线族的中心点 $X^*$ 是目标函数的极值点，即无约束最优点。因为这个点落在可行域之内，所以，它也是约束的最优点。当所有的约束条件对最优点都不起作用时，这些约束条件存在或不存在，其最优点都是 $X^*$ 点，因此，可以不考虑这些约束，用本章第 3 节介绍的无约束极值条件来确定极小点。

图 2.13(b) 所示的目标函数是凸函数，约束函数也是凸函数。目标函数的无约束极值点 $P'$ 落在可行域之外，该点不能满足约束条件，显然它不是约束最优点。而目标函数等值线与约束曲线 $g_1(X)=0$ 相切的点 $P$ 才是约束最优点，因为它是满足约束条件下的目标函数值最小的点。这里约束曲线 $g_2(X)=0$ 对它不起限制作用，只有约束曲线 $g_1(X)=0$ 是起作用的约束。

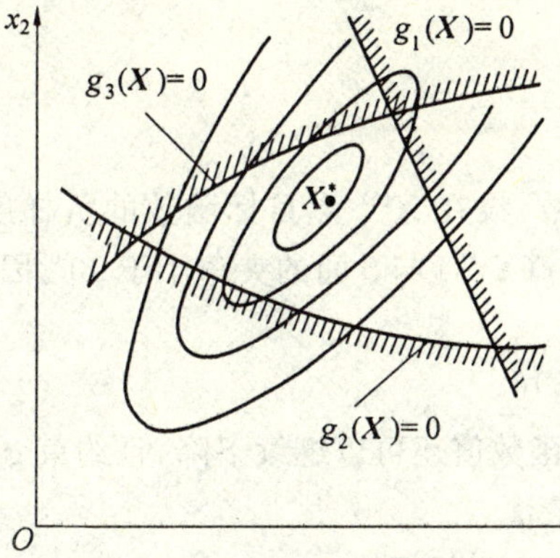


(a) 目标函数－凸函数
可行域－凸集

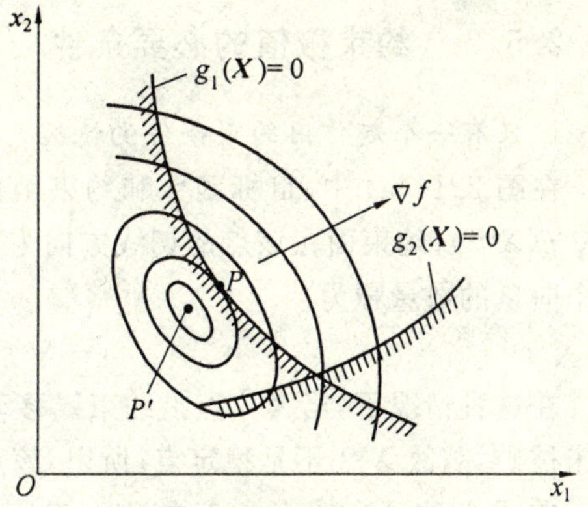


(b)目标函数－凸函数
约束函数－凸函数

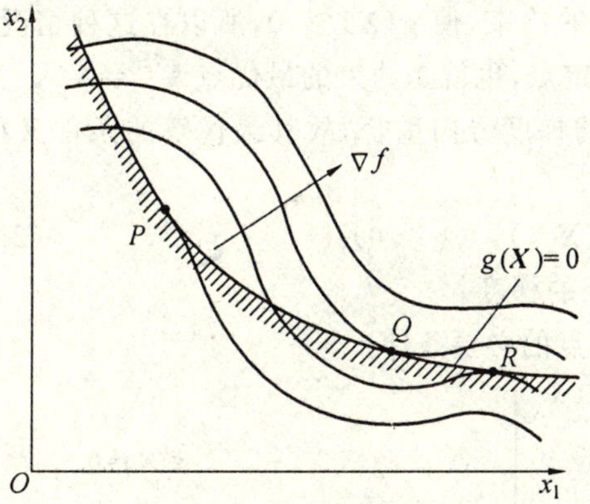


(c)目标函数－非凸函数
约束函数－凸函数

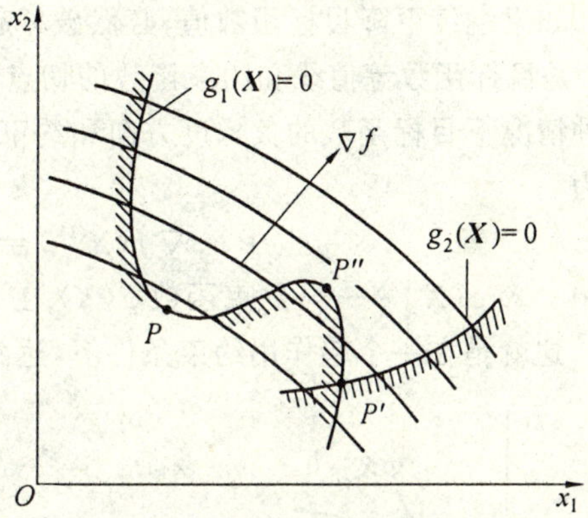


(d)目标函数－凸函数
可行域－非凸集

图 2.13　二维问题的约束最优点

如图 2.13(c) 所示，目标函数等值线在约束边界处呈波浪形弯曲。有三条不同的等值线与约束曲线分别相切于 $P$、$Q$、$R$ 三点。比较这三点目标函数值的大小，可以确定目标函数值最小的一点 $P$ 是最优点。由此可知，利用目标函数等值线与约束曲线相切点来判断是否为约束最优点，只是一个必要条件，并非充分条件。

图 2.13(d) 表示由于约束曲线形状的原因，使可行域为非凸集，因而产生了多个局部极值点。对于这种情况，通常也只有通过比较目标函数值的大小，从中挑选一个全局极值点。

综上所述，由于目标函数和约束函数的不同性态，使得求约束优化问题的最优解要比求无约束优化问题的最优解复杂得多。目前，虽然已有一些实用的求解方法，但是寻求更完善更有效的求解方法，至今还是优化技术中的一个研究课题。

求解约束优化问题，需要导出约束优化问题极值存在的条件，这是非线性规划的一个理论基础。

## 2.5.2 约束极值的必要条件

1. 只有一个起作用约束条件的情况

在图 2.14(a) 中，目标函数和约束函数均为凸函数，设在 $\boldsymbol{X}^{(k)}$ 点目标函数的负梯度为 $-\nabla f(\boldsymbol{X}^{(k)})$，约束面在该点的切线方向为 $\boldsymbol{S}$，向量 $-\nabla f(\boldsymbol{X}^{(k)})$ 与 $\boldsymbol{S}$ 间的夹角小于 90°，因此，两个向量的数量积为

$$[-\nabla f(\boldsymbol{X}^{(k)})]^{\mathrm{T}}\boldsymbol{S} > 0 \tag{2.39}$$

在这种情况下，当 $\boldsymbol{X}^{(k)}$ 点沿约束线移动时，因目标函数值还可以继续下降，且约束 $g(\boldsymbol{X})$ 也未被破坏，故 $\boldsymbol{X}^{(k)}$ 不是稳定点，所以，该点不是约束最优点。

在图 2.14(b) 中，负梯度向量 $-\nabla f(\boldsymbol{X}^{(k)})$ 和 $\boldsymbol{S}$ 相互垂直，因此

$$[-\nabla f(\boldsymbol{X}^{(k)})]^{\mathrm{T}}\boldsymbol{S} = 0 \tag{2.40}$$

如果继续下降目标函数值，必然破坏起作用的约束，使 $g(\boldsymbol{X}) > 0$，所以在这种情况下，$\boldsymbol{X}^{(k)}$ 是目标函数等值线和约束函数的切点，是稳定点，也就是约束的最优点 $\boldsymbol{X}^{(k)} = \boldsymbol{X}^*$。又因这种情况下目标函数的负梯度方向和约束函数的梯度方向重合，故其最优解的条件又可表示为

$$-\nabla f(\boldsymbol{X}^{(k)}) = \lambda \nabla g(\boldsymbol{X}^{(k)}) \quad (\lambda \geqslant 0) \tag{2.41}$$

式中　$\nabla g(\boldsymbol{X}^{(k)})$—— 约束函数 $g(\boldsymbol{X})$ 在 $\boldsymbol{X}^{(k)}$ 点的梯度。

这就是在一个起作用约束条件下，达到极值点的必要条件。

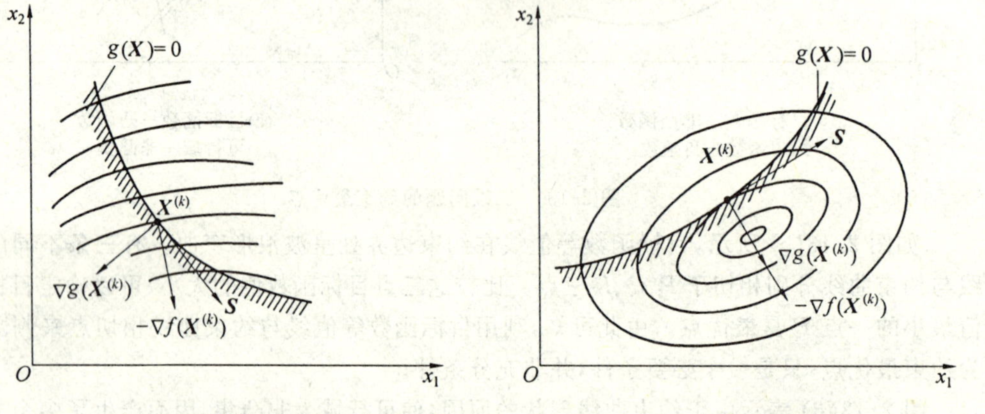


(a) $X^{(k)}$不是约束最优点　　(b) $X^{(k)}$是约束最优点

图 2.14　一个约束条件极值点的必要条件

2. 有两个起作用约束条件的情况

当有两个起作用约束时，情况如图 2.15 所示，设 $\boldsymbol{X}^{(k)}$ 点在两个起作用的约束线交点处。在该点目标函数负梯度是 $-\nabla f(\boldsymbol{X}^{(k)})$，两个约束函数梯度分别是 $\nabla g_1(\boldsymbol{X}^{(k)})$ 和 $\nabla g_2(\boldsymbol{X}^{(k)})$。对图 2.15(a) 的情况，在 $\boldsymbol{X}^{(k)}$ 点邻近区域内沿 $\boldsymbol{S}_1$ 方向移动是允许的，因约束 $g_1(\boldsymbol{X})$ 和 $g_2(\boldsymbol{X})$ 均未破坏，且目标函数值在减小，故 $\boldsymbol{X}^{(k)}$ 是不稳定点，显然它不是约束最优点。由图可见，在这种情况下几何图形的特点是：向量 $\nabla f(\boldsymbol{X}^{(k)})$ 不在由向量 $\nabla g_1(\boldsymbol{X}^{(k)})$ 和 $\nabla g_2(\boldsymbol{X}^{(k)})$ 所组成的扇形区域内。

如图 2.15(b) 所示，目标函数的负梯度 $-\nabla f(\boldsymbol{X}^{(k)})$ 在由 $\nabla g_1(\boldsymbol{X}^{(k)})$ 和 $\nabla g_2(\boldsymbol{X}^{(k)})$ 向量

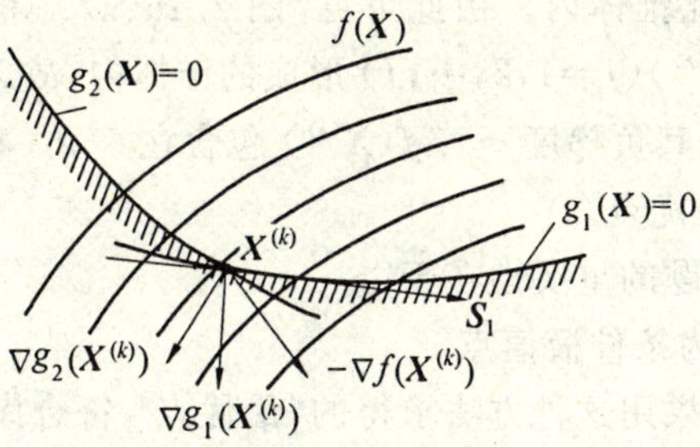


(a) $X^{(k)}$不是约束最优点

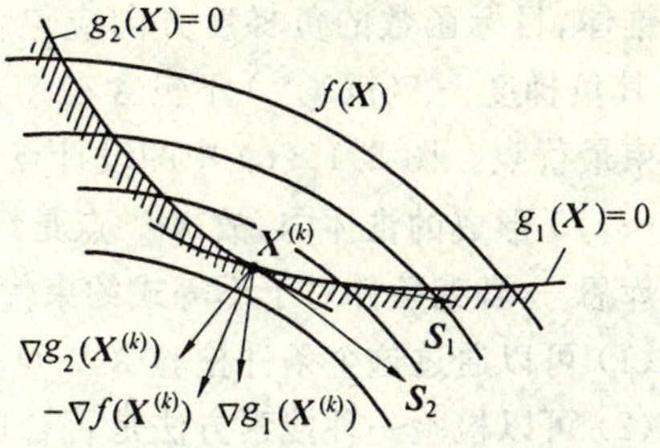


(b) $X^{(k)}$是约束最优点

图 2.15　两个约束条件极值点的必要条件

所组成的扇形区域之内，此时，$\boldsymbol{X}^{(k)}$ 点是稳定的。在 $\boldsymbol{X}^{(k)}$ 点的邻近区域内，沿 $\boldsymbol{S}_1$ 或 $\boldsymbol{S}_2$ 方向做任意微小移动，都会破坏约束 $g_1(\boldsymbol{X})$ 或 $g_2(\boldsymbol{X})$。显然，在这种情况下，$\boldsymbol{X}^{(k)}$ 点就是一个约束最优点，如果用数学公式表示，则 $-\nabla f(\boldsymbol{X}^{(k)})$ 向量可以写成 $\nabla g_1(\boldsymbol{X}^{(k)})$ 和 $\nabla g_2(\boldsymbol{X}^{(k)})$ 向量的线性组合，即

$$-\nabla f(\boldsymbol{X}^{(k)})=\lambda_1\nabla g_1(\boldsymbol{X}^{(k)})+\lambda_2\nabla g_2(\boldsymbol{X}^{(k)})\quad(\lambda_1\geqslant 0,\lambda_2\geqslant 0)\tag{2.42}$$

这就是 $\boldsymbol{X}^{(k)}$ 点成为约束最优点 $\boldsymbol{X}^*$ 的必要条件。

3. 有 $J$ 个起作用约束条件的情况

将上述条件推广到一般情况，就可以得到 $J$ 个起作用约束条件下目标函数取得最优点的必要条件。

设某一设计点 $\boldsymbol{X}^{(k)}$ 有 $J$ 个起作用的约束，也就是说，$\boldsymbol{X}^{(k)}$ 是在 $J$ 个起作用约束面的汇交处。在此汇交处目标函数 $f(\boldsymbol{X})$ 的负梯度为 $-\nabla f(\boldsymbol{X}^{(k)})$，任意一个起作用约束函数的梯度为 $\nabla g_j(\boldsymbol{X}^{(k)})(j=1,2,\cdots,J)$。此时，一个局部最优点的必要条件是：目标函数负梯度 $-\nabla f(\boldsymbol{X}^{(k)})$ 可以表示成 $J$ 个起作用约束函数梯度 $\nabla g_j(\boldsymbol{X}^{(k)})(j=1,2,\cdots,J)$ 的线性组合，即

$$-\nabla f(\boldsymbol{X}^{(k)})=\sum_{j=1}^{J}\lambda_j\nabla g_j(\boldsymbol{X}^{(k)})\quad(\lambda_j\geqslant 0,j=1,2,\cdots,J)\tag{2.43}$$

## 2.5.3　库恩－塔克(Kuhn-Tucher)条件

1. 库恩－塔克条件

在实际求解过程中，事先并不知道最优点 $\boldsymbol{X}^{(k)}$ 位于哪一个或哪几个约束面的汇交处，为此，可把 $m$ 个约束条件全部考虑进去，并取不起作用的约束条件的乘子 $\lambda_j$ 为零，在这种情况下，一个局部最优点的必要条件为

$$\begin{gathered}-\nabla f(\boldsymbol{X}^{(k)})=\sum_{j=1}^{m}\lambda_j\nabla g_j(\boldsymbol{X}^{(k)})\\ \lambda_j\geqslant 0\quad(j=1,2,\cdots,m)\\ \lambda_j g_j(\boldsymbol{X}^{(k)})=0\quad(j=1,2,\cdots,m)\end{gathered}\tag{2.44}$$

式(2.44)就是著名的库恩－塔克条件。

2. 库恩－塔克条件的几何意义

库恩－塔克条件的几何意义如图 2.16 所示，起作用约束的梯度向量在设计空间内构成

一个锥体，目标函数的负梯度方向应包含在此锥体内。由此可见，图 2.15(a) 中的设计点 $\boldsymbol{X}^{(k)}$，其负梯度 $-\nabla f(\boldsymbol{X}^{(k)})$ 不包含在 $\nabla g_j(\boldsymbol{X}^{(k)})(j=1,2,\cdots,J)$ 形成的锥体内，故 $\boldsymbol{X}^{(k)}$ 点不是约束最优点。图 2.15(b) 中的设计点 $\boldsymbol{X}^{(k)}$，其负梯度 $-\nabla f(\boldsymbol{X}^{(k)})$ 包含在 $\nabla g_j(\boldsymbol{X}^{(k)})(j=1,2,\cdots,J)$ 形成的锥体内，故 $\boldsymbol{X}^{(k)}$ 点是约束最优点。

库恩－塔克条件对于不等式约束优化问题的重要性在于：

(1) 可以通过这个条件检验 $\boldsymbol{X}^{(k)}$ 点是否为条件极值点。

(2) 可以检验一种搜索方法是否合理，如果用这种方法求得的"最优点"符合库恩－塔克条件，则此方法可以认为是可行的。

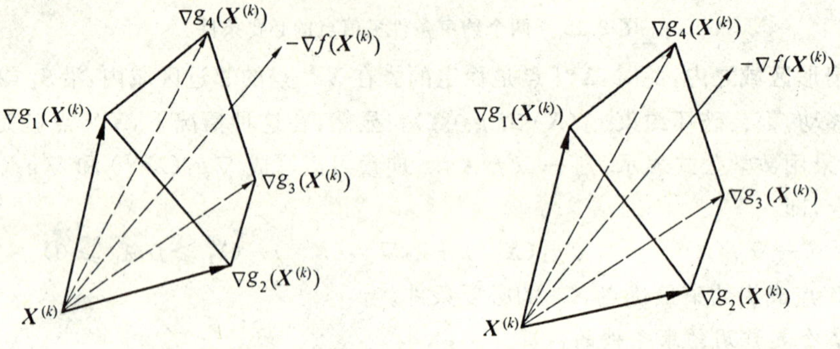


(a) $\boldsymbol{X}^{(k)}$不是约束最优点　　(b) $\boldsymbol{X}^{(k)}$是约束最优点

图 2.16　库恩－塔克条件的几何意义

必须指出，库恩－塔克条件判定的只是局部最优点，只有当目标函数为凸函数以及由各约束函数所围成的可行域为凸集时(即所谓凸规划问题)，判定的局部最优点才是全域(局)最优点，并且库恩－塔克条件也才是充分条件。

**【例 2.7】**　用库恩－塔克条件证明二维目标函数 $f(\boldsymbol{X})=(x_1-3)^2+x_2^2$ 在不等式 $g_1(\boldsymbol{X})=x_1^2+x_2-4\leqslant 0, g_2(\boldsymbol{X})=-x_2\leqslant 0, g_3(\boldsymbol{X})=-x_1\leqslant 0$ 的约束条件下，点 $\boldsymbol{X}^*=[2\quad 0]^{\mathrm{T}}$ 为其约束最优点。

**【证明】**　(1) 由图 2.17 可知，在点 $\boldsymbol{X}^*$ 处起作用的约束函数有 $g_1(\boldsymbol{X})$ 和 $g_2(\boldsymbol{X})$。

(2) 求有关函数在 $\boldsymbol{X}^*$ 点的梯度，由式(2.9) 梯度公式得

$$\nabla f(\boldsymbol{X}^*)=\begin{bmatrix}2(x_1-3)\\2x_2\end{bmatrix}_{\boldsymbol{X}^*}=\begin{bmatrix}-2\\0\end{bmatrix}$$

$$\nabla g_1(\boldsymbol{X}^*)=\begin{bmatrix}2x_1\\1\end{bmatrix}_{\boldsymbol{X}^*}=\begin{bmatrix}4\\1\end{bmatrix}$$

$$\nabla g_2(\boldsymbol{X}^*)=\begin{bmatrix}0\\-1\end{bmatrix}$$

(3) 代入式(2.42)，得

$$-\nabla f(\boldsymbol{X}^*)=\lambda_1\nabla g_1(\boldsymbol{X}^*)+\lambda_2\nabla g_2(\boldsymbol{X}^*)$$

$$-\begin{bmatrix}-2\\0\end{bmatrix}=\lambda_1\begin{bmatrix}4\\1\end{bmatrix}+\lambda_2\begin{bmatrix}0\\-1\end{bmatrix}$$

当 $\lambda_1=\lambda_2=\dfrac{1}{2}$ 时，上式成立，满足库恩－塔克条件，故点 $\boldsymbol{X}^*=[2\quad 0]^{\mathrm{T}}$ 为约束最优点。

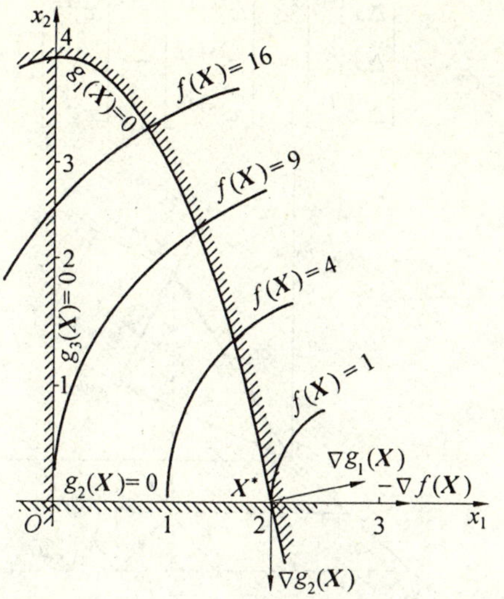


图 2.17　求证约束极值点 $X^*$

## 2.6　优化设计的迭代方法及其终止准则

从前面几节中了解到，求无约束和约束优化问题的最优解，可以利用函数的一阶、二阶偏导数等解析方法，这在理论上当然是成立的。但在机械优化设计问题中，由于设计变量数目较多，且目标函数和约束函数常常是高次非线性函数，因此，采用解析法求解很困难，在实际应用中，则广泛采用数值方法(Numerical Method)来直接求解。

### 2.6.1　迭代法的基本方法

数值方法中常用的是迭代法(Iterative Method)，这种方法具有简单的迭代格式，适用于计算机反复运算。数值的迭代过程是使目标函数逐步向最优点逼近的过程，通常得到的最优解是一个可满足精度要求的近似解。

数值迭代法的基本思想是：首先选择一个尽可能接近极值点的初始点 $X^{(0)}$，从这个初始点出发，按照依据某种方法确定的一个使目标函数值下降的可行方向走一定的步长，得到第一个新的设计点 $X^{(1)}$。初始点 $X^{(0)}$ 和第一个新点 $X^{(1)}$ 的目标函数值应满足

$$f(X^{(0)}) > f(X^{(1)})$$

然后，以点 $X^{(1)}$ 作为新的出发点，重复上述步骤，得到第二个点 $X^{(2)}$。继续下去，依次可得到点 $X^{(3)}$，$X^{(4)}$，…，最终得到一个近似的最优点 $X^*$，它与理论的最优点的逼近程度应满足一定的精度要求。

数值迭代法的迭代过程可用图 2.18 来表示，在三维空间中，设从某一设计点 $X^{(k)}$ 迭代到下一个设计点 $X^{(k+1)}$，从图中可以看出，向量 $X^{(k+1)}$ 与向量 $X^{(k)}$ 之差也是一个向量，这个向量以 $X^{(k)}$ 为起点指向 $X^{(k+1)}$，可以写为

$$\Delta X^{(k)} = X^{(k+1)} - X^{(k)} \tag{2.45}$$

或

$$\begin{bmatrix}\Delta x_1^{(k)}\\ \Delta x_2^{(k)}\\ \Delta x_3^{(k)}\end{bmatrix}=\begin{bmatrix}x_1^{(k+1)}\\ x_2^{(k+1)}\\ x_3^{(k+1)}\end{bmatrix}-\begin{bmatrix}x_1^{(k)}\\ x_2^{(k)}\\ x_3^{(k)}\end{bmatrix} \tag{2.46}$$

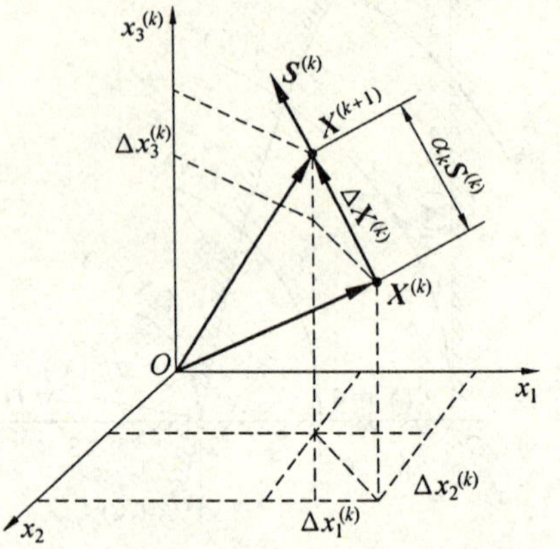

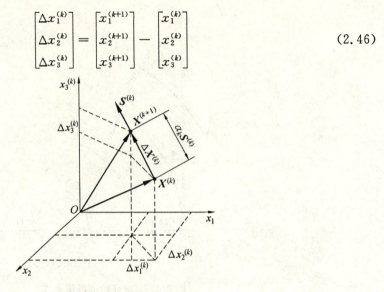

图 2.18 三维空间中设计点的迭代过程

一个向量是由它的方向和长度确定的，设向量 $\Delta \boldsymbol{X}^{(k)}$ 的方向为 $\boldsymbol{S}^{(k)}$，步长因子为 $\alpha_k$，则式(2.45)可写成

$$\alpha_k \boldsymbol{S}^{(k)}=\boldsymbol{X}^{(k+1)}-\boldsymbol{X}^{(k)} \tag{2.47}$$

或

$$\boldsymbol{X}^{(k+1)}=\boldsymbol{X}^{(k)}+\alpha_k \boldsymbol{S}^{(k)} \tag{2.48}$$

式中 $\boldsymbol{X}^{(k)}$—— 第 $k$ 步迭代计算的出发点，开始迭代计算时，$\boldsymbol{X}^{(k)}=\boldsymbol{X}^{(0)}$；

$\boldsymbol{X}^{(k+1)}$—— 经过第 $k$ 步迭代计算得到的新设计点，也是第 $k+1$ 步迭代计算的出发点，在这一步迭代计算时，$\boldsymbol{X}^{(k+1)}=\boldsymbol{X}^{(1)}$；

$\boldsymbol{S}^{(k)}$—— 第 $k$ 步迭代计算时，设计点移动的方向，或者称为搜索方向(Search Direction)；

$\alpha_k$—— 第 $k$ 步迭代计算时，在 $\boldsymbol{S}^{(k)}$ 方向上所取的步长大小，或称为步长因子(Step Factor)。

在 $k=1,2,\cdots$ 一系列迭代计算中，得到点列 $\boldsymbol{X}^{(1)},\boldsymbol{X}^{(2)},\cdots,\boldsymbol{X}^{(k)},\boldsymbol{X}^{(k+1)},\cdots$。显然，在每一步迭代计算中，应选择适当的搜索方向 $\boldsymbol{S}^{(k)}$ 和最佳步长因子 $\alpha_k$，使得目标函数值逐渐下降，即

$$f(\boldsymbol{X}^{(0)})\geqslant f(\boldsymbol{X}^{(1)})\geqslant\cdots\geqslant f(\boldsymbol{X}^{(k)})\geqslant f(\boldsymbol{X}^{(k+1)})\geqslant\cdots$$

具有这种性质的迭代算法称为下降算法(Descent Algorithm)。在优化计算中一般都属于下降算法。

### 2.6.2 迭代过程的终止准则

前面已经讲过，数值迭代过程是逐步向最优点逼近的过程，最理想的情况是很快地迭代到最优点，但是，实际迭代计算时要达到最优点，常常需要迭代很多次数，计算工作量很大，所以不得不采用迭代到相当靠近理论最优点并满足计算精度要求的点作为最优点，为此，需要有评定最优点近似程度的准则，这个准则称为终止准则。

在实际计算中，一般常用的终止准则有下列三种。

(1) 当设计变量在相邻两点之间的移动距离已充分小时，可用相邻两点的向量差的模作为终止迭代的准则，即

$$\| \boldsymbol{X}^{(k+1)} - \boldsymbol{X}^{(k)} \| \leqslant \varepsilon_1 \quad \varepsilon_1 > 0(\text{充分小数}) \tag{2.49}$$

或用向量 $\boldsymbol{X}^{(k+1)}$、$\boldsymbol{X}^{(k)}$ 的所有坐标轴分量之差表示，即

$$| x_i^{(k+1)} - x_i^{(k)} | \leqslant \varepsilon_i \quad \varepsilon_i > 0 \quad (i=1,2,\cdots,n)(\text{充分小数}) \tag{2.50}$$

(2) 当相邻两点目标函数值之差已达充分小时，即移动该步后目标函数值的下降量已充分小时，可用两次迭代的目标函数值之差作为终止准则，即

$$| f(\boldsymbol{X}^{(k+1)}) - f(\boldsymbol{X}^{(k)}) | \leqslant \varepsilon_2 \quad \varepsilon_2 > 0(\text{充分小数}) \tag{2.51}$$

或用相对值作为终止准则，即

$$\left| \frac{f(\boldsymbol{X}^{(k+1)}) - f(\boldsymbol{X}^{(k)})}{f(\boldsymbol{X}^{(k)})} \right| \leqslant \varepsilon_2 \quad \varepsilon_2 > 0(\text{充分小数}) \tag{2.52}$$

(3) 当迭代点逼近极值点时，目标函数在该点的梯度将变得充分小，故目标函数在迭代点处的梯度达到充分小时亦可作为终止迭代的准则，即

$$\| \nabla f(\boldsymbol{X}^{(k+1)}) \| \leqslant \varepsilon_3 \quad \varepsilon_3 > 0(\text{充分小数}) \tag{2.53}$$

如果以上三种形式的终止准则中的任何一种得到满足，则认为目标函数值 $f(\boldsymbol{X}^{(k+1)})$ 收敛于该函数的最小值，这样就求得近似的最优解：$\boldsymbol{X}^* = \boldsymbol{X}^{(k+1)}$，$f(\boldsymbol{X}^*) = f(\boldsymbol{X}^{(k+1)})$，迭代计算可以结束。式(2.49) ~ 式(2.53) 中的 $\varepsilon_1, \varepsilon_2, \varepsilon_3$ 分别表示各该项的迭代精度或近似解的该项的误差，可根据设计要求预先给定。

准则(1)、(2)、(3) 都在一定程度上反映了设计点收敛于极值点的特点，但对非凸性函数来说，如前所述，并非局部极值点都是全局最优点，因此，要对具体工程设计问题进行具体分析，有时采取其他一些措施也是完全必要的。

最后还应指出，为了防止当函数变化剧烈时，式(2.49) 所示的准则(1) 虽已得到满足，而所求得的最优值 $f(\boldsymbol{X}^{(k+1)})$ 与真正最优值 $f(\boldsymbol{X}^*)$ 仍相差较大；或当函数变化缓慢时式(2.51) 所示的准则(2) 虽已得到满足，而所求得的最优点 $\boldsymbol{X}^{(k+1)}$ 与真正的最优点 $\boldsymbol{X}^*$ 仍相距较远，所以在实际应用时，往往将准则(1) 和准则(2) 联合起来使用，即要求两种准则同时成立；至于式(2.53) 所示的准则(3) 则仅用于那些需要计算目标函数梯度的无约束优化方法中。

## 习　　题

2.1　计算函数 $f(\boldsymbol{X}) = x_1^3 - x_1 x_2^2 + 5x_1 - 6$ 在点 $\boldsymbol{X}^{(0)} = [1 \quad 1]^{\mathrm{T}}$ 处沿方向 $\boldsymbol{S} = [-1 \quad 2]^{\mathrm{T}}$ 的方向导数和梯度。

2.2　用矩阵形式表示函数 $f(\boldsymbol{X}) = x_1^2 + x_2^2 - x_1 x_2 - 10x_1 - 4x_2 + 60$，并写出海色矩阵。

2.3　已知函数 $f(\boldsymbol{X}) = \dfrac{x_1^2}{2a} + \dfrac{x_2^2}{2b}$，其中 $a > 0, b > 0$，问

(1) 该函数是否存在极值？

(2) 若极值存在，试确定它的极值点 $\boldsymbol{X}^*$，并判断它是极小点还是极大点。

2.4 设约束优化问题的数学模型

$$\min_{X\in R^2} f(\boldsymbol{X})=x_1^2+x_2^2+4x_1-4x_2+10$$

$$\text{s.t.}\quad g_1(\boldsymbol{X})=-x_1+x_2-1\leqslant 0$$

$$g_2(\boldsymbol{X})=x_1^2+x_2^2+2x_1-2x_2<0$$

试用库恩－塔克条件判别点 $\boldsymbol{X}^{(k)}=[-1\quad 1]^{\mathrm{T}}$ 是否为约束最优点。

# 第 3 章 一维搜索方法

**【内容提要】** 本章主要介绍机械优化方法中最基本的一维搜索方法的概念、原理等知识，以两类主要的一维搜索方法——试探方法和插值方法为例讲述了一维搜索寻优的实现过程。

**【课程指导】** 本章要求领会一维搜索方法的基本概念，掌握外推法确定搜索区间的原理和区间消去法的原理。通过学习两类一维搜索方法，掌握黄金分割法和二次插值法的基本步骤，并能够运用这两种方法求解典型的一维优化问题。

## 3.1 概述

由第 2 章的讲述可知，采用数学规划法求解多元函数 $f(\boldsymbol{X})$ 的极值点 $\boldsymbol{X}^*$ 时，需要进行一系列如下格式的迭代过程：

$$\boldsymbol{X}^{(k+1)}=\boldsymbol{X}^{(k)}+\alpha_k\boldsymbol{S}^{(k)}\quad(k=0,1,2,\cdots)\tag{3.1}$$

式中符号含义同式(2.48)。

在任意一次迭代计算过程中，当出发点 $\boldsymbol{X}^{(k)}$ 和搜索方向 $\boldsymbol{S}^{(k)}$ 确定之后，就把求多元目标函数的极小值这个多维优化问题，变成了求一个变量 $\alpha$ 的最优值 $\alpha_k$（最优步长因子[①]）的一维优化问题，即求

$$f(\boldsymbol{X}^{(k+1)})=f(\boldsymbol{X}^{(k)}+\alpha\boldsymbol{S}^{(k)})=\varphi(\alpha)\tag{3.2}$$

的极值问题，这称为一维搜索（One Dimensional Search）。图 3.1 为一维搜索过程的示意图。由 $\boldsymbol{X}^{(k)}$ 点出发，当搜索方向 $\boldsymbol{S}^{(k)}$ 给定之后，$\boldsymbol{X}^{(k)}+\alpha\boldsymbol{S}^{(k)}$ 总在 $\boldsymbol{S}^{(k)}$ 所在平面内，所以，此时多维目标函数的极小值问题就变成求解一个变量 $\alpha$ 的最优值的一维问题。实际的机械优化设计大多为多维问题，一维问题的情况很少，但是求多元函数极值点，需要进行一系列的一维搜索，因此，一维搜索也就成为了优化方法当中最基本的方法，也是优化方法的基础。

在一维搜索中，由于目标函数可以看做步长因子 $\alpha$ 的一元函数，根据一元函数极值的必要条件 $\varphi'(\alpha_k)=0$，则可以采用解析法求解 $\varphi(\alpha)$ 的极小点 $\alpha_k$。为了直接利用 $f(\boldsymbol{X})$ 的函数式求解最优步长因子 $\alpha_k$，可把 $f(\boldsymbol{X}^{(k)}+\alpha\boldsymbol{S}^{(k)})$ 简写成 $f(\boldsymbol{X}+\alpha\boldsymbol{S})$ 的形式进行泰勒展开，取到二次项，即

$$f(\boldsymbol{X}+\alpha\boldsymbol{S})\approx f(\boldsymbol{X})+\alpha\boldsymbol{S}^{\mathrm{T}}\nabla f(\boldsymbol{X})+\frac{1}{2}(\alpha\boldsymbol{S})^{\mathrm{T}}\boldsymbol{H}(\boldsymbol{X})(\alpha\boldsymbol{S})=$$

$$f(\boldsymbol{X})+\alpha\boldsymbol{S}^{\mathrm{T}}\nabla f(\boldsymbol{X})+\frac{1}{2}\alpha^2\boldsymbol{S}^{\mathrm{T}}\boldsymbol{H}(\boldsymbol{X})\boldsymbol{S}$$

---

① 严格地说，只有在 $\|\boldsymbol{S}^{(k)}\|=1$ 的条件下，最优步长 $\|\alpha_k\boldsymbol{S}^{(k)}\|$ 才等于最优步长因子 $\alpha_k$。

令
$$\frac{\mathrm{d}f(\boldsymbol{X}+\alpha\boldsymbol{S})}{\mathrm{d}\alpha}=0$$

从而求得
$$\alpha_k=-\frac{\boldsymbol{S}^{\mathrm{T}}\nabla f(\boldsymbol{X})}{\boldsymbol{S}^{\mathrm{T}}\boldsymbol{H}(\boldsymbol{X})\boldsymbol{S}} \tag{3.3}$$

由上面的推导可知，采用解析解法求解一维搜索问题需要求解目标函数在 $\boldsymbol{X}=\boldsymbol{X}^{(k)}$ 点处的梯度 $\nabla f(\boldsymbol{X}^{(k)})$ 和海色矩阵 $\boldsymbol{H}(\boldsymbol{X}^{(k)})$，这对函数关系复杂、求导困难或无法求导的函数，采用解析法将是非常困难的，所以在优化设计中，求解最优步长因子 $\alpha_k$ 主要采用数值解法，即利用计算机通过迭代计算求得最优步长因子的近似解。

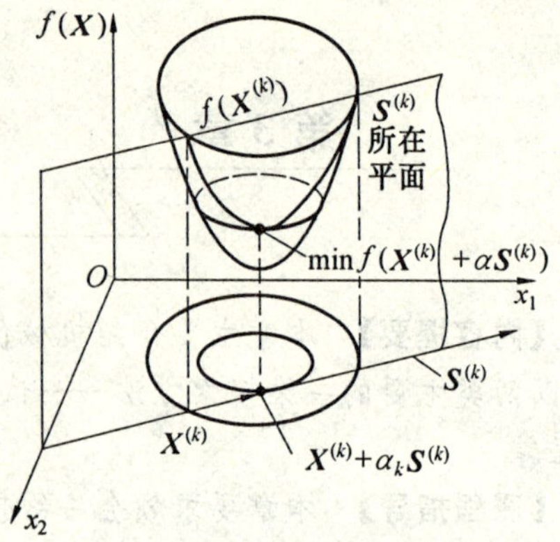

图 3.1 一维搜索过程示意图

采用数值解法求解一维优化问题即一维搜索的基本步骤是：

(1)先确定 $\alpha_k$ 所在的区间，即搜索区间(Search Interval)。

(2)根据区间消去法(Interval Elimination Method)的基本原理不断缩小搜索区间，从而获得 $\alpha_k$ 的数值近似解。

## 3.2 搜索区间的确定与区间消去法原理

求解关于步长因子 $\alpha$ 的一元函数 $f(\alpha)$ 极小点的一维搜索过程，首先要在其给定的搜索方向上确定一个搜索区间，这个搜索区间需要满足单谷性(或称单峰性)，即在所考虑的区间内部，函数 $f(\alpha)$ 有唯一的极小点 $\alpha^*$，如图 3.2 所示。如果函数 $f(\alpha)$ 在区间 $[a,\ b]$ 上有多个极值点，则称为多峰函数，如图 3.3 所示。对于多峰函数 $f(\alpha)$，只要适当划分区间，也可以使该函数在每一个子区间上都是单峰的。为了确定极小点 $\alpha^*$ 所在的单谷区间 $[a,b]$，应使函数 $f(\alpha)$ 在 $[a,b]$ 区间里形成“高—低—高”趋势。

对于性态比较明显的单变量函数，单峰区间可以根据实际情况人为地选定；但对于性态复杂的单变量函数，一般需要利用数值计算的方法来确定单峰区间。外推法(Extrapolation Method)(也称进退法)就是确定单峰区间的一种数值计算方法。

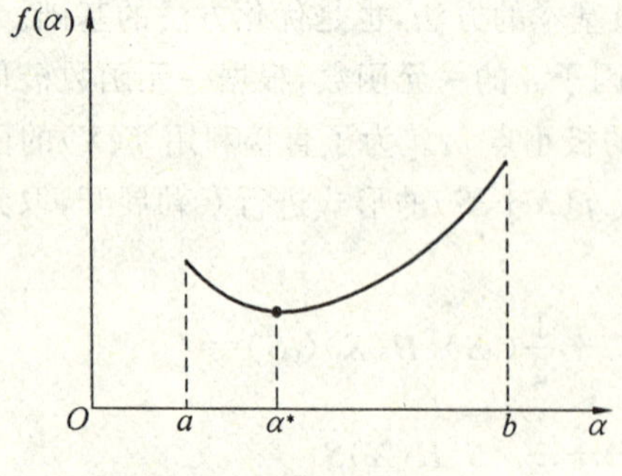

图 3.2 函数的单谷区间

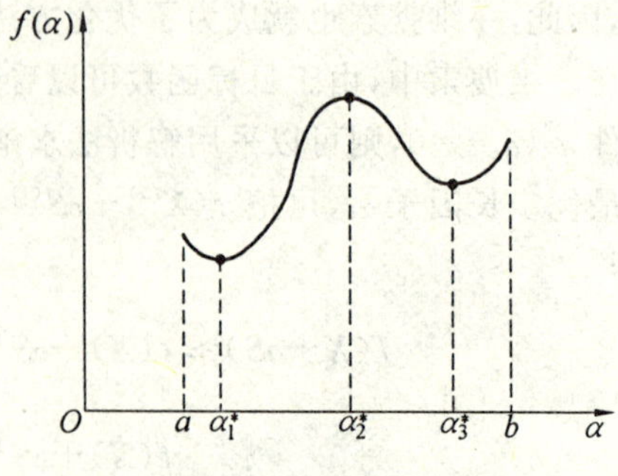

图 3.3 多峰函数曲线

### 3.2.1 采用外推法确定搜索区间

采用外推法确定搜索区间的基本思想是：按照一定的规律给出一些试算点，依次比较各试算点的函数值大小，直到满足单峰区间的条件，即函数值呈现“大—小—大”的变化形式，则为所确定的搜索区间。外推法的具体实现过程为，从 $\alpha=0$ 开始，以初始步长 $h_0$ 向前试探。如果函数值上升，则步长变号，即改变试探方向；如果函数值下降，则维持原来的试探方向，并将步长加倍（$h_0 \Leftarrow 2h_0$），区间的始点、中间点依次沿试探方向移动一步。此过程一直进行到函数值再次上升时为止，即可找到搜索区间的终点，形成函数值的“高—低—高”趋势。

图 3.4 表示沿 $\alpha$ 的正向试探。每走一步都将区间的始点、中间点沿试探方向移动一步（进行换名）。经过 3 步最后确定搜索区间$[\alpha_1,\alpha_3]$，并且得到区间始点、中间点和终点 $\alpha_1<\alpha_2<\alpha_3$，及所对应的函数值 $y_1>y_2<y_3$。

在图 3.5 中，如果开始的试探方向为函数值上升方向，即开始沿着 $\alpha$ 的正向试探，但由于函数值上升而改变了试探方向，最后得到始点、中间点和终点 $\alpha_1<\alpha_2<\alpha_3$，及它们的对应函数值 $y_1>y_2<y_3$，从而形成单谷区间$[\alpha_3,\alpha_1]$为一维搜索区间。

由于外推法在实现的过程中，包含有对 $f(\alpha)$ 的前进和后退的计算过程，因此，区间消去法又称为进退法。

上述确定搜索区间的外推法，其程序框图如图 3.6 所示。

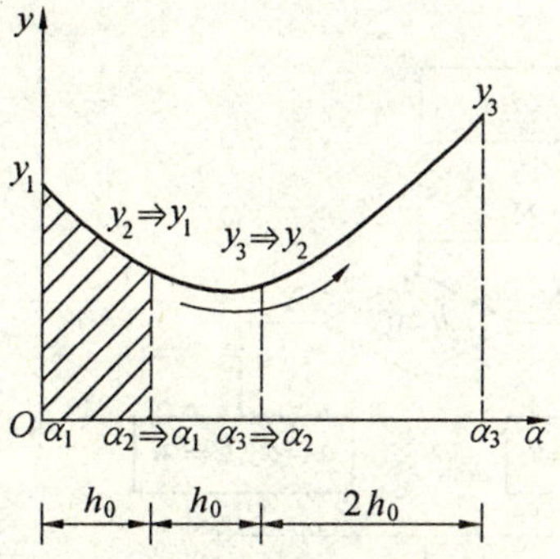

图 3.4　正向搜索的外推法

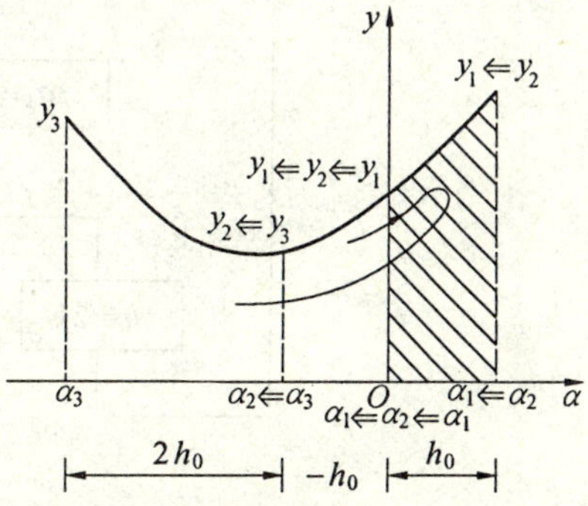

图 3.5　反向搜索的外推法

【例 3.1】 试用外推法确定函数 $f(\alpha)=\alpha^2-6\alpha+9$ 的初始一维搜索区间$[a,b]$，设初始点 $\alpha_0=0$，初始步长 $h=1$。

**解**　根据给定的初始点和初始步长，直接按照外推法的程序框图（见图 3.6）进行求解。

(1)取 $\alpha_1=0$，因为 $h=1$，则

$$\alpha_2=\alpha_1+h=0+1=1,$$

$$y_1=f(\alpha_1)=f(\alpha_0)=9,\ y_2=f(\alpha_2)=4$$

(2)因为 $y_1>y_2$，故向前试探

$$h\Leftarrow 2h=2\times 1=2$$

$$\alpha_3=\alpha_2+h=1+2=3,\ y_3=f(\alpha_3)=0$$

(3)因为有 $y_2>y_3$，再继续向前试探

$$\alpha_1\Leftarrow\alpha_2=1,\ y_1\Leftarrow y_2=4$$

$$\alpha_2 \Leftarrow \alpha_3 = 1, y_2 \Leftarrow y_3 = 0$$

再将步长增加两倍，即 $h \Leftarrow 2h = 2 \times 2 = 4, \alpha_3 = \alpha_2 + h = 3 + 4 = 7, y_3 = 16$

(4)比较 $y_2$ 与 $y_3$ 可知，因 $y_3 > y_2$，故已寻得初始搜索区间 $[a,b]=[1,7]$，此时，相邻 3 点的函数值分别是 4,0,16，确实形成了"高—低—高"的一维搜索区间。

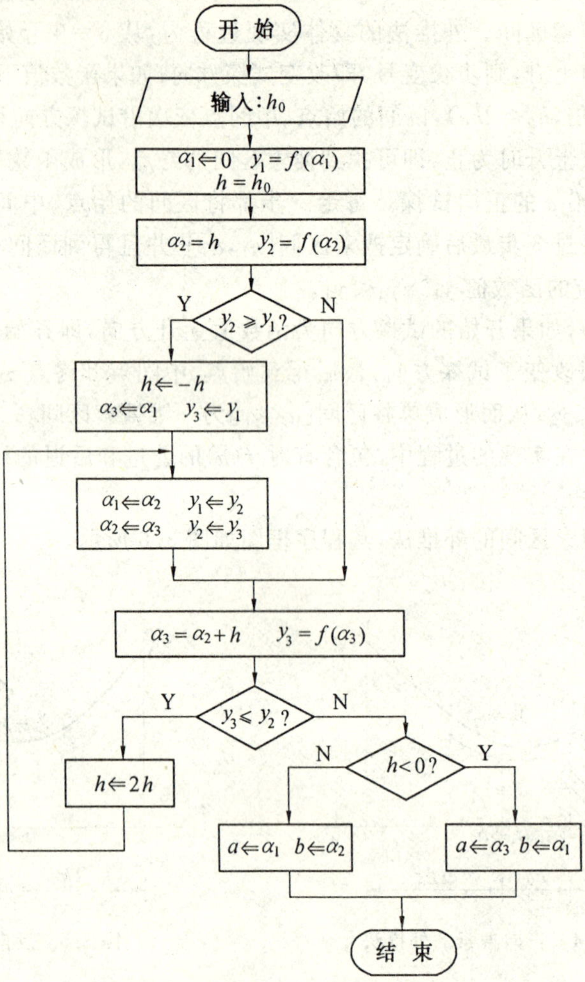


图 3.6 外推法的程序框图

### 3.2.2 区间消去法原理

当含有极值点的单谷搜索区间 $[a,b]$ 确定之后，应逐步缩短搜索区间，从而找到极小点的数值近似解。这里采用区间消去法来实现搜索区间的逐步缩短。首先，在搜索区间 $[a,b]$ 内任取两点 $a_1$、$b_1$，$a_1 < b_1$，并计算函数值 $f(a_1)$、$f(b_1)$，比较函数值的大小将有下列 3 种情况。

(1) $f(a_1) < f(b_1)$。由于函数为单谷，所以极小点 $\alpha^*$ 不可能在区间 $[b_1,b]$ 内，而应在区间 $[a,b_1]$ 内，这时可以去掉区间 $[b_1,b]$，把搜索区间缩小为 $[a,b_1]$，如图 3.7(a)所示。

(2) $f(a_1) > f(b_1)$。同理，极小点不可能在区间 $[a,a_1]$ 内，而应在区间 $[a_1,b]$ 内，这时可

以去掉区间$[a,a_1]$，把搜索区间缩小为$[a_1,b]$，如图3.7(b)所示。

(3)$f(a_1)=f(b_1)$。这时极小点只能在区间$[a_1,b_1]$内，这时可以去掉区间$[b_1,b]$或者$[a,a_1]$，甚至将两段同时去掉，只保留区间$[a_1,b_1]$，如图3.7(c)所示。

根据上述分析，在区间$[a,b]$内插入两个点，并通过比较其函数值大小，就可以把搜索区间$[a,b]$缩短成$[a,b_1]$，$[a_1,b]$或$[a_1,b_1]$。对于第一种情况，如果要把搜索区间$[a,b_1]$进一步缩短，只需在其内再取一点算出函数值并与$f(a_1)$加以比较，即可实现搜索区间的再次缩短。对于第二种情况，同样只需再计算一点函数值并与$f(b_1)$加以比较，就可以把搜索区间继续缩短。第三种情况如果只保留区间$[a_1,b_1]$，则在区间$[a_1,b_1]$内缺少已算出的函数值，要想实现搜索区间$[a_1,b_1]$的进一步缩短，需在其内部再取两个点(而不是一个点)，并计算出相应的函数值加以比较才行。如果经常发生这种情形，这就增加了计算工作量，因此，为了避免多计算函数值，我们把第三种情况合并到前面两种情况中去，即形成下列两种情况：

(1)$f(a_1)<f(b_1)$，则取区间$[a,b_1]$为缩短后的搜索区间。

(2)$f(a_1)\geqslant f(b_1)$，则取区间$[a_1,b]$为缩短后的搜索区间。

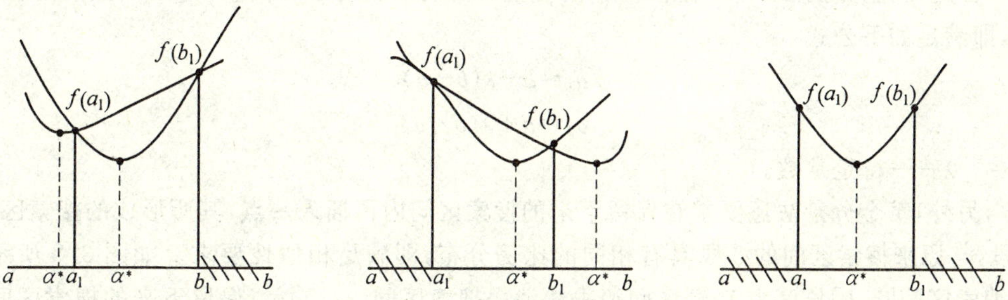


(a) $f(a_1)<f(b_1)$　　(b) $f(a_1)<f(b_1)$　　(c) $f(a_1)=f(b_1)$

图3.7　区间消去法原理

### 3.2.3　一维搜索方法的分类

通过前面的分析可知，采用区间消去法需要在区间内取定插入点并计算其函数值，然而，对于插入点的位置，是可以用不同的方法来确定的，这样就形成了不同的一维搜索方法。概括起来，可将一维搜索方法分为两大类。

一类是应用序列消去原理的直接法。这类方法是按着某种给定的规律来确定区间内插入点的位置，属于直接法的有黄金分割法(Golden Section Method)、裴波纳契(Fibonacci's Method)法等。这类方法只关心插入点的位置如何使区间加快缩短，而不考虑函数值的分布关系，例如，黄金分割法是按等比例0.618缩短率进行缩短搜索区间的。

另一类是利用多项式逼近的近似法(又称为插值法(Interpolation Method))。这类方法是根据某些点处的某些信息，如函数值、一阶导数、二阶导数等，构造一个插值函数来逼近原来函数，用插值函数的极小点作为搜索区间的插入点。属于插值法的一维搜索方法有二次插值法、三次插值法等。

由于直接法仅对试验点函数值的大小进行比较，而函数值本身的特性没有得到充分利用，对一些简单的函数(例如二次函数)，也需要像一般函数那样进行同样多的函数值计算；插值法则是利用函数在已知试验点的值(或导数值)来确定新试验点的位置。当函数具有比较好的解析性质时(例如连续可微性),插值方法比直接方法效果要好些。

## 3.3 黄金分割法

黄金分割法(又称为0.618法)适用于[$a$,$b$]区间上的任何单谷函数求极小值问题,这种方法原理简单、应用范围广,是一种典型的一维搜索直接方法。

### 3.3.1 黄金分割法的基本原理

黄金分割法的实现过程是在搜索区间[$a$,$b$]内适当插入两点 $\alpha_1$、$\alpha_2$,并计算其函数值,$\alpha_1$、$\alpha_2$ 将区间分成3部分。根据区间消去法的基本原理,通过比较 $\alpha_1$ 和 $\alpha_2$ 两点函数值的大小,删去其中的一段,使搜索区间得以缩短。然后再在保留下来的搜索区间上做同样的处置,如此迭代下去,使搜索区间无限缩小,从而得到极小点的数值近似解。

首先,黄金分割法中插入点 $\alpha_1$、$\alpha_2$ 的位置需要满足相对于区间[$a$,$b$]两端点的对称性要求,即满足如下公式

$$\begin{aligned} \alpha_1 &= b-\lambda(b-a) \\ \alpha_2 &= a+\lambda(b-a) \end{aligned} \tag{3.4}$$

式中 $\lambda$——待定常数。

另外,黄金分割法还要求在保留下来的搜索区间内再插入一点,其所形成的搜索区间新3段,与原来搜索区间的3段具有相同的比例分布,即满足相似性要求。如图3.8所示,设原搜索区间[$a$,$b$]长度为1,经区间消去法消去搜索区间[$\alpha_2$,$b$]后,保留下来的搜索区间[$a$,$\alpha_2$]长度为$\lambda$,区间缩短率为$\lambda$。为了保持相同的比例分布,新插入点 $\alpha_3$ 应在 $\lambda(1-\lambda)$ 位置上,$\alpha_1$ 在原搜索区间的 $1-\lambda$ 位置应相当于在保留搜索区间的 $\lambda^2$ 位置,故有

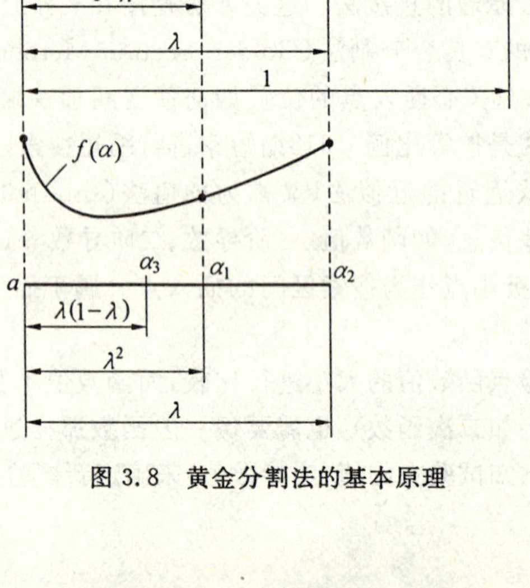

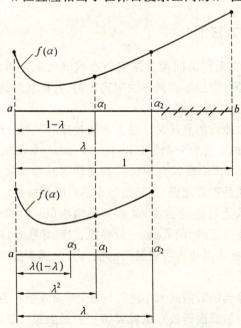

图3.8 黄金分割法的基本原理

$$1-\lambda=\lambda^2$$
$$\lambda^2+\lambda-1=0$$

取方程的正根，得

$$\lambda=\frac{\sqrt{5}-1}{2}\approx 0.618$$

所谓“黄金分割”是指将一线段分成两段的方法，使整段长与较长段的长度比值等于较长段与较短段长度的比值，这个比值为 $\lambda$。可见黄金分割法的基本思想是，每次缩小后的新区间长度与原区间长度的比值始终是一个常数，此常数为 0.618，也就是说每次的区间缩小率都等于 0.618，所以，黄金分割法又被称作 0.618 法。

### 3.3.2 黄金分割法的搜索过程

采用黄金分割法求解一维优化问题，可以通过以下基本步骤来实现。

(1)给定初始搜索区间 $[a,b]$(可以采用前面所介绍的外推法确定搜索区间)、收敛精度 $\varepsilon$，令 $\lambda=0.618$。

(2)取点

$$\alpha_1=b-\lambda(b-a)$$
$$\alpha_2=a+\lambda(b-a)$$

计算对应的函数值

$$y_1=f(\alpha_1)\quad y_2=f(\alpha_2)$$

(3)比较函数值 $y_1$ 和 $y_2$ 的大小，有以下两种情况。

若 $y_1<y_2$，则极小点在 $a$ 和 $\alpha_2$ 之间，故令

$$b\Leftarrow\alpha_2$$
$$\alpha_2\Leftarrow\alpha_1$$
$$y_2\Leftarrow y_1$$
$$\alpha_1=b-\lambda(b-a)$$
$$y_1=f(\alpha_1)$$

若 $y_1\geqslant y_2$，则极小点在 $\alpha_1$ 和 $b$ 之间，故令

$$a\Leftarrow\alpha_1$$
$$\alpha_1\Leftarrow\alpha_2$$
$$y_1\Leftarrow y_2$$
$$\alpha_2=a+\lambda(b-a)$$
$$y_2=f(\alpha_2)$$

(4)进行收敛精度判断，检查区间是否缩短到足够小，即是否满足 $|b-a|\leqslant\varepsilon$，如果条件不满足则返回到步骤(3)；如果条件满足，进行下一步。

(5)取最后两个试验点的平均值，即 $(a+b)/2$ 作为极小点的数值近似解，即

$$\alpha^*=(a+b)/2$$
$$y^*=f(\alpha^*)$$

黄金分割法的程序框图如图 3.9 所示。

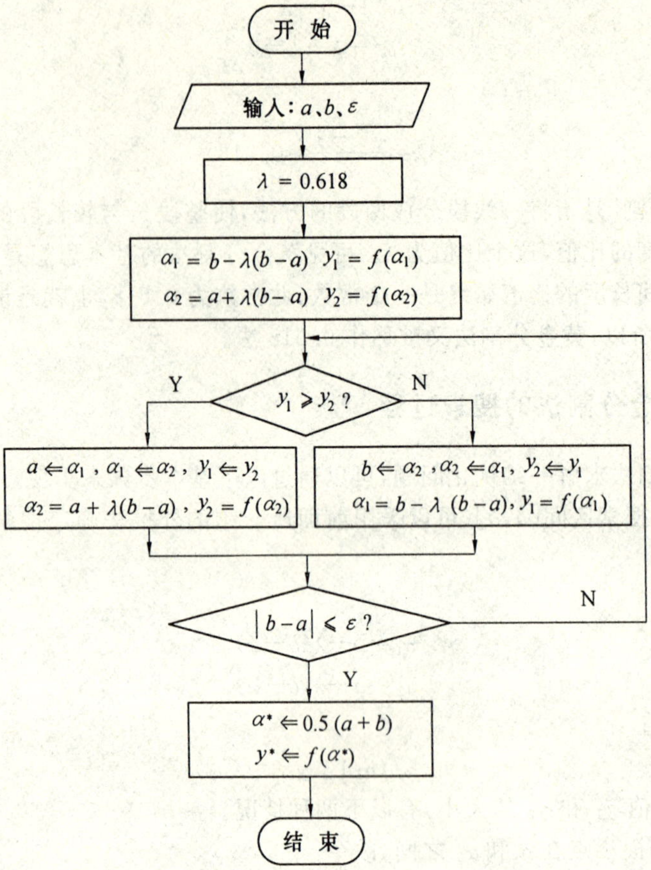


图 3.9 黄金分割法的程序框图

**【例 3.2】** 用黄金分割法求函数 $f(\alpha)=\alpha^2-6\alpha+9$ 的最优解。已知初始区间为[1,7]，迭代精度 $\varepsilon=0.4$。

解 (1)显然，此时的 $a=1,b=7$，则根据式(3.4)，在初始区间$[a,b]$内插入两点 $\alpha_1$ 和 $\alpha_2$，即

$$\alpha_1=b-\lambda(b-a)=7-0.618\times(7-1)=3.292$$

$$\alpha_2=a+\lambda(b-a)=1+0.618\times(7-1)=4.708$$

计算相应的函数值

$$y_1=f(\alpha_1)=0.085\ 264$$

$$y_2=f(\alpha_2)=2.917\ 264$$

(2)比较 $y_1$ 与 $y_2$，由于 $y_1<y_2$，应消去区间$[\alpha_2,b]=[4.708,7]$，取$[a,\alpha_2]=[1,4.708]$为新搜索区间，即搜索区间的端点 $a=1$ 保持不变，$b\Leftarrow\alpha_2=4.708$。

第一次迭代：在新的区间$[a,b]=[1,4.708]$内取一个新的插入点 $\alpha_1$

$$\alpha_1=b-\lambda(b-a)=4.708-0.618(4.708-1)=2.416\ 456$$

计算函数值

$$y_1=f(\alpha_1)=0.340\ 524$$

(3)判断终止条件

$$b-a=3.708>\varepsilon$$

搜索区间还需继续缩短。

各次缩短的计算数据见表3.1。搜索区间缩短6次后，已有搜索区间长度

$$b-a=3.085\ 305-2.750\ 917=0.334\ 388<\varepsilon$$

计算即可结束，近似最优解为

$$\alpha^*=(a+b)/2=2.918\ 11$$

相应的函数极值为 $y^*=f(\alpha^*)=0.006\ 70$，上述搜索过程如图3.10的曲线所示。

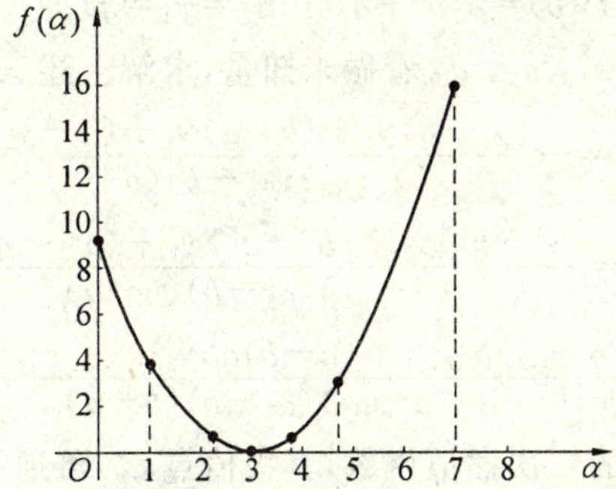


图3.10 函数 $f(\alpha)=\alpha^2-6\alpha+9$ 的黄金分割法搜索过程

**表3.1 例3.2计算结果**

| 区间缩短次数 | $a$ | $b$ | $\alpha_1$ | $\alpha_2$ | $y_1$ | $y_2$ |
|---|---|---|---|---|---|---|
| 0 | 1 | 7 | 3.292 | 4.708 | 0.085 264 | 2.917 264 |
| 1 | 1 | 4.078 | 2.416 456 | 3.292 | 0.340 524 | 0.085 264 |
| 2 | 2.416 456 | 4.078 | 3.292 | 3.826 30 | 0.085 264 | 0.693 273 |
| 3 | 2.416 456 | 3.826 30 | 2.957 434 | 3.292 | 0.001 812 | 0.085 264 |
| 4 | 2.416 456 | 3.292 | 2.750 914 | 2.957 434 | 0.062 044 | 0.001 812 |
| 5 | 2.750 917 | 3.292 | 2.957 434 | 3.085 305 | 0.001 812 | 0.007 277 |
| 6 | 2.750 917 | 3.085 305 | 2.878 651 | 2.957 434 | 0.014 725 | 0.001 812 |

## 3.4 二次插值方法

在某一给定的搜索区间内，如果某些点处的函数值已知，则可以根据这些点的函数值信息，利用插值的方法建立函数的某种近似表达式，进而求出函数的极小点，并用它作为原来函数极小点的近似值，这种方法称作插值方法，又称作函数逼近法。

同样在已经确定的搜索区间内进行一维搜索时，可以利用若干点处的函数值信息来构造低次插值多项式，用它作为函数的近似表达式，并用这个多项式的极小点作为原函数极小点的近似。常用的低次插值多项式为二次多项式，利用二次多项式所进行的插值方法称为二次插值法，二次插值法也是求解一维优化问题时常用的一种优化方法。

### 3.4.1 二次插值法的基本原理

已知在目标函数 $y=f(\alpha)$ 单谷区间中的三点 $a<\alpha_2<b$（若仅是区间端点 $a,b$ 已知，则中

间点 $\alpha_2$ 可以取为 $\alpha_2=\frac{a+b}{2}$)及其相应函数值 $f(a)>f(\alpha_2)<f(b)$，做出如下的二次插值多项式

$$P(\alpha)=a_1\alpha^2+a_2\alpha+a_3 \tag{3.5}$$

式中，$a_1$，$a_2$，$a_3$ 是待定系数，该二次插值多项式应满足条件

$$\begin{aligned}P(a)&=a_1a^2+a_2a+a_3=y_1=f(a)\\P(\alpha_2)&=a_1\alpha_2^2+a_2\alpha_2+a_3=y_2=f(\alpha_2)\\P(b)&=a_1b^2+a_2b+a_3=y_3=f(b)\end{aligned} \tag{3.6}$$

将式(3.6)中待定系数 $a_1$，$a_2$，$a_3$ 看做未知量，求解上述三元一次方程组，可以得到

$$a_1=-\frac{(\alpha_2-b)y_1+(b-a)y_2+(a-\alpha_2)y_3}{(a-\alpha_2)(\alpha_2-b)(b-a)}$$

$$a_2=\frac{(\alpha_2^2-b^2)y_1+(b^2-a^2)y_2+(a^2-\alpha_2^2)y_3}{(a-\alpha_2)(\alpha_2-b)(b-a)}$$

$$a_3=\frac{(b-\alpha_2)b\alpha_2y_1+(a-b)aby_2+(\alpha_2-a)\alpha_2ay_3}{(a-\alpha_2)(\alpha_2-b)(b-a)}$$

函数 $P(\alpha)$是关于 $\alpha$ 的确定的二次插值函数，其极值点 $\alpha_p^*$ 可通过极值必要条件求得，即

$$P'(\alpha_p^*)=2a_1\alpha_p^*+a_2=0$$

得到

$$\alpha_p^*=-\frac{a_2}{2a_1} \tag{3.7}$$

将系数 $a_1$ 和 $a_2$ 带入上式，可得

$$\alpha_p^*=-\frac{a_2}{2a_1}=\frac{1}{2}\frac{(\alpha_2^2-\alpha_3^2)y_1+(\alpha_3^2-\alpha_1^2)y_2+(\alpha_1^2-\alpha_2^2)y_3}{(\alpha_2-b)y_1+(b-a)y_2+(a-\alpha_2)y_3} \tag{3.8}$$

为了简化，令

$$c_1=\frac{y_3-y_1}{b-a}$$

$$c_2=\frac{\frac{y_2-y_1}{\alpha_2-a}-c_1}{\alpha_2-b}$$

则得到 $f(\alpha)$极小点 $\alpha^*$ 的近似解 $\alpha_p^*$ 为

$$\alpha_p^*=\frac{1}{2}(a+b-\frac{c_1}{c_2}) \tag{3.9}$$

二次插值法的迭代过程如图 3.11 所示。如果搜索区间长度 $|b-a|$ 足够小，则由 $|\alpha_p^*-\alpha^*|<|b-a|$便得出所要求的近似极小点 $\alpha^*\approx\alpha_p^*$；如果不满足上述要求，则必须进一步缩短搜索区间[$a,b$]。根据第 3 章第 2 节所介绍的区间消去法原理，需要已知区间内两点的函数值。其中点 $\alpha_2$ 的函数值 $y_2=f(\alpha_2)$已知，另外一点可取 $\alpha_p^*$ 点并计算其函数值 $y_p^*=f(\alpha_p^*)$。当 $y_2<y_p^*$ 时，取[$a,\alpha_p^*$]为缩短后的搜索区间，如图 3.11(a)所示，在新的区间内再用二次插值法插入新的极小点近似值 $\tilde{\alpha}_p^*$，如图 3.11(b)所示，然后继续判断收敛条件是否满足，如此不断进行下去，直到满足要求为止。

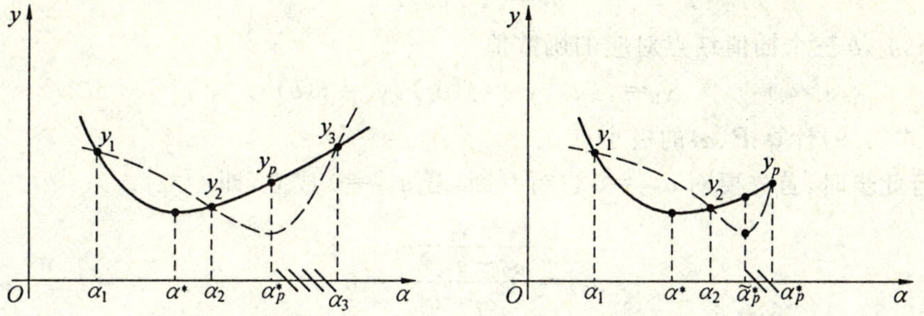


(a) 第一次迭代　　(b) 第二次迭代

图 3.11　二次插值法的迭代过程

## 3.4.2 二次插值法的区间缩短

为了在每次计算插入点的坐标时能应用同一计算公式，新搜索区间端点的坐标及函数值名称需换成原搜索区间端点的坐标及函数值名称，即在每个新搜索区间上仍取 $a$、$\alpha_2$、$b$ 三点及其相应函数值 $y_1>y_2<y_3$，这样当计算插入点 $\alpha_p^*$ 位置时仍可以应用原来的计算公式。

根据 $\alpha_p^*$ 与 $\alpha_2$ 的相对位置，$y_p^*$ 与 $y_2$ 的大小，二次插值法进行搜索区间缩短之前可以分为四种情况，即

(1)$\alpha_p^*>\alpha_2, y_2\geqslant y_p^*$；(2)$\alpha_p^*>\alpha_2, y_2<y_p^*$；(3)$\alpha_p^*<\alpha_2, y_2\geqslant y_p^*$；(4)$\alpha_p^*<\alpha_2, y_2<y_p^*$。

对上述四种情况在进行搜索区间缩短时，应采用不同的换名方式，即

①当 $\alpha_p^*>\alpha_2, y_2\geqslant y_p^*$ 时，$a\Leftarrow\alpha_2, y_1\Leftarrow y_2, \alpha_2\Leftarrow\alpha_p^*, y_2\Leftarrow y_p^*$，$b$ 不变；

②当 $\alpha_p^*>\alpha_2, y_2<y_p^*$ 时，$b\Leftarrow\alpha_p^*, y_3\Leftarrow y_p^*$，$a$ 和 $\alpha_2$ 不变；

③当 $\alpha_p^*<\alpha_2, y_2\geqslant y_p^*$ 时，$b\Leftarrow\alpha_2, y_3\Leftarrow y_2, \alpha_2\Leftarrow\alpha_p^*, y_2\Leftarrow y_p^*$，$a$ 不变；

④当 $\alpha_p^*<\alpha_2, y_2<y_p^*$ 时，$a\Leftarrow\alpha_p^*, y_1\Leftarrow y_p^*$，$\alpha_2$ 和 $b$ 不变。

上述换名情况可参见表 3.2。

表 3.2　二次插值法的换名情况

| $\alpha_p^*$ 位置 | $\alpha_p^*>\alpha_2$ | | $\alpha_p^*<\alpha_2$ | |
|---|---|---|---|---|
| 函数值大小比较 | $y_2\geqslant y_p^*$ | $y_2<y_p^*$ | $y_2\geqslant y_p^*$ | $y_2<y_p^*$ |
| 换名示意图 | 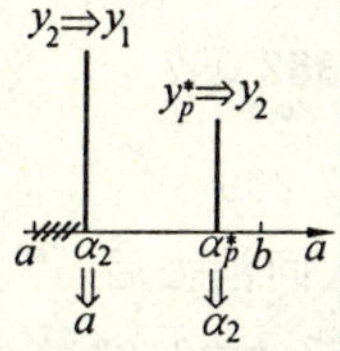 | 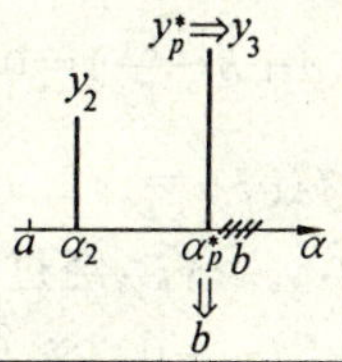 | 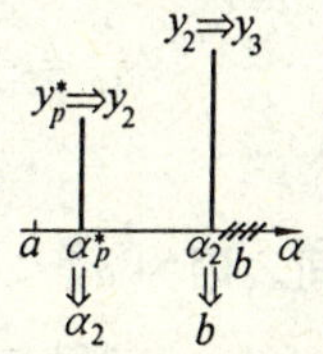 | 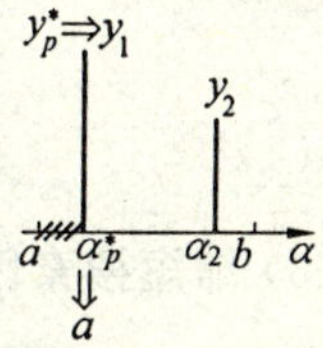 |

## 3.4.3　二次插值法的搜索过程

二次插值法的具体步骤如下。

(1)确定初始插值点

在搜索区间$[a,b]$内取一点 $\alpha_2$

$$\alpha_2=(a+b)/2$$

计算 $a,\alpha_2,b$ 三个插值结点对应的函数值

$$y_1=f(a),y_2=f(\alpha_2),y_3=f(b)$$

(2)按式(3.9)计算 $P(\alpha)$ 的极小点 $\alpha_p^*$

在进行此步时，首先要对 $a_{32}=0$ 进行判断，若 $a_{32}=0$ 成立，即

$$a_{32}=\frac{\dfrac{y_2-y_1}{\alpha_2-a}-c_1}{\alpha_2-b}=0$$

或写作

$$\frac{y_2-y_1}{\alpha_2-a}=c_1=\frac{y_3-y_1}{b-a}$$

这说明三个插值结点 $P_1(a,y_1)$、$P_2(\alpha_2,y_2)$、$P_3(b,y_3)$在同一条直线上，另外，如果发生$(\alpha_p^*-a)(b-\alpha_p^*)\leqslant 0$ 的情况，则说明 $\alpha_p^*$ 落在搜索区间$[a,b]$之外。以上两种情况只是在搜索区间已缩得很小，三个插值结点已经十分接近的时候，由于计算机的舍入误差才可能导致其发生，因此，对这种情况的合理处置就是把中间插值结点 $\alpha_2$ 及其函数值 $y_2$ 作为最优解输出。

(3)判断是否满足精度要求

①若$|\alpha_p^*-\alpha_2|<\varepsilon$，说明搜索区间已足够小，当 $y_p^*=f(\alpha_p^*)<y_2=f(\alpha_2)$时，输出 $\alpha^*=\alpha_p^*,y^*=y_p^*$；否则，输出 $\alpha^*=\alpha_2,y^*=y_2$。

②若$|\alpha_p^*-\alpha_2|\geqslant\varepsilon$，则按照二次插值法的区间缩短原理进行搜索区间缩短后，返回到步骤(2)。

图 3.12 为二次插值法的程序框图。

**【例 3.3】** 用二次插值法求非二次函数 $f(\alpha)=e^{\alpha+1}-5(\alpha+1)$在区间$[-0.5,2.5]$上的极小点，允许误差 $\varepsilon=0.005$。

解 (1) 初始插值点

在初始搜索区间上取 $a=-0.5,b=2.5,\alpha_2=\dfrac{a+b}{2}=1$，计算相应的函数值

$$y_1=f(a)=-0.851\ 279,y_2=f(\alpha_2)=-2.610\ 944,y_3=f(b)=15.615\ 452$$

(2) 计算 $\alpha_p^*$ 与 $y_p^*$

$$c_1=5.488\ 910,c_2=4.441\ 347$$

$$\alpha_p^*=\frac{1}{2}\left(a+b-\frac{c_1}{c_2}\right)=0.382\ 067$$

$$y_p^*=f(\alpha_p^*)=-2.927\ 209$$

(3) 缩短搜索区间。因为 $\alpha_p^*<\alpha_2,y_2>y_p^*$，经过区间消去后，得

$$a=-0.5,\alpha_2=0.382\ 067,b=1$$

$$y_1=-0.851\ 279,y_2=-2.927\ 209,y_3=-2.610\ 944$$

(4) 在新搜索区间内重复步骤(2)

$$c_1=-1.173\ 11,c_2=-1.910\ 196$$

$$\alpha_p^*=0.557\ 065\quad y_p^*=-3.040\ 450$$

(5) 检查终止条件。$|\alpha_p^*-\alpha_2|=|0.557\ 065-0.382\ 067|=0.174\ 998>\varepsilon$，不满足迭代终止条件，返回步骤(2)，经 5 次插值计算后有

$$|\alpha_p^* - \alpha_2| = 0.002\ 971 < \varepsilon$$

得最优解

$$\alpha^* = \alpha_p^* = 0.608\ 188$$
$$y^* = y_p^* = -3.047\ 188$$

本题的各次插值计算结果列于表 3.3 中。

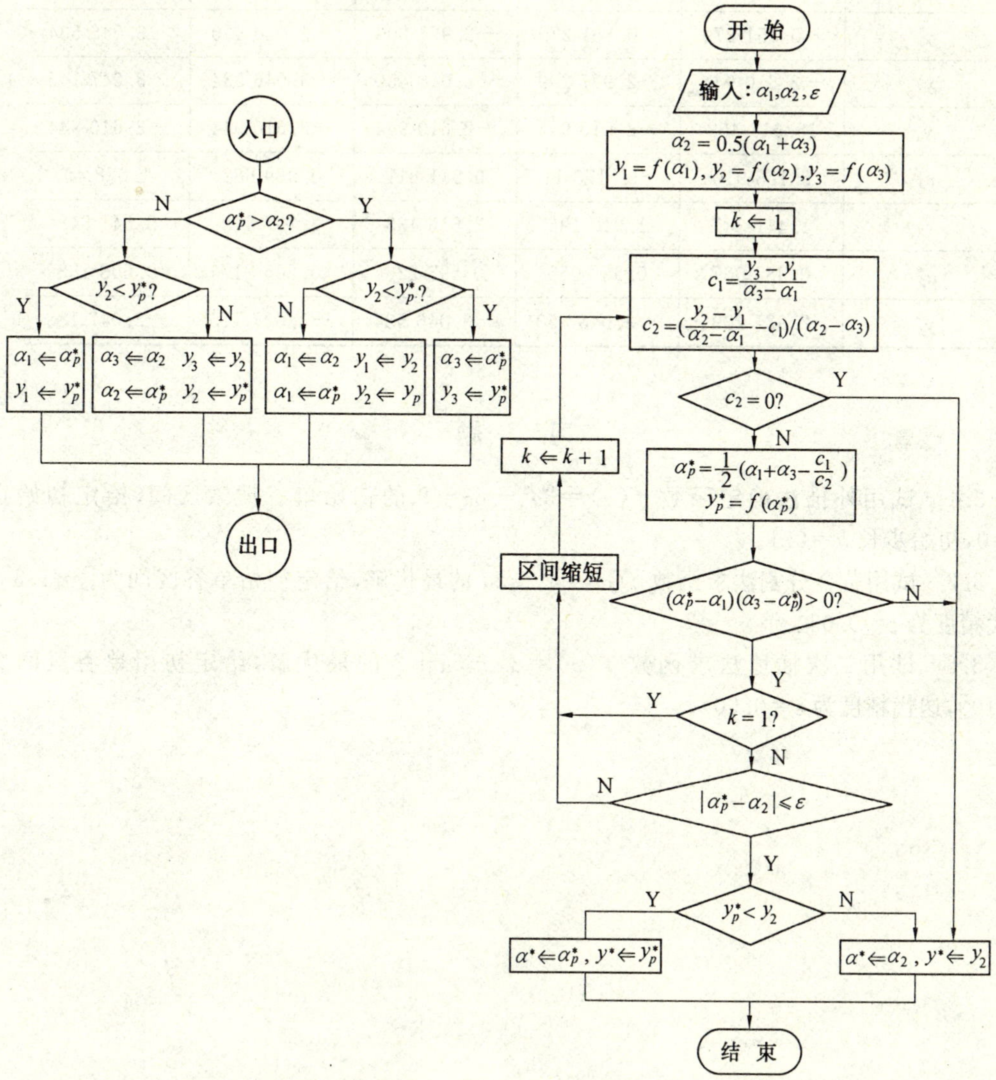


(a) 区间缩短框图　　(b) 总框图

图 3.12　二次插值法程序框图

表 3.3 例 3.3 的计算结果

| 计算次数 | 1 | 2 | 3 | 4 | 5 |
|---|---|---|---|---|---|
| $a$ | −0.5 | 0.5 | 0.382 067 | 0.557 065 | 0.593 226 |
| $\alpha_2$ | 1.0 | 0.382 067 | 0.557 065 | 0.593 226 | 0.605 217 |
| $b$ | 2.5 | 1.0 | 1.0 | 1.0 | 1.0 |
| $y_1$ | −0.851 279 | −0.851 279 | −2.927 209 | −3.040 450 | −3.046 534 |
| $y_2$ | −2.610 944 | −2.927 209 | −3.040 450 | −3.046 534 | −3.047 145 |
| $y_3$ | 15.615 452 | −2.610 944 | −2.610 944 | −2.610 944 | −2.610 944 |
| $c_1$ | 5.188 910 | −1.173 11 | 0.511 811 | 0.969 682 | 1.078 40 |
| $c_2$ | 1.441 347 | 1.910 196 | 2.616 433 | 2.797 449 | 2.841 548 |
| $\alpha_p^*$ | 0.382 067 | 0.557 065 | 0.593 226 | 0.605 217 | 0.608 188 |
| $y_p^*$ | 2.927 209 | −3.040 450 | −3.046 534 | −3.047 115 | −3.047 188 |

## 习　题

3.1　试用外推法确定函数 $f(\alpha)=3\alpha^3-8\alpha+9$ 的初始单谷搜索区间，给定初始点 $\alpha_0=0$，初始步长 $h=0.1$。

3.2　试用黄金分割法求函数 $f(\alpha)=\alpha^2+2\alpha$ 的最优解，给定初始单谷区间为[−3,5]，迭代精度为 $\varepsilon=0.05$。

3.3　试用二次插值法求函数 $f(\alpha)=\alpha^2-5\alpha+2$ 的最优解，给定初始单谷区间为[1,10]，迭代精度为 $\varepsilon=0.001$。

# 第4章 无约束优化方法

**【内容提要】** 无约束优化方法是最优化技术中极为重要和基本的内容之一，是求解复杂优化问题的基础。本章主要讲述最速下降法、牛顿型方法、共轭梯度法、变尺度法、坐标轮换法、鲍威尔法、单纯形法等几种典型的无约束优化方法。

**【课程指导】** 通过对本章无约束优化方法的学习，要求掌握无约束优化方法的基本原理，了解每一种方法的实现过程——算法，并且能够灵活运用这些典型的无约束优化方法求解无约束优化问题，为将要进行的约束优化方法的学习奠定基础。

## 4.1 概　述

在众多机械优化设计的实际问题中，大多数都是属于在一定的限制条件下追求某一指标为最小的约束优化问题。研究机械优化设计中的无约束优化问题是出于以下几个方面的考虑。

首先，在机械优化设计中，也有些实际问题，其数学模型本身就是一个无约束优化问题，或者除了在非常接近最终极小点的情况下，都可以按无约束问题来处理。

其次，研究无约束优化问题的解法也可以为更好地求解约束优化问题打下良好的基础。

最后，约束优化问题的求解可以通过一系列无约束优化方法来达到。无约束优化方法已经逐渐成为对某些工程问题进行分析的一个有效的方法。

所以，无约束优化方法是最优化技术中极为重要和基本的内容之一，也是最优化技术的基础。无约束优化问题的一般形式可表示为

求 $n$ 维设计变量

$$\boldsymbol{X}=[x_1 \quad x_2 \quad \cdots \quad x_n]^{\mathrm{T}}$$

使目标函数

$$f(\boldsymbol{X}) \rightarrow \min, \boldsymbol{X} \in R^n$$

对于上述无约束优化问题的求解，可以利用第2章所介绍的无约束极值存在的必要条件来求得，也就是将求目标函数极值的问题变成求解方程

$$\nabla f(\boldsymbol{X}^*)=0$$

的问题，即求 $\boldsymbol{X}^*$，使其满足

$$\begin{cases}\dfrac{\partial f(\boldsymbol{X}^*)}{\partial x_1}=0\\ \dfrac{\partial f(\boldsymbol{X}^*)}{\partial x_2}=0\\ \vdots\\ \dfrac{\partial f(\boldsymbol{X}^*)}{\partial x_n}=0\end{cases} \tag{4.1}$$

解上述方程组，求得驻点后，再根据极值点所需满足的充分条件（海色矩阵正定）来判定是否为极小值点。但是式(4.1)是一个含有 $n$ 个未知量，$n$ 个方程的方程组，并且在实际中一般是非线性的。对于非线性方程组的求解，一般是很难用解析法求解的，需要采用数值计算方法逐步求出非线性联立方程组的解。但是，与其用数值计算方法求解非线性方程组，倒不如用数值计算方法直接求解无约束极值问题，因此，本章将介绍求解无约束优化问题常用的数值解法。

采用数值解法求解无约束优化问题的基本过程是从给定的初始点 $\boldsymbol{X}^{(0)}$ 出发，沿某一搜索方向 $\boldsymbol{S}^{(0)}$ 进行搜索，确定最优步长 $\alpha_0$ 使目标函数值沿方向 $\boldsymbol{S}^{(0)}$ 下降最大，得到 $\boldsymbol{X}^{(1)}$ 点，依此方式按式(4.2)不断进行，形成迭代的下降算法。

$$\boldsymbol{X}^{(k+1)}=\boldsymbol{X}^{(k)}+\alpha_k\boldsymbol{S}^{(k)}\quad(k=0,1,2,\cdots) \tag{4.2}$$

各种无约束优化方法的区别就在于确定其搜索方向 $\boldsymbol{S}^{(k)}$ 的方法不同，所以，搜索方向的构成问题乃是无约束优化方法的关键。

图 4.1 是按迭代式(4.2)对无约束优化问题进行极小化计算的程序框图，其中关键的两个步骤是确定搜索方向 $\boldsymbol{S}^{(k)}$ 和确定最优步长 $\alpha_k$。显然，$\boldsymbol{S}^{(k)}$ 的不同形成方法，就形成了不同类型的无约束优化方法。实际上，在 $\boldsymbol{X}^{(k+1)}=\boldsymbol{X}^{(k)}+\alpha_k\boldsymbol{S}^{(k)}$ 中，在给定搜索方向 $\boldsymbol{S}^{(k)}$ 的情况下，确定使 $f(\boldsymbol{X}^{(k)}+\alpha_k\boldsymbol{S}^{(k)})$ 取得极小值的 $\alpha_k=\alpha^*$ 的方法也是不同的。求取 $\alpha^*$ 的一维搜索方法已经在第 3 章中进行了介绍。

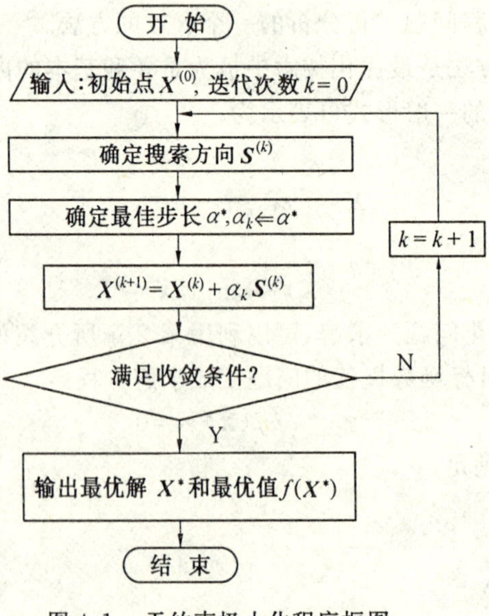


图 4.1 无约束极小化程序框图

根据确定搜索方向 $\boldsymbol{S}^{(k)}$ 所使用信息性质的不同,无约束优化方法可以分为两类:一类是利用目标函数的一阶或二阶导数信息的无约束优化方法,如最速下降法、牛顿法、共轭梯度法及变尺度法等。另一类是只利用目标函数值信息的无约束优化方法,如坐标轮换法、鲍威尔法及单形替换法等。第一类方法由于考虑了函数的变化率,因而收敛速度较快,但计算工作量一般较大;而第二类方法能够避免在迭代过程中求解海色矩阵,进而可有效地减小计算工作量。

## 4.2 最速下降法

最速下降法是求解无约束多元函数极值问题的古老算法之一,早在1847年就已由柯西(Cauchy)提出。该方法形式直观、原理简单,是其他更为实用有效的无约束和约束优化方法的理论基础,因此,最速下降法是无约束优化方法中最基本的方法之一。下面将介绍最速下降法的基本原理。

### 4.2.1 最速下降法的基本原理

由第2章的介绍可知,正梯度方向是函数值增加最快的方向,而负梯度方向是函数值下降最快的方向。优化设计的目的是追求目标函数值最小,因此,一个很自然的想法就是从某点出发,取该点的负梯度方向 $-\nabla f(\boldsymbol{X})$(最速下降方向)作为搜索方向,即令

$$\boldsymbol{S}^{(k)}=-\nabla f(\boldsymbol{X}^{(k)})$$

或取梯度方向的单位向量作为搜索方向,即

$$\boldsymbol{S}^{(k)}=-\frac{\nabla f(\boldsymbol{X}^{(k)})}{\|\nabla f(\boldsymbol{X}^{(k)})\|}$$

进而形成以下迭代的算法

$$\boldsymbol{X}^{(k+1)}=\boldsymbol{X}^{(k)}-\alpha_k\nabla f(\boldsymbol{X}^{(k)})\quad(k=0,1,2,\cdots)\tag{4.3}$$

或写成

$$\boldsymbol{X}^{(k+1)}=\boldsymbol{X}^{(k)}-\alpha_k\frac{\nabla f(\boldsymbol{X}^{(k)})}{\|\nabla f(\boldsymbol{X}^{(k)})\|}\quad(k=0,1,2,\cdots)$$

最速下降法是以负梯度方向作为搜索方向,所以最速下降法又称为梯度法(Gradient Method)。

为了使目标函数值沿搜索方向 $-\nabla f(\boldsymbol{X})$ 能获得最大的下降值,其步长因子 $\alpha_k$ 应取一维搜索的最优步长,即有

$$f(\boldsymbol{X}^{(k+1)})=f[\boldsymbol{X}^{(k)}-\alpha_k\nabla f(\boldsymbol{X}^{(k)})]=\min_{\alpha}f[\boldsymbol{X}^{(k)}-\alpha\nabla f(\boldsymbol{X}^{(k)})]=\min_{\alpha}\varphi(\alpha)\tag{4.4}$$

根据一元函数极值的必要条件和多元复合函数求导公式,得

$$\varphi'(\alpha)=-\{\nabla f[\boldsymbol{X}^{(k)}-\alpha_k\nabla f(\boldsymbol{X}^{(k)})]\}^{\mathrm{T}}\nabla f(\boldsymbol{X}^{(k)})=0\tag{4.5}$$

$$[\nabla f(\boldsymbol{X}^{(k+1)})]^{\mathrm{T}}\nabla f(\boldsymbol{X}^{(k)})=0\tag{4.6}$$

或写成

$$[\boldsymbol{S}^{(k+1)}]^{\mathrm{T}}\boldsymbol{S}^{(k)}=0\tag{4.7}$$

由此可知,在最速下降法中,相邻两个迭代点上的函数梯度相互正交,而搜索方向就是负梯度方向,因此相邻两个搜索方向互相正交。图4.2为二维目标函数采用最速下降法的

搜索过程示意图。

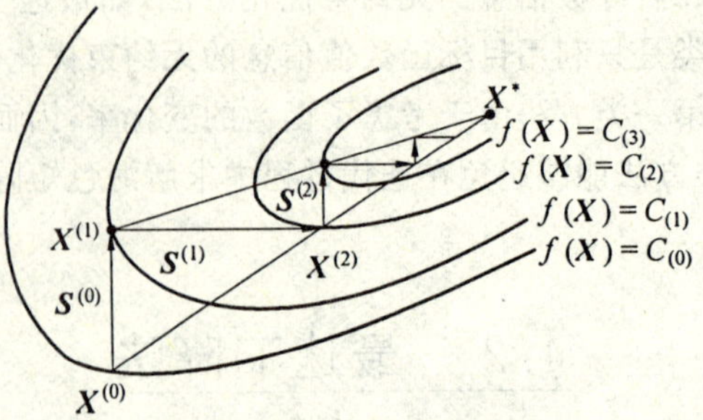


图 4.2　二维目标函数的最速下降法搜索过程示意图

### 4.2.2　最速下降法的计算步骤

(1) 取初始点 $\boldsymbol{X}^{(0)} \in R^n$，收敛精度为 $\varepsilon > 0$，并令 $k \Leftarrow 0$；

(2) 计算 $\boldsymbol{X}^{(k)}$ 点的梯度 $\nabla f(\boldsymbol{X}^{(k)})$，以及搜索方向 $\boldsymbol{S}^{(k)} = -\dfrac{\nabla f(\boldsymbol{X}^{(k)})}{\| \nabla f(\boldsymbol{X}^{(k)}) \|}$；

(3) 检验是否满足收敛性判断准则 $\| \nabla f(\boldsymbol{X}^{(k)}) \| \leqslant \varepsilon$。若满足，则停止迭代，得点 $\boldsymbol{X}^* = \boldsymbol{X}^{(k)}$ 及目标函数值 $f(\boldsymbol{X}^*) = f(\boldsymbol{X}^{(k)})$，否则进行下一步计算；

(4) 进行一维搜索，求最优步长 $\alpha_k$，即

$$\min_{\alpha} f(\boldsymbol{X}^{(k)} + \alpha \boldsymbol{S}^{(k)}) = f(\boldsymbol{X}^{(k)} + \alpha_k \boldsymbol{S}^{(k)})$$

(5) 令 $\boldsymbol{X}^{(k+1)} = \boldsymbol{X}^{(k)} + \alpha_k \boldsymbol{S}^{(k)}$，$k \Leftarrow k+1$，转步骤(2)。

最速下降法算法的程序框图如图 4.3 所示。

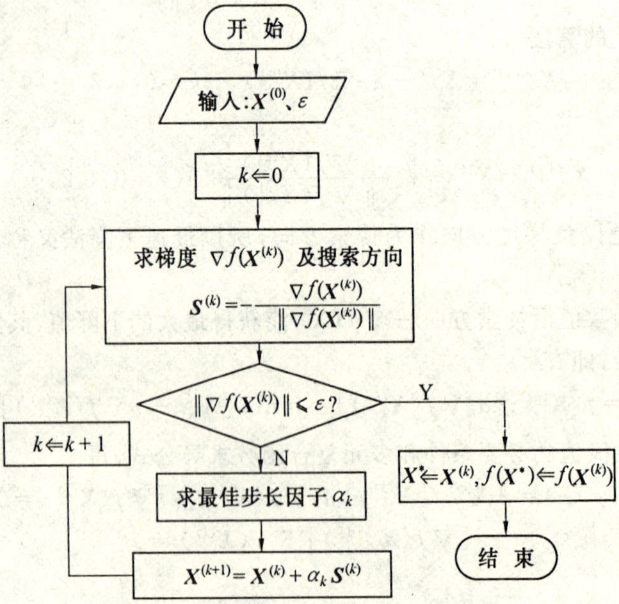


图 4.3　最速下降法的程序框图

### 4.2.3 最速下降法的特点

(1) 最速下降法理论明确、方法简单、概念清楚，每迭代一次除需进行一维搜索外，只需计算函数的一阶偏导数，计算量小。

(2) 由式(4.7)可知，相邻两次迭代的梯度方向是互相正交的，即$[\boldsymbol{S}^{(k+1)}]^{\mathrm{T}}\boldsymbol{S}^{(k)}=0$，这也可以从图4.2中表现出来。设迭代从$\boldsymbol{X}^{(0)}$点开始，$\boldsymbol{S}^{(0)}=-\nabla f(\boldsymbol{X}^{(0)})$方向进行一维搜索得到$\boldsymbol{X}^{(1)}$点，显然$\boldsymbol{X}^{(1)}$点就是向量$\boldsymbol{S}^{(0)}$与函数等值线$f(\boldsymbol{X})=C_{(1)}$的切点，$\boldsymbol{S}^{(0)}$是等值线$f(\boldsymbol{X})=C_{(1)}$的切线。则迭代从$\boldsymbol{X}^{(1)}$点出发沿$\boldsymbol{S}^{(1)}=-\nabla f(\boldsymbol{X}^{(1)})$方向进行一维搜索，而由梯度的性质可知，$\boldsymbol{S}^{(1)}$就是等值线$f(\boldsymbol{X})=C_{(1)}$在点$\boldsymbol{X}^{(1)}$的法线，所以$\boldsymbol{S}^{(0)}$与$\boldsymbol{S}^{(1)}$必为正交向量，也即$[\boldsymbol{S}^{(1)}]^{\mathrm{T}}\boldsymbol{S}^{(0)}=\boldsymbol{0}$。同理，以后的迭代中也总是前后两次迭代方向互为正交，因此，随着迭代过程的进行，最速下降法的搜索路径呈现“之”字形的锯齿现象，越靠近极小点，搜索点的密度越大，降低了收敛速度。

(3) 迭代次数与目标函数等值线形状和初始点的位置选择有关。当等值线族为圆族时，则一次迭代就能达到极小点$\boldsymbol{X}^*$，这是因为圆周上任意一点的负梯度方向总是指向圆心的，如图4.4(a)所示。但是，当目标函数的等值线为椭圆族时，此时取不同位置作初始点，收敛的快慢就会有很大的不同，如图4.4(b)所示，若初始点取在$x_1$轴$D$点或者$x_2$轴上$C$点，则一次搜索到达极小点；若初始点取在$A$、$B$位置，则收敛次数增多，不易达到最优点$\boldsymbol{X}^*$，并且形成的椭圆族愈扁(椭圆的长短轴相差越大)，迭代的次数将愈多。

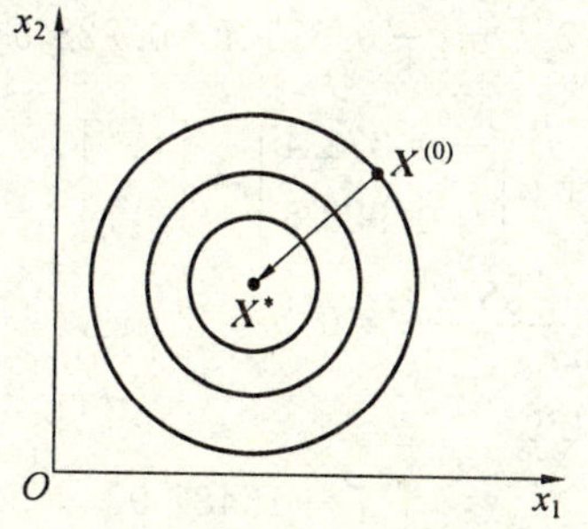

(a) 等值线为圆的迭代过程

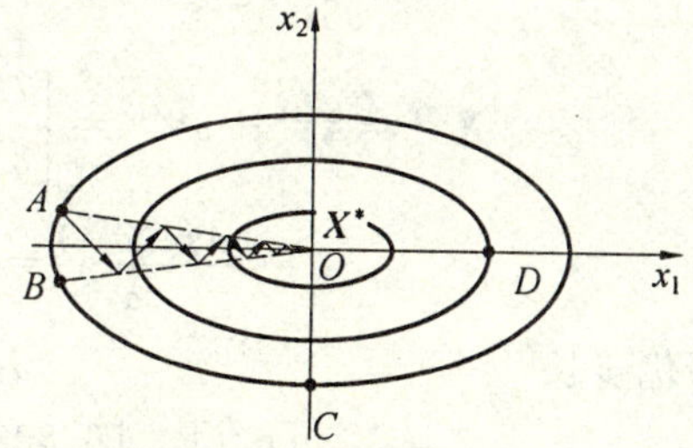

(b) 等值线为椭圆的迭代过程

图4.4 不同形状目标函数采用最速下降法的迭代过程

(4) 按负梯度方向搜索并不等同于以最短时间到达最优点。因为“负梯度方向是函数值最速下降方向”仅是迭代点邻域内的一种局部性质，从局部上看，在一点附近函数的下降是快的，但从整体上看则走了许多弯路，下降的并不算快，因此，从整个迭代过程来看，最速下降法并不具有“最速下降”的性质。

**【例4.1】** 试用最速下降法求目标函数为$f(\boldsymbol{X})=x_1^2+x_2^2-x_1x_2-10x_1-4x_2+60$的极小值，设初始点$\boldsymbol{X}^{(0)}=[0\quad 0]^{\mathrm{T}}$，收敛精度$\varepsilon=10^{-2}$。

**解** (1) 计算初始点$\boldsymbol{X}^{(0)}$处目标函数的梯度和梯度模

目标函数的梯度为

$$\nabla f(\boldsymbol{X}^{(0)})=\left[\frac{\partial f(\boldsymbol{X})}{\partial x_1}\quad\frac{\partial f(\boldsymbol{X})}{\partial x_2}\right]^{\mathrm{T}}_{\boldsymbol{X}^{(0)}}=[2x_1-x_2-10\quad 2x_2-x_1-4]^{\mathrm{T}}_{\boldsymbol{X}^{(0)}}=[-10\quad -4]^{\mathrm{T}}$$

在$\boldsymbol{X}^{(0)}$处目标函数的梯度模为

$$\|\nabla f(\boldsymbol{X}^{(0)})\|=\sqrt{(-10)^2+(-4)^2}=10.770\ 329$$

由于 $\|\nabla f(\boldsymbol{X}^{(0)})\|=10.770\ 329>\varepsilon$，应继续进行迭代计算。

(2) 第一次迭代首先求得在 $\boldsymbol{X}^{(0)}$ 点的负梯度方向为

$$\boldsymbol{S}^{(0)}=-\frac{1}{10.770\ 329}[-10\quad -4]^{\mathrm{T}}=[0.928\ 5\quad 0.371\ 4]^{\mathrm{T}}$$

由式(4.3)求得

$$\boldsymbol{X}^{(1)}=\boldsymbol{X}^{(0)}+\alpha\boldsymbol{S}^{(0)}=\begin{bmatrix}0\\0\end{bmatrix}+\alpha\begin{bmatrix}0.928\ 5\\0.371\ 4\end{bmatrix}=\begin{bmatrix}0.928\ 5\alpha\\0.371\ 4\alpha\end{bmatrix}=\begin{bmatrix}x_1^{(1)}\\x_2^{(1)}\end{bmatrix}$$

$$f(\boldsymbol{X}^{(0)}+\alpha\boldsymbol{S}^{(0)})=(0.928\ 5\alpha)^2+(0.371\ 4\alpha)^2-(0.928\ 5\times0.371\ 4\alpha^2)-10\times0.928\ 5\alpha-4\times0.371\ 4\alpha+60=0.655\ 2\alpha^2-10.770\ 6\alpha+60$$

令

$$\frac{\mathrm{d}f(\boldsymbol{X}^{(1)})}{\mathrm{d}\alpha}=\frac{\mathrm{d}f(\boldsymbol{X}^{(0)}+\alpha\boldsymbol{S}^{(0)})}{\mathrm{d}\alpha}=0$$

求得最优步长

$$\alpha_0=8.219\ 3$$

则

$$\boldsymbol{X}^{(1)}=\begin{bmatrix}x_1^{(1)}\\x_2^{(1)}\end{bmatrix}=\begin{bmatrix}7.631\ 6\\3.052\ 7\end{bmatrix},\nabla f(\boldsymbol{X}^{(1)})=\begin{bmatrix}2.210\ 5\\-5.526\ 2\end{bmatrix}$$

$$\|\nabla f(\boldsymbol{X}^{(1)})\|=\sqrt{(2.210\ 5)^2+(-5.526\ 2)^2}=5.951\ 9>\varepsilon$$

未达到收敛要求，应继续进行迭代计算。

(3) 第二次迭代

$$\boldsymbol{S}^{(1)}=-\frac{1}{5.951\ 5}[2.210\ 5\quad -5.526\ 2]^{\mathrm{T}}=[-0.371\ 4\quad 0.928\ 5]^{\mathrm{T}}$$

$$\boldsymbol{X}^{(2)}=\boldsymbol{X}^{(1)}+\alpha\boldsymbol{S}^{(1)}=\begin{bmatrix}7.631\ 6\\3.052\ 7\end{bmatrix}+\alpha\begin{bmatrix}-0.371\ 4\\0.928\ 5\end{bmatrix}=\begin{bmatrix}x_1^{(2)}\\x_2^{(2)}\end{bmatrix}$$

同理令

$$\frac{\mathrm{d}f(\boldsymbol{X}^{(2)})}{\mathrm{d}\alpha}=\frac{\mathrm{d}f(\boldsymbol{X}^{(1)}+\alpha\boldsymbol{S}^{(1)})}{\mathrm{d}\alpha}=0$$

求得最优步长

$$\alpha_1=2.212\ 9$$

则

$$\boldsymbol{X}^{(2)}=\begin{bmatrix}x_1^{(2)}\\x_2^{(2)}\end{bmatrix}=\begin{bmatrix}6.809\ 7\\5.107\ 3\end{bmatrix},\nabla f(\boldsymbol{X}^{(2)})=\begin{bmatrix}-1.487\ 9\\-0.595\ 1\end{bmatrix}$$

$$\|\nabla f(\boldsymbol{X}^{(2)})\|=\sqrt{(-1.487\ 9)^2+(-0.595\ 1)^2}=1.602\ 5>\varepsilon$$

经过两次迭代仍未达到预期的收敛精度，因此，应继续迭代下去，经过 8 次迭代后，$\|\nabla f(\boldsymbol{X}^{(8)})\|=0.005\ 3$，已小于计算精度，可终止迭代。本例中各次迭代的计算结果列于表 4.1 中，图 4.5 显示了本问题的迭代过程，从图中也可以明显地看出“之”字形的锯齿状的搜索路径。

最速下降法采用了函数的负梯度方向作为下一步的搜索方向，在整个搜索过程中收敛速度较慢，越是接近极值点收敛越慢，这是它的主要缺点。但是，应用最速下降法可以使目标函数在开头几步下降很快，所以它可与其他无约束优化方法配合使用，特别是一些更有效的方法都是在对它进行改进后，或在它的启发下获得的，因此最速下降法仍是许多有约束和无约束优化方法的基础。

表 4.1 例 4.1 的计算结果

| $k$ | $x_1^{(k)}$ | $x_2^{(k)}$ | $\nabla f(\boldsymbol{X}^{(k)})$ | $\Vert \nabla f(\boldsymbol{X}^{(k)}) \Vert$ | $f(\boldsymbol{X}^{(k)})$ |
|---|---|---|---|---|---|
| 0 | 0 | 0 | $[10\quad -4]^T$ | 10.770 3 | 60 |
| 1 | 7.631 6 | 3.052 7 | $[2.210\,5\quad -5.326\,2]^T$ | 5.951 9 | 15.736 8 |
| 2 | 6.809 7 | 5.107 3 | $[1.487\,9\quad -0.595\,1]^T$ | 1.602 5 | 9.151 |
| 3 | 7.945 2 | 5.561 5 | $[0.328\,9\quad -0.822\,2]^T$ | 0.885 6 | 8.171 3 |
| 4 | 7.822 9 | 5.867 2 | $[-0.221\,4\quad -0.088\,5]^T$ | 0.238 4 | 8.025 5 |
| 5 | 7.991 8 | 5.934 8 | $[0.048\,9\quad -0.122\,3]^T$ | 0.131 8 | 8.003 791 |
| 6 | 7.973 7 | 5.980 2 | $[0.032\,9\quad -0.013\,2]^T$ | 0.035 5 | 8.000 564 |
| 7 | 7.998 8 | 5.990 3 | $[0.007\,3\quad -0.018\,2]^T$ | 0.019 6 | 8.000 083 9 |
| 8 | 7.996 1 | 5.997 1 | $[-0.004\,9\quad -0.001\,9]^T$ | 0.005 3 | 8.000 013 6 |

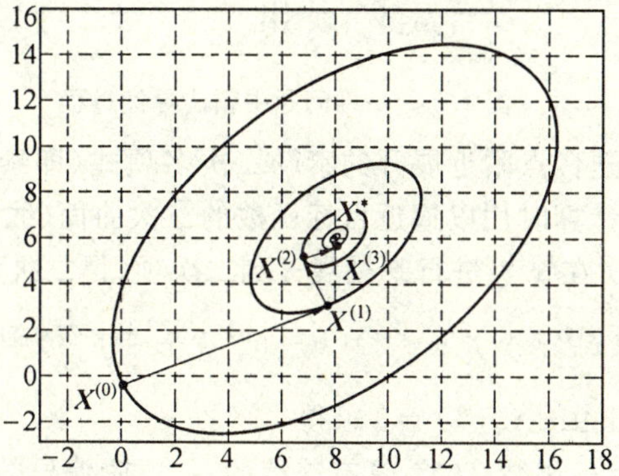


图 4.5 例 4.1 最速下降法搜索过程

## 4.3 牛顿(Newton)型方法

通过本章第 2 节的介绍可知，最速下降法在迭代过程中由于存在锯齿状搜索路径，使得最初几步迭代数值下降很快，但是总体下降得并不快，而且愈接近极值点下降得越慢，其主要原因是梯度法在确定搜索方向时只考虑目标函数在迭代点的局部性质，即利用一阶偏导数(梯度)信息。本节所介绍的牛顿型方法主要包括牛顿法(Newton's Method)和阻尼牛顿法(Damping Newton's Method)，这类方法在确定搜索方向时进一步利用了目标函数的二阶偏导数，考虑了梯度变化的趋势，从而更为全面地确定合适的搜索方向，以便很快地搜索到目标函数的极小点。

### 4.3.1 牛顿法的基本原理

牛顿法是一种收敛速度很快的方法，其基本思路是利用二次曲面(线)来逐点近似原目标函数，以二次曲面(线)的极小点来近似原目标函数的极小点并逐渐逼近该点。下面以简单的一维问题来说明牛顿法的求优过程。

如图4.6所示，设已知一元目标函数 $f(x)$ 的初始点 $A(x^{(k)}, f(x^{(k)}))$，过 $A$ 点作一条与原目标函数 $f(x)$ 相切的二次曲面(线)—— 抛物线 $\varphi(x)$，求此抛物线的极小点的坐标 $x^{(k+1)}$。将 $x^{(k+1)}$ 代入原目标函数 $f(x)$ 求得 $f(x^{(k+1)})$ 值或 $B$ 点，过 $B$ 点再作一条与 $f(x)$ 相切的二次曲线，得下一个近似点 $C$，并依次作下去直至找到原目标函数的极小点的坐标值 $x^*$ 为止。

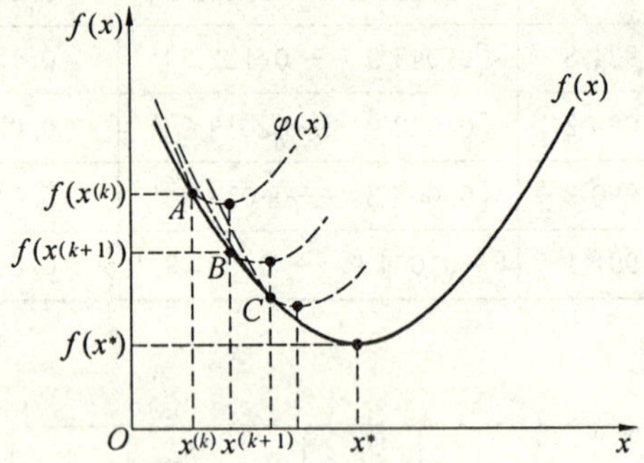


图4.6 一维问题牛顿法寻优过程

取原目标函数在各迭代点附近展开的泰勒二次多项式(即泰勒多项式只取到二次项或前三项)，作为每次迭代计算时用以逼近目标函数的二次曲面(线)的函数表达式。

对于一元函数 $f(x)$ 在 $x^{(k)}$ 进行泰勒展开到二次项，得二次函数 $\varphi(x)$，即

$$\varphi(x)=f(x^{(k)})+f'(x^{(k)})(x-x^{(k)})+\frac{1}{2}f''(x^{(k)})(x-x^{(k)})^2 \tag{4.8}$$

此二次函数的极小点，可由 $\varphi'(x^{(k)})=0$ 求得。

对于 $n$ 维问题，设目标函数 $f(\boldsymbol{X})$ 具有连续的一、二阶偏导数，$\boldsymbol{X}^{(k)}$ 为 $f(\boldsymbol{X})$ 在极小点附近的一个近似点。将 $f(\boldsymbol{X})$ 在 $\boldsymbol{X}^{(k)}$ 处做泰勒展开，保留到二次项，得

$$f(\boldsymbol{X})\approx f(\boldsymbol{X}^{(k)})+[\nabla f(\boldsymbol{X}^{(k)})]^{\mathrm{T}}[\boldsymbol{X}-\boldsymbol{X}^{(k)}]+\frac{1}{2}[\boldsymbol{X}-\boldsymbol{X}^{(k)}]^{\mathrm{T}}\nabla^2 f(\boldsymbol{X}^{(k)})[\boldsymbol{X}-\boldsymbol{X}^{(k)}]$$

式中，$\nabla^2 f(\boldsymbol{X}^{(k)})$ 为 $f(\boldsymbol{X})$ 在 $\boldsymbol{X}^{(k)}$ 点处的海色矩阵，可以用 $\boldsymbol{H}(\boldsymbol{X}^{(k)})$ 表示。用 $\varphi(\boldsymbol{X})$ 表示上述 $f(\boldsymbol{X})$ 的二次泰勒多项式，即

$$\varphi(\boldsymbol{X})=f(\boldsymbol{X}^{(k)})+[\nabla f(\boldsymbol{X}^{(k)})]^{\mathrm{T}}[\boldsymbol{X}-\boldsymbol{X}^{(k)}]+\frac{1}{2}[\boldsymbol{X}-\boldsymbol{X}^{(k)}]^{\mathrm{T}}H(\boldsymbol{X}^{(k)})[\boldsymbol{X}-\boldsymbol{X}^{(k)}] \tag{4.9}$$

由第2章第3节的无约束优化问题的极值条件可知，当 $\nabla\varphi(\boldsymbol{X})=0$ 时可求得二次曲面(线)$\varphi(\boldsymbol{X})$ 的极值点，且当在该点处的海色矩阵为正定时为极小点，即

$$\nabla\varphi(\boldsymbol{X})=\nabla f(\boldsymbol{X}^{(k)})+\boldsymbol{H}(\boldsymbol{X}^{(k)})[\boldsymbol{X}-\boldsymbol{X}^{(k)}]=0 \tag{4.10}$$

若 $\boldsymbol{H}(\boldsymbol{X}^{(k)})$ 为可逆矩阵，将上式等号两边左乘以 $[\boldsymbol{H}(\boldsymbol{X}^{(k)})]^{-1}$，并整理后得

$$\boldsymbol{X}=\boldsymbol{X}^{(k)}-[\boldsymbol{H}(\boldsymbol{X}^{(k)})]^{-1}\nabla f(\boldsymbol{X}^{(k)}) \tag{4.11}$$

当目标函数 $f(\boldsymbol{X})$ 是正定的二次函数时，牛顿法变得极为简单、有效，这时海色矩阵 $\boldsymbol{H}(\boldsymbol{X}^{(k)})$ 是一个常数矩阵，式(4.9)即是精确表达式，而利用式(4.11)进行一次迭代计算所求得的 $\boldsymbol{X}$ 就是最优点 $\boldsymbol{X}^*$。

### 4.3.2 牛顿法的迭代公式

在一般情况下 $f(\boldsymbol{X})$ 不一定为二次函数，因此不能通过一次迭代就求出极小点，即极小点不在 $-[\boldsymbol{H}(\boldsymbol{X}^{(k)})]^{-1}\nabla f(\boldsymbol{X}^{(k)})$ 方向上，但由于在 $\boldsymbol{X}^{(k)}$ 点附近，函数 $\varphi(\boldsymbol{X})$ 与 $f(\boldsymbol{X})$ 是近似的，所以这个方向可以作为近似方向，可以用式(4.11)求出的点 $\boldsymbol{X}$ 作为一个逼近点 $\boldsymbol{X}^{(k+1)}$，这时式(4.11)即可改写成牛顿法的一般迭代公式

$$\boldsymbol{X}^{(k+1)}=\boldsymbol{X}^{(k)}-[\boldsymbol{H}(\boldsymbol{X}^{(k)})]^{-1}\nabla f(\boldsymbol{X}^{(k)}) \tag{4.12}$$

式中 $-[\boldsymbol{H}(\boldsymbol{X}^{(k)})]^{-1}\nabla f(\boldsymbol{X}^{(k)})$——牛顿方向。

通过这种迭代，逐次向极小点 $\boldsymbol{X}^{*}$ 逼近。

**【例 4.2】** 试用牛顿法求目标函数 $f(\boldsymbol{X})=x_1^2+25x_2^2$ 的极小值。

**解** 取初始点 $\boldsymbol{X}^{(0)}=[2\quad 2]^{\mathrm{T}}$，则在初始点处的目标函数的梯度、海色矩阵及其逆矩阵分别为

$$\nabla f(\boldsymbol{X}^{(0)})=\begin{bmatrix}\dfrac{\partial f(\boldsymbol{X}^{(0)})}{\partial x_1}\\[2ex] \dfrac{\partial f(\boldsymbol{X}^{(0)})}{\partial x_2}\end{bmatrix}=\begin{bmatrix}2x_1\\ 50x_2\end{bmatrix}=\begin{bmatrix}4\\ 100\end{bmatrix}$$

$$H(\boldsymbol{X}^{(0)})=\nabla^2 f(\boldsymbol{X}^{(0)})=\begin{bmatrix}\dfrac{\partial^2 f(\boldsymbol{X}^{(0)})}{\partial x_1^2} & \dfrac{\partial^2 f(\boldsymbol{X}^{(0)})}{\partial x_1 x_2}\\[2ex] \dfrac{\partial^2 f(\boldsymbol{X}^{(0)})}{\partial x_2 x_1} & \dfrac{\partial^2 f(\boldsymbol{X}^{(0)})}{\partial x_2^2}\end{bmatrix}=\begin{bmatrix}2 & 0\\ 0 & 50\end{bmatrix}$$

$$[H(\boldsymbol{X}^{(0)})]^{-1}=[\nabla^2 f(\boldsymbol{X}^{(0)})]^{-1}=\begin{bmatrix}\dfrac{1}{2} & 0\\[2ex] 0 & \dfrac{1}{50}\end{bmatrix}$$

代入牛顿法迭代公式，得

$$\boldsymbol{X}^{(1)}=\boldsymbol{X}^{(0)}-[\boldsymbol{H}(\boldsymbol{X}^{(0)})]^{-1}\nabla f(\boldsymbol{X}^{(0)})=\begin{bmatrix}2\\ 2\end{bmatrix}-\begin{bmatrix}\dfrac{1}{2} & 0\\[2ex] 0 & \dfrac{1}{50}\end{bmatrix}\begin{bmatrix}4\\ 100\end{bmatrix}=\begin{bmatrix}0\\ 0\end{bmatrix}$$

$$f(\boldsymbol{X}^{(1)})=0$$

因目标函数 $f(\boldsymbol{X})$ 为二次函数，故 $\boldsymbol{X}^{(1)}=\begin{bmatrix}0\\ 0\end{bmatrix}$ 为目标函数的极小点。

### 4.3.3 阻尼牛顿法

从牛顿法迭代公式的推导中可以看出，迭代点的位置是按照极值条件确定的，其中并未含有沿下降方向进行搜索的概念。因此，对于非二次函数或者初始点选择不当时，采用上述牛顿法有可能会使函数值上升，即出现 $f(\boldsymbol{X}^{(k+1)})>f(\boldsymbol{X}^{(k)})$ 的情况，这就有可能导致迭代结果收敛于极大点或者不收敛等情况。基于这种原因需要对古典的牛顿法做一些修改，于是便出现了阻尼牛顿法，其修正方法是，用 $\boldsymbol{X}^{(k)}$ 求 $\boldsymbol{X}^{(k+1)}$ 时不是直接利用原来的迭代公式计算，而是沿着 $\boldsymbol{X}^{(k)}$ 点处的牛顿方向进行一维搜索，将该方向上的最优点作为 $\boldsymbol{X}^{(k+1)}$，于是式

(4.12)则改写为

$$X^{(k+1)}=X^{(k)}-\alpha_k[H(X^{(k)})]^{-1}\nabla f(X^{(k)}) \tag{4.13}$$

其中搜索方向取牛顿方向,即

$$S^{(k)}=-[H(X^{(k)})]^{-1}\nabla f(X^{(k)}) \tag{4.14}$$

式中,$\alpha_k$ 为沿牛顿方向进行一维搜索的最优步长,可称为阻尼因子。$\alpha_k$ 可通过如下极小化过程求得

$$\min_{\alpha} f(X^{(k)}+\alpha S^{(k)})=f(X^{(k)}+\alpha_k S^{(k)}) \tag{4.15}$$

这种阻尼牛顿法通常又称为广义牛顿方法,或称修正牛顿法。原来的牛顿法相当于阻尼牛顿法的搜索步长 $\alpha_k$ 恒取 1 的情况。虽然相对于原来的牛顿法,阻尼牛顿法的计算工作量多了一些,但是在目标函数 $f(X)$ 的海色矩阵为正定的情况下,它能保证每次迭代都能使函数值有所下降。即使初始点选择不当,用这种搜索方法也会成功,同时,它还保留了古典牛顿法收敛快的优点。

### 4.3.4 阻尼牛顿法的计算步骤

(1) 取初始点 $X^{(0)}$,收敛精度为 $\varepsilon>0$,并令 $k\Leftarrow 0$;

(2) 计算 $X^{(k)}$ 点的梯度 $\nabla f(X^{(k)})$ 及其梯度模 $\|\nabla f(X^{(k)})\|$;

(3) 检查是否满足收敛性判断准则 $\|\nabla f(X^{(k)})\|<\varepsilon$。若满足,则迭代停止,得点 $X^*=X^{(k+1)}$ 及目标函数值 $f(X^*)=f(X^{(k+1)})$;否则进行下一步计算;

(4) 计算海色矩阵 $H(X^{(k)})$,并求其逆矩阵 $[H(X^{(k)})]^{-1}$, 确定牛顿方向 $S^{(k)}=-[H(X^{(k)})]^{-1}\nabla f(X^{(k)})$,并沿牛顿方向进行一维搜索,求出在 $S^{(k)}$ 方向上的最优步长 $\alpha_k$,即 $\min\limits_{\alpha} f(X^{(k)}+\alpha S^{(k)})=f(X^{(k)}+\alpha_k S^{(k)})$;

(5) 令 $X^{(k+1)}=X^{(k)}+\alpha_k S^{(k)}$,$k\Leftarrow k+1$,转步骤(2)。

阻尼牛顿法的程序框图如图 4.7 所示。

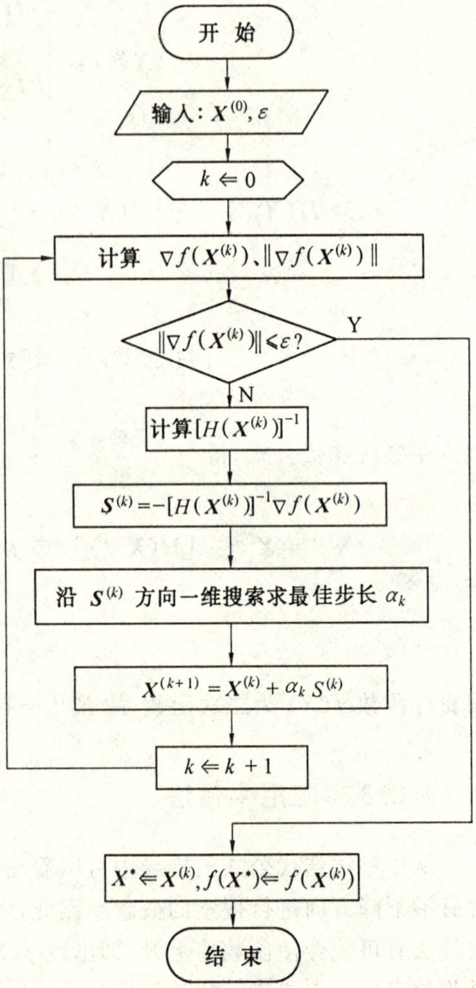

图 4.7 阻尼牛顿法的程序框图

### 4.3.5 阻尼牛顿法的特点

(1) 阻尼牛顿法具有二阶收敛速度,即对于正定二次函数,应用阻尼牛顿法只要一次迭代就可以达到极小点。

(2) 对目标函数性态有较严格的要求。除了要求目标函数具有连续的一、二阶偏导数以

外，为了保证函数的稳定下降，海色矩阵必须正定。同时，为了能求逆矩阵形成牛顿方向，又要求海色矩阵必须非奇异。

(3) 计算较为复杂。除了求目标函数的梯度以外，还要计算目标函数的二阶偏导数矩阵和它的逆矩阵，占用计算机的储存量也很大。

同最速下降法一样，牛顿型方法也是求解无约束优化问题的一种古老的算法。由于阻尼牛顿法存在上述(2)、(3) 所述的缺点，限制了其在解决实际问题中的应用。为了克服阻尼牛顿法的缺点而发挥其优点，人们研究了很多改进的算法，如后面将要介绍的变尺度法就是在阻尼牛顿法的基础上形成的一种新的无约束优化方法。

## 4.4 共轭方向与共轭梯度法

牛顿型方法虽然具有收敛速度快的优点，但是在迭代过程中，需要计算目标函数的海色矩阵及其逆矩阵，因此，不适用于目标函数的变量较多和因次较高以及海色矩阵为奇异矩阵时的优化过程。最速下降法还最初几步迭代速度较快，越接近极值点时效果越差，在搜索过程中存在锯齿状的搜索路径。但是，最速下降法还具有计算简单，对初始点的选择要求低等的优点，这些都是牛顿法所不及的。所以在最速下降法的基础上，发展了共轭方向法(Conjugate Direction Method)，以期获得在极值点附近有较快的收敛速度。共轭方向法是以共轭方向为基础的一类算法，这类算法避免了最速下降法收敛慢的缺点和牛顿法那样求二阶偏导数矩阵及其逆矩阵的复杂计算，在实际工程中得到了广泛的应用。形成共轭方向的方法不同，将产生不同的共轭方向法，共轭梯度法(Conjugate Gradidet Method) 就是共轭方向法的一种。下面首先介绍共轭方向的基本概念和性质。

### 4.4.1 共轭方向的概念和性质

1. 问题的提出

二次函数是最简单的非线性函数，可以证明二阶偏导数矩阵为正定的目标函数在极值点附近又都近似于二次函数，所以研究二次函数的无约束极值问题，可以推广到一般无约束极值问题。首先考虑目标函数为二次函数的情形，二次函数的一般矩阵表达式为

$$f(\boldsymbol{X})=\frac{1}{2}\boldsymbol{X}^{\mathrm{T}}\boldsymbol{A}\boldsymbol{X}+\boldsymbol{B}^{\mathrm{T}}\boldsymbol{X}+\boldsymbol{C} \tag{4.16}$$

为了直观起见，首先考虑二维情况，即以二元二次函数为例来进行说明。如图 4.8 所示，二元二次函数的等值线为一族椭圆，从初始点 $\boldsymbol{X}^{(0)}$ 出发，首先按照最速下降法搜索极小点，即取 $\boldsymbol{S}^{(0)}=-\nabla f(\boldsymbol{X}^{(0)})$ 作为搜索方向进行一维搜索，找到一维极小点 $\boldsymbol{X}^{(1)}$，再从 $\boldsymbol{X}^{(1)}$ 出发继续搜索。如果仍采用最速下降法，这时应沿着 $\boldsymbol{X}^{(1)}$ 点的负梯度方向进行搜索，即 $\boldsymbol{S}^{(1)}=-\nabla f(\boldsymbol{X}^{(1)})$。前面已经指出 $\boldsymbol{S}^{(0)}$ 和 $\nabla f(\boldsymbol{X}^{(1)})$ 正交，即

$$[\nabla f(\boldsymbol{X}^{(1)})]^{\mathrm{T}}\boldsymbol{S}^{(0)}=0 \tag{4.17}$$

这样迭代下去，将出现锯齿状的搜索路径。为了避免锯齿状的搜索路径的产生，我们要寻找一个方向 $\boldsymbol{S}^{(1)}$，使其在 $\boldsymbol{X}^{(1)}$ 点直接指向目标函数的极小点 $\boldsymbol{X}^{*}$。下面就介绍这样直接指向极小点 $\boldsymbol{X}^{*}$ 的搜索方向 $\boldsymbol{S}^{(1)}$ 需要满足什么样的条件。

若 $\boldsymbol{S}^{(1)}$ 直指极小点，则可以写成

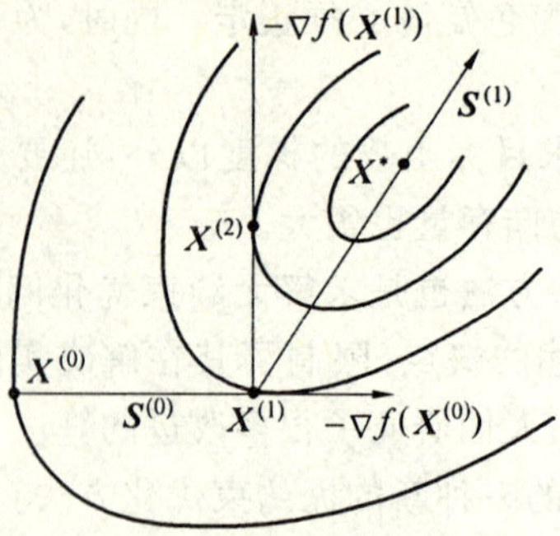


图 4.8 二元二次函数的负梯度方向与共轭方向

$$X^* = X^{(1)} + \alpha_1 S^{(1)} \tag{4.18}$$

式中 $\alpha_1$——$S^{(1)}$ 方向上的最优步长因子。

当 $X^{(1)} \neq X^*$ 时，$\alpha_1 \neq 0$，因为 $X^*$ 是极小点，所以应该满足极值点的必要条件，即

$$\nabla f(X^*) = 0 \tag{4.19}$$

由式(4.16)求导，得

$$\nabla f(X^*) = AX^* + B = 0 \tag{4.20}$$

将式(4.18)代入式(4.20)，得

$$\nabla f(X^*) = AX^{(1)} + A\alpha_1 S^{(1)} + B = 0 \tag{4.21}$$

由于在 $X^{(1)}$ 点的梯度可以表示为

$$\nabla f(X^{(1)}) = AX^{(1)} + B \tag{4.22}$$

于是，式(4.21)可以简化成

$$\nabla f(X^{(1)}) + A\alpha_1 S^{(1)} = 0 \tag{4.23}$$

将式(4.23)左乘$[S^{(0)}]^T$，并根据式(4.17)和 $\alpha_1 \neq 0$，则有

$$[S^{(0)}]^T A S^{(1)} = 0 \tag{4.24}$$

式(4.24)即为从 $X^{(1)}$ 点出发直接指向目标函数的极小点 $X^*$ 的搜索方向 $S^{(1)}$ 所需满足的条件。

从上面的推导可知，对正定的二元二次函数，可从任意初始点 $X^{(0)}$ 出发，沿 $S^{(0)}$ 和 $S^{(1)}$ 方向，经二次搜索后即可达到极小点 $X^*$。

把满足式(4.24)的两个向量 $S^{(0)}$ 与 $S^{(1)}$ 称为对于 $A$ 的共轭向量(Conjugate Vector)，或称 $S^{(0)}$ 与 $S^{(1)}$ 为 $A$ 的共轭方向。

2. 共轭方向的概念

设 $A$ 为 $n \times n$ 阶实对称正定矩阵，而 $S_1$、$S_2$ 为在 $n$ 维欧氏空间 $R^n$ 中的两个非零向量，如果满足式

$$S_1^T A S_2 = 0 \tag{4.25}$$

则称向量 $S_1$ 与 $S_2$ 关于实对称正定矩阵 $A$ 是共轭的(Conjugate)，或简称 $S_1$ 与 $S_2$ 关于 $A$ 共轭，或 $S_1$ 与 $S_2$ 为 $A$ 的共轭方向。

如果非零向量组 $S_1, S_2, \cdots, S_k \in R^n$，且这个向量组中的任意两个向量关于 $n \times n$ 阶实对称正定矩阵 $A$ 是共轭的，即满足式

$$S_i^T A S_j = 0 \quad (i \neq j; i, j = 1, 2, \cdots, k) \tag{4.26}$$

则称向量组 $\boldsymbol{S}_1,\boldsymbol{S}_2,\cdots,\boldsymbol{S}_k$ 关于矩阵 $\boldsymbol{A}$ 是共轭的，或简称该向量组为 $\boldsymbol{A}$ 的共轭方向。

当 $\boldsymbol{A}=\boldsymbol{I}$(单位矩阵) 时，式(4.26) 变成

$$\boldsymbol{S}_i^{\mathrm{T}}\boldsymbol{S}_j=\boldsymbol{0}\quad(i\neq j;i,j=1,2,\cdots,k)\tag{4.27}$$

由此可见，共轭方向是正交概念的推广，正交是共轭的特例。$\boldsymbol{A}$ 的另一个特殊的例子是目标函数的海色矩阵 $\boldsymbol{H}(\boldsymbol{X})$。

另外，即对于某一固定的 $\boldsymbol{A}$ 来说，$\boldsymbol{S}_1$ 和 $\boldsymbol{S}_2$ 也不是唯一的，即存在多于一对向量 $\boldsymbol{S}_1$ 与 $\boldsymbol{S}_2$ 满足式(4.25)。

例如，若 $\boldsymbol{A}=\begin{bmatrix}6&2\\2&3\end{bmatrix}$，$\boldsymbol{S}_1^{\mathrm{T}}=[3\quad 0]$，$\boldsymbol{S}_2=\begin{bmatrix}2\\-6\end{bmatrix}$，则 $\boldsymbol{S}_1^{\mathrm{T}}\boldsymbol{A}\boldsymbol{S}_2=[3\quad 0]\begin{bmatrix}6&2\\2&3\end{bmatrix}\begin{bmatrix}2\\-6\end{bmatrix}=[3\quad 0]\begin{bmatrix}0\\-14\end{bmatrix}=\boldsymbol{0}$

若 $\boldsymbol{S}_1^{\mathrm{T}}=[0\quad 3]$，$\boldsymbol{S}_2=\begin{bmatrix}-6\\4\end{bmatrix}$，同样可得 $\boldsymbol{S}_1^{\mathrm{T}}\boldsymbol{A}\boldsymbol{S}_2=[0\quad 3]\begin{bmatrix}6&2\\2&3\end{bmatrix}\begin{bmatrix}-6\\4\end{bmatrix}=[0\quad 3]\begin{bmatrix}-28\\0\end{bmatrix}=\boldsymbol{0}$

3. 共轭方向的性质

**性质1** 设 $\boldsymbol{A}$ 为 $n\times n$ 阶对称正定矩阵，若非零向量组 $\boldsymbol{S}^{(1)},\boldsymbol{S}^{(2)},...,\boldsymbol{S}^{(n)}$ 是对 $\boldsymbol{A}$ 共轭的，则这 $n$ 个向量是线性无关的。

**性质2** 从任意初始点 $\boldsymbol{X}^{(0)}$ 出发，顺次沿 $n$ 个 $\boldsymbol{A}$ 的共轭方向 $\boldsymbol{S}^{(1)},\boldsymbol{S}^{(2)},...,\boldsymbol{S}^{(n)}$ 进行一维搜索，最多经过 $n$ 次迭代就可以找到由式(4.16)所表示的二次函数的极小点 $\boldsymbol{X}^*$。此性质表明共轭方向法具有二次收敛性(Quadratically Convergent)。

**性质3** 在 $n$ 维空间中互相共轭的非零向量的个数不超过 $n$ 个。

### 4.4.2 共轭梯度法

采用共轭方向进行搜索的方法统称为共轭方向法。实际上，提供共轭向量组的方法有许多种，从而可以形成各种具体的共轭方向法。共轭梯度法就是共轭方向法的一种，它与其他共轭方向算法的区别，就在于在该方法中每一个共轭向量都是依赖于迭代点处的负梯度而构造出来的。下面将介绍共轭梯度法中共轭方向的形成。

1. 共轭方向的构成

对于无约束优化问题，如果要采用共轭方向法进行寻优，根据共轭方向的定义(见式(4.25))，必须先求得矩阵 $\boldsymbol{A}$，即海色矩阵 $\boldsymbol{H}(\boldsymbol{X})$，才能确定共轭方向。当目标函数是二次函数时，海色矩阵 $\boldsymbol{H}(\boldsymbol{X})$ 是函数的二次项常系数矩阵，比较容易求得；当目标函数是非二次函数时，则计算海色矩阵较为麻烦，在维数多时计算量和存储量都很大，其求解更加困难。而这里介绍的共轭梯度法，不必计算目标函数的海色矩阵，而是利用目标函数的梯度来确定共轭方向，使得计算简便而且效果好。

对于正定二次函数 $f(\boldsymbol{X})=\dfrac{1}{2}\boldsymbol{X}^{\mathrm{T}}\boldsymbol{A}\boldsymbol{X}+\boldsymbol{B}^{\mathrm{T}}\boldsymbol{X}+\boldsymbol{C}$，从任意给定的初始点 $\boldsymbol{X}^{(0)}$ 出发，先沿着负梯度方向 $\boldsymbol{S}^{(0)}=-\nabla f(\boldsymbol{X}^{(0)})$ 进行一维搜索，求得极小点 $\boldsymbol{X}^{(1)}$。然后每迭代一步就构成一个共轭方向，经过 $k+1$ 次迭代，产生 $k$ 个互相共轭方向，第 $k+1$ 个迭代点就是极小点，如图4.9所示。

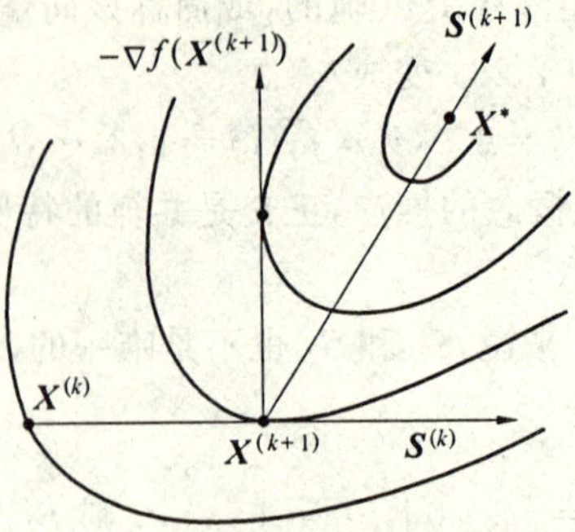


图 4.9　共轭梯度法的几何说明

考虑第 $k$ 步迭代，从迭代点 $X^{(k)}$ 出发，进行一维搜索，求极小点 $X^{(k+1)}$，即

$$X^{(k+1)} = X^{(k)} + \alpha_k S^{(k)} \tag{4.28}$$

式中，最优步长因子 $\alpha_k$ 可由下式求得

$$f(X^{(k)} + \alpha_k S^{(k)}) = \min_{\alpha} f(X^{(k)} + \alpha S^{(k)}) \tag{4.29}$$

在 $X^{(k)}$ 和 $X^{(k+1)}$ 两点，函数梯度分别为

$$\nabla f(X^{(k)}) = AX^{(k)} + B \tag{4.30}$$

$$\nabla f(X^{(k+1)}) = AX^{(k+1)} + B \tag{4.31}$$

由式(4.31)减式(4.30)，得

$$\nabla f(X^{(k+1)}) - \nabla f(X^{(k)}) = A(X^{(k+1)} - X^{(k)}) \tag{4.32}$$

为简便起见，令

$$g^{(k)} = \nabla f(X^{(k)})\text{；}g^{(k+1)} = \nabla f(X^{k+1})$$

并根据式(4.28)，将式(4.32)简化为

$$g^{(k+1)} - g^{(k)} = \alpha_k A S^{(k)} \tag{4.33}$$

将式(4.33)左乘$[S^{(k+1)}]^{\mathrm{T}}$，得到

$$[S^{(k+1)}]^{\mathrm{T}}(g^{(k+1)} - g^{(k)}) = \alpha_k [S^{(k+1)}]^{\mathrm{T}} A S^{(k)} \tag{4.34}$$

为使第 $k+1$ 次的搜索方向 $S^{(k+1)}$ 与 $S^{(k)}$ 对 $A$ 共轭，应使下式成立

$$[S^{(k+1)}]^{\mathrm{T}} A S^{(k)} = 0 \tag{4.35}$$

将式(4.35)代入式(4.34)中，得

$$[S^{(k+1)}]^{\mathrm{T}}(g^{(k+1)} - g^{(k)}) = 0 \tag{4.36}$$

式(4.36)表明了共轭方向与梯度之间的关系，同时也表明了沿着 $S^{(k)}$ 方向进行一维搜索，所得到的终点 $X^{(k+1)}$ 和起点 $X^{(k)}$ 的梯度之差 $g^{(k+1)} - g^{(k)}$ 与 $S^{(k)}$ 的共轭方向 $S^{(k+1)}$ 正交。

式(4.36)中已不再含矩阵 $A$，即海色矩阵 $H(X)$，共轭方向 $S^{(k+1)}$ 只与相邻两迭代点 $X^{(k)}$ 和 $X^{(k+1)}$ 的梯度有关。

共轭梯度法在 $X^{(k+1)}$ 点构成一个新的共轭方向 $S^{(k+1)}$，是利用迭代点 $X^{(k+1)}$ 的负梯度向量 $-\nabla f(X^{(k+1)})$ 与前一次迭代的搜索方向 $S^{(k)}$ 两者的线性组合，即令

$$S^{(k+1)} = -g^{(k+1)} + \beta_k S^{(k)} \tag{4.37}$$

式中，$\beta_k$ 要使得 $S^{(k+1)}$ 与 $S^{(k)}$ 共轭，故称为共轭系数(Conjugate Factor)，它可以根据共轭方向与梯度的关系求得。将式(4.37)代入到式(4.36)中，得

$$[-g^{(k+1)} + \beta_k S^{(k)}]^{\mathrm{T}}(g^{(k+1)} - g^{(k)}) = 0 \tag{4.38}$$

由于 $-\boldsymbol{g}^{(k)}$ 与 $-\boldsymbol{g}^{(k+1)}$ 正交，故有

$$[-\boldsymbol{g}^{(k+1)}]^{\mathrm{T}}(-\boldsymbol{g}^{(k)})=\boldsymbol{0} \tag{4.39}$$

$$\beta_k[\boldsymbol{S}^{(k)}]^{\mathrm{T}}\boldsymbol{g}^{(k+1)}=\boldsymbol{0} \tag{4.40}$$

因此，将式(4.38)展开并考虑式(4.39)和式(4.40)，得

$$-[\boldsymbol{g}^{(k+1)}]^{\mathrm{T}}\boldsymbol{g}^{(k+1)}+\beta_k[\boldsymbol{g}^{(k)}]^{\mathrm{T}}\boldsymbol{g}^{(k)}=\boldsymbol{0}$$

即

$$\beta_k=\frac{[\boldsymbol{g}^{(k+1)}]^{\mathrm{T}}\boldsymbol{g}^{(k+1)}}{[\boldsymbol{g}^{(k)}]^{\mathrm{T}}\boldsymbol{g}^{(k)}}=\frac{\|\nabla f[\boldsymbol{X}^{(k+1)}]\|^2}{\|\nabla f[\boldsymbol{X}^{(k)}]\|^2} \tag{4.41}$$

式中 $\|\nabla f[\boldsymbol{X}^{(k)}]\|$、$\|\nabla f[\boldsymbol{X}^{(k+1)}]\|$ —— 点 $\boldsymbol{X}^{(k)}$、$\boldsymbol{X}^{(k+1)}$ 的梯度的模。

将式(4.41)代入式(4.37)中，就可利用相邻两个迭代点 $\boldsymbol{X}^{(k)}$、$\boldsymbol{X}^{(k+1)}$ 的梯度来求得共轭方向 $\boldsymbol{S}^{(k+1)}$，所以，这种方法称为共轭梯度法。

综上所述，得到一组共轭梯度法的计算公式：

$$\begin{cases}\boldsymbol{X}^{(k+1)}=\boldsymbol{X}^{(k)}+\alpha_k\boldsymbol{S}^{(k)}\\ \boldsymbol{S}^{(k+1)}=-\nabla f(\boldsymbol{X}^{(k+1)})+\beta_k\boldsymbol{S}^{(k)}\\ \beta_k=\dfrac{\|\nabla f[\boldsymbol{X}^{(k+1)}]\|^2}{\|\nabla f[\boldsymbol{X}^{(k)}]\|^2}\end{cases} \tag{4.42}$$

2. 共轭梯度法计算步骤

(1) 取初始点 $\boldsymbol{X}^{(0)}$，收敛精度为 $\varepsilon>0$，输入维数 $n$。

(2) 计算目标函数 $f(\boldsymbol{X})$ 在初始点 $\boldsymbol{X}^{(0)}$ 处的梯度

$$\boldsymbol{g}^{(0)}=\nabla f(\boldsymbol{X}^{(0)}) \tag{4.43}$$

并令 $k\Leftarrow 0$，取第一次搜索方向 $\boldsymbol{S}^{(0)}$ 为目标函数在初始点 $\boldsymbol{X}^{(0)}$ 处的负梯度方向，即

$$\boldsymbol{S}^{(0)}=-\boldsymbol{g}^{(0)} \tag{4.44}$$

(3) 沿 $\boldsymbol{S}^{(k)}$ 方向进行一维搜索，求最优步长 $\alpha_k$，即

$$\min_{\alpha} f(\boldsymbol{X}^{(k)}+\alpha\boldsymbol{S}^{(k)})=f(\boldsymbol{X}^{(k)}+\alpha_k\boldsymbol{S}^{(k)}) \tag{4.45}$$

(4) 令

$$\boldsymbol{X}^{(k+1)}=\boldsymbol{X}^{(k)}+\alpha_k\boldsymbol{S}^{(k)} \tag{4.46}$$

(5) 计算点 $\boldsymbol{X}^{(k+1)}$ 处的目标函数的梯度和梯度模，即

$$\boldsymbol{g}^{(k+1)}=\nabla f(\boldsymbol{X}^{(k+1)}),\ \|\boldsymbol{g}^{(k+1)}\|=\|\nabla f[\boldsymbol{X}^{(k+1)}]\| \tag{4.47}$$

(6) 检验是否满足收敛性判断准则，即

$$\|\boldsymbol{g}^{(k+1)}\|<\varepsilon \tag{4.48}$$

若式(4.48)成立，则停止迭代，得点 $\boldsymbol{X}^*=\boldsymbol{X}^{(k+1)}$ 及目标函数值 $f(\boldsymbol{X}^*)=f(\boldsymbol{X}^{(k+1)})$；否则，进行下一步计算。

(7) 判断 $k+1$ 是否等于 $n$，若 $k+1=n$，则令 $\boldsymbol{X}^{(0)}=\boldsymbol{X}^{(k+1)}$，并转步骤(2)；若 $k-1<n$，则进行下一步计算。

(8) 计算

$$\beta_k=\frac{\|\boldsymbol{g}^{(k+1)}\|^2}{\|\boldsymbol{g}^{(k)}\|^2} \tag{4.49}$$

(9) 求下一步迭代的搜索方向

$$\boldsymbol{S}^{(k+1)}=-\boldsymbol{g}^{(k+1)}+\beta_k\boldsymbol{S}^{(k)} \tag{4.50}$$

令 $k\Leftarrow k+1$，转步骤(3)。

共轭梯度法程序框图如图 4.10 所示。

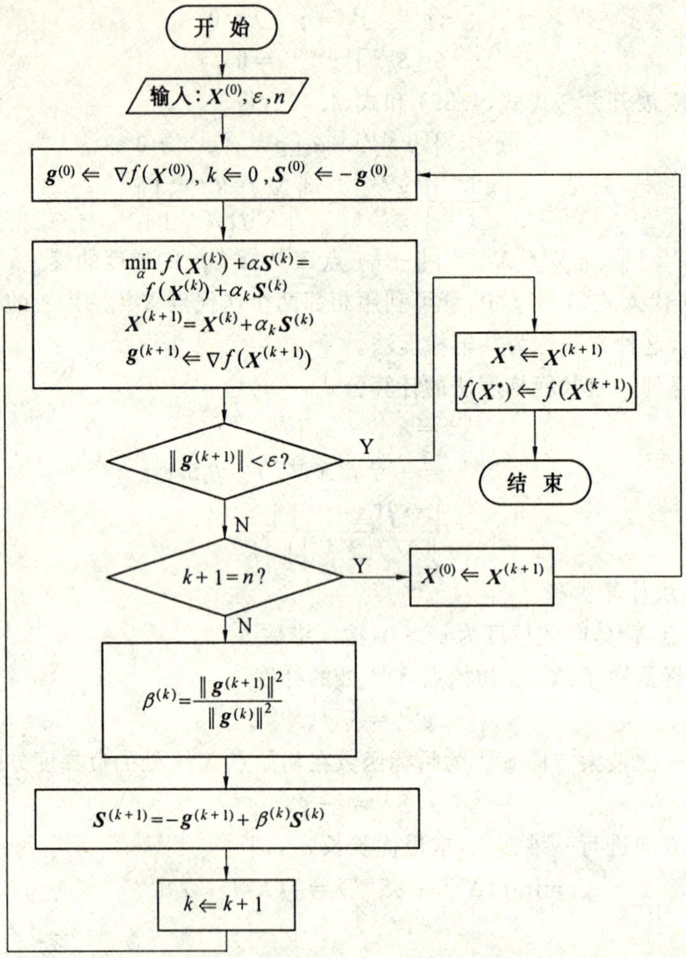


图 4.10 共梯度法的程序流程图

**【例 4.3】** 用共轭梯度法求二次函数 $f(\boldsymbol{X})=x_1^2+2x_2^2-4x_1-2x_1x_2$ 的极小点和极小值。

**解** 取初始点

$$\boldsymbol{X}^{(0)}=\begin{bmatrix}1\\1\end{bmatrix}$$

则在 $\boldsymbol{X}^{(0)}$ 点的梯度为 $\boldsymbol{g}^{(0)}=\nabla f(\boldsymbol{X}^{(0)})=\begin{bmatrix}2x_1-2x_2-4\\4x_2-2x_1\end{bmatrix}_{\boldsymbol{X}^{(0)}}=\begin{bmatrix}-4\\2\end{bmatrix}$

取
$$\boldsymbol{S}^{(0)}=-\boldsymbol{g}^{(0)}=\begin{bmatrix}4\\-2\end{bmatrix}$$

沿 $\boldsymbol{S}^{(0)}$ 方向进行一维搜索,得

$$\boldsymbol{X}^{(1)}=\boldsymbol{X}^{(0)}+\alpha_0\boldsymbol{S}^{(0)}=\begin{bmatrix}1\\1\end{bmatrix}+\alpha_0\begin{bmatrix}4\\-2\end{bmatrix}=\begin{bmatrix}1+4\alpha_0\\1-2\alpha_0\end{bmatrix}$$

其中 $\alpha_0$ 为最优步长,可通过 $f(\boldsymbol{X}^{(1)})=\min\limits_{\alpha}\varphi(\alpha)=\min\limits_{\alpha}f(\boldsymbol{X}+\alpha S^{(0)}),\varphi'(\alpha_0)=0$

求得
$$\alpha_0 = \frac{1}{4}$$

则
$$\boldsymbol{X}^{(1)} = \begin{bmatrix} 1+4\alpha_0 \\ 1-2\alpha_0 \end{bmatrix} = \begin{bmatrix} 2 \\ 0.5 \end{bmatrix}$$

为建立第二个共轭方向 $\boldsymbol{S}^{(1)}$，需计算 $\boldsymbol{X}^{(1)}$ 点处的梯度及共轭系数 $\beta_0$ 值，即
$$\boldsymbol{g}^{(1)} = \nabla f(\boldsymbol{X}^{(1)}) = \begin{bmatrix} 2x_1 - 2x_2 - 4 \\ 4x_2 - 2x_1 \end{bmatrix}_{\boldsymbol{X}^{(1)}} = \begin{bmatrix} -1 \\ -2 \end{bmatrix}$$
$$\beta_0 = \frac{\| \boldsymbol{g}^{(1)} \|^2}{\| \boldsymbol{g}^{(0)} \|^2} = \frac{5}{20} = \frac{1}{4}$$

从而求得第二个共轭方向
$$\boldsymbol{S}^{(1)} = -\boldsymbol{g}^{(1)} + \beta_0 \boldsymbol{S}^{(0)} = \begin{bmatrix} 1 \\ 2 \end{bmatrix} + \frac{1}{4}\begin{bmatrix} 4 \\ -2 \end{bmatrix} = \begin{bmatrix} 2 \\ 1.5 \end{bmatrix}$$

再沿 $\boldsymbol{S}^{(1)}$ 方向进行一维搜索，得
$$\boldsymbol{X}^{(2)} = \boldsymbol{X}^{(1)} + \alpha_1 \boldsymbol{S}^{(1)} = \begin{bmatrix} 2 \\ 0.5 \end{bmatrix} + \alpha_1 \begin{bmatrix} 2 \\ 1.5 \end{bmatrix} = \begin{bmatrix} 2+2\alpha_1 \\ 0.5+1.5\alpha_1 \end{bmatrix}$$

其中 $\alpha_1$ 为最优步长，可通过 $f(\boldsymbol{X}^{(2)}) = \min\limits_{\alpha} \varphi(\alpha) = \min\limits_{\alpha} f(\boldsymbol{X}^{(1)} + \alpha S^{(1)})$，$\varphi'(\alpha_1) = 0$

求得
$$\alpha_1 = 1$$

则
$$\boldsymbol{X}^{(2)} = \begin{bmatrix} 2+2\alpha_1 \\ 0.5-1.5\alpha_1 \end{bmatrix} = \begin{bmatrix} 4 \\ 2 \end{bmatrix}$$

计算 $\boldsymbol{X}^{(2)}$ 点处的梯度
$$\boldsymbol{g}^{(2)} = \nabla f(\boldsymbol{X}^{(2)}) = \begin{bmatrix} 2x_1 - 2x_2 - 4 \\ 4x_2 - 2x_1 \end{bmatrix}_{\boldsymbol{X}^{(2)}} = \begin{bmatrix} 0 \\ 0 \end{bmatrix} = \boldsymbol{0}$$

说明 $\boldsymbol{X}^{(2)}$ 点满足极值必要条件，再根据 $\boldsymbol{X}^{(2)}$ 点的海色矩阵 $\boldsymbol{H}(\boldsymbol{X}^{(2)}) = \begin{bmatrix} 2 & -2 \\ -2 & 4 \end{bmatrix}$ 是正定的，可知 $\boldsymbol{X}^{(2)}$ 满足极值充分必要条件，故 $\boldsymbol{X}^{(2)}$ 为函数的极小点，即
$$\boldsymbol{X}^* = \boldsymbol{X}^{(2)} = \begin{bmatrix} 4 \\ 2 \end{bmatrix}$$

而函数极小值为 $f(\boldsymbol{X}^*) = -8$。

从共轭梯度法的计算过程可以看出，第一个搜索方向取作负梯度方向，这是最速下降法，其余各步的搜索方向是将负梯度偏转一个角度，也就是对负梯度进行修正，所以共轭梯度法实质上是对最速下降法进行的一种改进，故它又被称为旋转梯度法。共轭梯度法具有二次收敛性，对于上面例子中的二次函数，采用共轭梯度法只要经过两次搜索便达到了极值点。

共轭梯度法是1964年由弗莱彻(Fletcher)和里伍斯(Reeves)两人提出的。该方法所需的存储量少，而且可避免如牛顿法那样计算二阶偏导数矩阵及其逆矩阵，计算简单，在收敛速度上比最速下降法快，所以经常被用于多变量的优化设计。

## 4.5 变尺度法

变尺度法(Variable Metric Method)是在牛顿法基础上发展起来的一种无约束优化方

法，它同时也与最速下降法有着密切的联系。它克服了最速下降法收敛速度慢以及牛顿法需要计算海色矩阵、计算工作量大的缺点，特别对多维优化问题具有显著的优越性。

### 4.5.1 变尺度法的概念

变量的尺度变换是放大或缩小各个坐标，通过尺度变换可以把函数的偏心程度降低到最低限度。尺度变换技巧能显著地改进几乎所有极小化方法的收敛性质，例如，目标函数 $f(\boldsymbol{X})=x_1^2+25x_2^2$ 的等值线为椭圆族，如果采用最速下降法求极小值需进行 10 次迭代才能达到极小点 $\boldsymbol{X}^*=[0\quad 0]^{\mathrm{T}}$；但是，若做尺度变换，即令

$$\begin{cases}y_1=x_1\\ y_2=5x_2\end{cases}\tag{4.51}$$

就可以将等值线为椭圆的函数 $f(x_1,x_2)$ 变换成等值线为圆的函数 $\varphi(y_1,y_2)=y_1^2+y_2^2$，从而消除了函数的偏心，这时若采用最速下降法只需一次迭代即可求得极小点。

对于一般二次函数

$$f(\boldsymbol{X})=\frac{1}{2}\boldsymbol{X}^{\mathrm{T}}\boldsymbol{A}\boldsymbol{X}+\boldsymbol{B}^{\mathrm{T}}\boldsymbol{X}+\boldsymbol{C}$$

如果进行尺度变换

$$\boldsymbol{X}\Leftarrow\boldsymbol{Q}\boldsymbol{X}$$

则在新的坐标系中，函数 $f(\boldsymbol{X})$ 的二次项变为

$$\frac{1}{2}\boldsymbol{X}^{\mathrm{T}}\boldsymbol{A}\boldsymbol{X}\Rightarrow\frac{1}{2}\boldsymbol{X}^{\mathrm{T}}\boldsymbol{Q}^{\mathrm{T}}\boldsymbol{A}\boldsymbol{Q}\boldsymbol{X}$$

选择这样变换的目的，仍然是为了降低二次项的偏心程度。若矩阵 $\boldsymbol{A}$ 是正定的，则总存在矩阵 $\boldsymbol{Q}$ 使得

$$\boldsymbol{Q}^{\mathrm{T}}\boldsymbol{A}\boldsymbol{Q}=\boldsymbol{I}\tag{4.52}$$

式中 $\boldsymbol{I}$—— 单位矩阵。

采用上述变换后，将使函数偏心度变为零。用 $\boldsymbol{Q}^{-1}$ 右乘式(4.52)两边，得

$$\boldsymbol{Q}^{\mathrm{T}}\boldsymbol{A}=\boldsymbol{Q}^{-1}\tag{4.53}$$

用 $\boldsymbol{Q}$ 左乘式(4.53)两边，得

$$\boldsymbol{Q}\boldsymbol{Q}^{\mathrm{T}}\boldsymbol{A}=\boldsymbol{I}\tag{4.54}$$

所以

$$\boldsymbol{Q}\boldsymbol{Q}^{\mathrm{T}}=\boldsymbol{A}^{-1}\tag{4.55}$$

这说明二次函数矩阵 $\boldsymbol{A}$ 的逆矩阵可以通过尺度变换矩阵 $\boldsymbol{Q}$ 来求得。对于二次函数，其二次项系数矩阵 $\boldsymbol{A}$ 就是海色矩阵 $\boldsymbol{H}(\boldsymbol{X}^{(k)})$，因此，牛顿法中的第 $k$ 步的牛顿方向便可写成

$$\boldsymbol{S}^{(k)}=-[\boldsymbol{H}(\boldsymbol{X}^{(k)})]^{-1}\nabla f(\boldsymbol{X}^{(k)})=-\boldsymbol{Q}\boldsymbol{Q}^{\mathrm{T}}\nabla f(\boldsymbol{X}^{(k)})\tag{4.56}$$

牛顿法迭代公式变为

$$\boldsymbol{X}^{(k+1)}=\boldsymbol{X}^{(k)}+\alpha_k\boldsymbol{S}^{(k)}=\boldsymbol{X}^{(k)}-\alpha_k\boldsymbol{Q}\boldsymbol{Q}^{\mathrm{T}}\nabla f(\boldsymbol{X}^{(k)})\tag{4.57}$$

$\boldsymbol{Q}\boldsymbol{Q}^{\mathrm{T}}$ 实际上是在 $\boldsymbol{X}$ 空间内测量距离大小的一种度量，称为尺度矩阵(Metric Matrix)，可以用 $\boldsymbol{H}$ 来表示，即

$$\boldsymbol{H}=\boldsymbol{Q}\boldsymbol{Q}^{\mathrm{T}}\tag{4.58}$$

则牛顿法迭代公式可用尺度矩阵表示出来，即

$$X^{(k+1)}=X^{(k)}-\alpha_k H\nabla f(X^{(k)}) \tag{4.59}$$

将式(4.59)和最速下降法的迭代公式

$$X^{(k+1)}=X^{(k)}-\alpha_k\nabla f(X^{(k)}) \tag{4.60}$$

进行比较，可以看出，牛顿法和最速下降法迭代公式只差一个尺度矩阵 $H$，那么牛顿法就可看成是经过尺度变换后的最速下降法。

当目标函数为二次函数时，经过尺度变换，函数的偏心率减小到零，使得二元二次函数的椭圆族等值线将变成圆族等值线；三元二次函数的等值面将变为球面，使设计空间中任意点处函数的梯度都通过极小点，这时若采用最速下降法只需一次迭代就可达到极小点。这也就是说对变换前的二次函数，在使用牛顿方法时，其牛顿方向包含了尺度变换矩阵，直接指向极小点，因此只需一次迭代就能找到极小点。

### 4.5.2 变尺度矩阵的建立

1. 变尺度法的基本思想

对于一般函数 $f(X)$，当用牛顿法寻求极小点时，其牛顿迭代公式为

$$X^{(k+1)}=X^{(k)}-\alpha_k[H(X^{(k)})]^{-1}\nabla f(X^{(k)})\quad(k=0,1,2,\cdots) \tag{4.61}$$

为了避免在迭代公式中计算海色矩阵的逆矩阵$[H(X^{(k)})]^{-1}$，可以在迭代过程中逐步地建立变尺度矩阵，即令

$$H^{(k)}\equiv[H(X^{(k)})]^{-1}$$

即构造一个矩阵序列$\{H^{(k)}\}$来逼近海色矩阵的逆矩阵序列$\{[H(X^{(k)})]^{-1}\}$。每迭代一次，尺度就改变一次，这正是“变尺度(Variable Metric)”的含义。同时，令

$$g^{(k)}=\nabla f(X^{(k)})$$

这样，式(4.61)就变为

$$X^{(k+1)}=X^{(k)}-\alpha_k H^{(k)}g^{(k)}\quad(k=0,1,2,\cdots) \tag{4.62}$$

其中，$\alpha_k$ 是从 $X^{(k)}$ 出发，沿方向 $S^{(k)}=-H^{(k)}g^{(k)}$ 进行一维搜索而得到的最优步长。

式(4.62)就是变尺度法的基本迭代公式。注意到当 $H^{(k)}=I$(单位矩阵)时，式(4.62)就变成了最速下降法的迭代公式。以上就是变尺度法的基本思想。

2. 变尺度矩阵 $H^{(k)}$ 的基本要求

为了保证变尺度矩阵 $H^{(k)}$ 确实与$[H(X^{(k)})]^{-1}$相近似，并且具有容易计算的特点，$H^{(k)}$ 需要满足以下三个基本要求。

(1) 为使搜索方向朝着目标函数值下降的方向，要求$\{H^{(k)}\}$中的每一个矩阵都是对称正定矩阵。

**证明**　若目标函数 $f(X)$ 由 $X^{(k)}$ 点沿着 $S^{(k)}$ 方向具有下降的性质，即

$$f(X^{(k+1)})<f(X^{(k)})$$

根据梯度的性质，可知搜索方向 $S^{(k)}$ 与负梯度方向 $-\nabla f(X^{(k)})$ 之间的夹角应成锐角，即满足

$$[-\nabla f(X^{(k)})]^{\mathrm T}S^{(k)}>0$$

将变尺度法的搜索方向 $S^{(k)}=-H^{(k)}g^{(k)}$ 代入上式，并用 $g^{(k)}$ 替换 $\nabla f(X^{(k)})$，整理后得到

$$[\boldsymbol{g}^{(k)}]^{\mathrm{T}}\boldsymbol{H}^{(k)}\boldsymbol{g}^{(k)} > 0$$

由此可知，$\boldsymbol{H}^{(k)}$ 为对称正定矩阵。

(2) 要求$\{\boldsymbol{H}^{(k)}\}$之间的迭代具有简单的形式，即可令 $\boldsymbol{H}^{(k+1)}=\boldsymbol{H}^{(k)}+\boldsymbol{E}^{(k)}$，其中 $\boldsymbol{E}^{(k)}$ 为校正矩阵，此式称作校正公式。校正矩阵 $\boldsymbol{E}^{(k)}$ 取不同的形式，可形成不同的变尺度法。

(3) 构造$\{\boldsymbol{H}^{(k)}\}$时，必须满足拟牛顿条件。

所谓拟牛顿条件，可由下面的推导给出。首先将 $f(\boldsymbol{X})$ 在 $\boldsymbol{X}^{(k)}$ 点进行泰勒展开，取到二次项，即

$$f(\boldsymbol{X})\approx f(\boldsymbol{X}^{(k)})+[\nabla f(\boldsymbol{X}^{(k)})]^{\mathrm{T}}[\boldsymbol{X}-\boldsymbol{X}^{(k)}]+\frac{1}{2}[\boldsymbol{X}-\boldsymbol{X}^{(k)}]^{\mathrm{T}}\boldsymbol{H}(\boldsymbol{X}^{(k)})[\boldsymbol{X}-\boldsymbol{X}^{(k)}]$$

上述二次函数的梯度为

$$\nabla f(\boldsymbol{X})=\nabla f(\boldsymbol{X}^{(k)})+\boldsymbol{H}(\boldsymbol{X}^{(k)})[\boldsymbol{X}-\boldsymbol{X}^{(k)}]=\boldsymbol{g}^{(k)}+\boldsymbol{H}(\boldsymbol{X}^{(k)})[\boldsymbol{X}-\boldsymbol{X}^{(k)}]$$

如果取 $\boldsymbol{X}=\boldsymbol{X}^{(k+1)}$ 为极值点附近第 $k+1$ 次迭代点，则有

$$\boldsymbol{g}^{(k+1)}=\nabla f(\boldsymbol{X}^{(k+1)})=\boldsymbol{g}^{(k)}+\boldsymbol{H}(\boldsymbol{X}^{(k)})[\boldsymbol{X}^{(k+1)}-\boldsymbol{X}^{(k)}]$$

$$\boldsymbol{g}^{(k+1)}-\boldsymbol{g}^{(k)}=\boldsymbol{H}(\boldsymbol{X}^{(k)})[\boldsymbol{X}^{(k+1)}-\boldsymbol{X}^{(k)}] \tag{4.63}$$

令

$$\Delta\boldsymbol{g}^{(k)}=\boldsymbol{g}^{(k+1)}-\boldsymbol{g}^{(k)},\Delta\boldsymbol{X}^{(k)}=\boldsymbol{X}^{(k+1)}-\boldsymbol{X}^{(k)}$$

式(4.63)变为

$$\Delta\boldsymbol{g}^{(k)}=\boldsymbol{H}(\boldsymbol{X}^{(k)})\Delta\boldsymbol{X}^{(k)}$$

若矩阵 $\boldsymbol{H}(\boldsymbol{X}^{(k)})$ 为可逆矩阵，则用$[\boldsymbol{H}(\boldsymbol{X}^{(k)})]^{-1}$ 左乘以上式两边，得

$$\Delta\boldsymbol{X}^{(k)}=[\boldsymbol{H}(\boldsymbol{X}^{(k)})]^{-1}\Delta\boldsymbol{g}^{(k)} \tag{4.64}$$

从式(4.64)可见，海色矩阵的逆矩阵与前后两个迭代点的梯度差和向量差有关，所以我们就联想到如果迫使 $\boldsymbol{H}^{(k+1)}$ 满足类似于上式的关系，即

$$\Delta\boldsymbol{X}^{(k)}=\boldsymbol{H}^{(k+1)}\Delta\boldsymbol{g}^{(k)} \tag{4.65}$$

那么 $\boldsymbol{H}^{(k+1)}$ 就能很好的近似于$[\boldsymbol{H}(\boldsymbol{X}^{(k)})]^{-1}$，加快收敛速度。式(4.65)所代表的条件就称为拟牛顿条件(或拟牛顿方程)。

根据上述拟牛顿条件，不通过求海色矩阵的逆矩阵就可以构造一个矩阵 $\boldsymbol{H}^{(k+1)}$ 来逼近海色矩阵的逆矩阵，这类方法统称为拟牛顿法。由于变尺度矩阵的建立应用了拟牛顿条件，所以变尺度法也是属于一种拟牛顿法。还可以证明，变尺度法对于具有正定矩阵 $\boldsymbol{A}$ 的二次函数能产生对 $\boldsymbol{A}$ 共轭的搜索方向，因此变尺度法又可以看成是一种共轭方向法。

### 4.5.3 DFP 算法

在变尺度法中，DFP 算法是较常用一个，它是戴维登(Davidon)于 1959 年提出的，后来由弗莱彻(Fletcher)和鲍威尔(Powell)于 1963 年做了改进后而发明的一种变尺度法，故用三人名字的英文字头命名。在 DFP 算法中的校正矩阵 $\boldsymbol{E}^{(k)}$ 取下列形式：

$$\boldsymbol{E}^{(k)}=\alpha_k\boldsymbol{U}_k\boldsymbol{U}_k^{\mathrm{T}}+\beta_k\boldsymbol{V}_k\boldsymbol{V}_k^{\mathrm{T}} \tag{4.66}$$

式中 $\boldsymbol{U}_k$、$\boldsymbol{V}_k$——$n$ 维待定向量；

$\alpha_k$、$\beta_k$——待定常数。

根据校正矩阵 $\boldsymbol{E}^{(k)}$ 要满足的拟牛顿条件为

$$\Delta\boldsymbol{X}^{(k)}=\boldsymbol{H}^{(k+1)}\Delta\boldsymbol{g}^{(k)}$$

即

$$\Delta\boldsymbol{X}^{(k)}=(\boldsymbol{H}^{(k)}+\boldsymbol{E}^{(k)})\Delta\boldsymbol{g}^{(k)} \tag{4.67}$$

有

$$(\alpha_k\boldsymbol{U}_k\boldsymbol{U}_k^{\mathrm{T}}+\beta_k\boldsymbol{V}_k\boldsymbol{V}_k^{\mathrm{T}})\Delta\boldsymbol{g}^{(k)}=\Delta\boldsymbol{X}^{(k)}-\boldsymbol{H}^{(k)}\Delta\boldsymbol{g}^{(k)}$$

即 $$\alpha_k \boldsymbol{U}_k \boldsymbol{U}_k^{\mathrm{T}} \Delta \boldsymbol{g}^{(k)} + \beta_k \boldsymbol{V}_k \boldsymbol{V}_k^{\mathrm{T}} \Delta \boldsymbol{g}^{(k)} = \Delta \boldsymbol{X}^{(k)} - \boldsymbol{H}^{(k)} \Delta \boldsymbol{g}^{(k)} \tag{4.68}$$

满足上面方程的待定向量 $\boldsymbol{U}_k$ 和 $\boldsymbol{V}_k$ 有多种取法，我们取

$$\alpha_k \boldsymbol{U}_k \boldsymbol{U}_k^{\mathrm{T}} \Delta \boldsymbol{g}^{(k)} = \Delta \boldsymbol{X}^{(k)}$$

$$\beta_k \boldsymbol{V}_k \boldsymbol{V}_k^{\mathrm{T}} \Delta \boldsymbol{g}^{(k)} = -\boldsymbol{H}^{(k)} \Delta \boldsymbol{g}^{(k)}$$

注意到 $\boldsymbol{U}_k^{\mathrm{T}} \Delta \boldsymbol{g}^{(k)}$ 和 $\boldsymbol{V}_k^{\mathrm{T}} \Delta \boldsymbol{g}^{(k)}$ 都是数量，不妨取

$$\boldsymbol{U}_k = \Delta \boldsymbol{X}^{(k)}$$

$$\boldsymbol{V}_k = \boldsymbol{H}^{(k)} \Delta \boldsymbol{g}^{(k)}$$

这样就可以定出：

$$\begin{cases} \alpha_k = \dfrac{1}{[\Delta \boldsymbol{X}^{(k)}]^{\mathrm{T}} \Delta \boldsymbol{g}^{(k)}} \\ \beta_k = -\dfrac{1}{[\Delta \boldsymbol{g}^{(k)}]^{\mathrm{T}} \boldsymbol{H}^{(k)} \Delta \boldsymbol{g}^{(k)}} \end{cases} \tag{4.69}$$

则得到 $$E^{(k)} = \frac{\Delta \boldsymbol{X}^{(k)} [\Delta \boldsymbol{X}^{(k)}]^{\mathrm{T}}}{[\Delta \boldsymbol{X}^{(k)}]^{\mathrm{T}} \Delta \boldsymbol{g}^{(k)}} - \frac{\boldsymbol{H}^{(k)} \Delta \boldsymbol{g}^{(k)} [\Delta \boldsymbol{g}^{(k)}]^{\mathrm{T}} \boldsymbol{H}^{(k)}}{[\Delta \boldsymbol{g}^{(k)}]^{\mathrm{T}} \boldsymbol{H}^{(k)} \Delta \boldsymbol{g}^{(k)}} \tag{4.70}$$

从而可得 DFP 算法的校正公式：

$$\boldsymbol{H}^{(k+1)} = \boldsymbol{H}^{(k)} + \frac{\Delta \boldsymbol{X}^{(k)} [\Delta \boldsymbol{X}^{(k)}]^{\mathrm{T}}}{[\Delta \boldsymbol{X}^{(k)}]^{\mathrm{T}} \Delta \boldsymbol{g}^{(k)}} - \frac{\boldsymbol{H}^{(k)} \Delta \boldsymbol{g}^{(k)} [\Delta \boldsymbol{g}^{(k)}]^{\mathrm{T}} \boldsymbol{H}^{(k)}}{[\Delta \boldsymbol{g}^{(k)}]^{\mathrm{T}} \boldsymbol{H}^{(k)} \Delta \boldsymbol{g}^{(k)}} \quad (k = 0, 1, 2, \cdots) \tag{4.71}$$

### 4.5.4 DFP 算法的计算步骤

对一般多元目标函数 $f(\boldsymbol{X})$，用 DFP 算法求目标函数的极小点 $\boldsymbol{X}^*$，其基本步骤如下。

(1) 取初始点 $\boldsymbol{X}^{(0)}$，收敛精度为 $\varepsilon > 0$，输入维数 $n$。

(2) 令 $k \Leftarrow 0$，$\boldsymbol{H}^{(k)} = \boldsymbol{H}^{(0)} = \boldsymbol{I}$（单位矩阵），计算 $\boldsymbol{g}^{(k)} = \nabla f(\boldsymbol{X}^{(k)})$ 确定搜索方向为

$$\boldsymbol{S}^{(k)} = -\boldsymbol{H}^{(k)} \boldsymbol{g}^{(k)}$$

(3) 沿 $\boldsymbol{S}^{(k)}$ 方向进行一维搜索，求最优步长 $\alpha_k$，即

$$\min_{\alpha} f(\boldsymbol{X}^{(k)} + \alpha \boldsymbol{S}^{(k)}) = f(\boldsymbol{X}^{(k)} + \alpha_k \boldsymbol{S}^{(k)})$$

计算

$$\boldsymbol{X}^{(k+1)} = \boldsymbol{X}^{(k)} + \alpha_k \boldsymbol{S}^{(k)}, \boldsymbol{g}^{(k+1)} = \nabla f(\boldsymbol{X}^{(k+1)}), \| \boldsymbol{g}^{(k+1)} \| = \| \nabla f(\boldsymbol{X}^{(k+1)}) \|$$

$$\Delta \boldsymbol{X}^{(k+1)} = \boldsymbol{X}^{(k+1)} - \boldsymbol{X}^{(k)}, \Delta \boldsymbol{g}^{(k)} = \boldsymbol{g}^{(k+1)} - \boldsymbol{g}^{(k)}$$

(4) 检验是否满足收敛性判断准则，即

$$\| \boldsymbol{g}^{(k+1)} \| < \varepsilon$$

若满足，则停止迭代，得极小点 $\boldsymbol{X}^* = \boldsymbol{X}^{(k+1)}$，极小值 $f(\boldsymbol{X}^*) = f(\boldsymbol{X}^{(k+1)})$；否则进行下一步计算。

(5) 判断 $k$ 是否等于 $n$，若 $k = n$，令 $\boldsymbol{X}^{(0)} = \boldsymbol{X}^{(k+1)}$，并转步骤(2)；若 $k < n$，则进行下一步计算。

(6) 计算变尺度矩阵

$$\boldsymbol{E}^{(k)} = \frac{\Delta \boldsymbol{X}^{(k)} [\Delta \boldsymbol{X}^{(k)}]^{\mathrm{T}}}{[\Delta \boldsymbol{X}^{(k)}]^{\mathrm{T}} \Delta \boldsymbol{g}^{(k)}} - \frac{\boldsymbol{H}^{(k)} \Delta \boldsymbol{g}^{(k)} [\Delta \boldsymbol{g}^{(k)}]^{\mathrm{T}} \boldsymbol{H}^{(k)}}{[\Delta \boldsymbol{g}^{(k)}]^{\mathrm{T}} \boldsymbol{H}^{(k)} \Delta \boldsymbol{g}^{(k)}}$$

$$\boldsymbol{H}^{(k+1)} = \boldsymbol{H}^{(k)} + \boldsymbol{E}^{(k)}$$

(7) 求下一步迭代的搜索方向

$$S^{(k+1)} = -H^{(k+1)} g^{(k+1)}$$

令$k \Leftarrow k+1$,转步骤(3)。

DFP 算法计算程序框图如图 4.11 所示。

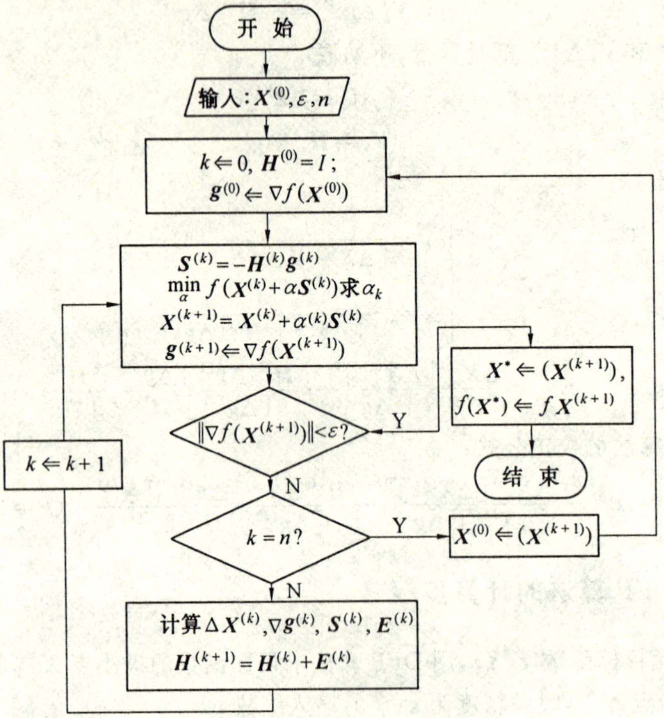


图 4.11 DFP 变尺度法的程序框图

**【例 4.4】** 用 DFP 算法求解 $f(X) = x_1^2 + x_2^2 - x_1 x_2 - 10x_1 - 4x_2 + 60$ 的极值解。

**解** 取 $X^{(0)} = \begin{bmatrix} x_1^{(0)} \\ x_2^{(0)} \end{bmatrix} = \begin{bmatrix} 0 \\ 0 \end{bmatrix}$,$H^{(0)} = \begin{bmatrix} 1 & 0 \\ 0 & 1 \end{bmatrix}$,计算目标函数梯度。

$$\nabla f(X) = \begin{bmatrix} 2x_1 - x_2 - 10 \\ 2x_2 - x_1 - 4 \end{bmatrix}$$

$$\nabla f(X^{(0)}) = \begin{bmatrix} -10 \\ -4 \end{bmatrix}$$

根据式(4.62),则搜索方向 $S^{(0)}$ 及新的迭代点 $X^{(1)}$ 为

$$S^{(0)} = -H^{(0)} \nabla f(X^{(0)}) = -\begin{bmatrix} 1 & 0 \\ 0 & 1 \end{bmatrix} \begin{bmatrix} -10 \\ -4 \end{bmatrix} = \begin{bmatrix} 10 \\ 4 \end{bmatrix}$$

$$X^{(1)} = X^{(0)} + \alpha_0 S^{(0)} = \begin{bmatrix} 0 \\ 0 \end{bmatrix} + \alpha_0 \begin{bmatrix} 10 \\ 4 \end{bmatrix}$$

式中 $\alpha_0$—— 最优步长。

可通过 $f(X^{(1)}) = \min_\alpha \varphi(\alpha) = \min_\alpha f(X^{(0)} + \alpha S^{(0)})$,$\varphi'(\alpha_0) = 0$

求得
$$\alpha_0 = 0.763\ 1$$

于是,得

$$\boldsymbol{X}^{(1)}=\boldsymbol{X}^{(0)}+\alpha_0\boldsymbol{S}^{(0)}=\begin{bmatrix}0\\0\end{bmatrix}+0.7631\begin{bmatrix}10\\4\end{bmatrix}=\begin{bmatrix}7.631\\3.052\end{bmatrix}$$

$$\nabla f(\boldsymbol{X}^{(1)})=\begin{bmatrix}2.211\\-5.526\end{bmatrix}$$

$$\Delta\boldsymbol{X}^{(0)}=\boldsymbol{X}^{(1)}-\boldsymbol{X}^{(0)}=\begin{bmatrix}7.631\\3.052\end{bmatrix}$$

$$\Delta\boldsymbol{g}^{(0)}=\nabla f(\boldsymbol{X}^{(1)})-\nabla f(\boldsymbol{X}^{(0)})=\begin{bmatrix}12.211\\-1.526\end{bmatrix}$$

按照式(4.70)计算 $\boldsymbol{E}^{(0)}$

$$\boldsymbol{E}^{(0)}=\frac{\begin{bmatrix}7.631\\3.052\end{bmatrix}[7.631,3.052]}{[7.631,3.052]\begin{bmatrix}12.211\\-1.526\end{bmatrix}}-\frac{\begin{bmatrix}1&0\\0&1\end{bmatrix}\begin{bmatrix}12.211\\-1.526\end{bmatrix}[12.211,-1.526]\begin{bmatrix}1&0\\0&1\end{bmatrix}}{[12.211,-1.526]\begin{bmatrix}1&0\\0&1\end{bmatrix}\begin{bmatrix}12.211\\-1.526\end{bmatrix}}$$

则得

$$\boldsymbol{H}^{(1)}=\boldsymbol{H}^{(0)}+\boldsymbol{E}^{(0)}=\begin{bmatrix}1&0\\0&1\end{bmatrix}+\frac{\begin{bmatrix}7.631\\3.052\end{bmatrix}[7.631,3.052]}{[7.631,3.052]\begin{bmatrix}12.211\\-1.526\end{bmatrix}}-$$

$$\frac{\begin{bmatrix}1&0\\0&1\end{bmatrix}\begin{bmatrix}12.211\\-1.526\end{bmatrix}[12.211,-1.526]\begin{bmatrix}1&0\\0&1\end{bmatrix}}{[12.211,-1.526]\begin{bmatrix}1&0\\0&1\end{bmatrix}\begin{bmatrix}12.211\\-1.526\end{bmatrix}}=$$

$$\begin{bmatrix}1&0\\0&1\end{bmatrix}+\begin{bmatrix}0.658&0.263\\0.263&0.105\end{bmatrix}-\begin{bmatrix}0.985&-0.123\\-0.123&0.0153\end{bmatrix}=$$

$$\begin{bmatrix}0.673&0.386\\0.386&1.0897\end{bmatrix}$$

由于 $\boldsymbol{H}^{(1)}$ 与海色矩阵的逆矩阵 $[\boldsymbol{H}(\boldsymbol{X}^{(0)})]^{(-1)}=\frac{1}{3}\begin{bmatrix}2&1\\1&2\end{bmatrix}$ 比较有一定的误差，故需要再构造新的搜索方向 $\boldsymbol{S}^{(1)}$：

$$\boldsymbol{S}^{(1)}=-\boldsymbol{H}^{(1)}\nabla f(\boldsymbol{X}^{(1)})=-\begin{bmatrix}0.673&0.386\\0.386&1.0897\end{bmatrix}\begin{bmatrix}2.211\\-5.526\end{bmatrix}=\begin{bmatrix}0.646\\5.169\end{bmatrix}$$

及新的迭代点 $\boldsymbol{X}^{(2)}$

$$\boldsymbol{X}^{(2)}=\boldsymbol{X}^{(1)}+\alpha_1\boldsymbol{S}^{(1)}=\begin{bmatrix}7.631\\3.052\end{bmatrix}+\alpha_1\begin{bmatrix}0.646\\5.169\end{bmatrix}=\begin{bmatrix}x_1^{(2)}\\x_2^{(2)}\end{bmatrix}$$

式中　$\alpha_1$——最优步长，可通过 $f(\boldsymbol{X}^{(2)})=\min\limits_{\alpha}\varphi(\alpha)$，$\varphi'(\alpha_1)=0$ 求得

$$\alpha_1=0.5701$$

于是

$$\boldsymbol{X}^{(2)}=\boldsymbol{X}^{(1)}+\alpha_1\boldsymbol{S}^{(1)}=\begin{bmatrix}7.631\\3.052\end{bmatrix}+0.5701\begin{bmatrix}0.646\\5.169\end{bmatrix}=\begin{bmatrix}7.9999\\5.9999\end{bmatrix}\approx\begin{bmatrix}8\\6\end{bmatrix}$$

根据极值点的充要条件可以证明 $X^*=\begin{bmatrix}8\\6\end{bmatrix}$，即为目标函数的极值点。

当初始矩阵 $H^{(0)}$ 选为对称正定矩阵时，DFP 算法将保证以后的迭代矩阵$\{H^{(k)}\}$都是对称正定的，即使将 DFP 算法用于非二次函数也是如此，从而保证算法总是下降的。这种算法用于高维问题(如 20 个设计变量以上)，收敛速度快，效果好。DFP 算法是无约束优化方法中最有效的方法之一，因为它不单纯是利用向量传递信息，还采用了矩阵来传递信息，但是，DFP 算法由于舍入误差和一维搜索的不精确，有可能导致$\{H^{(k)}\}$奇异，从而使数值稳定性方面不够理想。所以在 1970 年(Broyden、Fletcher、Goldfarb、Shanno)又导出了更稳定的变尺度算法，称作 BFGS 算法，其变尺度计算公式为

$$H^{(k+1)}=H^{(k)}+\frac{1}{[\Delta X^{(k)}]^{\mathrm T}\Delta g^{(k)}}\{\Delta X^{(k)}[\Delta X^{(k)}]^{\mathrm T}+\frac{\Delta X^{(k)}[\Delta X^{(k)}]^{\mathrm T}[\Delta g^{(k)}]^{\mathrm T}H^{(k)}\Delta g^{(k)}}{[\Delta X^{(k)}]^{\mathrm T}\Delta g^{(k)}}-H^{(k)}\Delta g^{(k)}[\Delta X^{(k)}]^{\mathrm T}-\Delta X^{(k)}[\Delta g^{(k)}]^{\mathrm T}H^{(k)}\} \tag{4.72}$$

式中符号含义同式(4.71)。

BFGS 算法的计算步骤与 DFP 算法相同。

## 4.6 坐标轮换法

坐标轮换法(Coordinate Alternate Method)是将多维问题转变为一系列较少维数问题的降维方法，它将多变量的优化问题轮流地转化成单变量(其余变量视为常量)的优化问题，因此又称这种方法为变量轮换法(Variable Alternate Method)。在搜索过程中只需目标函数值信息，而不需要求解目标函数的导数，因此，相对于前面所介绍的几种优化方法而言，这种方法比较简单、直观。

### 4.6.1 坐标轮换法的基本原理

坐标轮换法搜索过程中，每次搜索只允许一个变量变化，其余变量保持不变，即沿坐标方向轮流地进行搜索的寻优方法。我们首先以二元函数 $f(x_1,x_2)$ 为例说明坐标轮换法的寻优过程，如图 4.12 所示。从初始点 $X_0^{(1)}$ 出发，沿第一个坐标方向搜索，即 $S_1^{(1)}=e_1=[1\quad 0]^{\mathrm T}$，得 $X_1^{(1)}=X_0^{(1)}+\alpha_1^{(1)}S_1^{(1)}$，$\alpha_1^{(1)}$ 为按照一维搜索方法确定的最优步长因子，即 $\alpha_1^{(1)}$ 满足：$\min\limits_{\alpha} f(X_0^{(1)}+\alpha S_1^{(0)})=f(X_0^{(1)}+\alpha_1^{(1)}S_1^{(0)})$，然后从 $X_1^{(1)}$ 出发沿 $S_2^{(1)}=e_2=[0\quad 1]^{\mathrm T}$ 方向搜索，得 $X_2^{(1)}=X_1^{(1)}+\alpha_2^{(1)}S_2^{(1)}$，同样步长因子 $\alpha_2^{(1)}$ 满足 $\min\limits_{\alpha} f(X_1^{(1)}+\alpha S_2^{(1)})=f(X_1^{(1)}+\alpha_2^{(1)}S_2^{(1)})$，$X_2^{(1)}$ 为一轮($k=1$)的终点。检验本轮始点 $X_0^{(1)}$ 与终点 $X_2^{(1)}$ 间距离是否满足精度要求，即判断 $\|X_2^{(1)}-X_0^{(1)}\|\leqslant\varepsilon$ 的条件是否满足。若满足则取得极值点 $X^*=X_2^{(1)}$，否则令 $X_0^{(2)}\Leftarrow X_2^{(1)}$，重新依次沿坐标方向进行下一轮($k=2$)的搜索。

对于 $n$ 个变量的目标函数，若在第 $k$ 轮沿第 $i$ 个坐标方向 $S_i^{(k)}$ 进行搜索，其迭代公式为

$$X_i^{(k)}=X_{i-1}^{(k)}+\alpha_i^{(k)}S_i^{(k)}\quad (k=1,2,\cdots;i=1,2,\cdots,n) \tag{4.73}$$

式中，$X_i^{(k)}$ 的右上角标 $k$ 表示正在进行的第 $k$ 轮搜索；$i$ 为在第 $k$ 轮搜索中的第 $i$ 个点(如对于上述二维问题，$i=1,2$)。这里，搜索方向取坐标方向，即 $S_i^{(k)}=e_i(i=1,\cdots,n)$。若 $\|X_n^{(k)}-X_0^{(k)}\|\leqslant\varepsilon$，则极小点为 $X^*=X_n^{(0)}$，否则 $X_0^{(k+1)}\Leftarrow X_n^{(k)}$，进行下一轮搜索，一直到满足精度要求

为止。按此计算步骤设计出如图 4.13 所示的程序框图。

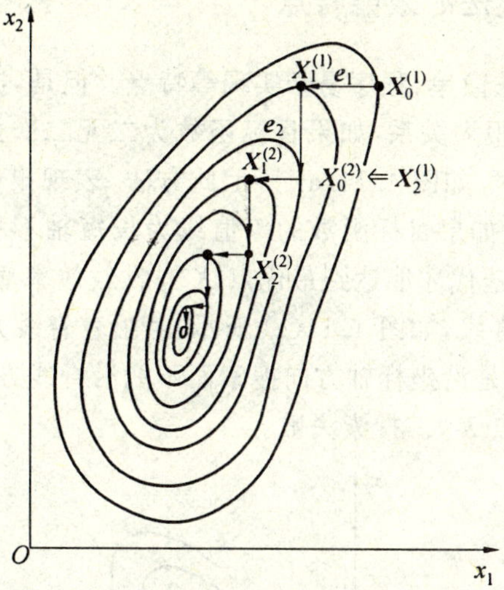


图 4.12　坐标轮换法的搜索过程

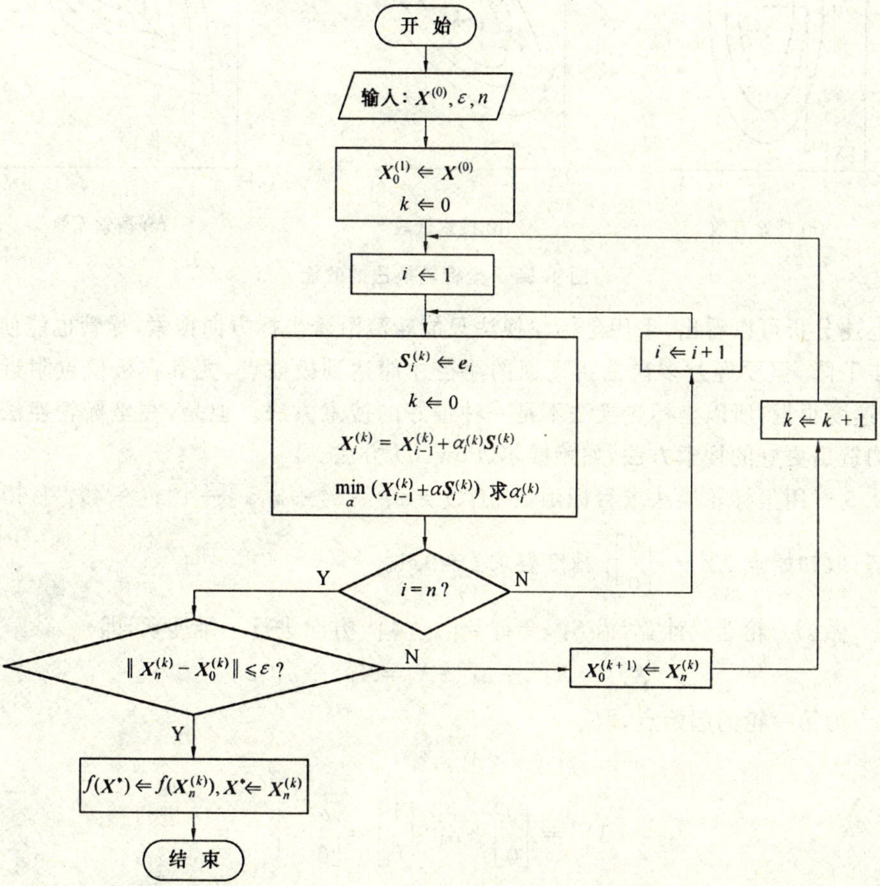


图 4.13　坐标轮换法程序框图

### 4.6.2 坐标轮换法的效能特点

坐标轮换法具有算法简单，程序易于实现等特点。但是，这种方法的收敛效率与目标函数等值面(线)的形状有很大关系，如果目标函数为二元二次函数，其等值线为圆或长短轴为平行于坐标轴的椭圆时，如图 4.14(a) 所示此方法，表现出很高的收敛效率，经过两次搜索即可达到最优点 $\boldsymbol{X}^*$。如果目标函数的等值线为长短轴不平行于坐标轴的椭圆时，如图 4.14(b) 所示，则需多次迭代才能达到最优点 $\boldsymbol{X}^*$，收敛效率显著降低。如果目标函数的等值线为与坐标轴斜交的脊线，如图 4.14(c) 所示，若沿着脊线方向进行搜索则一步可达到最优点，但因坐标轮换法总是沿坐标轴方向搜索而不能沿脊线方向搜索，所以搜索就将终止到脊线上而不能找到最优点 $\boldsymbol{X}^*$。搜索失败。

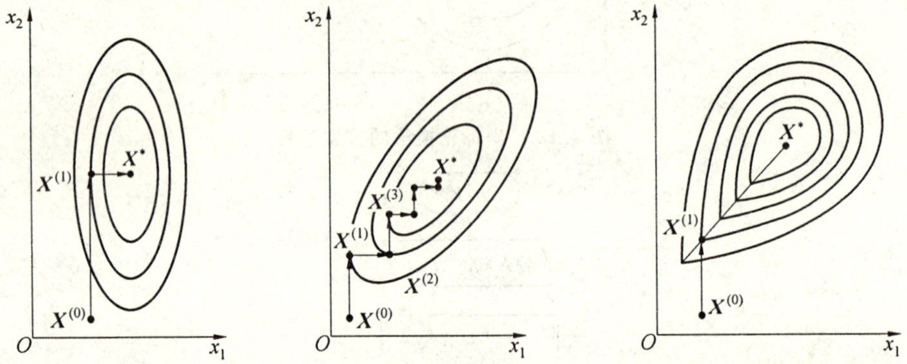

(a) 搜索有效　　(b) 搜索低效　　(c) 搜索无效

图 4.14　坐标轮换法的效能

从上述分析可以看出，采用坐标轮换法只能轮流沿着坐标方向搜索，尽管也能使目标函数值步步下降，但要经过多次曲折迂回的路径才能达到极值点，尤其在极值点附近步长很小，收敛速度很慢，所以坐标轮换法不是一种很好的搜索方法。但是，在坐标轮换法的基础上可以构造出更好的搜索方法，如鲍威尔(Powell) 方法。

**例 4.5**　用坐标轮换法求目标函数 $f(\boldsymbol{X}) = x_1^2 + x_2^2 - x_1x_2 - 10x_1 - 4x_2 + 60$ 的无约束最优解，取初始点 $\boldsymbol{X}^{(0)} = \begin{bmatrix} 0 \\ 0 \end{bmatrix}$，精度要求 $\varepsilon = 0.1$。

**解**　做第一轮迭代计算，沿 $\boldsymbol{S}_1^{(1)} = \boldsymbol{e}_1 = [1 \quad 0]^{\mathrm{T}}$ 方向进行一维搜索，即

$$\boldsymbol{X}_1^{(1)} = \boldsymbol{X}_0^{(1)} + \alpha_1^{(1)} \boldsymbol{S}_1^{(1)} = \boldsymbol{X}_0^{(1)} + \alpha_1^{(1)} \boldsymbol{e}_1$$

式中，$\boldsymbol{X}_0^{(1)}$ 为第一轮的起始点，取

$$\boldsymbol{X}_0^{(1)} = \boldsymbol{X}^{(0)}$$

$$\boldsymbol{X}_1^{(1)} = \begin{bmatrix} 0 \\ 0 \end{bmatrix} + \alpha_1^{(1)} \begin{bmatrix} 1 \\ 0 \end{bmatrix} = \begin{bmatrix} \alpha_1^{(1)} \\ 0 \end{bmatrix}$$

按最优步长原则确定步长 $\alpha_1^{(1)}$，即极小化

$$\min_{\alpha} f(\boldsymbol{X}_1^{(1)}) = \min_{\alpha} f(\boldsymbol{X}_0^{(1)} + \alpha \boldsymbol{S}_1^{(0)}) = f(\boldsymbol{X}_0^{(1)} + \alpha_1^{(1)} \boldsymbol{S}_1^{(0)}) = (\alpha_1^{(1)})^2 - 10\alpha_1^{(1)} + 60$$

得

$$\alpha_1^{(1)} = 5$$

$$X_1^{(1)}=\begin{bmatrix}5\\0\end{bmatrix}$$

以 $X_1^{(1)}$ 为新起点，沿 $S_2^{(1)}=e_2=[0\quad 1]^T$ 方向一维搜索，即

$$X_2^{(1)}=X_1^{(1)}+\alpha_2^{(1)}S_2^{(1)}=X_1^{(1)}+\alpha_2^{(1)}e_2=\begin{bmatrix}5\\0\end{bmatrix}+\alpha_2^{(1)}\begin{bmatrix}0\\1\end{bmatrix}=\begin{bmatrix}5\\ \alpha_2^{(1)}\end{bmatrix}$$

按最优步长原则确定 $\alpha_2^{(1)}$，即极小化

$$\min_{\alpha} f(X_2^{(1)})=\min f(X_1^{(1)}+\alpha S_2^{(0)})=f(X_1^{(1)}+\alpha_2^{(1)}S_2^{(0)})=(\alpha_2^{(1)})^2-9\alpha_2^{(1)}+35$$

得

$$\alpha_2^{(1)}=4.5$$

$$X_2^{(1)}=\begin{bmatrix}5\\4.5\end{bmatrix}$$

按终止准则检验第一轮迭代的搜索效果，即检验

$$\| X_2^{(1)}-X_0^{(1)} \|=\sqrt{5^2+4.5^2}=6.70>\varepsilon$$

不满足终止准则。此时令 $X_0^{(2)}=X_2^{(1)}$，继续进行第二轮迭代计算，经过五轮迭代计算后

$$\| X_2^{(5)}-X_0^{(5)} \|=0.08<\varepsilon$$

满足了终止准则的要求，故最优解为

$$X^*=X_2^{(5)}=\begin{bmatrix}8.02\\6.01\end{bmatrix}\quad f^*=f(X^*)=8.000\,3$$

各轮迭代计算结果列于表 4.2。

**表 4.2　例 4.5 的计算结果**

| 迭代轮序号 $k$ | $X_0^{(k)}$ | $X_1^{(k)}$ | $X_2^{(k)}$ | $X_2^{(k)}=X_0^{(k)}$ |
|---|---|---|---|---|
| 1 | $\begin{bmatrix}0\\0\end{bmatrix}$ | $\begin{bmatrix}5\\0\end{bmatrix}$ | $\begin{bmatrix}5\\4.5\end{bmatrix}$ | 6.7 |
| 2 | $\begin{bmatrix}5\\4.5\end{bmatrix}$ | $\begin{bmatrix}7.25\\4.5\end{bmatrix}$ | $\begin{bmatrix}7.25\\6.625\end{bmatrix}$ | 3.09 |
| 3 | $\begin{bmatrix}7.25\\6.625\end{bmatrix}$ | $\begin{bmatrix}8.313\\6.625\end{bmatrix}$ | $\begin{bmatrix}8.313\\6.156\end{bmatrix}$ | 1.16 |
| 4 | $\begin{bmatrix}8.313\\6.156\end{bmatrix}$ | $\begin{bmatrix}8.08\\6.156\end{bmatrix}$ | $\begin{bmatrix}8.08\\6.04\end{bmatrix}$ | 0.26 |
| 5 | $\begin{bmatrix}8.08\\6.04\end{bmatrix}$ | $\begin{bmatrix}8.02\\6.04\end{bmatrix}$ | $\begin{bmatrix}8.02\\6.01\end{bmatrix}$ | 0.08 |

## 4.7　鲍威尔(Powell) 方法

1964 年鲍威尔(Powell) 在坐标轮换法的基础上，提出了一种效率很高的探求目标函数极值点的优化算法，称为鲍威尔方法(Powell's Method)。鲍威尔方法是直接利用函数值来构造共轭方向的一种共轭方向法。在本章第 4 节介绍的共扼梯度法中，虽然也利用了共轭方向的概念，但是形成共轭方向时，总是需要计算目标函数的梯度，即必须计算一阶导数，而鲍威尔法则不需要对函数作求导计算，只需要目标函数的函数值信息即可求出用于搜索的

共轭方向。

### 4.7.1 共轭方向的生成

我们以具有正定矩阵 $\boldsymbol{A}$ 的二次函数

$$f(\boldsymbol{X})=\frac{1}{2}\boldsymbol{X}^{\mathrm{T}}\boldsymbol{A}\boldsymbol{X}+\boldsymbol{B}^{\mathrm{T}}\boldsymbol{X}+\boldsymbol{C}$$

为例来介绍鲍威尔方法中共轭方向的形成过程。

如图 4.15 所示，设 $\boldsymbol{X}^{(k)}$、$\boldsymbol{X}^{(k+1)}$ 为从不同点出发，沿同一方向 $\boldsymbol{S}^{(j)}$ 进行一维搜索而得到的两个极小点。根据梯度和等值线相垂直的性质，$\boldsymbol{S}^{(j)}$ 和 $\boldsymbol{X}^{(k)}$、$\boldsymbol{X}^{(k+1)}$ 两点处的梯度 $\boldsymbol{g}^{(k)}=\nabla f(\boldsymbol{X}^{(k)})$、$\boldsymbol{g}^{(k+1)}=\nabla f(\boldsymbol{X}^{(k+1)})$ 之间存在如下关系：

$$[\boldsymbol{S}^{(j)}]^{\mathrm{T}}\boldsymbol{g}^{(k)}=0$$

$$[\boldsymbol{S}^{(j)}]^{\mathrm{T}}\boldsymbol{g}^{(k+1)}=0$$

另一方面，对于上述二次函数，其 $\boldsymbol{X}^{(k)}$、$\boldsymbol{X}^{(k+1)}$ 两点处的梯度可表示为

$$\boldsymbol{g}^{(k)}=\nabla f(\boldsymbol{X}^{(k)})=\boldsymbol{A}\boldsymbol{X}^{(k)}+\boldsymbol{B}$$

$$\boldsymbol{g}^{(k+1)}=\nabla f(\boldsymbol{X}^{(k+1)})=\boldsymbol{A}\boldsymbol{X}^{(k+1)}+\boldsymbol{B}$$

两式相减，得

$$\boldsymbol{g}^{(k+1)}-\boldsymbol{g}^{(k)}=\boldsymbol{A}(\boldsymbol{X}^{(k+1)}-\boldsymbol{X}^{(k)})$$

因而有

$$[\boldsymbol{S}^{(j)}]^{\mathrm{T}}(\boldsymbol{g}^{(k+1)}-\boldsymbol{g}^{(k)})=[\boldsymbol{S}^{(j)}]^{\mathrm{T}}\boldsymbol{A}(\boldsymbol{X}^{(k+1)}-\boldsymbol{X}^{(k)})=0 \tag{4.74}$$

若取方向 $\boldsymbol{S}^{(k)}=\boldsymbol{X}^{(k+1)}-\boldsymbol{X}^{(k)}$，则得到

$$[\boldsymbol{S}^{(j)}]^{\mathrm{T}}\boldsymbol{A}\boldsymbol{S}^{(k)}=0 \tag{4.75}$$

式(4.75)说明 $\boldsymbol{S}^{(k)}$ 和 $\boldsymbol{S}^{(j)}$ 对 $\boldsymbol{A}$ 共轭。根据共轭方向的性质，若从不同点沿 $\boldsymbol{S}^{(j)}$ 方向分别对函数做两次一维搜索，得到两个极小点 $\boldsymbol{X}^{(k)}$、$\boldsymbol{X}^{(k+1)}$，则这两点的连线所形成的方向 $\boldsymbol{S}^{(k)}=\boldsymbol{X}^{(k+1)}-\boldsymbol{X}^{(k)}$ 就是与 $\boldsymbol{S}^{(j)}$ 对 $\boldsymbol{A}$ 共轭的方向。通过上面的分析可知：对于二维问题，沿着此共轭方向做一次一维搜索即可找到目标函数的极小点。

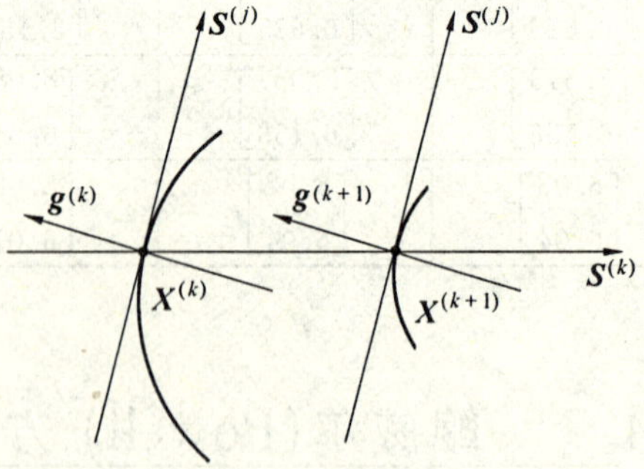


图 4.15 一维搜索形成共轭方向示意图

### 4.7.2 鲍威尔法基本算法

对于如图 4.16 所示二维情况，采用鲍威尔法对其求解，其基本实现过程如下。

(1) 任选一初始点 $\boldsymbol{X}^{(0)}$，令 $\boldsymbol{X}_0^{(1)}\Leftarrow\boldsymbol{X}^{(0)}$，选择两个线性无关的向量，如坐标轴单位向量

$\boldsymbol{e}_1=[1\quad 0]^{\mathrm{T}}$ 和 $\boldsymbol{e}_2=[0\quad 1]^{\mathrm{T}}$ 作为初始搜索方向。

(2) 从 $\boldsymbol{X}_0^{(1)}$ 出发，顺次沿 $\boldsymbol{e}_1$、$\boldsymbol{e}_2$ 进行一维搜索，得两点 $\boldsymbol{X}_1^{(1)}$、$\boldsymbol{X}_2^{(1)}$，连线两点得一个新的搜索方向，即

$$\boldsymbol{S}^{(1)}=\boldsymbol{X}_2^{(1)}-\boldsymbol{X}_0^{(1)}$$

用 $\boldsymbol{S}^{(1)}$ 代替 $\boldsymbol{e}_1$ 形成两个线性无关的向量 $\boldsymbol{e}_2$、$\boldsymbol{S}^{(1)}$，作为下一轮迭代的搜索方向。再从 $\boldsymbol{X}_2^{(1)}$ 出发，沿 $\boldsymbol{S}^{(1)}$ 做一维搜索得点 $\boldsymbol{X}^{(1)}$，并以此点作为下一轮迭代的初始点，即令 $\boldsymbol{X}_0^{(2)}\Leftarrow\boldsymbol{X}^{(1)}$。

(3) 从 $\boldsymbol{X}_0^{(2)}$ 出发，顺次沿 $\boldsymbol{e}_2$、$\boldsymbol{S}^{(1)}$ 进行一维搜索，得到两点 $\boldsymbol{X}_1^{(2)}$、$\boldsymbol{X}_2^{(2)}$，连线两点再得到一个新的搜索方向，即

$$\boldsymbol{S}^{(2)}=\boldsymbol{X}_2^{(2)}-\boldsymbol{X}_0^{(2)}$$

$\boldsymbol{X}_0^{(2)}$、$\boldsymbol{X}_2^{(2)}$ 两点是从不同点 $\boldsymbol{X}_2^{(1)}$、$\boldsymbol{X}_1^{(2)}$ 出发，分别沿 $\boldsymbol{S}^{(1)}$ 方向进行一维搜索而得到的极小点，根据前面所叙述的理论，$\boldsymbol{X}_0^{(2)}$、$\boldsymbol{X}_2^{(2)}$ 两点连线的方向 $\boldsymbol{S}^{(2)}$ 与 $\boldsymbol{S}^{(1)}$ 一起对 $\boldsymbol{A}$ 共轭。再从 $\boldsymbol{X}_2^{(2)}$ 出发，沿 $\boldsymbol{S}^{(2)}$ 进行一维搜索得点 $\boldsymbol{X}^{(2)}$，因为 $\boldsymbol{X}^{(2)}$ 相当于从 $\boldsymbol{X}_2^{(1)}$ 出发分别沿着关于 $\boldsymbol{A}$ 的两个共轭方向 $\boldsymbol{S}^{(1)}$、$\boldsymbol{S}^{(2)}$ 进行两次一维搜索而得到的点，所以 $\boldsymbol{X}^{(2)}$ 点即是二维问题的极小点 $\boldsymbol{X}^*$。

同理，将上述二维情况的基本算法扩展到 $n$ 维情况，则鲍威尔基本算法的原理为：从初始点出发，顺次沿 $n$ 个线性无关的方向所构成的搜索方向组进行一维搜索得到一个终点，由终点和初始点的连线形成一个新的搜索方向，用这个新的搜索方向替换原来搜索方向中的第一个方向，而将新方向排在原方向组的最后，这样就形成了一个新的搜索方向组。同时规定，从这一轮的搜索终点出发沿新形成的搜索方向进行一维搜索而得到的极小点，作为下一轮迭代的初始点，这样就形成了算法的循环。因为这种方法在迭代中逐次生成共轭方向，而共轭方向又是较好的搜索方向，所以鲍威尔法又称为方向加速法。

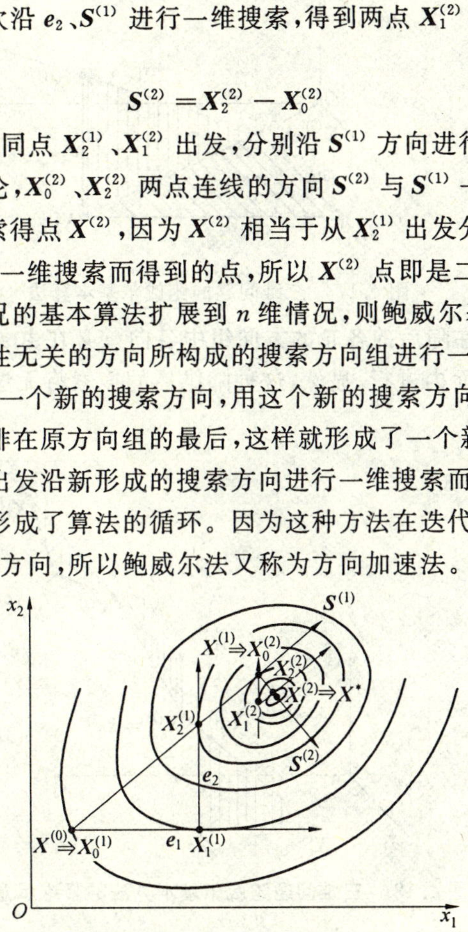

图 4.16 二维情况下的鲍威尔法

### 4.7.3 鲍威尔基本算法的退化现象

通过前面鲍威尔基本算法的介绍可知，在共轭方向的形成过程中，每一轮迭代都用连接始点和终点所产生的搜索方向去替换原搜索方向组中的第一个向量，而不管它的“好坏”，这样就有可能造成在迭代过程中新形成的 $n$ 个搜索方向会变成线性相关而不能形成共轭方向，即可能形不成 $n$ 维空间，进而求不到极小点，我们称鲍威尔基本算法的这种缺陷为退化现象。下面以三维问题为例来说明鲍威尔基本算法的退化现象。

对一个三维问题，首先由初始点 $\boldsymbol{X}^{(0)}\Leftarrow\boldsymbol{X}_0^{(1)}$ 出发，沿着3个坐标轴方向 $\boldsymbol{e}_1,\boldsymbol{e}_2,\boldsymbol{e}_3$ 进行第

一轮搜索，得到 $X_3^{(1)}$ 点，连接始点 $X_0^{(1)}$ 和终点 $X_3^{(1)}$，形成搜索方向 $S^{(1)}$，在这一轮中 $e_1,e_2,e_3$ 和 $S_1$ 是不共面的一组向量，如图 4.17 所示。

新生方向可表示为

$$S^{(1)}=\alpha_1 e_1+\alpha_2 e_2+\alpha_3 e_3 \tag{4.76}$$

如果在某种条件下 $\alpha_1=0$，即在 $e_1$ 方向上搜索没有进展，迭代点的位移为零，则此时 $S^{(1)}=\alpha_2 e_2+\alpha_3 e_3$，则 $S^{(1)}$ 必与 $e_2,e_3$ 共面，共面的 3 个向量必线性相关。

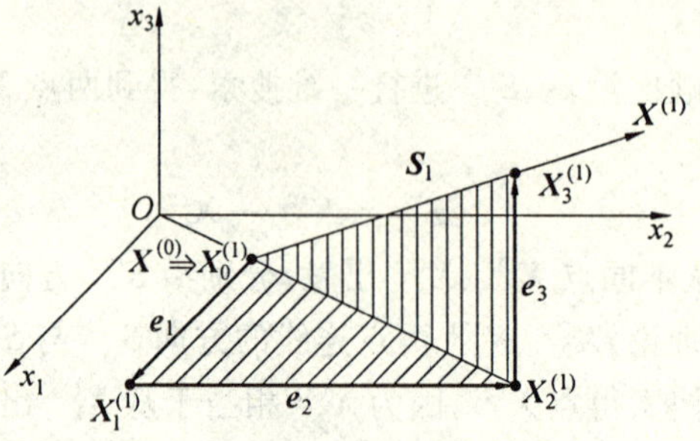


图 4.17　三维问题的鲍威尔基本算法

由图 4.18 可看出，在随后的各轮的方向组中各向量必在由 $e_2$、$e_3$ 所决定的平面内，使以后的搜索局限在二维平面内进行，显然，这种降维后的搜索将无法获得三维目标函数的最优点。

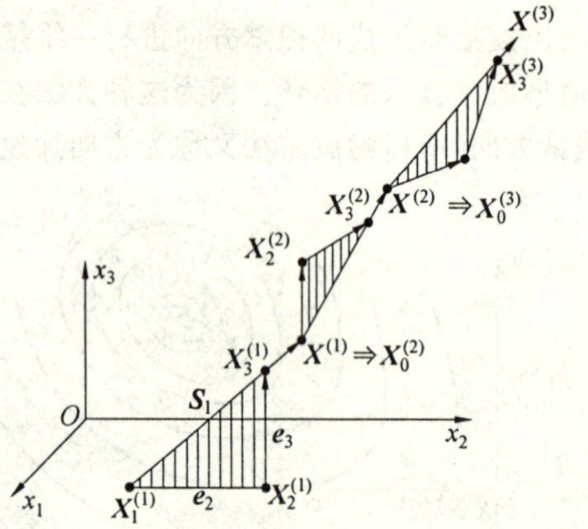


图 4.18　三维问题鲍威尔基本算法的降维示意图

### 4.7.4　改进的鲍威尔方法

因为鲍威尔基本算法在迭代过程中存在上述退化现象，所以鲍威尔又对他的基本算法进行改进。鲍威尔基本算法改进的原则是：首先要判断原搜索方向组是否需要替换；其次，如果需要替换，还要进一步判断原搜索方向组中哪个方向最坏，然后再用新产生的方向替换这个最坏的方向，以保证逐次生成共轭方向。

鲍威尔改进算法的具体步骤如下。

(1) 取初始点 $X^{(0)}$，收敛精度为 $\varepsilon>0$，确定初始搜索方向组，它由 $n$ 个线性无关的向量 $S_1^{(1)},S_2^{(1)},\dots,S_n^{(1)}$（例如 $n$ 个坐标轴单位向量 $e_1,e_2,\dots,e_n$）所组成，令 $X_0^{(1)}\Leftarrow X^{(0)}$，$k\Leftarrow 0$。

(2) 从 $X_0^{(k)}$ 出发,顺次沿 $S_1^{(k)}, S_2^{(k)}, \dots, S_n^{(k)}$ 进行一维搜索得 $X_1^{(k)}, X_2^{(k)}, \dots, X_n^{(k)}$,即

$$\min_{\alpha} f(X_{i-1}^{(k)} + \alpha S_i^{(k)}) = f(X_{i-1}^{(k)} + \alpha_i^{(k)} S_i^{(k)})$$

$$X_i^{(k)} = X_{i-1}^{(k)} + \alpha_i^{(k)} S_i^{(k)} \quad (i = 1, 2, \cdots, n)$$

这一步相当于最优步长的坐标轮换法。

(3) 接着以 $X_n^{(k)}$ 为起点,沿方向

$$S_{n+1}^{(k)} = X_n^{(k)} - X_0^{(k)}$$

移动一个 $X_n^{(k)} - X_0^{(k)}$ 的距离,得到

$$X_{n+1}^{(k)} = X_n^{(k)} + (X_n^{(k)} - X_0^{(k)}) = 2X_n^{(k)} - X_0^{(k)}$$

$X_0^{(k)}$、$X_n^{(k)}$、$X_{n+1}^{(k)}$ 分别称为第 $k$ 轮迭代的始点、终点和反射点。始点、终点和反射点所对应的函数值分别表示为

$$f_1 = f(X_0^{(k)})$$

$$f_2 = f(X_n^{(k)})$$

$$f_3 = f(X_{n+1}^{(k)})$$

(4) 计算第 $k$ 轮中相邻两点目标函数值的下降量,并求出下降量最大者 $\Delta_m^{(k)}$,即

$$\Delta_m^{(k)} = \max\{f(X_{i-1}^{(k)}) - f(X_i^{(k)})\} \quad (i = 1,\ 2, \dots,\ n)$$

$\Delta_m^{(k)}$ 相应的方向为 $$S_m^{(k)} = X_i^{(k)} - X_{i-1}^{(k)}$$

(5) 判断是否满足判别条件 $f_3 < f_1$ 和 $(f_1 - 2f_2 + f_3)(f_1 - f_2 + \Delta_m^{(k)})^2 < 0.5\Delta_m^{(k)} (f_1 - f_3)^2$。

若满足上述判别条件,说明共轭性好,则下一轮迭代应对原搜索方向组进行替换,将 $S_{n+1}^{(k)}$ 补充到原搜索方向组的最后位置,而除掉 $S_m^{(k)}$,即以新方向组 $S_1^{(k)}, S_2^{(k)}, \dots, S_{m-1}^{(k)}, S_{m+1}^{(k)}, \dots S_n^{(k)}, S_{n+1}^{(k)}$ 作为下一轮迭代的搜索方向组。下一轮迭代的始点取为沿 $S_{n+1}^{(k)}$ 方向进行一维搜索的极小点 $X_0^{(k+1)}$。

若不满足判别条件,则下一轮迭代仍用原搜索方向组,即

$$S_i^{(k+1)} = S_i^{(k)} \quad (i = 1,\ 2, \dots,\ n)$$

同时比较 $X_n^{(k)}$ 和 $X_{n+1}^{(k)}$ 的函数值 $f_2$ 和 $f_3$,取函数值相对小者作为下一轮迭代的始点 $X_0^{(k+1)}$。

(6) 检验是否满足收敛判断准则 $\| X_0^{(k+1)} - X_0^{(k)} \| \leqslant \varepsilon$ 或 $\left| \dfrac{f(X_0^{(k+1)}) - f(X_0^{(k)})}{f(X_0^{(k)})} \right| < \varepsilon$。若满足,则停止迭代,得点 $X^* = X_0^{(k+1)}$ 及目标函数值 $f(X^*) = f(X_0^{(k+1)})$;否则令 $k \Leftarrow k+1$,转步骤(2),继续进行下一轮迭代。

改进后的鲍威尔法程序框图如图 4.19 所示。

【例 4.6】 用鲍威尔法求函数 $f(X) = 10(x_1 + x_2 - 5)^2 + (x_1 - x_2)^2$ 的极小值。

**解** 初始点取 $X^{(0)} = X_0^{(1)} = \begin{bmatrix} 0 \\ 0 \end{bmatrix}$,因此,$f(X^{(0)}) = f(X_0^{(1)}) = 250$。第一轮搜索方向取两坐标轴单位向量,即

$$S_1^{(1)} = e_1 = \begin{bmatrix} 1 \\ 0 \end{bmatrix}, S_2^{(1)} = e_2 = \begin{bmatrix} 0 \\ 1 \end{bmatrix}$$

从初始点 $X_0^{(1)} = \begin{bmatrix} 0 \\ 0 \end{bmatrix}$ 出发,首先沿 $S_1^{(1)}$ 方向进行一维搜索,求 $X_1^{(1)}$ 点。根据式

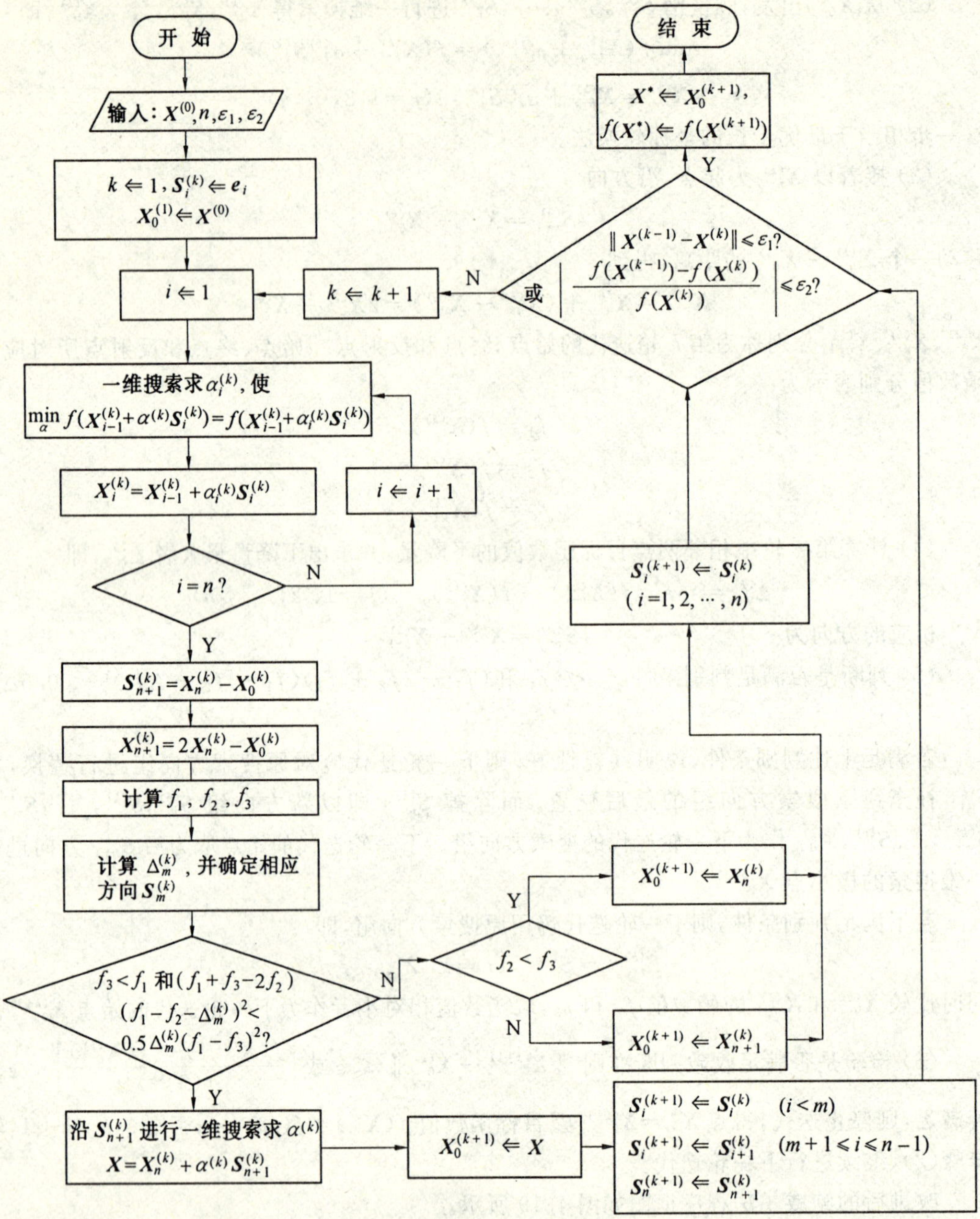


图 4.19 鲍威尔改进算法框图

$$f(X_0^{(1)}+\alpha_1^{(1)}S_1^{(1)})=\min_{\alpha} f(X_0^{(1)}+\alpha S_1^{(1)})$$

求出最优步长 $\alpha_1^{(1)}$，代入式 $X_1^{(1)}=X_0^{(1)}+\alpha_1^{(1)}S_1^{(1)}$，求出沿 $S_1^{(1)}$ 方向进行一维搜索的最优点 $X_1^{(1)}$。

因为

$$X_0^{(1)}+\alpha S_1^{(1)}=\begin{bmatrix}0\\0\end{bmatrix}+\alpha\begin{bmatrix}1\\0\end{bmatrix}=\begin{bmatrix}\alpha\\0\end{bmatrix}$$

则有

$$f(\boldsymbol{X}_0^{(1)}+\alpha\boldsymbol{S}_1^{(1)})=10(\alpha-5)^2+\alpha^2=11\alpha^2-100\alpha+250$$

令

$$\frac{\mathrm{d}f(\boldsymbol{X}_0^{(1)}+\alpha\boldsymbol{S}_1^{(1)})}{\mathrm{d}\alpha}=0$$

得

$$22\alpha-100=0$$

$$\alpha=\alpha_1^{(1)}=\frac{50}{11}$$

所以,计算 $\boldsymbol{X}_1^{(1)}$ 为

$$\boldsymbol{X}_1^{(1)}=\boldsymbol{X}_0^{(1)}+\alpha_1^{(1)}\boldsymbol{S}_1^{(1)}=\begin{bmatrix}0\\0\end{bmatrix}+\frac{50}{11}\begin{bmatrix}1\\0\end{bmatrix}=\begin{bmatrix}4.545\ 5\\0\end{bmatrix}$$

而函数值为

$$f(\boldsymbol{X}_1^{(1)})=10(4.545\ 5-5)^2+4.545\ 5^2=22.727\ 3$$

再从 $\boldsymbol{X}_1^{(1)}$ 点出发,沿 $\boldsymbol{S}_2^{(1)}=\begin{bmatrix}0\\1\end{bmatrix}$ 方向进行一维搜索,求 $\boldsymbol{X}_2^{(1)}$ 点,即

$$\boldsymbol{X}_2^{(1)}=\boldsymbol{X}_1^{(1)}+\alpha\boldsymbol{S}_2^{(1)}=\begin{bmatrix}4.545\ 5\\0\end{bmatrix}+\alpha\begin{bmatrix}0\\1\end{bmatrix}=\begin{bmatrix}4.545\ 5\\\alpha\end{bmatrix}$$

$$f(\boldsymbol{X}_1^{(1)}+\alpha\boldsymbol{S}_2^{(1)})=10(4.545\ 5+\alpha-5)^2+(4.545\ 5-\alpha)^2$$

令

$$\frac{\mathrm{d}f(\boldsymbol{X}_1^{(1)}+\alpha\boldsymbol{S}_2^{(1)})}{\mathrm{d}\alpha}=0$$

则得

$$20\times(4.545\ 5+\alpha-5)-2\times(4.545\ 5-\alpha)=0$$

$$\alpha=\alpha_2^{(1)}=0.826\ 4$$

故求得

$$\boldsymbol{X}_2^{(1)}=\boldsymbol{X}_1^{(1)}+\alpha_2^{(1)}\boldsymbol{S}_2^{(1)}=\begin{bmatrix}4.545\ 5\\0\end{bmatrix}+0.824\ 6\begin{bmatrix}0\\1\end{bmatrix}=\begin{bmatrix}4.545\ 5\\0.826\ 4\end{bmatrix}$$

而函数值为

$$f(\boldsymbol{X}_2^{(1)})=10(4.545\ 5+0.826\ 4-5)^2+(4.545\ 5-0.826\ 4)^2=15.218\ 4$$

计算 $\boldsymbol{X}_3^{(1)}=2\boldsymbol{X}_2^{(1)}-\boldsymbol{X}_0^{(1)}$,得

$$\boldsymbol{X}_3^{(1)}=2\begin{bmatrix}4.545\ 5\\0.826\ 4\end{bmatrix}-\begin{bmatrix}0\\0\end{bmatrix}=\begin{bmatrix}9.091\ 0\\1.652\ 8\end{bmatrix}$$

$$f(\boldsymbol{X}_3^{(1)})=385.239\ 2$$

计算各点函数值之差,并确定其中差值最大者 $\Delta_m^{(1)}$

$$f(\boldsymbol{X}_0^{(1)})-f(\boldsymbol{X}_1^{(1)})=250-22.727\ 3=227.272\ 7$$

$$f(\boldsymbol{X}_1^{(1)})-f(\boldsymbol{X}_2^{(1)})=22.727\ 3-15.214\ 8=7.512\ 5$$

所以

$$\Delta_m^{(1)}=f(\boldsymbol{X}_0^{(1)})-f(\boldsymbol{X}_1^{(1)})=227.272\ 7,\boldsymbol{S}_m^{(1)}=\boldsymbol{S}_1^{(1)}$$

用判别准则检验

$$f_3=f(\boldsymbol{X}_2^{(1)})=385.239\ 2>f_1=f(\boldsymbol{X}_0^{(1)})=250$$

第二式不必计算即可判定第二轮搜索应仍用原方向组的方向 $\boldsymbol{S}_1^{(1)}$、$\boldsymbol{S}_2^{(1)}$,即

$$S_1^{(2)}=S_1^{(1)}=e_1=\begin{bmatrix}1\\0\end{bmatrix},S_2^{(2)}=S_2^{(1)}=e_2=\begin{bmatrix}0\\1\end{bmatrix}$$

第二轮搜索的初始点应定为 $X_2^{(1)}=\begin{bmatrix}4.545\,5\\0.826\,4\end{bmatrix}$

$$X_0^{(2)}=X_2^{(1)}=\begin{bmatrix}4.545\,5\\0.826\,4\end{bmatrix}$$

$$f(X_0^{(2)})=15.214\,8$$

迭代过程与第一轮相同,重复上述步骤进行计算。从 $X_0^{(2)}$ 出发沿 $S_1^{(2)}$ 方向进行一维搜索,找到极小点 $X_1^{(2)}=\begin{bmatrix}3.869\,3\\0.826\,4\end{bmatrix}$,再从 $X_1^{(2)}$ 出发沿 $S_2^{(2)}$ 方向进行一维搜索,找到极小点 $X_2^{(2)}=\begin{bmatrix}3.869\,3\\1.379\,7\end{bmatrix}$,并且算出

$$X_3^{(2)}=2X_2^{(2)}-X_0^{(2)}=2\times\begin{bmatrix}3.869\,3\\1.379\,7\end{bmatrix}-\begin{bmatrix}4.545\,5\\0.826\,4\end{bmatrix}=\begin{bmatrix}3.193\,1\\1.933\,0\end{bmatrix}$$

$$f_1=f(X_0^{(2)})=15.214\,8$$

$$f_2=f(X_2^{(2)})=6.818\,1$$

$$f_3=f(X_3^{(2)})=1.746\,9$$

$$f(X_1^{(2)})=10.185\,2$$

计算各点函数之差,并确定其中差值最大者 $\Delta_m^2$

$$f(X_0^{(2)})-f(X_1^{(2)})=15.214\,8-10.185\,2=5.029\,6$$

$$f(X_1^{(2)})-f(X_2^{(2)})=10.185\,2-6.818\,1=3.367\,1$$

所以 $$\Delta_m^{(2)}=f(X_0^{(2)})-f(X_1^{(2)})=5.029\,6,S_m^{(2)}=S_1^{(2)}$$

用判别准则检验

$$f_3=1.746\,9<f_1=15.214\,8$$

$$(f_1-2f_2+f_3)(f_1-f_2-\Delta_m^{(2)})^2=(15.214\,8-2\times6.818\,1+1.746\,9)\times(15.214\,8-6.818\,1-5.029\,6)^2=37.702\,4$$

$$0.5\Delta_m^{(2)}(f_1-f_3)^2=0.5\times5.029\,6(15.214\,8-1.746\,9)^2=456.145\,3$$

所以 $$(f_1-2f_2+f_3)(f_1-f_2+\Delta_m^{(2)})^2<0.5\Delta_m^{(2)}(f_1-f_3)^2$$

满足判别式条件,因此,下一轮迭代应采用新的方向组

$$S_1^{(3)}=S_2^{(2)}=e_2=\begin{bmatrix}0\\1\end{bmatrix}$$

$$S_3^{(2)}=S_2^{(3)}=X_2^{(2)}-X_0^{(2)}=\begin{bmatrix}3.869\,3\\1.379\,7\end{bmatrix}-\begin{bmatrix}4.545\,5\\0.826\,4\end{bmatrix}=\begin{bmatrix}-0.676\,2\\0.553\,3\end{bmatrix}$$

即去掉了原方向组中与 $\Delta_m^{(2)}$ 相应的方向 $S_1^{(2)}$。

第三轮搜索的初始点 $X_0^{(3)}$ 应选在 $X_0^{(2)}$(即 $X_2^{(1)}$)和 $X_2^{(2)}$ 连线(即 $S_3^{(2)}$ 方向)上的极小点。最后求得最优解为

$$X^*=\begin{bmatrix}2.468\,9\\2.525\,2\end{bmatrix},f(X^*)=0.003\,52$$

通过上述例题可以看出,虽然鲍威尔法利用了共轭方向,在接近最优点附近具有二次收

敛性，但计算速度并不很快。以二维函数为例，每轮要进行3次一维搜索，且每一轮需要计算4个点，但是因为在计算中可以不计算目标函数的导数而只计算目标函数值，故在实际工程设计计算中仍然是一种方便和有效的算法。

## 4.8 单形替换法

### 4.8.1 单形替换法的基本思想

采用单形替换法(Simplex Iteration Method)求解无约束优化问题是指在不计算目标函数导数的情况下，先计算出目标函数在若干点处的函数值，然后依据函数值的大小关系来判断函数变化的趋势，确定目标函数的下降方向，进而求得目标函数值的极值，这里所说的若干点，一般是取在单纯形(Simplex)的顶点上。所谓单纯形是指在$n$维空间中由$n+1$个线性独立的点构成的简单图形或凸多面体，例如，在一维空间中由两点构成的线段(见图4.20(a))；在二维空间中由不在同一直线上的三个点构成的简单图形，即三角形(见图4.20(b))；在三维空间中由不在同一平面上的四个点构成的简单图形，即四面体(见图4.20(c))；在$n$维空间中由$n+1$个顶点构成的凸多面体等。

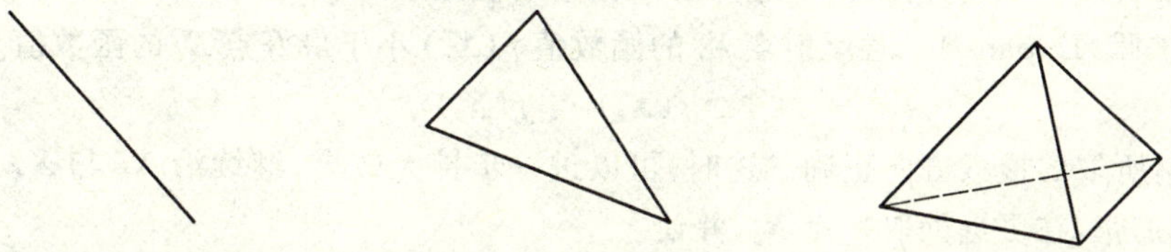

(a) 一维空间中的单纯形　(b)二维空间中的单纯形　(c) 三维空间中的单纯形

图4.20　单纯形示例

单形替换法的基本思想是指在无约束优化求解过程中，根据问题的维数$n$，选取由$n+1$个顶点构成的单纯形，求出这些顶点处的目标函数值并加以比较，确定它们当中有最大值的点及函数值的下降方向，再设法找到一个新的比较好的点替换那个有最大值的点，从而构成新的单纯形。随着这种取代过程的不断进行，新的单纯形将向着极小点收缩，这样经过若干次迭代，即可得到满足收敛准则的近似解。

一般来讲，为加快单形替换法的寻优过程，可采用四种基本的寻优措施，即反射、扩张、压缩和缩短边长。下面以二维问题为例来说明单形替换法的寻优过程。

如图4.21所示，设二维目标函数为$f(\boldsymbol{X})=f(x_1,x_2)$，在设计平面$x_1-x_2$上$\boldsymbol{X}_h,\boldsymbol{X}_l,\boldsymbol{X}_g$为线性独立(不在同一直线上)三个点，以它们为顶点构造单纯形——三角形，计算这三个顶点处的函数值$f(\boldsymbol{X}_h),f(\boldsymbol{X}_l),f(\boldsymbol{X}_g)$并做比较。

若

$$f(\boldsymbol{X}_h)>f(\boldsymbol{X}_g)>f(\boldsymbol{X}_l)$$

则说明$\boldsymbol{X}_h$点最差，$\boldsymbol{X}_l$点最好(见图4.21)。

在查明单纯形各顶点目标函数值的情况之后，采取以下基本策略搜索极小点。

(1) 反射(Reflex)。单纯形各顶点目标函数值的大小反映了目标函数在单纯形这个局部区域的变化性态。一般来说，目标函数值最好点在最差点的对称位置的可能性最大，因此

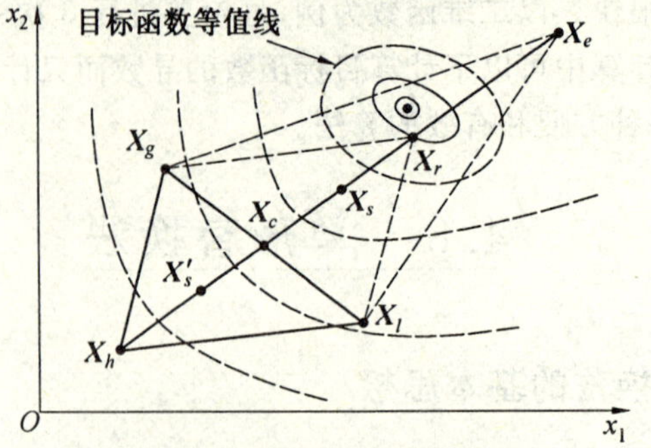


图 4.21　单纯形法示意图

首先求出最差点的反射点，以探测目标函数变化的趋向。

首先，求出单纯形除 $\boldsymbol{X}_h$ 以外的所有顶点（在本题中仅为 $\boldsymbol{X}_g$，$\boldsymbol{X}_l$ 两点）的形心点 $\boldsymbol{X}_c$（见图 4.21），并以 $\boldsymbol{X}_c$ 为对称中心，求取 $\boldsymbol{X}_h$ 的关于 $\boldsymbol{X}_c$ 的对称点 $\boldsymbol{X}_r$。$\boldsymbol{X}_r$ 应在 $\boldsymbol{X}_h$ 和 $\boldsymbol{X}_c$ 连线的延长线上，并满足

$$\boldsymbol{X}_r = \boldsymbol{X}_c + (\boldsymbol{X}_c - \boldsymbol{X}_h) = 2\boldsymbol{X}_c - \boldsymbol{X}_h \tag{4.77}$$

$\boldsymbol{X}_r$ 点称为最差点 $\boldsymbol{X}_h$ 的反射点。计算反射点 $\boldsymbol{X}_r$ 的目标函数值 $f(\boldsymbol{X}_r)$，根据 $f(\boldsymbol{X}_r)$ 的大小，可以推断出以下几种情况，并进而提出相应的搜索策略。

(2) 扩张(Expand)。若反射点 $\boldsymbol{X}_r$ 的函数值 $f(\boldsymbol{X}_r)$ 小于最好点 $\boldsymbol{X}_l$ 的函数值 $f(\boldsymbol{X}_l)$，即当

$$f(\boldsymbol{X}_r) < f(\boldsymbol{X}_l) \tag{4.78}$$

时，则表明所取的搜索方向正确。这时，可以进一步扩大效果，继续沿 $\boldsymbol{X}_h$ 与 $\boldsymbol{X}_r$ 的连线方向向前进行扩张，在更远处取一点 $\boldsymbol{X}_e$，并使

$$\boldsymbol{X}_e = \boldsymbol{X}_c + \gamma(\boldsymbol{X}_r - \boldsymbol{X}_h) \tag{4.79}$$

式中　$\gamma$—— 扩张系数，$\gamma = 1.2 \sim 2.0$，一般取 $\gamma = 2.0$。

如果 $f(\boldsymbol{X}_e) < f(\boldsymbol{X}_l)$，说明扩张有利，就用扩张点 $\boldsymbol{X}_e$ 代替最差点 $\boldsymbol{X}_h$，构成新的单纯形 $\{\boldsymbol{X}_g, \boldsymbol{X}_l, \boldsymbol{X}_e\}$；如果 $f(\boldsymbol{X}_e) \geqslant f(\boldsymbol{X}_l)$，说明扩张不利，应舍弃 $\boldsymbol{X}_e$，以反射点 $\boldsymbol{X}_r$ 代替最差点 $\boldsymbol{X}_h$ 构成新的单纯形 $\{\boldsymbol{X}_g, \boldsymbol{X}_l, \boldsymbol{X}_r\}$。

(3) 压缩(Compress)。若反射点 $\boldsymbol{X}_r$ 的函数值 $f(\boldsymbol{X}_r)$ 小于最差点 $\boldsymbol{X}_h$ 的函数值 $f(\boldsymbol{X}_h)$ 但大于次差点 $\boldsymbol{X}_g$ 的函数值 $f(\boldsymbol{X}_g)$，即当

$$f(\boldsymbol{X}_h) > f(\boldsymbol{X}_r) > f(\boldsymbol{X}_g) \tag{4.80}$$

时，则表示 $\boldsymbol{X}_r$ 点走得太远，应回缩一些，即进行压缩，并且得到压缩点 $\boldsymbol{X}_s$，即

$$\boldsymbol{X}_s = \boldsymbol{X}_c + \beta(\boldsymbol{X}_r - \boldsymbol{X}_c) \tag{4.81}$$

式中　$\beta$—— 压缩系数，常取 $\beta = 0.5$。

这时，若

$$f(\boldsymbol{X}_s) < f(\boldsymbol{X}_h) \tag{4.82}$$

即用压缩点 $\boldsymbol{X}_s$ 代替最差点 $\boldsymbol{X}_h$，形成新的单纯形 $\{\boldsymbol{X}_g, \boldsymbol{X}_l, \boldsymbol{X}_s\}$；否则不用压缩点 $\boldsymbol{X}_s$，而用反射点 $\boldsymbol{X}_r$ 代替最差点 $\boldsymbol{X}_h$ 构成新的单纯形 $\{\boldsymbol{X}_g, \boldsymbol{X}_l, \boldsymbol{X}_r\}$。

若反射点 $\boldsymbol{X}_r$ 的函数值 $f(\boldsymbol{X}_r)$ 大于最差点 $\boldsymbol{X}_h$ 的函数值 $f(\boldsymbol{X}_h)$，即当

$$f(\boldsymbol{X}_r) > f(\boldsymbol{X}_h) \tag{4.83}$$

时，应当压缩得更多一些，即将新点压缩至 $\boldsymbol{X}_h$ 与 $\boldsymbol{X}_c$ 之间，这时所得的压缩点应为

$$X'_s = X_c - \beta(X_c - X_h) \tag{4.84}$$

这时若 $f(X'_s) < f(X_h)$，用压缩点 $X'_s$ 代替最差点 $X_h$，形成新的单纯形$\{X_g, X_l, X'_s\}$；否则不用 $X'_s$。

(4) 缩短边长(Shorten length of Side)。如果在 $X_h$ 与 $X_c$ 连线方向上所有点的目标函数值 $f(X)$ 都大于 $f(X_h)$，或式(4.82)不成立，则不能沿此方向搜索。这时可使单纯形向最好点进行收缩，即使最好点 $X_l$ 不动，其余各顶点 $X_g, X_h$ 皆向 $X_l$ 移近为原距离的一半，如图 4.22 所示，由单纯形$\{X_h, X_g, X_l\}$收缩成单纯形$\{X'_h, X'_g, X_l\}$，在此基础上，继续采用上面的搜索策略进行寻优。

以上说明，可以通过反射、扩张、压缩和缩短边长等方式得到的新单纯形，其中至少有一个顶点的函数值比原单纯形中最差点的函数值要小。

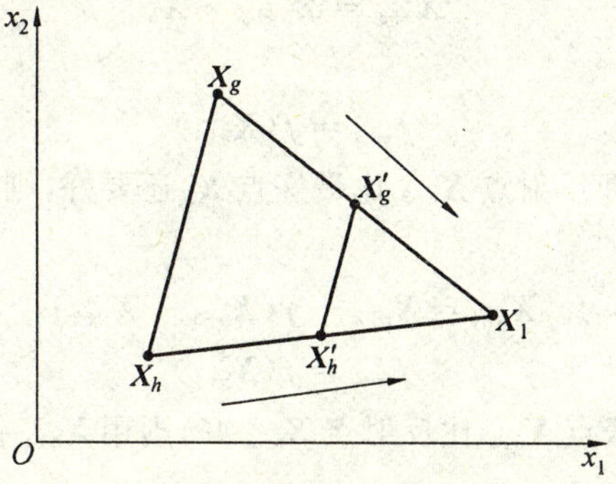


图 4.22 缩边方式的几何表示

### 4.8.2 单形替换法的计算步骤

原则上，上述二维条件下的措施同样适用于 $n$ 维的情况。下面针对 $n$ 维情况介绍单形替换法的计算步骤。

(1) 构造初始单纯形。对于 $n$ 维变量的目标函数，其单纯形应有 $n+1$ 个顶点，即 $X_1$, $X_2, \ldots, X_{n+1}$。构造初始单纯形时，先在 $n$ 维空间中取一初始点 $X_1$，从 $X_1$ 出发沿各坐标轴方向 $e_i$，以步长 $h$ 找到其余 $n$ 个顶点 $X_j$ ( $j=2,3,\ldots,n+1$)，即

$$X_{i+1} = X_1 + he_i \quad (i=1,2,\cdots,n) \tag{4.85}$$

式中 $e_i$—— 第 $i$ 个坐标轴的单位向量；

$h$—— 步长，一般取值范围为 0.5 ～ 15.0，接近最优点时要减小，构成初始单纯形的步长可取为 1.6 ～ 1.7。

这样选取顶点可保证所形成的单纯形的各个棱边线性无关，即如下几个向量

$$X_2 - X_1, X_3 - X_1, \cdots, X_{n+1} - X_1 \tag{4.86}$$

是线性无关的，否则，就有可能会使搜索范围局限在较低维的空间内而可能找不到最优点。当然，沿各坐标轴方向可以采取不等的步长。

(2) 计算单纯形各顶点函数值

$$f_i = f(X_i) \quad (i=1,2,\cdots,n+1) \tag{4.87}$$

(3) 比较函数值的大小，确定最好点 $X_l$、最差点 $X_h$ 和次差点 $X_g$，即有

$$f_l = f(X_l) = \min\{f_i \quad (i=1,2,\cdots,n+1)\} \tag{4.88}$$

$$f_h=f(\boldsymbol{X}_h)=\max\{f_i \quad (i=1,2,\cdots,n+1)\} \tag{4.89}$$

$$f_g=f(\boldsymbol{X}_g)=\max\{f_i \quad (i=1,2,\cdots,n+1,i\neq h)\} \tag{4.90}$$

(4) 检验是否满足收敛性判断准则

$$\left|\frac{f_h-f_l}{f_l}\right|\leqslant \varepsilon \tag{4.91}$$

若满足，则停止迭代，$\boldsymbol{X}_l$ 即为极小点，$\boldsymbol{X}^*=\boldsymbol{X}_l$，$f(\boldsymbol{X}^*)=f(\boldsymbol{X}_l)$；否则，进行下一步计算。

(5) 计算除最差点 $\boldsymbol{X}_h$ 外，其余各点的形心点为

$$X_{n+2}=\frac{1}{n}\left(\sum_{i=1}^{n+1}\boldsymbol{X}_i-\boldsymbol{X}_h\right) \tag{4.92}$$

求反射点(见式(4.77))

$$\boldsymbol{X}_{n+3}=2\boldsymbol{X}_{n+2}-\boldsymbol{X}_h \tag{4.93}$$

并计算目标函数值

$$f_{n+3}=f(\boldsymbol{X}_{n+3}) \tag{4.94}$$

(6) 当 $f_{n+3}<f_l$ 时，即反射点 $\boldsymbol{X}_{n+3}$ 比最好点 $\boldsymbol{X}_l$ 还要好，则进行扩张，得扩张点为(见式(4.79))

$$\boldsymbol{X}_{n+4}=\boldsymbol{X}_{n+2}+\gamma(\boldsymbol{X}_{n+3}-\boldsymbol{X}_{n+2}) \tag{4.95}$$

并计算目标函数值

$$f_{n+4}=f(\boldsymbol{X}_{n+4}) \tag{4.96}$$

若 $f_{n+4}<f_{n+3}$，即扩张点 $\boldsymbol{X}_{n+4}$ 比反射点 $\boldsymbol{X}_{n+3}$ 好，则用 $\boldsymbol{X}_{n+4}$ 代替 $\boldsymbol{X}_h$，并返回(3)；否则，用 $\boldsymbol{X}_{n+3}$ 代替 $\boldsymbol{X}_h$ 后返回(3)。

当 $f_{n+3}>f_l$ 时，即反射点 $\boldsymbol{X}_{n+3}$ 比最好点 $\boldsymbol{X}_l$ 差，则进行下一步计算。

(7) 当 $f_{n+3}<f_g$ 时，即反射点 $\boldsymbol{X}_{n+3}$ 比次差点 $\boldsymbol{X}_g$ 好，则用 $\boldsymbol{X}_{n+3}$ 代替 $\boldsymbol{X}_h$，并返回(3)；若 $f_{n+3}\geqslant f_g$，则进行下一步计算。

(8) 如果 $f_{n+3}<f_h$，计算压缩点(见式(4.81))

$$\boldsymbol{X}_{n+5}=\boldsymbol{X}_{n+2}+\beta(\boldsymbol{X}_{n+3}-\boldsymbol{X}_{n+2}) \tag{4.97}$$

并计算目标函数值

$$f_{n+5}=f(\boldsymbol{X}_{n+5}) \tag{4.98}$$

若 $f_{n+3}\geqslant f_h$，计算压缩点(见式 4.84)

$$\boldsymbol{X}_{n+5}=\boldsymbol{X}_{n+2}+\beta(\boldsymbol{X}_h-\boldsymbol{X}_{n+2}) \tag{4.99}$$

并计算目标函数值

$$f_{n+5}=f(\boldsymbol{X}_{n+5}) \tag{4.100}$$

求得压缩点 $\boldsymbol{X}_{n+5}$ 的目标函数值 $f_{n+5}$ 后，将其与最差点 $\boldsymbol{X}_h$ 的目标函数值 $f_h$ 比较，若 $f_{n+5}<f_h$，则用 $\boldsymbol{X}_{n+5}$ 代替 $\boldsymbol{X}_h$，并返回(3)；否则，进行下一步计算。

(9) 将单纯形边长缩短，即使单纯形向最好点 $\boldsymbol{X}_l$ 收缩，收缩后的新单纯形各顶点为

$$\boldsymbol{X}_i=\boldsymbol{X}_l+\frac{1}{2}(\boldsymbol{X}_i-\boldsymbol{X}_l)(i=1,2,\cdots,n+1) \tag{4.101}$$

然后返回(3)。

单形替换法程序框图如图 4.23 所示。

【例 4.7】 试用单形替换法求 $f(\boldsymbol{X})=4(x_1-5)^2+(x_2-6)^2$ 的极小值。

**解** 选取 $\boldsymbol{X}_1=[8,9]^{\mathrm{T}}$，$\boldsymbol{X}_2=[10,11]^{\mathrm{T}}$，$\boldsymbol{X}_3=[8,11]^{\mathrm{T}}$ 为顶点构成初始单纯形，如图4.24所示。

计算单纯形各顶点的函数值

$$f_1 = f(\boldsymbol{X}_1) = 45$$

$$f_2 = f(\boldsymbol{X}_2) = 125$$

$$f_3 = f(\boldsymbol{X}_3) = 61$$

可见，最好点 $\boldsymbol{X}_l = \boldsymbol{X}_1$，最差点 $\boldsymbol{X}_h = \boldsymbol{X}_2$，次差点 $\boldsymbol{X}_g = \boldsymbol{X}_3$。

求 $\boldsymbol{X}_1$、$\boldsymbol{X}_2$ 的重心 $\boldsymbol{X}_4$

$$\boldsymbol{X}_4 = \frac{1}{n}\left[\sum_{i=1}^{n+1}\boldsymbol{X}_i - \boldsymbol{X}_h\right] = \frac{1}{2}(\boldsymbol{X}_1 + \boldsymbol{X}_3) = \begin{bmatrix} 8 \\ 10 \end{bmatrix}$$

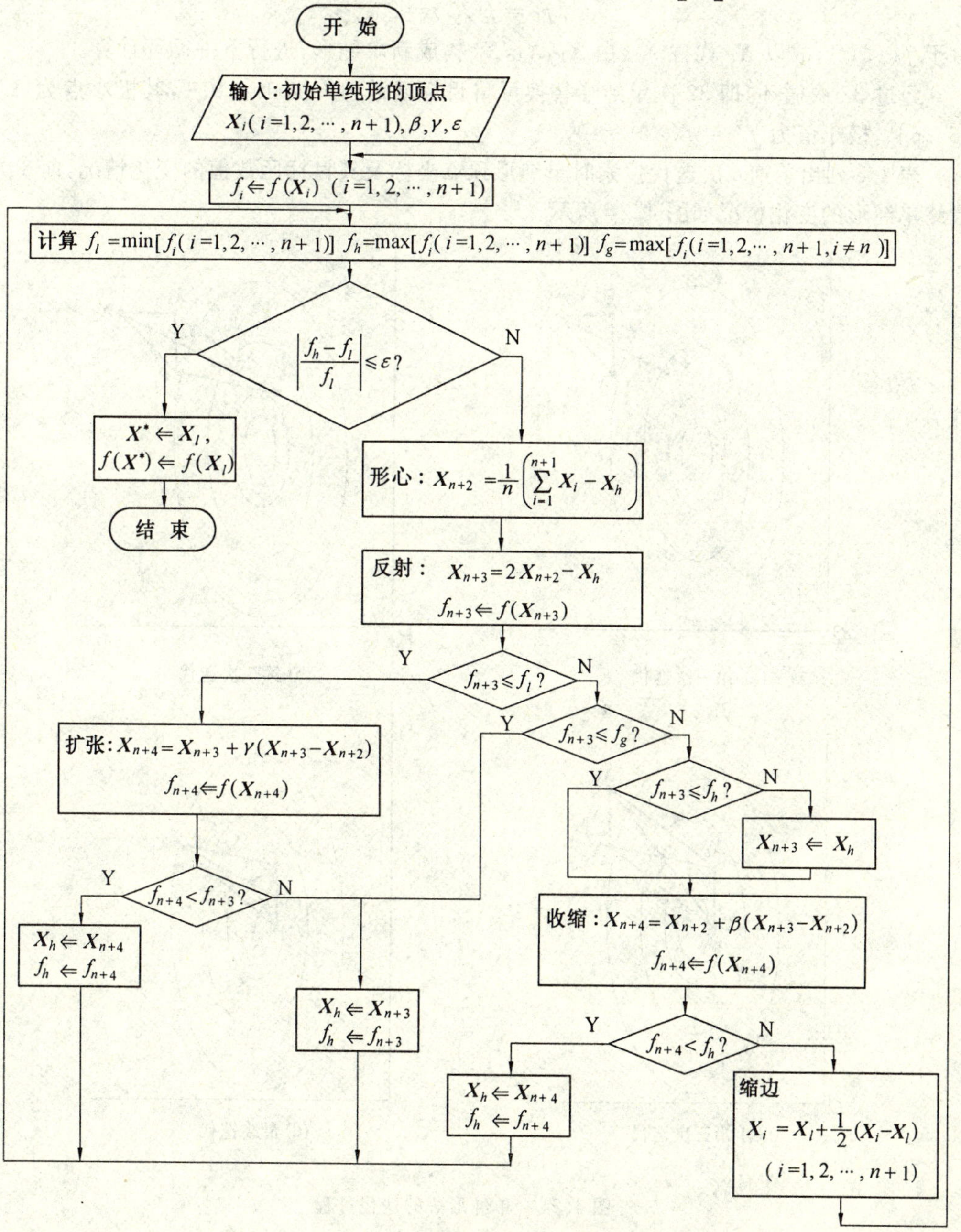


图 4.23 单形替换法程序框图

求反射点 $\boldsymbol{X}_5$ 及其函数值 $f_5$，即

$$\boldsymbol{X}_5=2\boldsymbol{X}_4-\boldsymbol{X}_2=2\begin{bmatrix}8\\10\end{bmatrix}-\begin{bmatrix}10\\11\end{bmatrix}=\begin{bmatrix}6\\9\end{bmatrix}$$

$$f_5=f(\boldsymbol{X}_5)=13$$

由于 $f_5<f_1$，故需扩张，取 $\gamma=2$，得扩张点 $\boldsymbol{X}_6$ 及其函数值 $f_6$，即

$$\boldsymbol{X}_6=\boldsymbol{X}_4+\gamma(\boldsymbol{X}_5-\boldsymbol{X}_4)=\begin{bmatrix}8\\10\end{bmatrix}+2\left(\begin{bmatrix}6\\9\end{bmatrix}-\begin{bmatrix}8\\10\end{bmatrix}\right)=\begin{bmatrix}4\\8\end{bmatrix}$$

$$f_6=f(\boldsymbol{X}_6)=8$$

由于 $f_6<f_5$，故以 $\boldsymbol{X}_6$ 代替 $\boldsymbol{X}_2$，由 $\boldsymbol{X}_1,\boldsymbol{X}_3,\boldsymbol{X}_6$ 构成新单纯形，进行下一循环计算。

经过 32 次循环，即 32 次单纯形替换可将目标函数值降到 $1\times10^{-6}$，其极小点为 $\boldsymbol{X}^*=[5\quad 6]^{\mathrm{T}}$，极小值为 $f^*=f(\boldsymbol{X}^*)=0$。

表 4.3 列出了前 4 次迭代搜索时单纯形顶点坐标及其目标函数值的变化情况，前 3 次及最终单纯形的变化情况如图 4.24 所示。

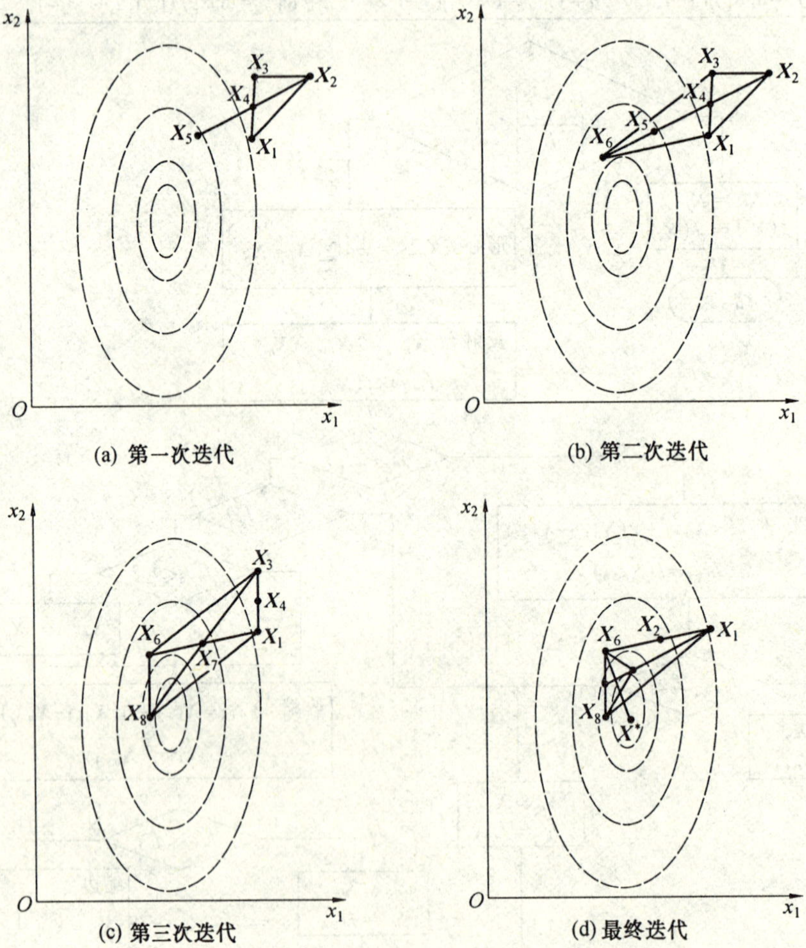


图 4.24　单纯形法的迭代过程

值得注意的是，当机械设计问题的维数较高，而采用单形替换法求解时，需要经过很多次的单纯形替换才能搜索到目标函数的极小点，计算时间较长。因此，单形替换法一般主要用于求解设计变量个数 $n<10$ 的小型机械优化问题。

表 4.3　例 4.7 的计算结果

| 搜索序号 | 单纯形的顶点 | | | $f(\boldsymbol{X})$ |
|---|---|---|---|---|
| | $X$ | $x_1$ | $x_2$ | |
| 0 | $\boldsymbol{X}_1$ | 8 | 9 | 4.5 |
| 0 | $\boldsymbol{X}_2$ | 10 | 11 | 125 |
| 0 | $\boldsymbol{X}_3$ | 8 | 11 | 65 |
| 0 | $\boldsymbol{X}_5$ | 6 | 9 | 13 |
| 0 | $\boldsymbol{X}_2=\boldsymbol{X}_6$ | 4 | 8 | 8 |
| 1 | $\boldsymbol{X}_1=\boldsymbol{X}_5$ | 4 | 6 | 4 |
| 2 | $\boldsymbol{X}_1=\boldsymbol{X}_7$ | 6 | 8 | 8 |
| 3 | $\boldsymbol{X}_1=\boldsymbol{X}_7$ | 5 | 7.5 | 2.25 |
| 4 | $\boldsymbol{X}_2=\boldsymbol{X}_5$ | 5 | 5.5 | 0.25 |

## 习　题

4.1　试用最速下降法求解 $f(\boldsymbol{X})=x_1^2+2x_2^2$ 的极小值，设初始点为 $\boldsymbol{X}^{(0)}=[4\quad 4]^{\mathrm{T}}$，迭代 3 次，并验证相邻两次迭代的搜索方向互相正交。

4.2　采用最速下降法求解目标函数 $f(\boldsymbol{X})=(x_1-1)^2+(x_2-1)^2$ 的极小点，给定初始点 $\boldsymbol{X}^{(0)}=[0\quad 0]^{\mathrm{T}}$，迭代精度 $\varepsilon=0.1$。

4.3　用鲍威尔改进算法求目标函数 $f(\boldsymbol{X})=x_1^2+2x_2^2-4x_1-2x_1x_2$ 的最优解，已知初始点 $\boldsymbol{X}^{(0)}=[1\quad 1]^{\mathrm{T}}$，迭代精度 $\varepsilon=0.001$。

4.4　用坐标轮换法求解目标函数 $f(\boldsymbol{X})=4(x_1-5)^2+(x_2-6)^2$ 的最优解，已知初始点 $\boldsymbol{X}^{(0)}=[8\quad 9]^{\mathrm{T}}$，迭代精度 $\varepsilon=0.05$。

4.5　用 DFP 算法求解目标函数 $f(\boldsymbol{X})=x_1^2+2x_2^2-2x_1x_1-4x_1$，给定初始点 $\boldsymbol{X}^{(0)}=[1\quad 1]^{\mathrm{T}}$，初始构造矩阵 $\boldsymbol{A}=\boldsymbol{I}$，迭代精度 $\varepsilon=0.01$。

4.6　用共轭梯度法求目标函数 $f(\boldsymbol{X})=\frac{3}{2}x_1^2+\frac{1}{2}x_2^2-x_1x_2-2x_2$ 的极小点，给定初始点 $\boldsymbol{X}^{(0)}=[-2\quad 4]^{\mathrm{T}}$，迭代精度 $\varepsilon=0.02$。

4.7　说明最速下降法、牛顿法、阻尼牛顿法、共轭梯度法、变尺度法、鲍威尔法以及单形替换法各自的特点。

# 第5章 约束优化方法

【内容提要】 约束优化方法是求解复杂约束优化问题的重要方法。本章主要讲述随机方向搜索法、复合形法、可行方向法、惩罚函数法、增广乘子法等几种典型的约束优化方法。

【课程指导】 通过对本章约束优化方法的学习，掌握约束优化方法的基本原理，了解具体每一种方法的实现过程，并且能够灵活运用这些典型方法求解约束优化问题。

## 5.1 概　　述

第4章介绍了几种常用的无约束优化方法，这些方法是优化技术中最基本、最核心的方法，但是，机械设计中的优化问题，大多数属于有约束的优化问题，其数学模型为

$$\begin{cases} \min\limits_{\boldsymbol{X}\in R^n} f(\boldsymbol{X}) \\ \text{s. t.} \quad g_j(\boldsymbol{X}) \leqslant 0 \quad (j=1,2,\cdots,m) \\ \qquad h_k(\boldsymbol{X})=0 \quad (k=1,2,\cdots,l<n) \end{cases} \tag{5.1}$$

求解式(5.1)的方法称为约束优化方法。

根据求解式(5.1)过程中对约束条件的处理方法的不同，约束优化方法分为直接处理约束(Direct Processing of Constraint Method)和间接处理约束(Inairect Processing of Constraint Method)的两大类方法，简称直接解法(Direct Solution)与间接解法(Indirect Solution)。

### 5.1.1 约束优化问题的直接解法

直接解法通常适用于求解仅含不等式约束的优化问题，它的基本思路(见图5.1)就是直接从约束优化问题(式(5.1))的可行域

$$\mathscr{D}=\{\boldsymbol{X} \mid_{g_j(\boldsymbol{X})\leqslant 0 \quad (j=1,2,\cdots,m)}\} \tag{5.2}$$

内选择一个初始点 $\boldsymbol{X}^{(0)}$，然后决定可行搜索方向(Feasible Search Direction)$\boldsymbol{S}^{(0)}$，且以适当的步长 $\alpha_0$，沿 $\boldsymbol{S}^{(0)}$ 方向进行搜索，得到一个使目标函数下降且可行的(Feasible)新点 $\boldsymbol{X}^{(1)}$，即完成一次迭代。再以新点 $\boldsymbol{X}^{(1)}$ 为起点，重复上述搜索过程，满足收敛条件后，迭代终止。每次迭代计算均按以下基本迭代格式进行：

$$\boldsymbol{X}^{(k+1)}=\boldsymbol{X}^{(k)}+\alpha_k\boldsymbol{S}^{(k)} \quad (k=0,1,2,\cdots)$$

式中　$\alpha_k$—— 步长；

$\boldsymbol{S}^{(k)}$—— 可行搜索方向。

所谓可行搜索方向是指，当设计点沿该方向做微量移动时，目标函数值将下降，即满足

$$f(\boldsymbol{X}^{(k+1)})<f(\boldsymbol{X}^{(k)}) \quad (k=0,1,2,\cdots) \tag{5.3}$$

条件，而且不会越出可行域，即满足

$$g_j(\boldsymbol{X}^{(k+1)}) \leqslant 0 \quad (j=1,2,\cdots,m;k=0,1,2,\cdots) \tag{5.4}$$

条件，产生可行搜索方向的方法将由直接解法中的各种算法决定。

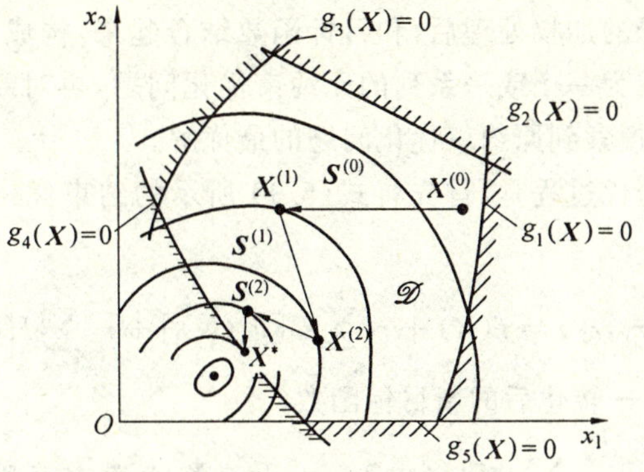


图5.1　直接解法的搜索路线

直接解法的原理简单，方法适用，有以下特点。

(1) 由于全部求解过程是在可行域内进行的，因此，迭代计算不论何时终止，都可以获得一个比初始点好的设计点。

(2) 若目标函数为凸函数，可行域为凸集，则可保证获得全局最优解，如图5.2(a)所示；否则，将由于所选择的初始点的不同，而搜索到局部最优解上，如图5.2(b)所示，在这种情况下，搜索结果经常与初始点的选择有关。为此，常常在可行域内选择几个差别较大的初始点分别进行计算，以便从求得的多个局部最优解中选择最好的最优解——全局最优解。

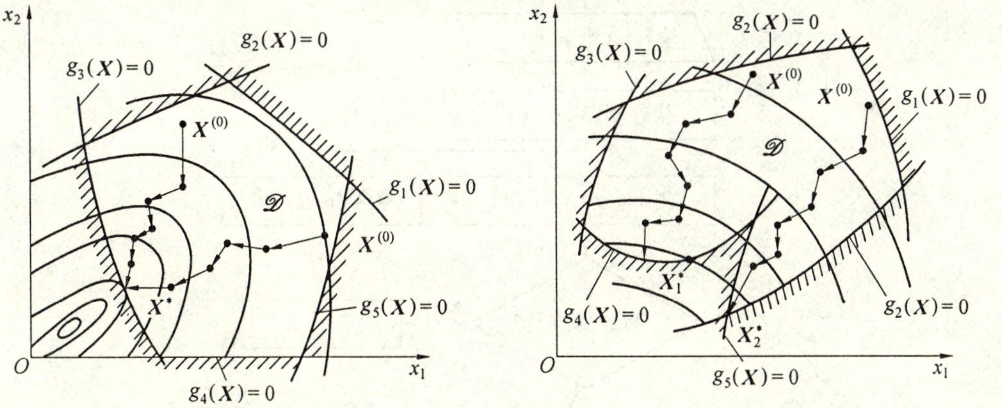


(a) 可行域为凸集　　(b)可行域为非凸集

图5.2　约束最优解域

(3) 要求可行域 $\mathscr{D}$ 为有界的非空集，即存在满足约束条件的点列

$$\{\boldsymbol{X}^{(k)} \quad (k=1,2,\cdots)\} \tag{5.5}$$

且目标函数有定义。

本章将介绍随机方向搜索法(Random Direction Search Method)、复合形法(Complex Method)、可行方向法(Feasible Direction Method)三种常用的直接解法。

### 5.1.2 约束优化问题的间接解法

间接解法与直接解法有着不同的求解策略，它的基本思路是将式(5.1)约束优化问题中的约束函数进行特殊的加权处理后，和目标函数结合起来，构成一个新的目标函数，即将原约束优化问题转化成为一个或一系列的无约束优化问题，再对新的目标函数进行无约束优化计算，从而间接地搜索到原约束优化问题的最优解。

间接解法的基本迭代过程是，首先将式(5.1)所示的约束优化问题转化成新的无约束目标函数，即

$$\Phi(\boldsymbol{X},r_1,r_2)=f(\boldsymbol{X})+r_1\sum_{j=1}^{m}G[g_j(\boldsymbol{X})]+r_2\sum_{k=1}^{l}H[h_k(\boldsymbol{X})] \tag{5.6}$$

式中 $\Phi(\boldsymbol{X},r_1,r_2)$—— 转化后的新目标函数；

$r_1\sum_{j=1}^{m}G[g_j(\boldsymbol{X})]$、$r_2\sum_{k=1}^{l}H[h_k(\boldsymbol{X})]$—— 由不等式约束函数 $g_j(\boldsymbol{X})$、等式约束函数 $h_k(\boldsymbol{X})$ 经过加权处理后构成的某种形式的复合函数(Composite Function)或泛函数(Generalized Function)；

$r_1$、$r_2$—— 加权因子(Weighted Factor)。

然后对 $\Phi(\boldsymbol{X},r_1,r_2)$ 进行无约束优化计算。由于在新的目标函数中包含了各种约束条件，在求极值的过程中还将改变加权因子的大小，因此，可以不断地调整设计点，使其逐步逼近约束边界，从而间接地求得原约束优化问题的最优解，这一基本迭代过程如图5.3所示。

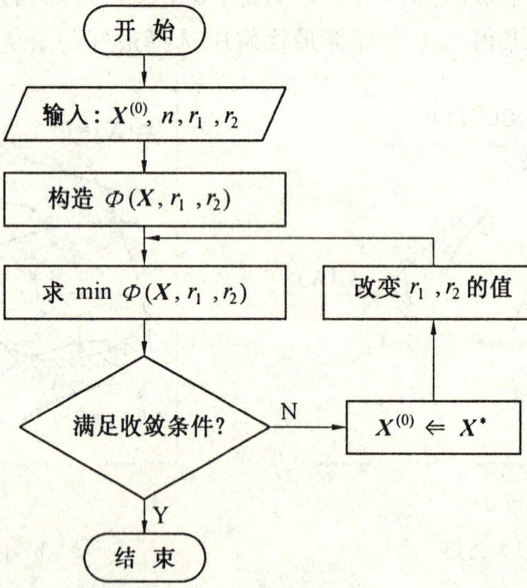


图5.3 间接解法程序框图

下面通过一个简单的例子来说明用间接解法求解约束优化问题的可能性。

【例5.1】 求约束优化问题

$$\min_{\boldsymbol{X}\in R^2} f(\boldsymbol{X})=(x_1-2)^2+(x_2-1)^2$$

$$\text{s.t.}\quad h(\boldsymbol{X})=x_1+2x_2-2=0$$

的最优解。

**解** 由图5.4(a)可知，约束最优点$X^*$为目标函数等值线与等式约束函数(直线)的切点，因此，该问题的约束最优解为

$$X^* = [1.6 \quad 0.2]^T, f(X) = 0.8$$

用间接解法求解该约束优化问题时，可取$r_2 = 0.8$，则转化后的新的目标函数为

$$\Phi(X, r_2) = (x_1 - 2)^2 + (x_2 - 1)^2 + 0.8(x_1 + 2x_2 - 2)$$

可以用解析法求$\Phi(X, r_2)$的最优解，即令$\nabla\Phi(X, r_2) = 0$，得到方程组

$$\frac{\partial\Phi(X, r_2)}{\partial x_1} = 2(x_1 - 2) + 0.8 = 0$$

$$\frac{\partial\Phi(X, r_2)}{\partial x_2} = 2(x_2 - 1) + 1.6 = 0$$

解此方程组，求得的新目标函数的无约束最优解为

$$X^* = [1.6 \quad 0.2]^T, \Phi(X, r_2) = 0.8$$

其结果和原约束优化问题最优解相同。图5.4(b)表示出最优点$X^*$为新目标函数等值线族的中心。

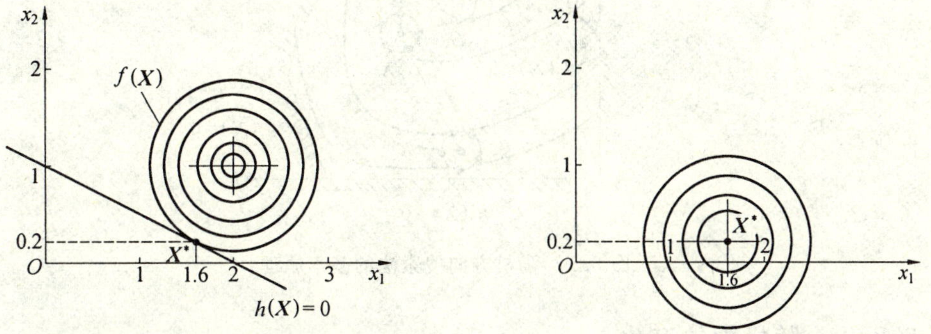


(a) 目标函数等值线和约束函数关系　　(b) 新目标函数等值线

图5.4　例5.1的图解

间接解法是目前在机械优化设计中应用较为广泛的一类有效方法，具有以下特点。

(1) 由于无约束优化方法的研究日趋成熟，已经研究出不少有效的无约束优化方法和程序，使得间接解法有了可靠的基础。目前，这类算法的计算效率和数值计算的稳定性也都有很大提高。

(2) 可以有效地处理具有等式约束条件的约束优化问题。

(3) 间接解法存在的主要问题是，选取加权因子比较困难，加权因子选取不当，不但影响收敛速度和计算精度，甚至会导致计算失败。

本章将介绍惩罚函数法(Penalty Function Method)和增广乘子法(Augmented Multiplier Method)两种常用的间接解法。

## 5.2　随机方向搜索法

随机方向搜索法是求解约束优化设计问题的一种较为流行的直接解法，这种方法的优点是对目标函数的性态无特殊要求，程序设计简单，使用方便。由于可行搜索方向是从许多随机方向(Random Direction)中选择的使目标函数值下降最快的方向，加之步长还可以灵

活变动，所以该算法的收敛速度比较快。若能取得一个较好的初始点，迭代次数可以大大减少。它是求解小型机械优化设计问题的一种十分有效的算法。

### 5.2.1 随机方向搜索法的基本原理

随机方向搜索法的基本思路(见图 5.5)是在可行域内选择一个初始点 $\boldsymbol{X}^{(0)}$，利用随机数的概率特性，产生若干个随机方向，并从中选择一个能使目标函数值下降最快的随机方向作为可行搜索方向，记作 $\boldsymbol{S}$。从初始点 $\boldsymbol{X}^{(0)}$ 出发，沿可行搜索方向 $\boldsymbol{S}$ 以一定的步长 $\alpha$ 进行搜索，得到新点 $\boldsymbol{X}$，新点 $\boldsymbol{X}$ 应满足约束条件：$g_j(\boldsymbol{X})\leqslant 0\ (j=1,2,\cdots,m)$，且 $f(\boldsymbol{X})<f(\boldsymbol{X}^{(0)})$，至此完成一次迭代，然后，将起始点移至 $\boldsymbol{X}$，即令 $\boldsymbol{X}^{(0)}\Leftarrow\boldsymbol{X}$。重复以上过程，经过若干次迭代计算后，最终取得约束最优解。

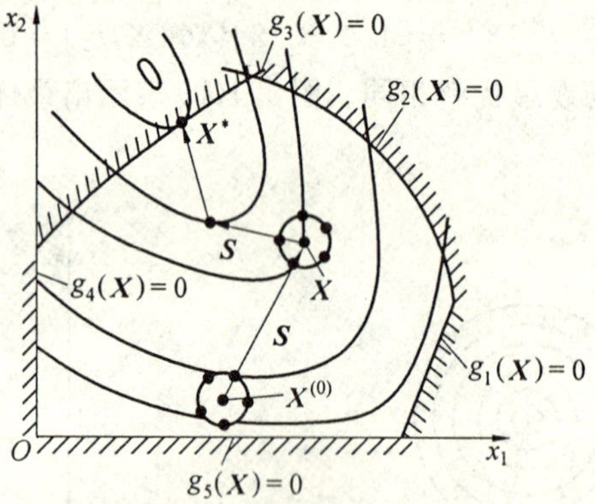


图 5.5 随机方向搜索法的基本原理

### 5.2.2 随机数的产生

在随机方向搜索法中，为产生可行的初始点及可行搜索方向，需要用到大量的(0,1)和(−1,1)区间内均匀分布的随机数(Random Number)。在计算机内，随机数通常是按一定的数学模型进行计算后得到的，这样得到的随机数称为伪随机数(Pseudo Random Number)，它的特点是产生速度快，计算机内存占用少，并且有较好的概率统计特性。产生伪随机数的方法很多，这里仅介绍一种常用的产生伪随机数的数学方法。

首先，令 $r_1=2^{35}$，$r_2=2^{36}$，$r_3=2^{37}$，取 $r=2\ 657\ 863$($r$ 为小于 $r_1$ 的正奇数)，然后按以下步骤计算：

令 $r\Leftarrow 5r$

若 $r\geqslant r_3$，则 $r\Leftarrow r-r_3$；

若 $r_3>r\geqslant r_2$，则 $r\Leftarrow r-r_2$；

若 $r_2>r\geqslant r_1$，则 $r\Leftarrow r-r_1$。

因此

$$q=r/r_1 \tag{5.7}$$

$q$ 即为(0,1)区间内均匀分布的伪随机数。利用 $q$，很容易求得任意区间$(a,b)$内的伪随机数，其计算公式如下

$$x=a+q(b-a) \tag{5.8}$$

### 5.2.3 初始点的选择

随机方向搜索法的初始点 $\boldsymbol{X}^{(0)}$ 必须是一个可行点，即满足 $g_j(\boldsymbol{X}^{(0)})\leqslant 0(j=1,2,\cdots,m)$ 的全部要求，确定这样的一个点的方法通常有以下两种。

1.决定性的方法

在可行域内人为地确定一个可行的初始点 $\boldsymbol{X}^{(0)}$。当约束条件比较简单时，这种方法是可用的，但当约束条件比较复杂时，人为选择这样一个点就比较困难，因此，建议用随机选择的方法来产生初始点。

2.随机选择的方法

利用计算机产生的伪随机数选择可行的初始点 $\boldsymbol{X}^{(0)}$ 的步骤如下。

(1) 输入设计变量的上限值和下限值，即

$$a_i\leqslant x_i\leqslant b_i\quad(i=1,2,\cdots,n)\tag{5.9}$$

(2) 在(0,1) 区间内产生 $n$ 个伪随机数 $q_i\quad(i=1,2,\cdots,n)$。

(3) 计算随机点 $\boldsymbol{X}$ 的各分量，即

$$x_i=a_i+q_i(b_i-a_i)\quad(i=1,2,\cdots,n)\tag{5.10}$$

(4) 判别随机点 $\boldsymbol{X}$ 是否可行，若随机点 $\boldsymbol{X}$ 为可行点，则取初始点 $\boldsymbol{X}^{(0)}\Leftarrow\boldsymbol{X}$；若随机点 $\boldsymbol{X}$ 为非可行点，则返回步骤(2) 重新计算，直到产生的随机点 $\boldsymbol{X}$ 为可行点为止。

### 5.2.4 可行搜索方向的产生

如图 5.6 所示，对于二维问题，其单位向量 $\boldsymbol{e}$ 的端点分布于单位圆的圆周上。为了尽可能得到较优的搜索方向，可同时选取多个试验点，从中找出使目标函数值下降最多的试验点，以该点与初始点 $\boldsymbol{X}^{(0)}$ 的连线方向作为搜索方向 $\boldsymbol{S}$。另外，还应选取适当的步长因子 $\alpha_0$ 将单位圆缩小或放大，使试验点落在以 $\alpha_0\boldsymbol{e}$ 为半径的圆周上。$\alpha_0$ 太小，搜索方向的选择受目标函数局部性质的影响大；若 $\alpha_0$ 太大，同样数量的试验点分别在很大的圆周上，降低了密度，取得较优的搜索方向的机会就会减少，有时还会造成搜索的徒劳往返，影响收敛速度。

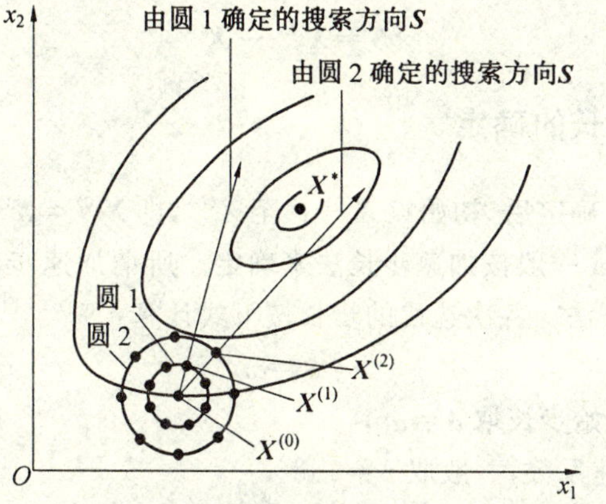


图 5.6 随机搜索方向的产生

在随机方向搜索法中，产生可行搜索方向的方法是从 $N(N\geqslant n)$ 个随机方向中，选取一

个较好的方向，其计算步骤如下。

(1) 在(−1,1)区间内产生伪随机数 $q_i^{(j)}$ $(i=1,2,\cdots,n;j=1,2,\cdots,N)$，按下式计算随机单位向量 $\boldsymbol{e}^{(j)}$

$$\boldsymbol{e}^{(j)}=\frac{1}{\sqrt{\sum_{i=1}^{n}(q_i^{(j)})^2}}\begin{bmatrix} q_1^{(j)} \\ q_2^{(j)} \\ \vdots \\ q_n^{(j)} \end{bmatrix} \quad (j=1,2,\cdots,N) \tag{5.11}$$

(2) 取一试验步长 $\alpha_0$，按下式计算 $N$ 个随机点：

$$\boldsymbol{X}^{(j)}=\boldsymbol{X}^{(0)}+\alpha_0\boldsymbol{e}^{(j)} \quad (j=1,2,\cdots,N) \tag{5.12}$$

显然，$N$ 个随机点 $\boldsymbol{X}^{(j)}$ $(j=1,2,\cdots,N)$ 分布在以初始点 $\boldsymbol{X}^{(0)}$ 为中心，以试验步长 $\alpha_0$ 为半径的超球面上。

(3) 检验 $N$ 个随机点 $\boldsymbol{X}^{(j)}$ $(j=1,2,\cdots,N)$ 是否为可行点，去除非可行点，计算剩下的可行随机点 $\boldsymbol{X}^{(j)}$ $(j=1,2,\cdots,N1)$（$N1$ 为可行随机点个数）的目标函数值 $f(\boldsymbol{X}^{(j)})$ $(j=1,2,\cdots,N1)$，比较目标函数值的大小，并从中选出目标函数值最小的点 $\boldsymbol{X}^{(L)}$，即

$$\boldsymbol{X}^{(L)}:f(\boldsymbol{X}^{(L)})=\min\{f(\boldsymbol{X}^{(j)}) \quad (j=1,2,\cdots,N1)\} \tag{5.13}$$

(4) 比较 $\boldsymbol{X}^{(L)}$ 与 $\boldsymbol{X}^{(0)}$ 两点的目标函数值的大小，若 $f(\boldsymbol{X}^{(L)})<f(\boldsymbol{X}^{(0)})$，则取 $\boldsymbol{X}^{(L)}$ 与 $\boldsymbol{X}^{(0)}$ 两点的连线方向作为可行搜索方向 $\boldsymbol{S}$，即

$$\boldsymbol{S}=\boldsymbol{X}^{(L)}-\boldsymbol{X}^{(0)} \tag{5.14}$$

否则，则将试验步长 $\alpha_0$ 缩小，返回步骤(1)重新计算，直到出现 $f(\boldsymbol{X}^{(L)})<f(\boldsymbol{X}^{(0)})$ 为止。如果 $\alpha_0$ 已经缩到很小，例如 $\alpha_0\leqslant 10^{-6}$，仍然找不到一个满足 $f(\boldsymbol{X}^{(L)})<f(\boldsymbol{X}^{(0)})$ 要求的 $\boldsymbol{X}^{(L)}$，则说明 $\boldsymbol{X}^{(0)}$ 是一个局部极小点，此时，可更换初始点 $\boldsymbol{X}^{(0)}$，返回步骤(1)。

综上所述，产生可行搜索方向的条件可概括为，当 $\boldsymbol{X}^{(L)}$ 点满足

$$\begin{cases} g_j(\boldsymbol{X}^{(L)})\leqslant 0 \quad (j=1,2,\cdots,m) \\ f(\boldsymbol{X}^{(L)})=\min\{f(\boldsymbol{X}^{(j)}) \quad (j=1,2,\cdots,N1)\} \\ f(\boldsymbol{X}^{(L)})<f(\boldsymbol{X}^{(0)}) \end{cases} \tag{5.15}$$

则可行搜索方向为：

$$\boldsymbol{S}=\boldsymbol{X}^{(L)}-\boldsymbol{X}^{(0)}$$

### 5.2.5 搜索步长的确定

当可行搜索方向 $\boldsymbol{S}$ 确定后，初始点 $\boldsymbol{X}^{(0)}$ 移至 $\boldsymbol{X}^{(L)}$，即 $\boldsymbol{X}^{(0)}\Leftarrow\boldsymbol{X}^{(L)}$，从 $\boldsymbol{X}^{(0)}$ 点出发沿 $\boldsymbol{S}$ 方向进行搜索，所用的步长 $\alpha$ 一般按加速步长法来确定。所谓加速步长法是指依次迭代的步长按一定的比例递增的方法。各次迭代的步长按下式计算：

$$\alpha\Leftarrow\tau\alpha \tag{5.16}$$

式中　$\alpha$—— 步长，初始步长取 $\alpha=\alpha_0$；

　　　$\tau$—— 步长加速系数，一般取 $\tau=1.3$。

### 5.2.6 随机方向搜索法的计算步骤

随机方向搜索法的计算步骤如下。

(1) 选择一个可行的初始点 $\boldsymbol{X}^{(0)}$；

(2) 按式(5.11) 产生 $N$ 个 $n$ 维随机单位向量 $\boldsymbol{e}^{(j)}(j=1,2,\cdots,N)$；

(3) 取试验步长 $\alpha_0$，按式(5.12) 计算出 $N$ 个随机点 $\boldsymbol{X}^{(j)}(j=1,2,\cdots,N)$；

(4) 在 $N$ 个随机点中，找出满足式(5.15) 的随机点 $\boldsymbol{X}^{(L)}$，产生可行搜索方向 $\boldsymbol{S}=\boldsymbol{X}^{(L)}-\boldsymbol{X}^{(0)}$；

(5) 从初始点 $\boldsymbol{X}^{(0)}$ 出发，沿可行搜索方向 $\boldsymbol{S}$ 以步长 $\alpha$ 进行迭代计算，直至搜索到一个满足全部约束条件，且目标函数值不再下降的新点 $\boldsymbol{X}$；

(6) 检验收敛条件，若能满足

$$\begin{cases}\left|\dfrac{f(\boldsymbol{X})-f(\boldsymbol{X}^{(0)})}{f(\boldsymbol{X}^{(0)})}\right|\leqslant\varepsilon_1\\ \|\boldsymbol{X}-\boldsymbol{X}^{(0)}\|\leqslant\varepsilon_2\end{cases}\tag{5.17}$$

式中　$\varepsilon_1$、$\varepsilon_2$—— 迭代点 $\boldsymbol{X}$ 与初始点 $\boldsymbol{X}^{(0)}$ 的目标函数值和距离的收敛精度。

如果式(5.17) 得到满足，则迭代终止，其最优解为 $\boldsymbol{X}^*=\boldsymbol{X}, f(\boldsymbol{X}^*)=f(\boldsymbol{X})$。否则，令 $\boldsymbol{X}^{(0)}\Leftarrow\boldsymbol{X}$，返回步骤(2)。

图 5.7 给出了随机方向搜索法的程序框图，图中 $M$ 表示确定随机搜索方向试算失败的总次数，一般规定 $M=10\sim 20$ 次，若超过这个数，且初始步长 $\alpha_0$ 取的很小时，则可停机。

**【例 5.2】** 求约束优化问题

$$\begin{aligned}&\min_{\boldsymbol{X}\in R^2} f(\boldsymbol{X})=x_1^2+x_2\\ \text{s.t.}\quad &g_1(\boldsymbol{X})=x_1^2+x_2^2-9\leqslant 0\\ &g_2(\boldsymbol{X})=x_1+x_2-1\leqslant 0\end{aligned}$$

的最优解。

**解**　用随机方向搜索法计算程序，在计算机上运行，共迭代 13 次，求得约束最优解：$\boldsymbol{X}^*=[-0.002\,47\quad -3]^{\mathrm{T}}, f(\boldsymbol{X}^*)=-3$

计算机的计算结果见表 5.1，该问题的图解如图 5.8 所示。

**表 5.1　例 5.2 计算结果**

| $k$ | $x_1$ | $x_2$ | $f(\boldsymbol{X})$ |
|---|---|---|---|
| 0 | −2.0 | 2.0 | 6.0 |
| 1 | −0.168 | 1.117 | 1.196 |
| 4 | −0.033 | 1.024 | 1.025 |
| 7 | −0.114 | 0.717 | 0.730 |
| 10 | −0.077 | −2.998 | −2.997 |
| 13 | −0.002 | −3.0 | −3.0 |

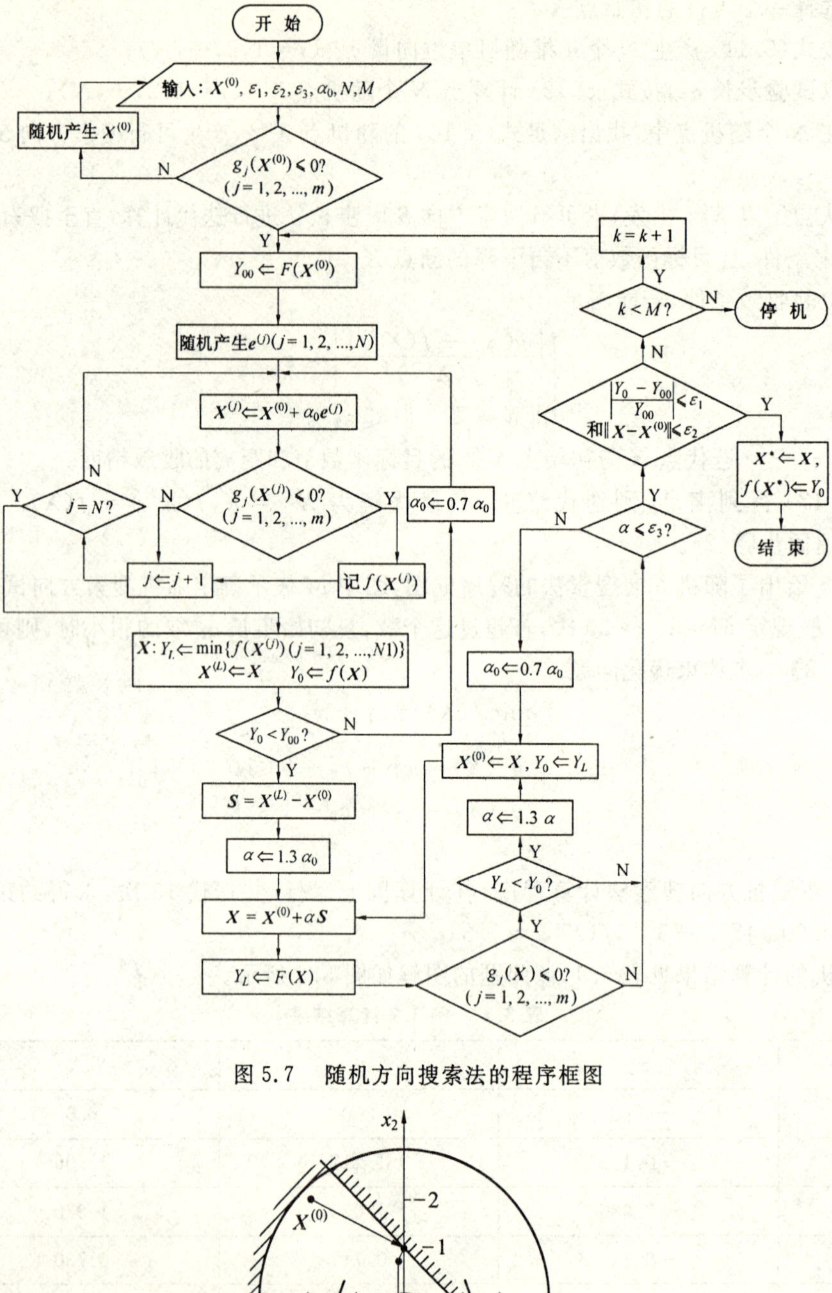


图 5.7　随机方向搜索法的程序框图

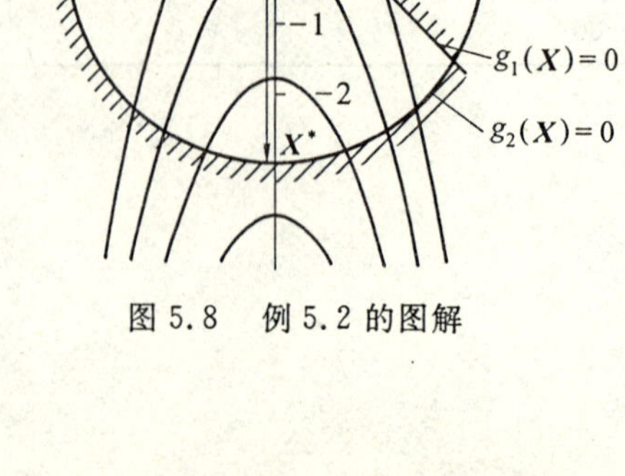


图 5.8　例 5.2 的图解

# 5.3 复合形法

复合形法是约束优化设计问题的另外一种重要的直接解法，它来源于用于求解无约束优化设计问题的单形替换法，实际上是单形替换法在约束优化设计问题中的发展。

由于复合形法的形状不必保持规则的图形，在迭代过程中也不必计算目标函数的一、二阶导数，同时无需进行一维搜索，因此，对目标函数和约束函数的性态无特殊要求，程序较简单。所以，该方法的适应性强，在机械优化设计中得到广泛应用，但随着设计变量和约束条件的增多，其计算效率显著降低。

## 5.3.1 复合形法的基本思想

复合形法的基本思想如图 5.9 所示，在可行域内构造一个具有 $k(n+1\leqslant k\leqslant 2n)$ 个顶点的初始复合形。对初始复合形各顶点的目标函数值进行比较，去掉目标函数值最大的顶点(称最差点)，然后按一定的法则求出目标函数值有所下降的可行的新点，并用此点代替最差点，构成新的复合形。复合形的形状每改变一次，就向最优点移动一步，直至逼近最优点。

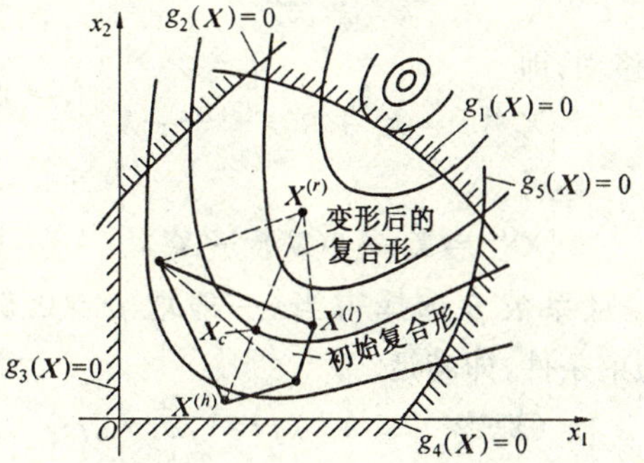


图 5.9 复合形法的算法原理

## 5.3.2 初始复合形法的建立

复合形是由 $k$ 个顶点组成的一个多面体，每个顶点都必须满足所有的约束条件，例如，当 $n=2$ 时，即在可行域 $\mathscr{D}$ 内构成一个三角形或四边形，如图 5.10 所示。

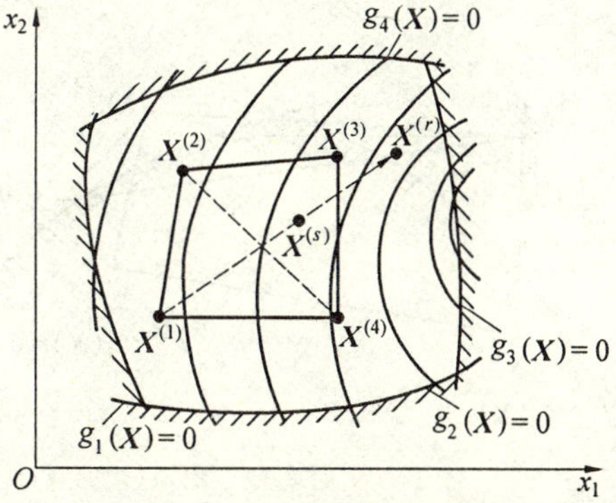


图 5.10 二维问题的复合形法

生成初始复合形的方法有以下3种。

(1) 由设计者试选 $k$ 个可行点，构成初始复合形。当设计变量较多或约束函数较复杂时，由设计者决定 $k$ 个可行点常常很困难。只有在设计变量少，约束函数较简单的情况下，这种方法才被使用。

(2) 由设计者在可行域内先选定复合形的一个初始顶点 $\boldsymbol{X}^{(1)}$，其余的 $(k-1)$ 个顶点 $\boldsymbol{X}^{(j)}\ (j=2,3,\cdots,k)$ 用随机方法产生，即

$$x_i^{(j)}=a_i+q_i^{(j)}(b_i-a_i) \tag{5.18}$$

式中 $j$—— 复合形顶点的标号 $(j=2,3,\cdots,k)$；

$i$—— 设计变量的标号 $(i=1,2,\cdots,n)$，表示点的坐标分量；

$a_i,b_i$—— 第 $i$ 个设计变量 $x_i$ 的下限值和上限值；

$q_i^{(j)}$——$(0,1)$ 区间内均匀分布的伪随机数。

这样产生的 $k-1$ 个顶点虽然能满足设计变量的边界约束条件，但不一定就能满足性能约束条件，因此，就要设法将非可行点移到可行域内。具体采用的方法是，首先求出已经在可行域内的 $p$ 个顶点的形心点，即

$$\boldsymbol{X}_c=\frac{1}{p}\sum_{i=1}^{p}\boldsymbol{X}^{(j)} \tag{5.19}$$

然后将非可行点向中心点移动，即

$$\begin{cases}\boldsymbol{X}^{(p+1)}=\boldsymbol{X}_c+\beta(\boldsymbol{X}^{(p+1)}-\boldsymbol{X}_c)\\ \vdots\\ \boldsymbol{X}^{(k)}=\boldsymbol{X}_c+\beta(\boldsymbol{X}^{(k)}-\boldsymbol{X}_c)\end{cases} \tag{5.20}$$

只要形心点 $\boldsymbol{X}_c$ 为可行点，且系数 $\beta$ 选择得当（一般取 $\beta=0.5$），总可以使新点 $\boldsymbol{X}^{(p+1)}$，$\boldsymbol{X}^{(p+2)},\cdots,\boldsymbol{X}^{(k)}$ 满足全部约束条件，即满足

$$\begin{cases}g_j(\boldsymbol{X}^{(p+1)})\leqslant 0 \quad (j=1,2,\cdots,m)\\ \vdots\\ g_j(\boldsymbol{X}^{(k)})\leqslant 0 \quad (j=1,2,\cdots,m)\end{cases}$$

通过对随机产生的各个顶点进行这种处理后，最后可取得 $k$ 个初始可行顶点，从而构成初始复合形。

事实上，只要可行域为凸集，其中心点必为可行点，用此方法可以成功地在可行域内构成初始复合形。如果可行域为非凸集，如图5.11所示，中心点不一定在可行域之内，则此方

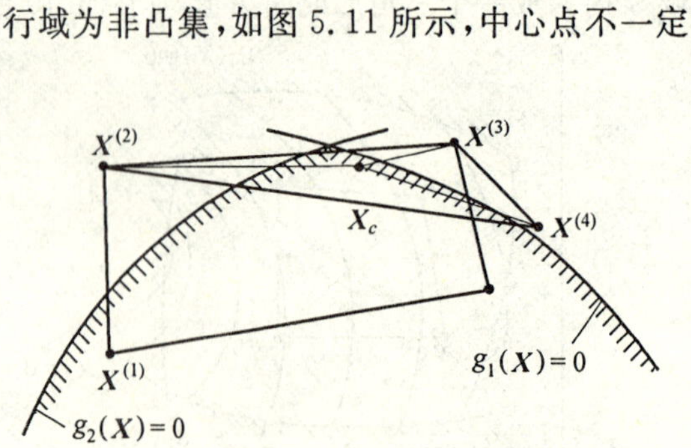


图5.11 中心点 $\boldsymbol{X}_c$ 为非可行点的情况

法可能失败，这时可以通过改变设计变量的下限值和上限值，重新产生各顶点。经过多次试算，有可能在可行域内生成初始复合形。

(3) 由计算机自动生成初始复合形的全部顶点。其方法是首先随机产生一个可行点，然后按上述第2种方法产生其余$(k-1)$个可行点。这种方法对设计者来说最为简单，但因初始复合形在可行域内的位置不能控制，可能会给以后的计算带来困难。

### 5.3.3 复合形法的寻优过程

现以二维约束优化问题为例来说明复合形法的寻优过程。如图5.12所示，取二维问题的复合形为三角形，计算其三个顶点的目标函数值并进行比较，则可确定目标函数值最大的点(最差点)$\boldsymbol{X}^{(h)}$，目标函数值次大的点(次差点)$\boldsymbol{X}^{(g)}$和目标函数值最小的点(最好点)$\boldsymbol{X}^{(l)}$，并大致判断目标函数值的变化趋势。

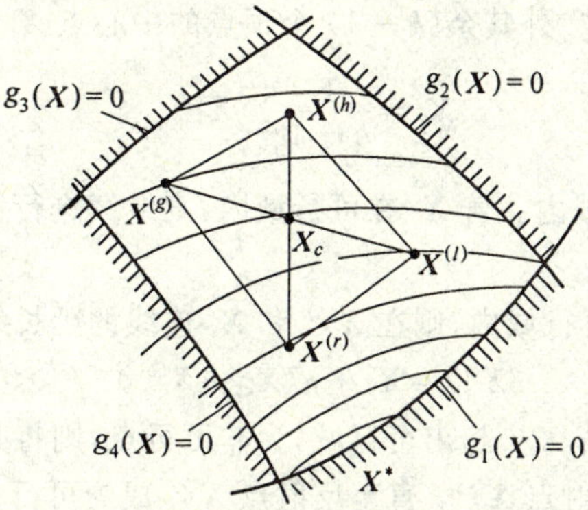


图5.12 复合形法的寻优过程

若$\boldsymbol{X}_c$为除去$\boldsymbol{X}^{(h)}$以外$k-1$个顶点的中心点，在图5.12中是$\boldsymbol{X}^{(g)}$和$\boldsymbol{X}^{(l)}$连线的中心，通常是由最差点$\boldsymbol{X}^{(h)}$指向中心点$\boldsymbol{X}_c$的方向，为目标函数值下降的方向。故在$\boldsymbol{X}^{(h)}$和$\boldsymbol{X}_c$连线的延长线上取一点$\boldsymbol{X}^{(r)}$，这一步称为反射，$\boldsymbol{X}^{(r)}$称为最差点$\boldsymbol{X}^{(h)}$的反射点，即

$$\boldsymbol{X}^{(r)}=\boldsymbol{X}_c+\alpha(\boldsymbol{X}_c-\boldsymbol{X}^{(h)}) \tag{5.21}$$

式中 $\alpha$—— 反射系数，一般取$\alpha>1$，可取$\alpha=1.3$。

检查反射点$\boldsymbol{X}^{(r)}$是否为可行点，若$\boldsymbol{X}^{(r)}$在可行域内，且

$$f(\boldsymbol{X}^{(r)})<f(\boldsymbol{X}^{(h)})$$

时，则用反射点$\boldsymbol{X}^{(r)}$替换最差点$\boldsymbol{X}^{(h)}$，并组成新的复合形，完成一次迭代；否则，如果$f(\boldsymbol{X}^{(r)})\geqslant f(\boldsymbol{X}^{(h)})$或$\boldsymbol{X}^{(r)}$不在可行域内，则将反射系数$\alpha$减半甚至减至很小，一旦$\boldsymbol{X}^{(r)}$成为可行点，并且满足$f(\boldsymbol{X}^{(r)})<f(\boldsymbol{X}^{(h)})$时，就用反射点$\boldsymbol{X}^{(r)}$替换最差点$\boldsymbol{X}^{(h)}$构成新的复合形，完成一次迭代。

综上所述，反射成功的条件为

$$\begin{cases} g_j(\boldsymbol{X}^{(r)})\leqslant 0 \quad (j=1,2,\cdots,m) \\ f(\boldsymbol{X}^{(r)})<f(\boldsymbol{X}^{(h)}) \end{cases} \tag{5.22}$$

但当反射系数$\alpha$减至很小(例如，当$\alpha\leqslant 10^{-5}$)时，仍达不到式(5.22)的要求，则可用次差点$\boldsymbol{X}^{(g)}$代替$\boldsymbol{X}^{(h)}$进行反射，组成新的迭代过程。

### 5.3.4 复合形法的计算步骤

基本的复合形法(只含反射)的计算步骤如下。

(1) 选择复合形的顶点个数 $k$,按所选生成初始复合形的方法构成具有 $k$ 个顶点的初始复合形。

(2) 计算复合形 $k$ 个顶点的目标函数值,选出其中的最差点 $\boldsymbol{X}^{(h)}$,即

$$f(\boldsymbol{X}^{(h)})=\max\{f(\boldsymbol{X}^{(j)})\quad(j=1,2,\cdots,k)\}\tag{5.23}$$

次差点 $\boldsymbol{X}^{(g)}$,即

$$f(\boldsymbol{X}^{(g)})=\max\{f(\boldsymbol{X}^{(j)})\quad(j=1,2,\cdots,k,j\neq h)\}\tag{5.24}$$

最好点 $\boldsymbol{X}^{(l)}$,即

$$f(\boldsymbol{X}^{(l)})=\min\{f(\boldsymbol{X}^{(j)})\quad(j=1,2,\cdots,k)]\tag{5.25}$$

(3) 计算除去最差点 $\boldsymbol{X}^{(h)}$ 外其余$(k-1)$个顶点的中心点 $\boldsymbol{X}_c$,即

$$\boldsymbol{X}_c=\frac{1}{k-1}\sum_{\substack{j=1\\j\neq h}}^{k}\boldsymbol{X}^{(j)}\tag{5.26}$$

检验中心点 $\boldsymbol{X}_c$ 是否在可行域内。若 $\boldsymbol{X}_c$ 在可行域内,则继续进行第(4)步;否则,转到第(5)步。

(4) 如果中心点 $\boldsymbol{X}_c$ 在可行域内,则在 $\boldsymbol{X}^{(h)}$ 和 $\boldsymbol{X}_c$ 连线的延长线上取反射点 $\boldsymbol{X}^{(r)}$,即

$$\boldsymbol{X}^{(r)}=\boldsymbol{X}_c+\alpha(\boldsymbol{X}_c-\boldsymbol{X}^{(h)})\tag{5.27}$$

一般取反射系数 $\alpha=1.3$。若 $\boldsymbol{X}^{(r)}$ 超出可行域,为非可行点,则将其退回,即将反射系数 $\alpha$ 减半,令 $\alpha\Leftarrow0.5\alpha$,重新计算反射点 $\boldsymbol{X}^{(r)}$,直至反射点 $\boldsymbol{X}^{(r)}$ 成为可行点为止,如图 5.13 所示。

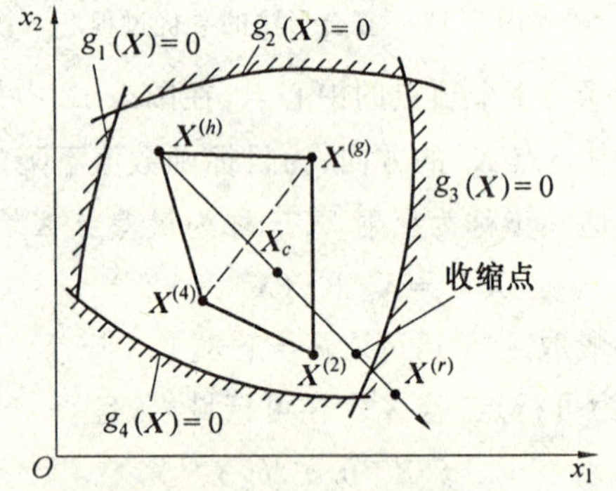


图 5.13 求可行的反射点

(5) 如果中心点 $\boldsymbol{X}_c$ 不在可行域内,则可行域可能是一个非凸集,如图 5.14 所示。按式(5.27)计算的反射点 $\boldsymbol{X}^{(r)}$ 不可能是可行点,此时利用中心点 $\boldsymbol{X}_c$ 和最好点 $\boldsymbol{X}^{(l)}$ 重新确定一个区间,在此区间内重新按所选生成初始复合形的方法构成具有 $k$ 个顶点的复合形。新的区间如图 5.14 中虚线所示,此时设计变量的下限值与上限值为:

若 $x_i^{(l)}<x_{ci}(i=1,2,\cdots,n)$,则取

$$\begin{cases}a_i=x_i^{(l)}\\b_i=x_{ci}\end{cases}\quad(i=1,2,\cdots,n)\tag{5.28}$$

若 $x_i^{(l)}>x_{ci}(i=1,2,\cdots,n)$,则取

$$\begin{cases} a_i = x_{ci} \\ b_i = x_i^{(l)} \end{cases} \quad (i=1,2,\cdots,n) \tag{5.29}$$

重新构成复合形后再重复第(2)、(3) 步，直至 $\boldsymbol{X}_c$ 成为可行点为止。

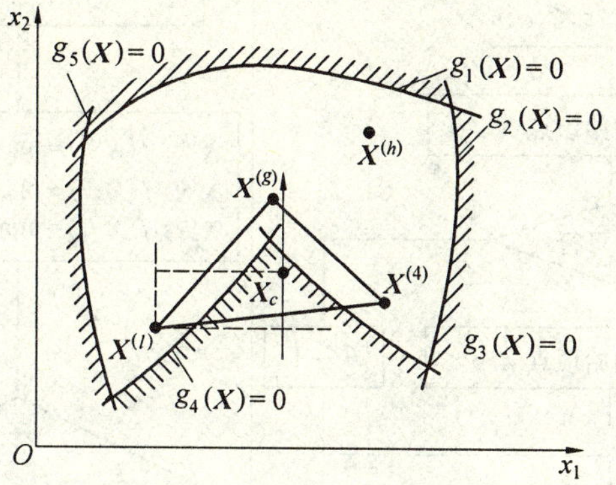


图 5.14　可行域的非凸集

(6) 计算反射点 $\boldsymbol{X}^{(r)}$ 的函数值 $f(\boldsymbol{X}^{(r)})$。如果 $f(\boldsymbol{X}^{(r)}) < f(\boldsymbol{X}^{(h)})$，则用反射点 $\boldsymbol{X}^{(r)}$ 替换最差点 $\boldsymbol{X}^{(h)}$，构成新的复合形，完成一次迭代计算，返回第(2) 步；否则继续进行下一步。

(7) 如果 $f(\boldsymbol{X}^{(r)}) \geqslant f(\boldsymbol{X}^{(h)})$，则将反射系数 $\alpha$ 减半，令 $\alpha \Leftarrow 0.5\alpha$，重新计算反射点 $\boldsymbol{X}^{(r)}$。若反射点 $\boldsymbol{X}^{(r)}$ 既为可行点，又满足 $f(\boldsymbol{X}^{(r)}) < f(\boldsymbol{X}^{(h)})$，则用反射点 $\boldsymbol{X}^{(r)}$ 替换最差点 $\boldsymbol{X}^{(h)}$，完成本次迭代。否则继续将 $\alpha$ 减半，直到 $\alpha$ 值小于一个预先给定的很小数 $\xi$ 时，如果目标函数仍无改进，改用次差点 $\boldsymbol{X}^{(g)}$ 来代替前次的最差点 $\boldsymbol{X}^{(h)}$，返回第(3) 步。

(8) 若收敛条件

$$\sqrt{\frac{1}{k-1}\sum_{j=1}^{k}\left[f(\boldsymbol{X}^{(j)}) - f(\boldsymbol{X}^{(l)})\right]^2} \leqslant \varepsilon \tag{5.30}$$

得到满足，计算终止，此时约束最优解为：$\boldsymbol{X}^* = \boldsymbol{X}^{(l)}$，$f(\boldsymbol{X}^*) = f(\boldsymbol{X}^{(l)})$；否则返回第(2) 步。

复合形法的计算框图如图 5.15 所示。

**【例 5.3】**　用复合形法求约束优化问题

$$\min_{\boldsymbol{X}\in R^2} f(\boldsymbol{X}) = x_1^2 + x_2^2 - x_1x_2 - 10x_1 - 4x_2 + 60$$

$$\begin{aligned} \text{s.t.}\quad & g_1(\boldsymbol{X}) = x_1 + x_2 - 11 \leqslant 0 \\ & g_2(\boldsymbol{X}) = -x_1 \leqslant 0 \\ & g_3(\boldsymbol{X}) = x_1 - 6 \leqslant 0 \\ & g_4(\boldsymbol{X}) = -x_2 \leqslant 0 \\ & g_5(\boldsymbol{X}) = x_2 - 8 \leqslant 0 \end{aligned}$$

的最优解。

**解**　该例题的目标函数等值线与可行域如图 5.16 所示，迭代过程如下。

(1) 产生初始复合形。因设计变量较少($n=2$)、约束条件也较简单(线性函数)，所以选用由设计者人为选择初始复合形顶点的方法产生初始复合形的 $k=2n=4$，即

$$\boldsymbol{X}^{(1)} = [1 \quad 5.5]^{\mathrm{T}}, \boldsymbol{X}^{(2)} = [1 \quad 4]^{\mathrm{T}}, \boldsymbol{X}^{(3)} = [2 \quad 6.4]^{\mathrm{T}}, \boldsymbol{X}^{(4)} = [3 \quad 3.5]^{\mathrm{T}}$$

(2) 计算复合形各顶点的目标函数，并比较它们的大小，以便确定最差点 $\boldsymbol{X}^{(h)}$、次差点 $\boldsymbol{X}^{(g)}$ 和最好点 $\boldsymbol{X}^{(l)}$，即

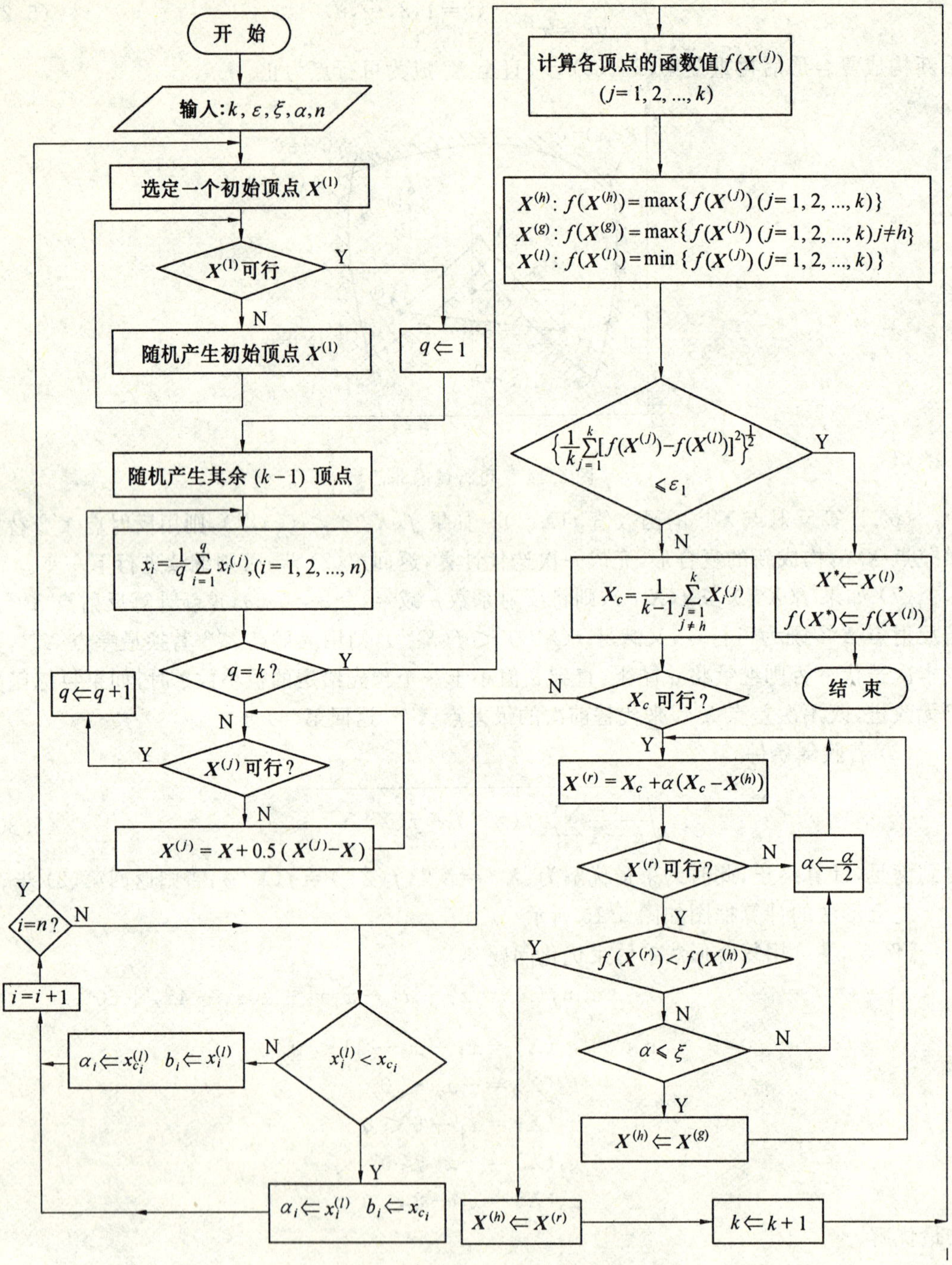


图 5.15　复合形法的程序框图

$$f(\boldsymbol{X}^{(1)})=53.75, f(\boldsymbol{X}^{(2)})=47, f(\boldsymbol{X}^{(3)})=46.56, f(\boldsymbol{X}^{(4)})=26.75$$

$$\boldsymbol{X}^{(l)}=\boldsymbol{X}^{(4)}, \boldsymbol{X}^{(h)}=\boldsymbol{X}^{(1)}, \boldsymbol{X}^{(g)}=\boldsymbol{X}^{(2)}$$

(3) 计算除去最差点 $\boldsymbol{X}^{(h)}$ 外其余 3 个顶点的中心点 $\boldsymbol{X}_c$，即

$$X_c=\frac{1}{4-1}\sum_{\substack{j=1\\j\neq1}}^{4}X^{(j)}=\frac{1}{3}\left\{\begin{bmatrix}1\\4\end{bmatrix}+\begin{bmatrix}2\\6.4\end{bmatrix}+\begin{bmatrix}3\\3.5\end{bmatrix}\right\}=\begin{bmatrix}2\\4.63\end{bmatrix}$$

(4) 检查中心点 $X_c$ 的可行性。由于

$$g_1(X_c)=2+4.63-11=-4.37<0$$
$$g_2(X_c)=-2<0$$
$$g_3(X_c)=2-6=-4<0$$
$$g_4(X_c)=-4.63<0$$
$$g_5(X_c)=4.63-8=-3.37<0$$

所以中心点 $X_c$ 为可行点。

(5) 求最差点 $X^{(h)}$ 的反射点 $X^{(r)}$，并检查反射点 $X^{(r)}$ 的可行性。

取 $\alpha=1.3$，则反射点 $X^{(r)}$ 为

$$X^{(r)}=X_c+\alpha(X_c-X^{(h)})=$$
$$\begin{bmatrix}2\\4.63\end{bmatrix}+1.3\left\{\begin{bmatrix}2\\4.63\end{bmatrix}-\begin{bmatrix}1\\5.5\end{bmatrix}\right\}=\begin{bmatrix}3.3\\3.499\end{bmatrix}$$

由于反射点 $X^{(r)}$ 的约束函数值为

$$g_1(X_c)=3.3+3.499-11=-4.201<0$$
$$g_2(X_c)=-3.3<0$$
$$g_3(X_c)=3.3-6=-2.7<0$$
$$g_4(X_c)=-3.499<0$$
$$g_5(X_c)=3.499-8=-4.501<0$$

所以反射点 $X^{(r)}$ 为可行点。

(6) 计算反射点 $X^{(r)}$ 的函数值，并比较反射点 $X^{(r)}$ 与最差点 $X^{(h)}$ 函数值的大小。

反射点 $X^{(r)}$ 的函数值为

$$f(X^{(r)})=3.3^2+3.499^2-3.3\times3.499-4\times3.4-10\times3.499+60=24.59$$

由于最差点 $X^{(h)}$ 的函数值 $f(X^{(h)})=53.75>f(X^{(r)})=24.59$，即反射点 $X^{(r)}$ 比最差点 $X^{(h)}$ 更靠近最优点，于是用反射点 $X^{(r)}$ 替换最差点 $X^{(h)}$，并与 $X^{(2)}$，$X^{(3)}$，$X^{(4)}$ 构成新的复合形，进行第二次迭代。

在以反射点 $X^{(r)}$ 替换最差点 $X^{(h)}$ 之后，新的复合形的顶点为

$X^{(1)}=X^{(r)}=[3.3\quad 3.499]^T$，$X^{(2)}=[1\quad 4]^T$，$X^{(3)}=[2\quad 6.4]^T$，$X^{(4)}=[3\quad 3.5]^T$

各顶点的函数值为

$$f(X^{(1)})=24.59,f(X^{(2)})=47,f(X^{(3)})=46.56,f(X^{(4)})=26.75$$

故

$$X^{(l)}=X^{(1)},X^{(h)}=X^{(2)},X^{(g)}=X^{(3)}$$

按照复合形法的计算步骤进行相应的计算。

在构成一个新的复合形时，都必须检查是否达到精度要求。当按上述步骤继续迭代时，新的复合形逐步移向最优点，复合形也不断收缩，达到收敛准则规定的精度要求 $\varepsilon$ 时，输出最好点 $X^{(l)}$ 及其目标函数值 $f(X^{(l)})$ 后即停止迭代计算。本例题的理论最优解为

$$X^*=\begin{bmatrix}6\\5\end{bmatrix}\quad f(X^*)=11$$

第一次与第二次迭代过程如图 5.16 中的实线复合形与虚线复合形所示。

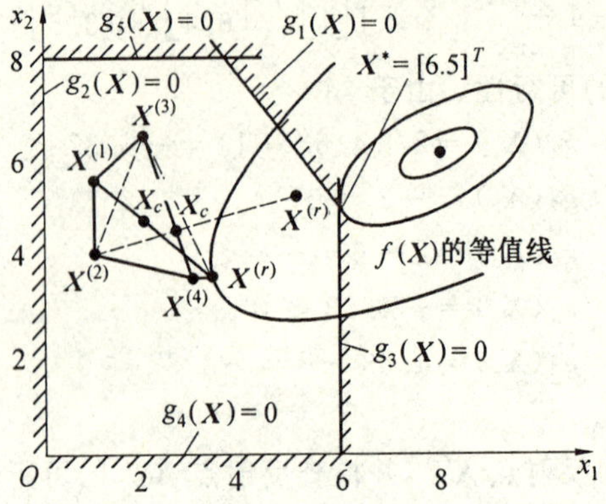


图 5.16　例 5.3 图

## 5.4　可行方向法

可行方向法是用梯度去求解约束优化设计问题的一种有代表性的直接搜索方法，也是求解大型约束优化设计问题的主要方法之一。其收敛速度快，效果较好，适用于大中型约束优化设计问题的求解，但程序比较复杂。

### 5.4.1　可行方向法的基本原理

可行方向法的基本思路是在可行域内选择一个初始点 $\boldsymbol{X}^{(0)}$，当确定了一个可行方向 $\boldsymbol{S}^{(k)}$ 和适当的步长 $\alpha_k$ 后，按下式

$$\boldsymbol{X}^{(k+1)}=\boldsymbol{X}^{(k)}+\alpha_k\boldsymbol{S}^{(k)}\quad(k=0,1,2,\cdots)\tag{5.31}$$

进行迭代计算。在不断调整可行方向的过程中，使迭代点逐步逼近约束最优点。

### 5.4.2　可行方向法的基本搜索过程

在可行方向法的搜索过程中，第一步迭代总是从可行的初始点 $\boldsymbol{X}^{(0)}$ 出发，沿 $\boldsymbol{X}^{(0)}$ 点的负梯度方向 $\boldsymbol{S}^{(0)}=-\nabla f(\boldsymbol{X}^{(0)})$，将初始点 $\boldsymbol{X}^{(0)}$ 移至某一个约束面(只有一个起作用的约束时)上或几个约束面的交集(几个约束同时起作用时)上，以后的搜索策略依据约束函数和目标函数的不同性质而有所不同(见图 5.17)。

第一种情况如图 5.17(a) 所示，在约束面上的迭代点 $\boldsymbol{X}^{(k)}$ 处，产生一个可行方向 $\boldsymbol{S}^{(k)}$，沿此方向进行一维搜索，得到的新点 $\boldsymbol{X}$ 在可行域内，即令迭代点 $\boldsymbol{X}^{(k+1)}=\boldsymbol{X}$，再沿 $\boldsymbol{X}^{(k+1)}$ 点的负梯度方向 $\boldsymbol{S}^{(k+1)}=-\nabla f(\boldsymbol{X}^{(k+1)})$ 继续进行搜索。

第二种情况如图 5.17(b) 所示，沿可行方向 $\boldsymbol{S}^{(k)}$ 进行一维搜索，得到的新点 $\boldsymbol{X}$ 在可行域外，则设法将新点 $X$ 移至约束面上，即取 $\boldsymbol{S}^{(k)}$ 和约束面的交点作为新的迭代点 $\boldsymbol{X}^{(k+1)}$。

第三种情况是沿约束面搜索，这种搜索方法特别适用于只具有线性约束条件的非线性规划问题，如图 5.17(c) 所示。从 $\boldsymbol{X}^{(k)}$ 点出发，沿某一约束面移动至另一约束面的交线上，在有限步数内即可搜索到约束最优点。对于具有非线性约束函数的非线性规划问题，沿约束面的切线方向进行搜索时，新点 $\boldsymbol{X}$ 将进入非可行域，如图 5.18 所示，此时，须将进入非可

行域的新点 $\boldsymbol{X}$ 设法调整到约束面上，然后才能进行下一次迭代。解决这个问题的办法是先规定允许进入非可行域的“深度”，即建立约束容差 $\delta$ 的边界，然后沿目标函数的梯度方向 $\nabla f(\boldsymbol{X})$ 或起作用约束函数的负梯度方向 $-\nabla g(\boldsymbol{X})$，将新点 $\boldsymbol{X}$ 返回到约束面上，其计算公式为

$$\boldsymbol{X}^{(k+1)}=\boldsymbol{X}+\alpha_t\nabla f(\boldsymbol{X}) \tag{5.32}$$

$$\boldsymbol{X}^{(k+1)}=\boldsymbol{X}-\alpha_t\nabla g(\boldsymbol{X}) \tag{5.33}$$

式中　$\alpha_t$—— 调整步长因子，可用试探法决定，或用下式估算

$$\alpha_t=\left|\frac{g(\boldsymbol{X})}{[\nabla g(\boldsymbol{X})]^{\mathrm{T}}\nabla g(\boldsymbol{X})}\right| \tag{5.34}$$

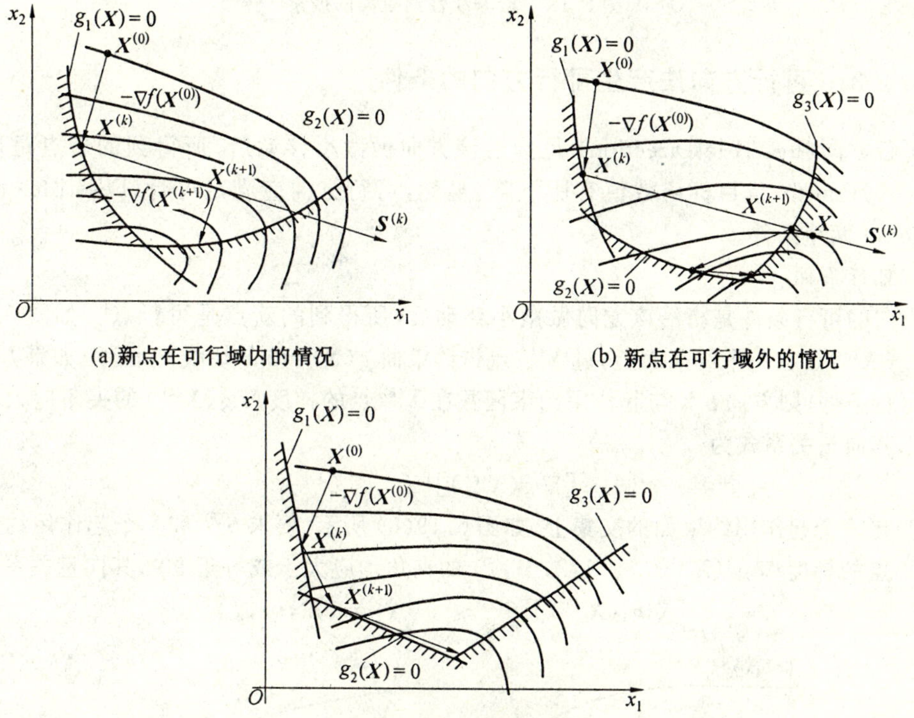


(a)新点在可行域内的情况　(b) 新点在可行域外的情况

(c)沿线性约束面搜索的情况

图 5.17　可行方向法的搜索路线

尽管可行方向法有几种不同的搜索策略，但其基本的是以下两个决策。

(1) 产生一个可行方向 $\boldsymbol{S}^{(k)}$；

(2) 沿可行方向 $\boldsymbol{S}^{(k)}$ 确定一个不会越出可行域外的，甚至刚好移动到约束面上的适合步长因子 $\alpha_0$。

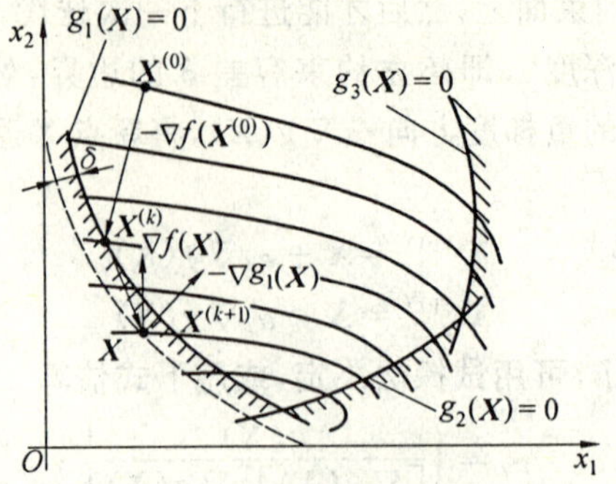


图 5.18　沿非线性约束面的搜索

### 5.4.3　可行方向法产生可行方向的条件

可行方向(Feasible Direction)是指沿该方向做微小移动后,所得到的新点是可行点(Feasible Point),且目标函数值有所下降,显然,可行方向应满足可行(Feasible)和下降(Descent)两个条件。

1. 可行条件

方向的可行条件是指沿该方向做微小移动后,所得到的新点是可行点。如图 5.19(a)所示,若 $\boldsymbol{X}^{(k)}$ 点在一个约束面上,过 $\boldsymbol{X}^{(k)}$ 点作约束面 $g(\boldsymbol{X})=0$ 的切线 $\tau$,显然,如果方向 $\boldsymbol{S}^{(k)}$ 满足可行条件,则方向 $\boldsymbol{S}^{(k)}$ 与起作用约束函数在 $\boldsymbol{X}^{(k)}$ 点的梯度 $\nabla g(\boldsymbol{X}^{(k)})$ 的夹角应大于或等于 90°,其向量关系式为

$$[\nabla g(\boldsymbol{X}^{(k)})]^{\mathrm{T}}\boldsymbol{S}^{(k)} \leqslant 0 \tag{5.35}$$

若 $\boldsymbol{X}^{(k)}$ 在 $J$ 个起作用约束面的交集上,如图 5.19(b)所示,要求 $\boldsymbol{S}^{(k)}$ 和 $J$ 个起作用约束函数在 $\boldsymbol{X}^{(k)}$ 点的梯度 $\nabla g_j(\boldsymbol{X}^{(k)})(j=1,2,\cdots,J)$ 的夹角均应大于或等于 90°,其向量关系式为

$$[\nabla g_j(\boldsymbol{X}^{(k)})]^{\mathrm{T}}\boldsymbol{S}^{(k)} \leqslant 0 \quad (j=1,2,\cdots,J) \tag{5.36}$$

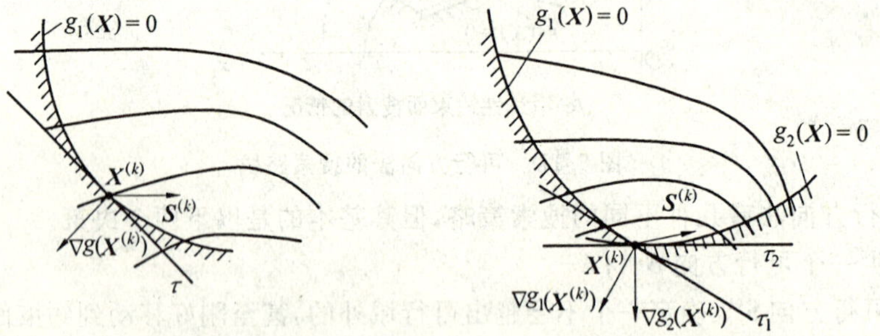


(a) 一个起作用的约束　　(b)两个起作用的约束

图 5.19　方向的可行性条件

2. 下降条件

方向的下降条件是指沿该方向做微小移动后,所得到的新点目标函数值是下降的。如图 5.20 所示,满足下降条件的方向 $\boldsymbol{S}^{(k)}$ 应和目标函数在 $\boldsymbol{X}^{(k)}$ 点的梯度 $\nabla f(\boldsymbol{X}^{(k)})$ 的夹角大于 90°,其向量关系式为

$$[\nabla f(\boldsymbol{X}^{(k)})]^{\mathrm{T}}\boldsymbol{S}^{(k)} < 0 \tag{5.37}$$

同时满足可行条件(式(5.36))和下降条件(式(5.37))的方向称可行方向。如图5.21所示,它位于约束曲面在 $\boldsymbol{X}^{(k)}$ 点的切线和目标函数等值线在 $\boldsymbol{X}^{(k)}$ 点的切线所围成的扇形区域内,该扇形区域称为可行下降方向区(The Area of Feasible And Descent Direction)。

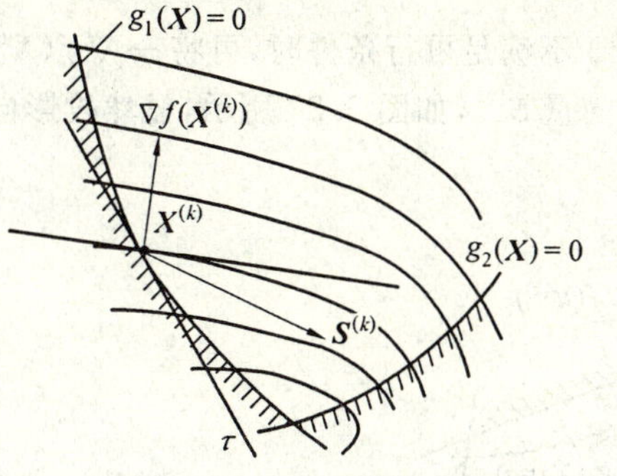


图5.20 方向的下降条件

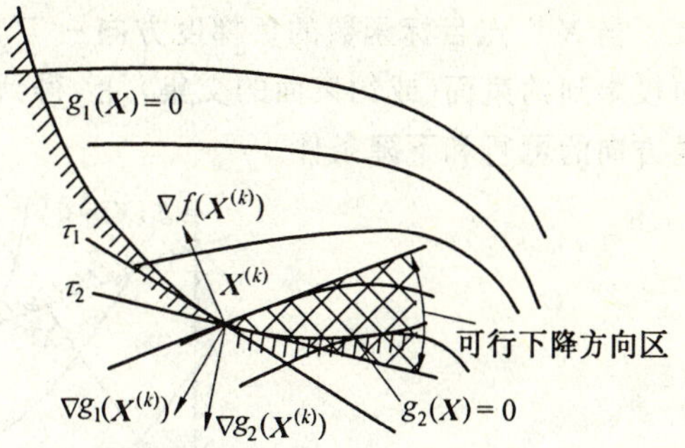


图5.21 可行下降方向区

综上所述,当 $\boldsymbol{X}^{(k)}$ 点位于 $J$ 个起作用的约束面上时,满足

$$\begin{cases}[\nabla g_j(\boldsymbol{X}^{(k)})]^{\mathrm{T}}\boldsymbol{S}^{(k)}\leqslant 0 \quad (j=1,2,\cdots,J)\\ [\nabla f(\boldsymbol{X}^{(k)})]^{\mathrm{T}}\boldsymbol{S}^{(k)}<0\end{cases} \tag{5.38}$$

的方向 $\boldsymbol{S}^{(k)}$ 称为可行方向。

### 5.4.4 可行方向法可行方向的产生方法

如上所述,满足可行、下降条件的方向位于可行下降方向区内,在可行下降方向区内寻找一个最有利的方向作为本次迭代的搜索方向,这个方向的产生方法主要有随机产生法(Random Produce Method)、线性规划法(Linear Program Method)和梯度投影法(Grad Projection Method)。

1.随机产生法

随机产生法从原理上讲与随机方向搜索法产生方向的方法基本相同。先在 $\boldsymbol{X}^{(k)}$ 点产生 $N$ 个随机单位方向向量 $\boldsymbol{S}^{(j)}(j=1,2,\cdots,N)$,然后将产生的 $N$ 个方向逐个进行可行方向检验,若其中有 $Q$ 个方向满足可行方向条件,即满足式(5.38),则取可行方向 $\boldsymbol{S}^{(k)}$ 为

$$[\nabla f(\boldsymbol{X}^{(k)})]^{\mathrm{T}}\boldsymbol{S}^{(k)}=\min\{[\nabla f(\boldsymbol{X}^{(k)})]^{\mathrm{T}}\boldsymbol{S}^{(j)} \quad (j=1,2,\cdots,Q)\} \tag{5.39}$$

此法较简单,容易实现程序化。

2.线性规划法

在由式(5.38)构成的可行下降方向区内沿任一方向 $\boldsymbol{S}$ 进行搜索,都可得到一个目标函数值下降的可行点。现在的问题是如何在可行下降方向区内选择一个能使目标函数下降最快的方向作为本次迭代的搜索方向 $\boldsymbol{S}^{(k)}$,显然,这是一个以搜索方向 $\boldsymbol{S}$ 为设计变量的约束优化问题,这个新的约束优化问题的数学模型为

$$\begin{cases}\min[\nabla f(\boldsymbol{X}^{(k)})]^{\mathrm{T}}\boldsymbol{S}\\ \text{s.t.}\quad [\nabla g_j(\boldsymbol{X}^{(k)})]^{\mathrm{T}}\boldsymbol{S}\leqslant 0 \quad (j=1,2,\cdots,J)\\ \qquad [\nabla f(\boldsymbol{X}^{(k)})]^{\mathrm{T}}\boldsymbol{S}<0\\ \qquad \|\boldsymbol{S}\|\leqslant 1\end{cases} \tag{5.40}$$

由于 $\nabla f(\boldsymbol{X}^{(k)})$ 和 $\nabla g_j(\boldsymbol{X}^{(k)})(j=1,2,\cdots,J)$ 为定值,上述各函数均为设计变量 $\boldsymbol{S}$ 的线性函数,因此式(5.40)为一个线性规划问题,可以用线性规划法求解,求得的最优解 $\boldsymbol{S}^*$ 即为本次迭代的可行方向,即 $\boldsymbol{S}^{(k)}=\boldsymbol{S}^*$。

3.梯度投影法

当 $\boldsymbol{X}^{(k)}$ 点目标函数的负梯度方向 $-\nabla f(\boldsymbol{X}^{(k)})$ 不满足可行条件时,可将 $-\nabla f(\boldsymbol{X}^{(k)})$ 方向投影到约束面(或约束面的交集)上,得到投影向量 $\boldsymbol{S}^{(k)}$,如图5.22所示,显然投影向量满足方向的可行和下降条件。

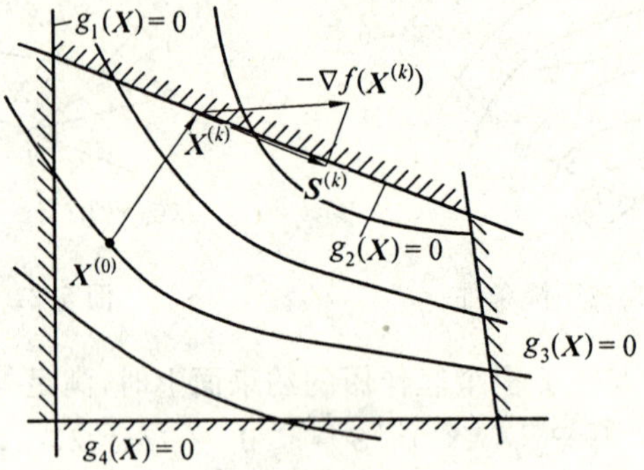


图5.22 约束面上的梯度投影方向

梯度投影法就是取该方向作为本次迭代的可行方向,其计算公式为

$$\boldsymbol{S}^{(k)}=\frac{-\boldsymbol{P}\nabla f(\boldsymbol{X}^{(k)})}{\|\boldsymbol{P}\nabla f(\boldsymbol{X}^{(k)})\|} \tag{5.41}$$

式中 $\nabla f(\boldsymbol{X}^{(k)})$——$\boldsymbol{X}^{(k)}$ 点目标函数的梯度;

$\boldsymbol{P}$——投影算子,为 $n\times n$ 阶矩阵,其计算公式为

$$\boldsymbol{P}=\boldsymbol{I}-\boldsymbol{G}[\boldsymbol{G}^{\mathrm{T}}\boldsymbol{G}]^{-1}\boldsymbol{G}^{\mathrm{T}} \tag{5.42}$$

式中 $\boldsymbol{I}$——$n\times n$ 阶单位矩阵;

$\boldsymbol{G}$——$n\times J$ 阶起作用约束函数的梯度矩阵,即

$$\boldsymbol{G}=[\nabla g_1(\boldsymbol{X}^{(k)})\quad \nabla g_2(\boldsymbol{X}^{(k)})\quad \cdots\quad \nabla g_J(\boldsymbol{X}^{(k)})]$$

$J$——起作用约束函数的个数。

## 5.4.5 可行方向法搜索步长的确定

可行方向 $\boldsymbol{S}^{(k)}$ 确定后,按下式计算新的迭代点

$$\boldsymbol{X}^{(k+1)}=\boldsymbol{X}^{(k)}+\alpha_k\boldsymbol{S}^{(k)} \tag{5.43}$$

由于目标函数及约束函数的性质不同,步长 $\alpha_k$ 的确定方法也不同,不论是用何种方法,都应使新的迭代点 $\boldsymbol{X}^{(k+1)}$ 为可行点,且目标函数值具有最大的下降量。确定步长 $\alpha_k$ 主要有最优步长和试验步长两种方法。

1.最优步长

如图5.23所示,这种方法就是从 $\boldsymbol{X}^{(k)}$ 点出发,沿 $\boldsymbol{S}^{(k)}$ 方向进行一维搜索,取得最优步长 $\alpha^*$,计算新的迭代点 $\boldsymbol{X}^{(k+1)}$,即

$$\boldsymbol{X}^{(k+1)}=\boldsymbol{X}^{(k)}+\alpha_k\boldsymbol{S}^{(k)}$$

若 $\boldsymbol{X}^{(k+1)}$ 为可行点,则本次迭代的步长取为 $\alpha_k=\alpha^*$。

2. 试验步长

如图5.24所示，若从 $\boldsymbol{X}^{(k)}$ 点出发，沿 $\boldsymbol{S}^{(k)}$ 方向进行一维搜索，得到的新迭代点 $\boldsymbol{X}^{(k+1)}$ 为不可行点，此时应根据可行方向法的搜索策略，改变步长，使新的迭代点 $\boldsymbol{X}^{(k+1)}$ 恰好位于约束面上的步长称为最大步长，记作 $\alpha_{\mathrm{M}}$，则本次迭代的步长取为 $\alpha_k=\alpha_{\mathrm{M}}$。

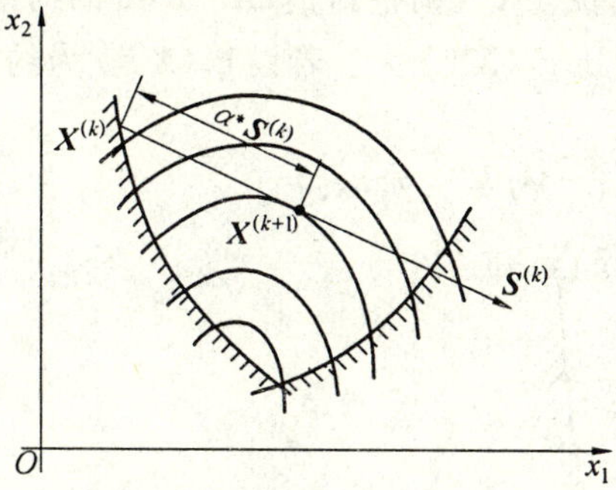


图 5.23　按最优步长确定新点

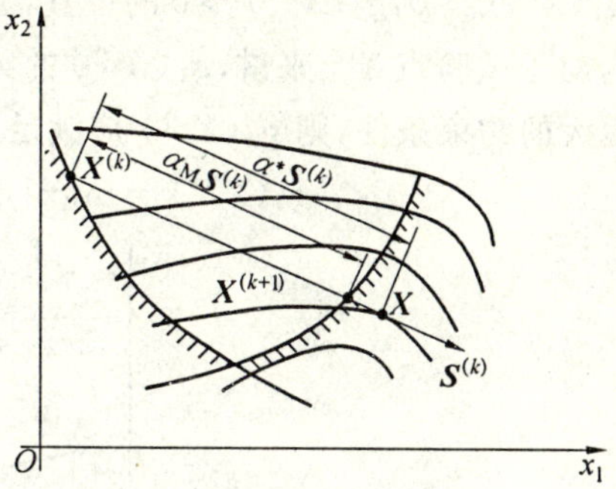


图 5.24　按最大步长确定新点

由于不能预测出发点 $\boldsymbol{X}^{(k)}$ 到另一个起作用约束面的距离，最大步长 $\alpha_{\mathrm{M}}$ 的确定较为困难，一般按试验法确定，其步骤如下。

(1) 取一试验步长 $\alpha_t$，计算试验点 $\boldsymbol{X}^{(t)}$。应适当选取试验步长 $\alpha_t$，$\alpha_t$ 太大，会导致计算困难；$\alpha_t$ 也不能太小，太小会使计算效率降低。根据经验，试验步长 $\alpha_t$ 的值能使试验点 $\boldsymbol{X}^{(t)}$ 的目标函数值下降5%～10%为宜，即

$$\Delta f=f(\boldsymbol{X}^{(k)})-f(\boldsymbol{X}^{(t)})=(0.05\sim 0.1)\ |\ f(\boldsymbol{X}^{(k)})\ | \tag{5.44}$$

将目标函数 $f(\boldsymbol{X})$ 在试验点 $\boldsymbol{X}^{(t)}$ 处展开成泰勒级数的线性式为

$$f(\boldsymbol{X}^{(t)})=f(\boldsymbol{X}^{(k)}+\alpha_t\boldsymbol{S}^{(k)})=f(\boldsymbol{X}^{(k)})+[\nabla f(\boldsymbol{X}^{(k)})]^{\mathrm{T}}\alpha_t\boldsymbol{S}^{(k)}$$

则

$$\Delta f=f(\boldsymbol{X}^{(k)})-f(\boldsymbol{X}^{(t)})=-\alpha_t[\nabla f(\boldsymbol{X}^{(k)})]^{\mathrm{T}}\boldsymbol{S}^{(k)} \tag{5.45}$$

由此可得试验步长 $\alpha_t$ 的计算公式为

$$\alpha_t=\frac{-\Delta f}{[\nabla f(\boldsymbol{X}^{(k)})]^{\mathrm{T}}\boldsymbol{S}^{(k)}}=(0.05\sim 0.1)\frac{-|\ f(\boldsymbol{X}^{(k)})\ |}{[\nabla f(\boldsymbol{X}^{(k)})]^{\mathrm{T}}\boldsymbol{S}^{(k)}} \tag{5.46}$$

因为 $\boldsymbol{S}^{(k)}$ 为目标函数的下降方向，$[\nabla f(\boldsymbol{X}^{(k)})]^{\mathrm{T}}\boldsymbol{S}^{(k)}<0$，所以试验步长 $\alpha_t$ 恒为正值。试验步长选定后，按下式计算试验点 $\boldsymbol{X}^{(t)}$，即

$$\boldsymbol{X}^{(t)}=\boldsymbol{X}^{(k)}+\alpha_t\boldsymbol{S}^{(k)} \tag{5.47}$$

(2) 判别试验点 $\boldsymbol{X}^{(t)}$ 的位置。由式(5.47)确定的试验点 $\boldsymbol{X}^{(t)}$ 可能存在三种情况：

① 在约束面上；

② 在可行域外，即 $\boldsymbol{X}^{(t)}$ 为非可行点；

③ 在可行域内。

事实上，只要试验点 $\boldsymbol{X}^{(t)}$ 不在约束面上，就要设法将其调整到约束面上来。要想使试验点 $\boldsymbol{X}^{(t)}$ 准确地到达约束面 $g_j(\boldsymbol{X})=0(j=1,2,\cdots,J)$ 是非常困难的，为此，先确定一个约束容差 $\delta$。当试验点 $\boldsymbol{X}^{(t)}$ 满足

$$-\delta\leqslant g_j(\boldsymbol{X}^{(t)})\leqslant 0\quad(j=1,2,\cdots,J) \tag{5.48}$$

的条件时，就认为试验点 $\boldsymbol{X}^{(t)}$ 已位于约束面上。

若试验点 $\boldsymbol{X}^{(t)}$ 位于非可行域，即上述第二种情况，则转步骤(3)。

若试验点 $\boldsymbol{X}^{(t)}$ 位于可行域内，即上述第三种情况，则沿 $\boldsymbol{S}^{(k)}$ 方向以 2 倍试验步长，即 $\alpha_t \Leftarrow 2\alpha_t$，继续向前搜索，直至新的试验点 $\boldsymbol{X}^{(t)}$ 到达约束面上或越出可行域，再转步骤(3)。

(3) 将位于非可行域的试验点 $\boldsymbol{X}^{(t)}$ 调整到约束面上。如图 5.25 所示，若试验点 $\boldsymbol{X}^{(t)}$ 位于 $g_1(\boldsymbol{X}^{(t)})>0, g_2(\boldsymbol{X}^{(t)})>0$ 的位置，显然应将试验点 $\boldsymbol{X}^{(t)}$ 调整到 $g_1(\boldsymbol{X}^{(t)})=0$ 的约束面上，因为对于试验点 $\boldsymbol{X}^{(t)}$ 来讲，$g_1(\boldsymbol{X}^{(t)})$ 的约束违反量比 $g_2(\boldsymbol{X}^{(t)})$ 大。若设 $g_k(\boldsymbol{X}^{(t)})$ 为约束违反量最大的约束条件，则 $g_k(\boldsymbol{X}^{(t)})$ 应满足

$$g_k(\boldsymbol{X}^{(t)}) = \max\{g_j(\boldsymbol{X}^{(t)}) > 0 \quad (j=1,2,\cdots,J)\} \tag{5.49}$$

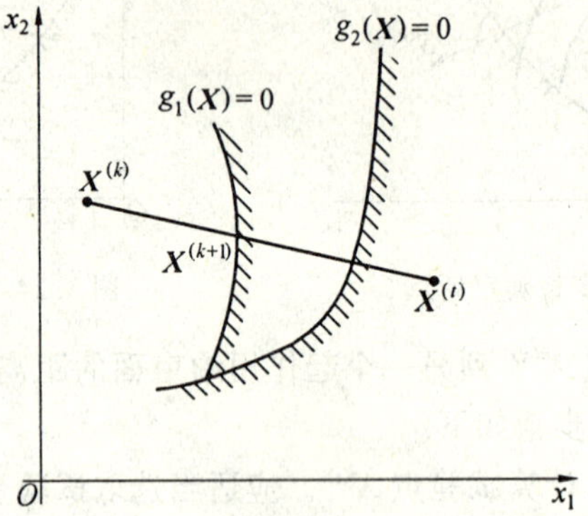


图 5.25 违反量最大的约束条件

将试验点 $\boldsymbol{X}^{(t)}$ 调整到 $g_k(\boldsymbol{X}^{(t)})=0$ 的约束面上的方法有试探法和插值法两种。

试探法的基本思想是当试验点 $\boldsymbol{X}^{(t)}$ 位于非可行域时，将试验步长 $\alpha_t$ 缩短；当试验点 $\boldsymbol{X}^{(t)}$ 位于可行域内时，将试验步长 $\alpha_t$ 增加，即通过不断调整 $\alpha_t$ 的大小，将试验点 $\boldsymbol{X}^{(t)}$ 调整到满足式(5.48)条件的约束面上。

试探法调整试验步长 $\alpha_t$ 的过程如图 5.26 所示。

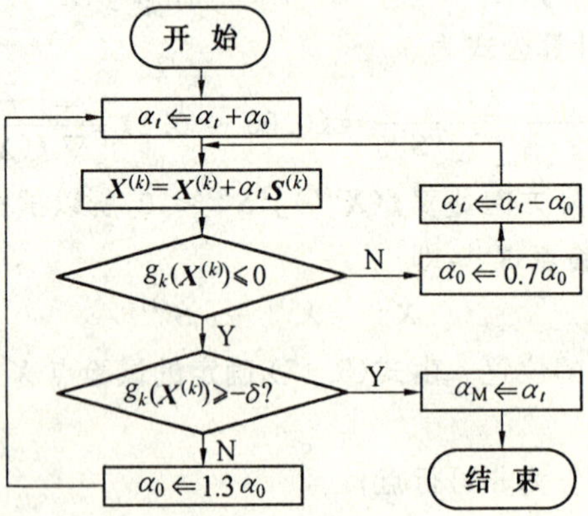


图 5.26 用试探法调整试验步长的程序框图

插值法是利用线性插值将位于非可行域的试验点 $\boldsymbol{X}^{(t)}$ 调整到约束面上。设试验步长为 $\alpha_t$ 时，求得可行试验点 $\boldsymbol{X}^{(t1)}$，即

$$\boldsymbol{X}^{(t1)} = \boldsymbol{X}^{(k)} + \alpha_t \boldsymbol{S}^{(k)}$$

当试验步长为 $\alpha_t + \alpha_0$ 时，求得非可行试验点 $\boldsymbol{X}^{(t2)}$，即

$$X^{(t2)}=X^{(k)}+(\alpha_t+\alpha_0)S^{(k)}$$

并设试验点 $X^{(t1)}$ 和 $X^{(t2)}$ 的约束函数分别为 $g_k(X^{(t1)})<0$ 和 $g_k(X^{(t2)})>0$，它们的位置关系如图 5.27 所示。

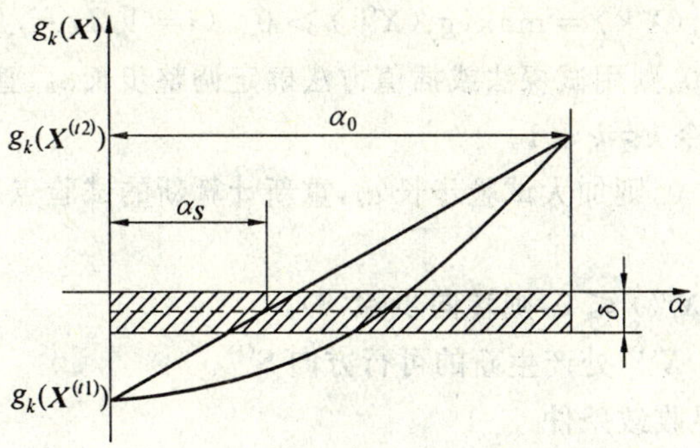


图 5.27 用插值法确定步长

若考虑约束容差 $\delta$，并按容差 $\delta/2$ 作线性内插，可以得到将非可行试验点 $X^{(t2)}$ 调整到约束面上的步长 $\alpha_S$。$\alpha_S$ 按下式计算：

$$\alpha_S=\frac{-0.5\delta-g_k(X^{(t1)})}{g_k(X^{(t2)})-g_k(X^{(t1)})}\alpha_0 \tag{5.50}$$

则本次迭代的步长取为

$$\alpha_k=\alpha_M=\alpha_t+\alpha_S \tag{5.51}$$

### 5.4.6 可行方向法的终止准则

按可行方向法的原理，将设计点调整到约束面上后，需要判断位于约束面上的该设计点是否就是约束最优点。若是，则终止迭代过程；否则，还需要在该设计点产生新的可行方向，进入下一次迭代计算。可行方向法的迭代终止准则有以下两种。

(1) 设计点 $X^{(k)}$ 及约束容差 $\delta$ 满足

$$\begin{cases}|[\nabla f(X^{(k)})]^{T}S^{(k)}|\leqslant\varepsilon_1\\ \delta\leqslant\varepsilon_2\end{cases} \tag{5.52}$$

条件时，迭代终止。

(2) 设计点 $X^{(k)}$ 满足库恩－塔克(Kuhn-Tucker)条件

$$\begin{cases}\nabla f(X^{(k)})+\sum_{j=1}^{J}\lambda_j\nabla g_j(X^{(k)})=0\\ \lambda_j\geqslant 0\quad(j=1,2,\cdots,J)\end{cases} \tag{5.53}$$

时，迭代终止。

### 5.4.7 可行方向法的计算步骤

(1) 在可行域内选择一个初始点 $X^{(0)}$，给出约束容差 $\delta$ 和收敛精度值 $\varepsilon_1$，$\varepsilon_2$。

(2) 一般迭代格式为

$$X^{(k+1)}=X^{(k)}+\alpha S^{(k)}\quad(k=0,1,2,\cdots)$$

当 $k=0$ 时，$S^{(0)}=-\nabla f(X^{(0)})$，转向步骤(3)。

(3) 计算试验步长 $\alpha_t$，得试验点

$$\boldsymbol{X}^{(t)}=\boldsymbol{X}^{(k)}+\alpha_t\boldsymbol{S}^{(k)}$$

(4) 计算 $g_j(\boldsymbol{X}^{(t)})(j=1,2,\cdots,m)$ 值，并确定

$$g_k(\boldsymbol{X}^{(t)})=\max\{g_j(\boldsymbol{X}^{(t)})>0 \quad (j=1,2,\cdots,J)\}$$

(5) 若 $g_k(\boldsymbol{X}^{(t)})>0$，则用试探法或插值方法确定调整步长 $\alpha_S$，直到将 $\boldsymbol{X}^{(t)}$ 调整到约束面上，求得 $\boldsymbol{X}^{(k+1)}=\boldsymbol{X}^{(t)}$，令 $k\Leftarrow k+1$。

(6) 若 $g_k(\boldsymbol{X}^{(t)})<0$，则加大试验步长 $\alpha_t$，重新计算新的试验点 $\boldsymbol{X}^{(t)}$，直到 $\boldsymbol{X}^{(t)}$ 越出可行域，转向步骤(4)。

(7) 若 $-\delta\leqslant g_k(\boldsymbol{X}^{(t)})\leqslant 0$，则转向步骤(8)。

(8) 在新的设计点 $\boldsymbol{X}^{(k)}$ 处产生新的可行方向 $\boldsymbol{S}^{(k)}$。

(9) 若 $\boldsymbol{X}^{(k)}$ 点满足收敛条件

$$\begin{cases}|[\nabla f(\boldsymbol{X}^{(k)})]^{\mathrm{T}}\boldsymbol{S}^{(k)}|\leqslant\varepsilon_1\\ \delta\leqslant\varepsilon_2\end{cases}$$

则计算终止，约束最优解为 $\boldsymbol{X}^*=\boldsymbol{X}^{(k)}$，$f(\boldsymbol{X}^*)=f(\boldsymbol{X}^{(k)})$。否则，改变约束容差 $\delta$ 的值，即令

$$\delta^{(k)}=\begin{cases}\delta^{(k)} & (|[\nabla f(\boldsymbol{X}^{(k)})]^{\mathrm{T}}\boldsymbol{S}^{(k)}|>\varepsilon_1)\\ 0.5\delta^{(k)} & (|[\nabla f(\boldsymbol{X}^{(k)})]^{\mathrm{T}}\boldsymbol{S}^{(k)}|\leqslant\varepsilon_1)\end{cases} \tag{5.54}$$

转向步骤(2)。

可行方向法的计算框图如图 5.28 所示。

【例 5.4】 用可行方向法求约束优化问题

$$\min_{\boldsymbol{X}\in R^2} f(\boldsymbol{X})=x_1^2+x_2^2-x_1x_2-10x_1-4x_2+60$$

$$\begin{aligned}\text{s.t.}\quad & g_1(\boldsymbol{X})=-x_1\leqslant 0\\ & g_2(\boldsymbol{X})=-x_2\leqslant 0\\ & g_3(\boldsymbol{X})=x_1-6\leqslant 0\\ & g_4(\boldsymbol{X})=x_2-8\leqslant 0\\ & g_5(\boldsymbol{X})=x_1+x_2-11\leqslant 0\end{aligned}$$

的约束最优解。

**解** 为了进一步说明可行方向法的原理，求解时将先选用最佳步长法，后采用梯度投影法来确定可行方向，该问题的图解如图 5.29 所示。

取初始点 $\boldsymbol{X}^{(0)}=[0\quad 1]^{\mathrm{T}}$ 为约束边界 $g_1(\boldsymbol{X})=0$ 上的一点，第一次迭代用方向用线性规划法确定可行方向 $\boldsymbol{S}^{(0)}$，为此，首先计算 $\boldsymbol{X}^{(0)}$ 点的目标函数 $f(\boldsymbol{X}^{(0)})$ 和约束函数 $g_1(\boldsymbol{X}^{(0)})$ 的梯度

$$\nabla f(\boldsymbol{X}^{(0)})=\begin{bmatrix}2x_1-x_2-10\\ 2x_2-x_1-4\end{bmatrix}_{\boldsymbol{X}^{(0)}}=\begin{bmatrix}-11\\ -2\end{bmatrix}$$

$$\nabla g_1(\boldsymbol{X}^{(0)})=\begin{bmatrix}-1\\ 0\end{bmatrix}$$

为在可行下降扇形区内确定最优方向，需求解一个以可行方向 $\boldsymbol{S}=[S^{(1)}\quad S^{(2)}]^{\mathrm{T}}$ 为设计变量的线性规划问题，其数学模型为

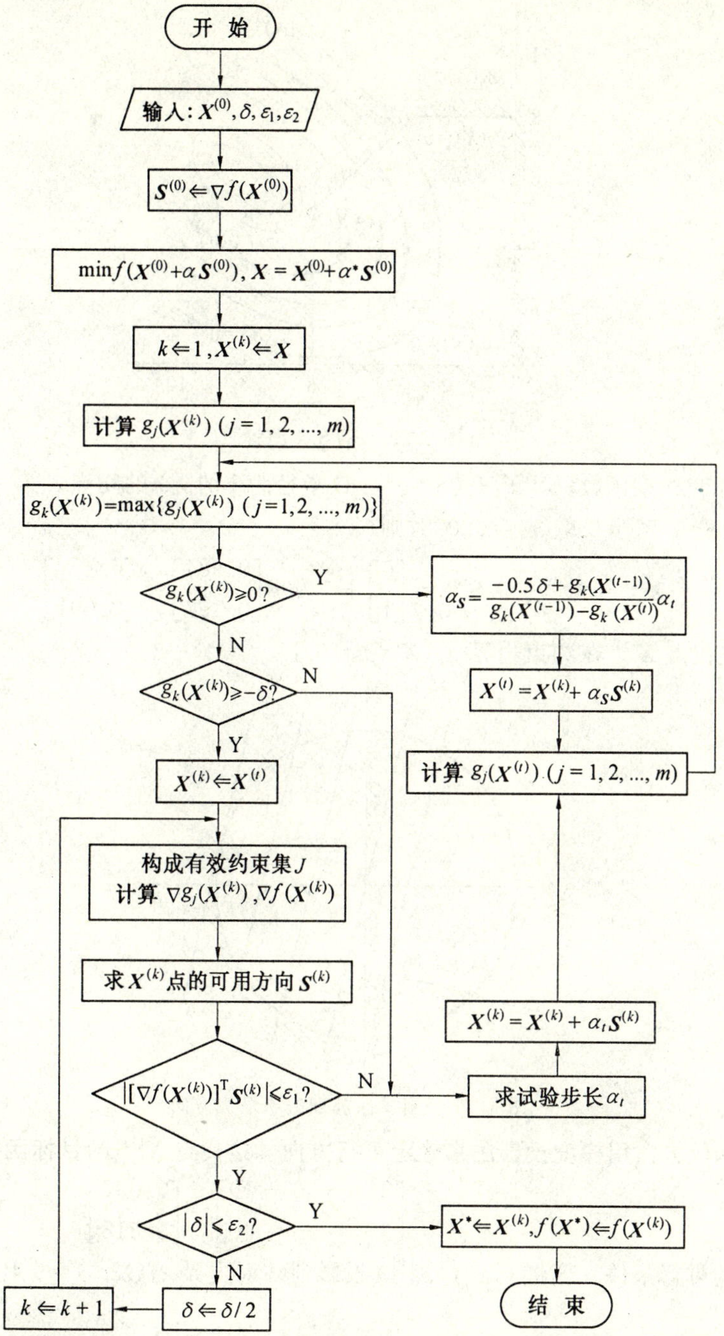


图 5.28 可行方向法程序框图

$$\min[\nabla f(X^{(0)})]^T S=-11S^{(1)}-2S^{(2)}$$

$$\text{s.t.}\quad [\nabla g_1 X^{(0)}]^T S=-S^{(1)}\leqslant0$$

$$[\nabla f(X^{(0)})]^T S=-11S^{(1)}-2S^{(2)}\leqslant0$$

$$(S^{(1)})^2+(S^{(2)})^2\leqslant0$$

现用图解法求解，如图 5.30 所示，最优方向是 $S^*=[0.984\quad 0.179]^T$，它是目标函数等

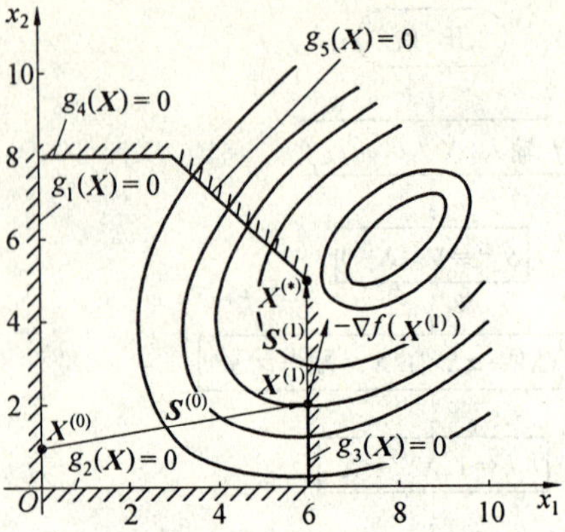


图 5.29 例 5.4 图解

值线(直线族)和约束函数$(S^{(1)})^2+(S^{(2)})^2=1$(半径为1的圆)的切点。第一次迭代的可行方向为$\boldsymbol{S}^{(0)}=\boldsymbol{S}^*$。若步长取$\alpha_0=6.098$,则

$$\boldsymbol{X}^{(1)}=\boldsymbol{X}^{(0)}+\alpha_0\boldsymbol{S}^{(0)}=\begin{bmatrix}0\\1\end{bmatrix}+6.098\begin{bmatrix}0.984\\0.197\end{bmatrix}=\begin{bmatrix}6\\2.091\end{bmatrix}$$

可见第一次迭代点$\boldsymbol{X}^{(1)}$在约束边界$g_3(\boldsymbol{X}^{(1)})=0$上。

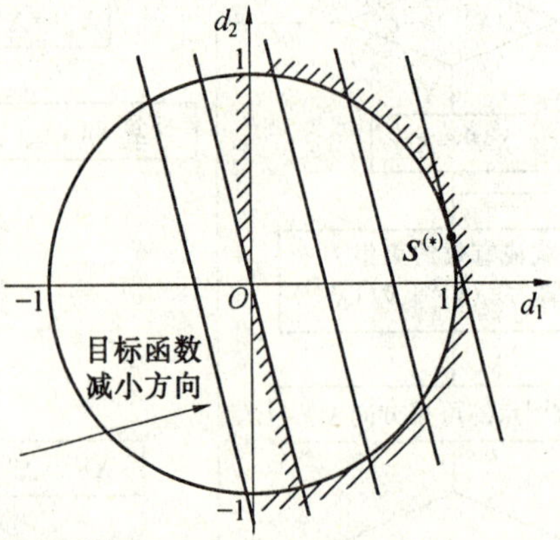


图 5.30 用线性规划法求最优方向

第二次迭代方向用梯度投影法来确定可行方向。迭代点$\boldsymbol{X}^{(1)}$的目标函数的负梯度

$$-\nabla f(\boldsymbol{X}^{(1)})=-\begin{bmatrix}2x_1-x_2-10\\2x_2-x_1-4\end{bmatrix}=\begin{bmatrix}0.092\\5.818\end{bmatrix}$$

不满足方向的可行条件。现将$-\nabla f(\boldsymbol{X}^{(1)})$投影到约束边界$g_3(\boldsymbol{X}^{(1)})=0$上,按式(5.42)计算投影算子$\boldsymbol{P}$

$$\boldsymbol{P}=\boldsymbol{I}-\nabla g_3(\boldsymbol{X}^{(1)})\{[\nabla g_3(\boldsymbol{X}^{(1)})]^{\mathrm T}\nabla g_3(\boldsymbol{X}^{(1)})\}^{-1}[\nabla g_3(\boldsymbol{X}^{(1)})]^{\mathrm T}=$$

$$\begin{bmatrix}1&0\\0&1\end{bmatrix}-\begin{bmatrix}1\\0\end{bmatrix}\left\{\begin{bmatrix}1&0\end{bmatrix}\begin{bmatrix}1\\0\end{bmatrix}\right\}^{-1}\begin{bmatrix}1&0\end{bmatrix}=\begin{bmatrix}0&0\\0&1\end{bmatrix}$$

由此,按式(5.41)可计算本次迭代的可行方向,即

$$\boldsymbol{S}^{(1)}=\frac{-\boldsymbol{P}\nabla f(\boldsymbol{X}^{(1)})}{\|\boldsymbol{P}\nabla f(\boldsymbol{X}^{(1)})\|}=\frac{\begin{bmatrix}0&0\\0&1\end{bmatrix}\begin{bmatrix}0.092\\5.818\end{bmatrix}}{\sqrt{5.818^2}}=\begin{bmatrix}0\\1\end{bmatrix}$$

显然，$S^{(1)}$ 为约束边界 $g_3(X^{(1)})=0$ 的方向。若取 $\alpha_1=2.909$，则本次迭代点为

$$X^{(2)}=X^{(1)}+\alpha_1 S^{(1)}=\begin{bmatrix}6\\2.091\end{bmatrix}+2.909\begin{bmatrix}0\\1\end{bmatrix}=\begin{bmatrix}6\\5\end{bmatrix}$$

即为该问题的约束最优点 $X^*$，则得约束最优解为

$$X^*=\begin{bmatrix}6\\5\end{bmatrix},f(X^*)=11$$

## 5.5 惩罚函数法

目前，对于无约束优化方法的研究要比对约束优化方法的研究更为完善和成熟，并建立起了许多有效的、可靠的算法。如果能通过某种办法对约束条件加以处理，将约束优化问题转化成无约束优化问题，这样就可以直接用无约束优化方法来求解约束优化问题，但是，这种转化必须满足如下两个前提条件。

(1) 不能破坏原约束优化问题的约束条件；

(2) 最优解必须归结到原约束优化问题的最优解上。

这种将约束优化问题转化成无约束优化问题，然后用无约束优化方法来求解约束优化问题的方法就是约束优化设计问题求解的间接解法。

惩罚函数法是一种使用很广泛、很有效的求解约束优化问题的间接解法，其特点是基本构思简单，可求解等式约束、不等式约束以及两种约束兼有的优化问题。

### 5.5.1 惩罚函数法的基本原理

惩罚函数法的基本原理是将约束优化问题

$$\begin{cases}\min\limits_{X\in R^n} f(X)\\ \text{s.t.}\quad g_j(X)\leqslant 0\quad (j=1,2,\cdots,m)\\ \qquad\ \ h_k(X)=0\quad (k=1,2,\cdots,l<n)\end{cases}\tag{5.55}$$

中的不等式和等式约束函数经过加权转化后，和原目标函数结合成新的目标函数 —— 惩罚函数(Penalty Function)，即

$$\Phi(X,r_1^{(k)},r_2^{(k)})=f(X)+r_1^{(k)}\sum_{j=1}^{m}G[g_j(X)]+r_2^{(k)}\sum_{k=1}^{l}H[h_k(X)]\tag{5.56}$$

即将约束优化问题式(5.55) 转化成

$$\min_{X\in R^n}\Phi(X,r_1^{(k)},r_2^{(k)})\tag{5.57}$$

的无约束优化问题，通过求解式(5.57) 的无约束优化问题，以期得到式(5.55) 原约束优化问题的最优解。为此，需要按一定的法则改变加权因子 $r_1^{(k)}$ 和 $r_2^{(k)}$ 的值，构成一系列无约束优化问题，求得一系列的无约束最优解，并不断地逼近原约束优化问题式(5.55) 的最优解。因此惩罚函数法又称序列无约束极小化方法，即 SUMT(Sequential Unconstrained Minimization Technique) 法。

式(5.56) 中的 $r_1^{(k)}\sum\limits_{j=1}^{m}G[g_j(X)]$ 和 $r_2^{(k)}\sum\limits_{k=1}^{l}H[h_k(X)]$，根据它们在惩罚函数中的作用，分别称为障碍项和惩罚项。障碍项的作用是当迭代点在可行域内时，在迭代过程中将阻止

迭代点越出可行域；惩罚项的作用是当迭代点在非可行域或不满足等式约束条件时，在迭代过程中将迫使迭代点逼近约束边界或等式约束面。

根据惩罚函数在迭代过程中迭代点是否为可行点，惩罚函数法又分为内点惩罚函数法(Inner Point Method)简称内点法、外点惩罚函数法(Outer Point Method)简称外点法和混合惩罚函数法(Mixed Method)三种。

### 5.5.2 内点惩罚函数法

内点法是将惩罚函数定义于可行域内，序列迭代点在可行域内逐步逼近约束边界上的最优点。内点法只能求解具有不等式约束的优化问题。

1. 内点法惩罚函数的形式

对于只有不等式约束的优化问题

$$\begin{cases} \min\limits_{\boldsymbol{X}\in R^n} f(\boldsymbol{X}) \\ \text{s.t.} \quad g_j(\boldsymbol{X}) \leqslant 0 \quad (j=1,2,\cdots,m) \end{cases} \tag{5.58}$$

转化后的惩罚函数的形式为

$$\Phi(\boldsymbol{X},r^{(k)}) = f(\boldsymbol{X}) - r^{(k)}\sum_{j=1}^{m}\frac{1}{g_j(\boldsymbol{X})} \tag{5.59}$$

或

$$\Phi(\boldsymbol{X},r^{(k)}) = f(\boldsymbol{X}) - r^{(k)}\sum_{j=1}^{m}\ln[-g_j(\boldsymbol{X})] \tag{5.60}$$

式中 $r^{(k)}$—— 惩罚因子，它满足如下关系：

$$r^{(0)} > r^{(1)} > r^{(2)} > \cdots \to 0 \text{ 和 } \min_{k\to\infty} r^{(k)} \to 0 \tag{5.61}$$

$r^{(k)}\sum\limits_{j=1}^{m}\dfrac{1}{g_j(\boldsymbol{X})}$ 或 $r^{(k)}\sum\limits_{j=1}^{m}\ln[-g_j(\boldsymbol{X})]$—— 障碍项。

由于内点法的迭代过程在可行域内进行，障碍项的作用是阻止迭代点越出可行域。由障碍项的函数形式可知，当迭代点趋向于边界时，起作用约束函数的值趋近于0，导致障碍项的值陡然增加，并趋近于无穷大，这就好像在可行域边界上筑起了一道"围墙"，使迭代点始终在可行域内，因此，也只有当惩罚因子 $r^{(k)}$ 趋近于0时，才能求得约束边界上的最优解。

2. 内点法的基本原理

现在用一个简单的例子来说明内点法的基本原理。

【例 5.5】 用内点法求约束优化问题

$$\min_{\boldsymbol{X}\in R^2} f(\boldsymbol{X}) = x_1^2 + x_2^2$$

$$\text{s.t.} \quad g(\boldsymbol{X}) = 1 - x_1 \leqslant 0$$

的最优解。

**解** 如图 5.31 所示，该约束优化问题的最优点为 $\boldsymbol{X}^* = [1 \quad 0]^{\mathrm{T}}$，它是目标函数等值线$(x_1^2 + x_2^2 = 1)$和约束函数直线$(1 - x_1 = 0)$的切点，最优值为 $f(\boldsymbol{X}^*) = 1$。

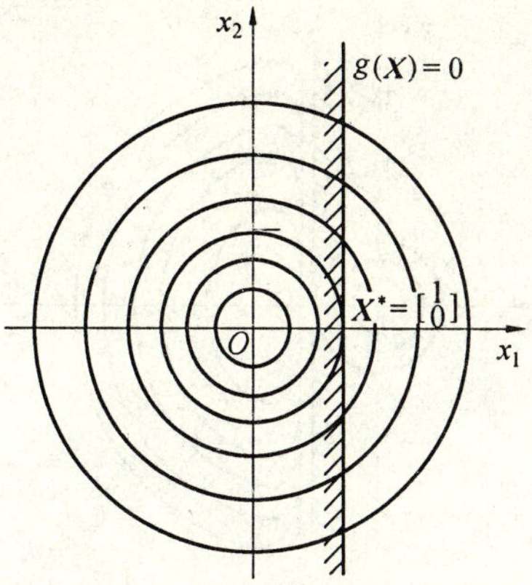


图5.31 例5.5图解

用内点法求解该约束优化问题时，首先按式(5.60)构造内点惩罚函数

$$\Phi(\boldsymbol{X},r^{(k)})=x_1^2+x_2^2-r^{(k)}\ln[-(1-x_1)]$$

对于任意给定的惩罚因子 $r^{(k)}>0$，惩罚函数 $\Phi(\boldsymbol{X},r^{(k)})$ 为凸函数，可以用解析法求 $\Phi(\boldsymbol{X},r^{(k)})$ 的极小值，即令 $\nabla\Phi(\boldsymbol{X},r^{(k)})=0$，得

$$\begin{cases}\dfrac{\partial\Phi(\boldsymbol{X},r^{(k)})}{\partial x_1}=2x_1-\dfrac{r^{(k)}}{x_1-1}=0\\[2ex]\dfrac{\partial\Phi(\boldsymbol{X},r^{(k)})}{\partial x_2}=2x_2=0\end{cases}$$

联立求解得

$$\begin{cases}x_1(r^{(k)})=\dfrac{1\pm\sqrt{1+2r^{(k)}}}{2}\\[2ex]x_2(r^{(k)})=0\end{cases}$$

由于 $x_1(r^{(k)})=\dfrac{1-\sqrt{1+2r^{(k)}}}{2}$ 不满足约束条件 $g(\boldsymbol{X})=1-x_1\leqslant 0$，应舍去，所以无约束最优点为

$$\begin{cases}x_1^*(r^{(k)})=\dfrac{1+\sqrt{1+2r^{(k)}}}{2}\\[2ex]x_2^*(r^{(k)})=0\end{cases}$$

当 $r^{(k)}=4$ 时，$\boldsymbol{X}^*(r^{(k)})=[2\quad 0]^{\mathrm{T}}$，$f(\boldsymbol{X}^*(r^{(k)}))=4$；

当 $r^{(k)}=1.2$ 时，$\boldsymbol{X}^*(r^{(k)})=[1.422\quad 0]^{\mathrm{T}}$，$f(\boldsymbol{X}^*(r^{(k)}))=2.022$；

当 $r^{(k)}=0.36$ 时，$\boldsymbol{X}^*(r^{(k)})=[1.156\quad 0]^{\mathrm{T}}$，$f(\boldsymbol{X}^*(r^{(k)}))=1.336$；

当 $r^{(k)}\to 0$ 时，$\boldsymbol{X}^*(r^{(k)})=[1\quad 0]^{\mathrm{T}}$，$f(\boldsymbol{X}^*(r^{(k)}))=1$。

由计算可知，当 $r^{(k)}$ 值逐渐减小，直至趋近于0时，$\boldsymbol{X}^*(r^{(k)})$ 逼近原问题的约束最优解。

图5.32给出了惩罚因子 $r^{(k)}=4,1.2,0.36$ 时，惩罚函数 $\Phi(\boldsymbol{X},r^{(k)})$ 的等值线。从图中可以清楚地看出，当 $r^{(k)}$ 值逐渐减小时，无约束最优点 $\boldsymbol{X}^*(r^{(k)})$ 的序列，是在可行域内逐步逼近原问题的约束最优解。

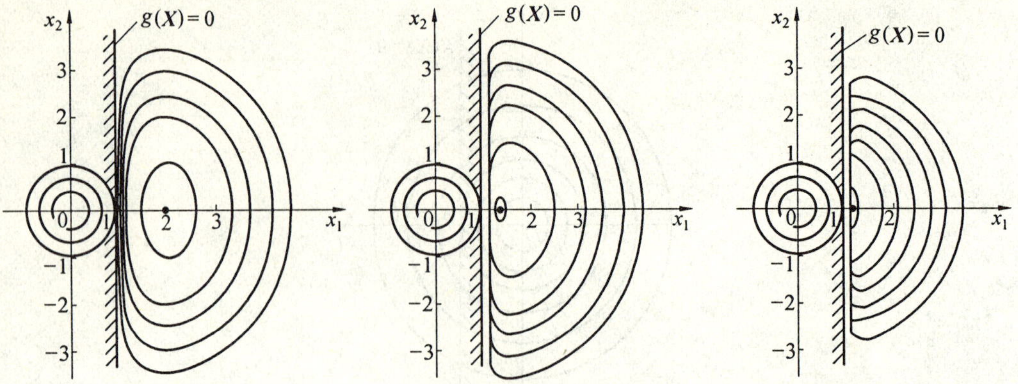


(a) $r^{(k)}=4, X^{*}r^{(k)}=\begin{bmatrix}2\\0\end{bmatrix}$　(b) $r^{(k)}=1.2, X^{*}r^{(k)}=\begin{bmatrix}1.422\\0\end{bmatrix}$　(c) $r^{(k)}=0.36, X^{*}(r^{(k)})=\begin{bmatrix}1.156\\0\end{bmatrix}$

图 5.32　内点惩罚函数的极小点向最优点逼近

3. 应用内点法应注意的几个问题

(1) 初始点 $\boldsymbol{X}^{(0)}$ 的选择。因为内点法将惩罚函数定义于可行域内，故要求初始点 $\boldsymbol{X}^{(0)}$ 严格满足全部约束条件，且应避免位于边界上，即应使 $g_j(\boldsymbol{X})<0(j=1,2,\cdots,m)$。这样做的目的是为了避免由于构造的惩罚函数中的障碍项的值很大而变得畸形，使求解无约束优化问题发生困难。在机械优化设计中，只要不顾及惩罚函数值的大小，人为确定满足上述条件的初始点 $\boldsymbol{X}^{(0)}$ 通常是可以做到的。例如在对原有机械进行优化改进设计时，可以以原有机械的有关参数作为初始点 $\boldsymbol{X}^{(0)}$。对于较复杂的新产品的优化设计，当约束条件较多且函数性态较复杂时，人为确定一个严格的可行内点就比较困难，此时常利用随机数来生成初始点 $\boldsymbol{X}^{(0)}$，该方法在本章已介绍过。

(2) 初始惩罚因子 $r^{(0)}$ 的选择。初始惩罚因子 $r^{(0)}$ 值的确定应适当，否则会影响迭代计算的正常进行。一般来说，当 $r^{(0)}$ 值很小时，由图 5.32(c) 可见，其惩罚函数的等值线在约束边界附近会出现狭窄“谷地”。在这种情况下，无论采用什么样的无约束优化方法，惩罚函数都难于收敛于最优点；相反，若 $r^{(0)}$ 值选得很大时，又会增加惩罚函数的无约束求解次数。事实上，由于惩罚函数的多样化，使得 $r^{(0)}$ 的取值相当困难，目前尚无一定的有效方法。对于不同的惩罚函数，都要经过多次试算，才能确定一个适当的 $r^{(0)}$。下面两种方法可以作为 $r^{(0)}$ 试算取值的方法。

① 取 $r^{(0)}=1$，根据试算结果，决定增加或减小 $r^{(0)}$ 的值。

② 按经验公式

$$r^{(0)}=\left|\frac{f(\boldsymbol{X}^{(0)})}{\sum_{j=1}^{m}\frac{1}{g_j(\boldsymbol{X}^{(0)})}}\right| \tag{5.62}$$

计算 $r^{(0)}$ 值。这样确定的 $r^{(0)}$，可使惩罚函数中的障碍项和原目标函数的值大致相等，不会因障碍项的值太大而起主导作用，也不会因障碍项的值太小而被忽略。

(3) 惩罚因子递减系数 $c$ 的选择。在构造序列惩罚函数时，惩罚因子 $r^{(k)}$ 是一个逐次递减到 0 的数列，相邻两次迭代的惩罚因子之间关系为

$$r^{(k+1)}=cr^{(k)}\quad(k=0,1,2,\cdots) \tag{5.63}$$

式中　$c$—— 惩罚因子递减系数，$0<c<1$。

一般认为 $c$ 值的大小在迭代过程中不起决定性作用，但也不可以掉以轻心。若 $c$ 值太小，惩罚因子会下降过快，前后两次无约束最优点之间间距较大，有可能使后一次无约束优化本身的迭代次数增加，且序列最优点的距离过大，对向约束最优点逼近不利；若 $c$ 值太大，惩罚因子下降过慢，无约束求解次数将增多，建议取 $0.1 < c < 0.7$。

(4) 终止准则。内点法的终止准则为

$$\| \boldsymbol{X}^*(r^{(k)}) - \boldsymbol{X}^*(r^{(k-1)}) \| \leqslant \varepsilon_1 \tag{5.64}$$

$$\left| \frac{\Phi(\boldsymbol{X}^*(r^{(k)}), r^{(k)}) - \Phi(\boldsymbol{X}^*(r^{(k-1)}), r^{(k-1)})}{\Phi(\boldsymbol{X}^*(r^{(k-1)}), r^{(k-1)})} \right| \leqslant \varepsilon_2 \tag{5.65}$$

式(5.64)说明相邻两次迭代的最优点已充分接近，即小于 $\varepsilon_1 = 10^{-5} \sim 10^{-7}$。式(5.65)说明相邻两次迭代的惩罚函数值的相对变化量充分小，即小于 $\varepsilon_2 = 10^{-3} \sim 10^{-4}$。满足终止准则的无约束最优点 $\boldsymbol{X}^*(r^{(k)})$ 已逼近原问题的约束最优点，终止迭代。原约束优化问题的最优解为

$$\boldsymbol{X}^* = \boldsymbol{X}^*(r^{(k)}), f(\boldsymbol{X}^*) = f(\boldsymbol{X}^*(r^{(k)}))$$

4. 内点法的计算步骤

(1) 选取适当的初始惩罚因子 $r^{(0)}$，递减系数 $c$，计算精度 $\varepsilon_1$、$\varepsilon_2$。

(2) 在可行域内选择一个初始点 $\boldsymbol{X}^{(0)}$，令 $k \Leftarrow 0$。

(3) 构造惩罚函数 $\Phi(\boldsymbol{X}, r^{(k)})$，选择适当的无约束优化方法，从 $\boldsymbol{X}^{(k)}$ 点出发，求

$$\min_{X \in R^n} \Phi(\boldsymbol{X}, r^{(k)})$$

的最优点 $\boldsymbol{X}^*(r^{(k)})$。

(4) 用式(5.64)及式(5.65)判别迭代是否终止，若满足终止准则，则终止迭代计算，并以 $\boldsymbol{X}^*(r^{(k)})$，$f(\boldsymbol{X}^*(r^{(k)}))$ 作为原问题的约束最优解；否则，转向下一步。

(5) 计算 $r^{(k+1)} \Leftarrow c r^{(k)}$，$\boldsymbol{X}^{(0)} \Leftarrow \boldsymbol{X}^*(r^{(k)})$，$k \Leftarrow k+1$，转向步骤(3)。

内点法的程序框图如图5.33所示，其中 $R$ 为预先给定的某个实数，当惩罚因子 $r$ 大于此值时，不需经过终止准则的判断。

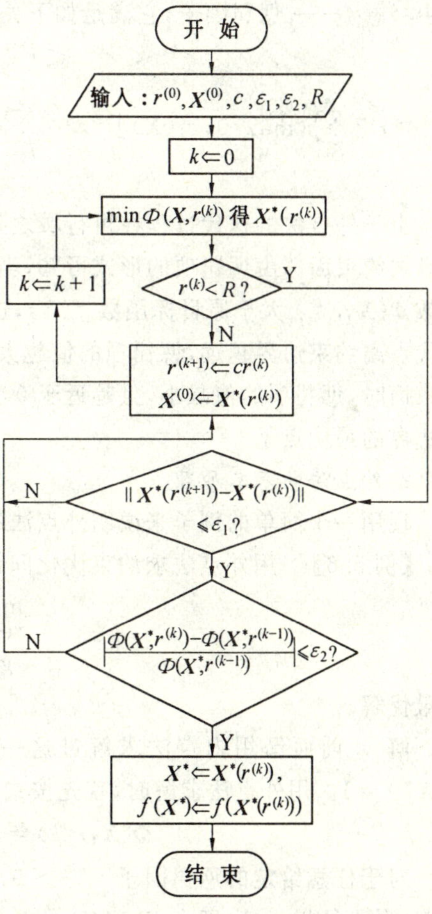

图 5.33 内点法程序框图

内点法有一个突出的优点，就是当给定一可行方案之后，通过迭代计算，可给出一系列逐步改进的可行设计方案。因此，只要实际设计要求允许，就可以选择其中任何一个无约束最优点 $\boldsymbol{X}^*(r^{(k)})$ 作为原问题的设计方案，而不一定选取最后的约束最优点 $\boldsymbol{X}^*$ 作为原问题的设计方案，这样，一方面扩大了设计人员选择方案的余地，另一方面也可使所选的设计方案留有一定的储备能力。

### 5.5.3 外点惩罚函数法

外点法与内点法相反，惩罚函数定义在可行域之外，序列迭代点从可行域之外逐渐逼近约束边界上的最优点。外点法可以用来求解含有不等式和等式约束的优化问题。

1. 外点法惩罚函数的形式

对于式(5.55)所示的一般约束优化问题

$$\min_{\boldsymbol{X}\in R^n} f(\boldsymbol{X})$$

$$\text{s.t.}\quad g_j(\boldsymbol{X})\leqslant 0\quad (j=1,2,\cdots,m)$$

$$h_k(\boldsymbol{X})=0\quad (k=1,2,\cdots,l<n)$$

转化后的惩罚函数形式为

$$\Phi(\boldsymbol{X},r^{(k)})=f(\boldsymbol{X})+r^{(k)}\sum_{j=1}^{m}\{\max[0,g_j(\boldsymbol{X})]\}^2+r^{(k)}\sum_{k=1}^{l}[h_k(\boldsymbol{X})]^2 \tag{5.66}$$

式中 $r^{(k)}$——惩罚因子，它满足如下关系：

$$r^{(0)}<r^{(1)}<r^{(2)}<\cdots\to\infty \text{ 和} \lim_{k\to\infty} r^{(k)}\to\infty \tag{5.67}$$

$r^{(k)}\sum_{j=1}^{m}\{\max[0,g_j(\boldsymbol{X})]\}^2$，$r^{(k)}\sum_{k=1}^{l}[h_k(\boldsymbol{X})]^2$——对应于不等式约束和等式约束的惩罚项。

由于外点法的迭代过程在可行域之外进行，惩罚项的作用是迫使迭代点逼近约束边界或等式约束面。由惩罚项的形式可知，当迭代点 $\boldsymbol{X}$ 不可行时，惩罚项的值大于0，使得惩罚函数 $\Phi(\boldsymbol{X},r^{(k)})$ 大于原目标函数 $f(\boldsymbol{X})$，这可看成是对迭代点不满足约束条件的一种惩罚。迭代点离约束边界越远，惩罚项的值越大，惩罚越重。但当迭代点不断接近约束边界和等式约束面时，惩罚项的值减小，且趋近于0，惩罚项的惩罚作用逐渐消失，迭代点也就趋近于约束边界的最优点了。

2. 外点法的基本原理

现用一个简单的例子来说明外点法的基本原理。

**【例 5.6】** 用外点法求约束优化问题

$$\min_{\boldsymbol{X}\in R^2} f(\boldsymbol{X})=x_1^2+x_2^2$$

$$\text{s.t.}\quad g(\boldsymbol{X})=1-x_1\leqslant 0$$

的最优解。

**解** 前面已用内点法求解过这一约束优化问题，其约束最优解为 $\boldsymbol{X}^*=[1\quad 0]^{\mathrm{T}}$，$f(\boldsymbol{X}^*)=1$。用外点法求解时，首先按式(5.66)构造外点惩罚函数

$$\Phi(\boldsymbol{X},r^{(k)})=x_1^2+x_2^2+r^{(k)}(1-x_1)^2$$

对于任意给定的惩罚因子 $r^{(k)}>0$，惩罚函数 $\Phi(\boldsymbol{X},r^{(k)})$ 为凸函数。可以用解析法求 $\Phi(\boldsymbol{X},r^{(k)})$ 的极小值，即令 $\nabla\Phi(\boldsymbol{X},r^{(k)})=0$，得

$$\begin{cases}\dfrac{\partial\Phi(\boldsymbol{X},r^{(k)})}{\partial x_1}=2x_1-2r^{(k)}(1-x_1)=0\\[2ex]\dfrac{\partial\Phi(\boldsymbol{X},r^{(k)})}{\partial x_2}=2x_2=0\end{cases}$$

联立求解得

$$\begin{cases} x_1^*(r^{(k)})=\dfrac{r^{(k)}}{1+r^{(k)}} \\ x_2^*(r^{(k)})=0 \end{cases}$$

当 $r^{(k)}=0.3$ 时，$\boldsymbol{X}^*(r^{(k)})=[0.231\quad 0]^{\mathrm{T}}$，$f(\boldsymbol{X}^*(r^{(k)}))=0.053$；

当 $r^{(k)}=1.5$ 时，$\boldsymbol{X}^*(r^{(k)})=[0.6\quad 0]^{\mathrm{T}}$，$f(\boldsymbol{X}^*(r^{(k)}))=0.36$；

当 $r^{(k)}=7.5$ 时，$\boldsymbol{X}^*(r^{(k)})=[0.822\quad 0]^{\mathrm{T}}$，$f(\boldsymbol{X}^*(r^{(k)}))=0.78$；

当 $r^{(k)}\to\infty$ 时，$\boldsymbol{X}^*(r^{(k)})=[1\quad 0]^{\mathrm{T}}$，$f(\boldsymbol{X}^*(r^{(k)}))=1$。

由计算可知，当 $r^{(k)}$ 值逐渐增大，直至趋近于 $\infty$ 时，$\boldsymbol{X}^*(r^{(k)})$ 逼近原问题的约束最优解。

图 5.34 给出了惩罚因子 $r^{(k)}=0.3,1.5,7.5$ 时，惩罚函数 $\Phi(\boldsymbol{X},r^{(k)})$ 的等值线。从图中可以清楚地看出，当 $r^{(k)}$ 值逐渐增大时，无约束最优点 $\boldsymbol{X}^*(r^{(k)})$ 的序列，是在可行域之外逐步逼近原问题的约束最优解。

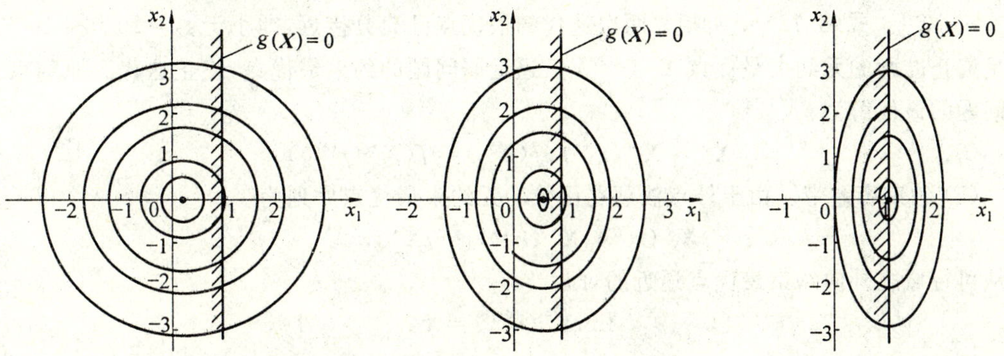


(a) $r^{(k)}=0.3$, $\boldsymbol{X}^*(r^{(k)})=\begin{bmatrix}0.231\\0\end{bmatrix}$　(b) $r^{(k)}=1.5$, $\boldsymbol{X}^*(r^{(k)})=\begin{bmatrix}0.6\\0\end{bmatrix}$　(c) $r^{(k)}=7.5$, $\boldsymbol{X}^*(r^{(k)})=\begin{bmatrix}0.882\\0\end{bmatrix}$

图 5.34　外点惩罚函数的极小点向最优点逼近

3. *应用外点法应注意的几个问题*

(1) 初始点 $\boldsymbol{X}^{(0)}$ 的选择。外点法的初始点 $\boldsymbol{X}^{(0)}$ 可以任意选择，因为不论初始点 $\boldsymbol{X}^{(0)}$ 选在可行域内还是在可行域之外，只要目标函数 $f(\boldsymbol{X})$ 的无约束极值点不在可行域内，其惩罚函数 $\Phi(\boldsymbol{X},r^{(k)})$ 的极值点均在可行域之外。这样，当惩罚因子 $r^{(k)}$ 增大的倍数不是太大时，用前一次求得的无约束极值点 $\boldsymbol{X}^{(0)}(r^{(k-1)})$ 作为下次求 $\min\Phi(\boldsymbol{X},r^{(k)})$ 的初始点 $\boldsymbol{X}^{(0)}$，对于加快搜索速度是很有好处的，特别是对于采用具有二次收敛的无约束最优化方法，若初始点离极值点越近，则其收敛速度越快。

(2) 初始惩罚因子 $r^{(0)}$ 的选择。初始惩罚因子 $r^{(0)}$ 值选择得适当与否，对于顺利使用外点法求解约束优化问题是有影响的。如果一开始就选择相当大的 $r^{(0)}$ 值，会使惩罚函数 $\Phi(\boldsymbol{X},r^{(k)})$ 的等值线形状变形或偏心，造成求惩罚函数 $\Phi(\boldsymbol{X},r^{(k)})$ 的极值很困难。因为在这种情况下，任何微小步长的误差和搜索方向的变动，都会使计算过程很不稳定，甚至找不到最优点。若 $r^{(0)}$ 值取得过小，虽然可以使求解极值点变得容易些，但由于是 $r^{(k)}$ 趋近于相当大值时才能达到约束边界，取得约束最优解，这就会增加迭代次数，使收敛速度减慢。

经验表明，取 $r^{(0)}=1$ 常常可以取得满意的结果，有时也按下式计算：

$$r^{(0)}=\max\{r_j^{(0)}\quad(j=1,2,\cdots,m)\}\tag{5.68}$$

式中

$$r_j^{(0)}=\frac{0.02}{mg_j(\boldsymbol{X}^{(0)})f(\boldsymbol{X}^{(0)})}\quad (j=1,2,\cdots,m) \tag{5.69}$$

(3) 惩罚因子递增系数 $C$ 的选择。在外点法中，惩罚因子 $r^{(k)}$ 是一个逐渐递增的数列，相邻两次迭代的惩罚因子之间的关系为

$$r^{(k+1)}=Cr^{(k)}\quad (k=0,1,2,\cdots) \tag{5.70}$$

式中 $C$—— 惩罚因子递增系数，$C>1.0$。

关于惩罚因子递增系数 $C$ 的取值，一般来说，对算法的成败和速度影响不太显著，通常可根据目标函数的性质，在试算过程中做出适当的调整，并且可取 $C=5\sim10$。

(4) 终止准则。外点法的终止准则为

$$Q=\max\{g_j(\boldsymbol{X}^*(r^{(k)}))(j=1,2,\cdots,J)\}\leqslant\varepsilon_1 \tag{5.71}$$

$$\|\boldsymbol{X}^*(r^{(k)})-\boldsymbol{X}^*(r^{(k-1)})\|\leqslant\varepsilon_2 \tag{5.72}$$

式(5.71) 说明无约束最优点 $\boldsymbol{X}^*(r^{(k)})$ 离起作用约束面的最大距离已充分小，即小于 $\varepsilon_1=10^{-3}\sim10^{-4}$。式(5.72) 说明相邻两次迭代的最优点已充分接近，即小于 $\varepsilon_2=10^{-5}\sim10^{-7}$。满足终止准则的无约束最优点 $\boldsymbol{X}^*(r^{(k)})$ 已逼近原问题的约束最优点，终止迭代。原约束优化问题的最优解为

$$\boldsymbol{X}^*=\boldsymbol{X}^*(r^{(k)}),f(\boldsymbol{X}^*)=f(\boldsymbol{X}^*(r^{(k)}))$$

(5) 约束容差带。由于外点法惩罚函数的无约束最优点序列为

$$\boldsymbol{X}^*(r^{(0)}),\boldsymbol{X}^*(r^{(1)}),\cdots,\boldsymbol{X}^*(r^{(k)})$$

是从可行域之外向约束最优点逼近的，即

$$\lim_{k\to\infty}\boldsymbol{X}^*(r^{(k)})=\boldsymbol{X}^*$$

所以按式(5.71) 和式(5.72) 的终止准则来结束计算过程，只能取得一个接近于可行域的非可行设计方案。当要求严格满足不等式约束条件(如强度、刚度等性能约束) 时，为了最终能取得一个可行的最优设计方案，必须在约束边界的可行域一侧加一条容差带 ——$\delta$，这就是说，定义新的约束条件

$$g'_j(\boldsymbol{X})=g_j(\boldsymbol{X})+\delta\leqslant0\quad (j=1,2,\cdots,m) \tag{5.73}$$

如图 5.35 所示，这样可以用新的约束函数来构造惩罚函数，求其最优点，取得最优设计方案 $\boldsymbol{X}^*$，可以使原不等式约束条件得到严格的满足，即 $g_j(\boldsymbol{X})\leqslant0\quad(j=1,2,\cdots,m)$。当然 $\delta$ 值不宜选取过大，以免所得结果与约束最优点相差过远，一般取 $\delta=10^{-3}\sim10^{-4}$。

4. 外点法的计算步骤

(1) 选择一个适当的初始惩罚因子 $r^{(0)}$ 值，初始点 $\boldsymbol{X}^{(0)}$，递增系数 $C$ 以及计算精度 $\varepsilon_1$、$\varepsilon_2$，令 $k\Leftarrow0$。

(2) 构造惩罚函数 $\Phi(\boldsymbol{X},r^{(k)})$，选择适当的无约束优化方法，从 $\boldsymbol{X}^{(k)}$ 点出发，求

$$\min_{X\in R^n}\Phi(\boldsymbol{X},r^{(k)})$$

的最优点 $\boldsymbol{X}^*(r^{(k)})$。

(3) 用式(5.71) 及式(5.72) 判别迭代是否终止，若满足终止准则，则终止迭代计算，并以 $\boldsymbol{X}^*(r^{(k)}),f(\boldsymbol{X}^*(r^{(k)}))$ 作为原问题的约束最优解；否则转向下一步。

(4) 计算 $r^{(k+1)}\Leftarrow Cr^{(k)},\boldsymbol{X}^{(0)}\Leftarrow\boldsymbol{X}^*(r^{(k)}),k\Leftarrow k+1$，转向步骤(2)。

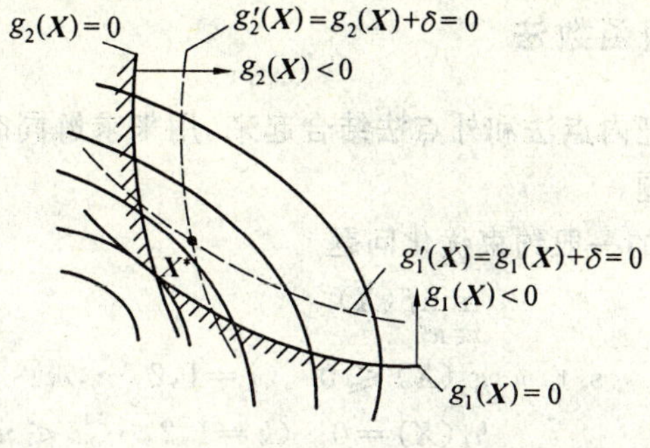


图 5.35　用约束容差带 ——δ 取得可行设计方案

外点法的程序框图如图 5.36 所示，图中 $R$ 表示是否进行终止准则判断的一个控制量，其目的是为了前面几次迭代时不经过终止准则判断，以提高计算速度。

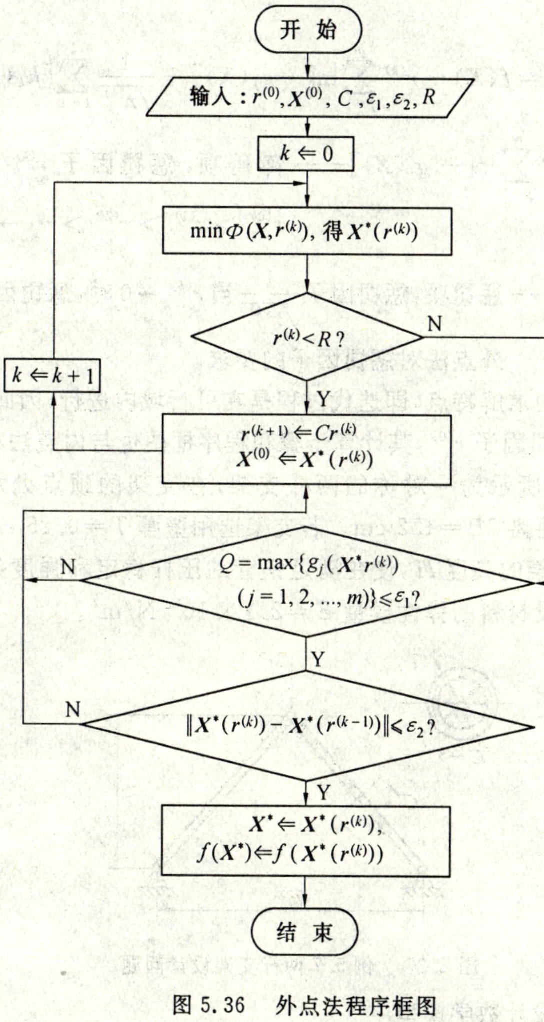


图 5.36　外点法程序框图

### 5.5.4 混合惩罚函数法

混合惩罚函数法是把内点法和外点法结合起来，用来求解同时具有等式约束函数和不等式约束函数的优化问题。

对于式(5.55)所示的一般约束优化问题

$$\begin{aligned} &\min_{X\in R^n} f(\boldsymbol{X}) \\ \text{s. t.}\quad & g_j(\boldsymbol{X})\leqslant 0 \quad (j=1,2,\cdots,m) \\ & h_k(\boldsymbol{X})=0 \quad (k=1,2,\cdots,l<n) \end{aligned}$$

转化后的混合惩罚函数的形式为

$$\Phi(\boldsymbol{X},r^{(k)})=f(\boldsymbol{X})-r^{(k)}\sum_{j=1}^{m}\frac{1}{g_j(\boldsymbol{X})}+\frac{1}{\sqrt{r^{(k)}}}\sum_{k=1}^{l}[h_k(\boldsymbol{X})]^2 \tag{5.74}$$

或

$$\Phi(\boldsymbol{X},r^{(k)})=f(\boldsymbol{X})-r^{(k)}\sum_{j=1}^{m}\ln[-g_j(\boldsymbol{X})]+\frac{1}{\sqrt{r^{(k)}}}\sum_{k=1}^{l}[h_k(\boldsymbol{X})]^2 \tag{5.75}$$

式中 $r^{(k)}\sum_{j=1}^{m}\frac{1}{g_j(\boldsymbol{X})}$、$r^{(k)}\sum_{j=1}^{m}\ln[-g_j(\boldsymbol{X})]$—— 障碍项，惩罚因子 $r^{(k)}$ 按内点法选取，即 $r^{(0)}>r^{(1)}>r^{(2)}>\cdots\to 0$ 和 $\lim_{k\to\infty}r^{(k)}\to 0$；

$\frac{1}{\sqrt{r^{(k)}}}\sum_{k=1}^{l}[h_k(\boldsymbol{X})]^2$—— 惩罚项，惩罚因子 $\frac{1}{\sqrt{r^{(k)}}}$ 当 $r^{(k)}\to 0$ 时，惩罚因子 $\frac{1}{\sqrt{r^{(k)}}}\to\infty$，满足外点法对惩罚因子的要求。

混合法具有内点法的求解特点，即迭代过程是在可行域内进行，因此可参照内点法来选取初始点 $\boldsymbol{X}^{(0)}$ 和初始惩罚因子 $r^{(0)}$，其计算步骤和程序框图也与内点法相近。

【例 5.7】 图 5.37 所示为一对称的两杆支架，在支架的顶点处承受载荷 $2P=3\times 10^5$ N，支座之间的水平距离 $2B=152$ cm。若支架选用壁厚 $T=0.25$ cm 的钢管，则要求合理选择钢管中径 $D$ 和支架的高度 $H$，使在满足钢管的压杆稳定和强度条件下，设计出一个体积最小的支架方案。设材料的弹性模量 $E=2.1\times 10^{11}$ N/m²。

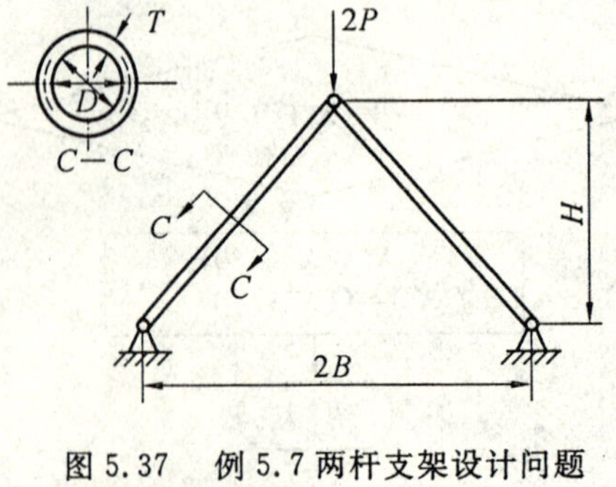


图 5.37 例 5.7 两杆支架设计问题

**解** (1) 建立优化设计数学模型

设计变量取

$$\boldsymbol{X}=\begin{bmatrix}x_1\\x_2\end{bmatrix}=\begin{bmatrix}D\\H\end{bmatrix}$$

目标函数为

$$f(\boldsymbol{X})=V=2T\pi D\sqrt{B^2+H^2}=1.57x_1\sqrt{5776+x_2^2}$$

约束条件为

① 强度条件

$$\sigma=\frac{P}{\pi T}\frac{\sqrt{B^2+H^2}}{HD}\leqslant\sigma_s$$

$$g_1(\boldsymbol{X})=\frac{190\ 985.9\sqrt{5\ 776+x_2^2}}{x_1x_2}-70\ 300\leqslant 0$$

② 压杆稳定条件

$$\sigma=\frac{P}{\pi T}\frac{\sqrt{B^2+H^2}}{HD}\leqslant\frac{\pi^2E(D^2+T^2)}{8(B^2+H^2)}$$

$$g_2(X)=\frac{190\ 985.9\sqrt{5\ 776+x_2^2}}{x_1x_2}-2.59\times10^7\times\frac{x_1^2+0.062\ 5}{5\ 776+x_2^2}\leqslant 0$$

数学模型为

$$\min_{\boldsymbol{X}=[x_1\,x_2]^{\mathrm{T}}\in R^2} f(\boldsymbol{X})=1.57x_1\sqrt{5\ 776+x_2^2}$$

$$\text{s.t.}\quad g_1(\boldsymbol{X})=\frac{190\ 985.9\sqrt{5\ 776+x_2^2}}{x_1x_2}-70\ 300\leqslant 0$$

$$g_2(\boldsymbol{X})=\frac{190\ 985.9\sqrt{5\ 776+x_2^2}}{x_1x_2}-2.59\times10^7\times\frac{x_1^2+0.062\ 5}{5\ 776+x_2^2}\leqslant 0$$

这是一个只含有不等式约束条件的二维优化设计问题。在图5.38中描绘了设计空间中目标函数等值线、约束面和设计变量的关系，图中 $P$ 为设计最优解。从图中可知，$X^*=\begin{bmatrix}4.77\\51.3\end{bmatrix}$，$f(X^*)=686.68$。

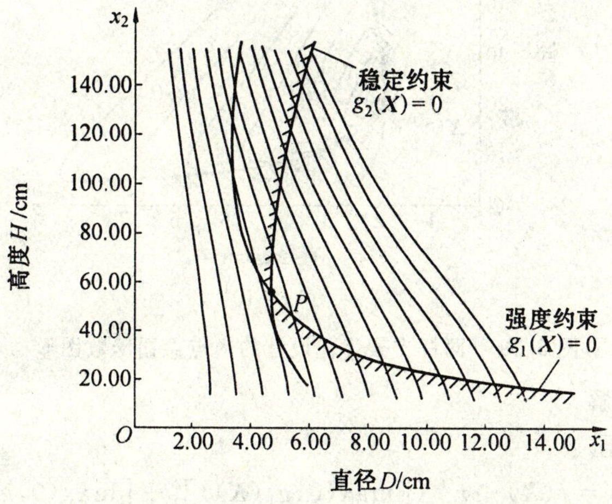


图5.38 例5.7两杆支架的设计空间

(2) 用内点法求解

建立内点法惩罚函数

$$\Phi(\boldsymbol{X},r^{(k)})=f(\boldsymbol{X})-r^{(k)}\left[\frac{1}{g_1(\boldsymbol{X})}+\frac{1}{g_2(\boldsymbol{X})}\right]$$

将 $f(\boldsymbol{X})$、$g_1(\boldsymbol{X})$、$g_2(\boldsymbol{X})$ 关系式代入上式，取

$$r^{(1)}=10^7 \quad c=0.1$$

当惩罚因子 $r^{(k)}=10^7, 10^6, 10^5$ 时，函数图形如图 5.39 所示。由图可以看出，随着 $r^{(k)}$ 的不断减小，惩罚函数 $\Phi(\boldsymbol{X},r^{(k)})$ 的最优点 $\boldsymbol{X}^*(r^{(1)})$、$\boldsymbol{X}^*(r^{(2)})$、$\boldsymbol{X}^*(r^{(3)})$ 将从可行域内部逐渐趋近于原问题的约束最优点 $\boldsymbol{X}^*$。

其约束最优解是

$$\boldsymbol{X}^*=\begin{bmatrix}x_1\\x_2\end{bmatrix}=\begin{bmatrix}4.75\\51.31\end{bmatrix} \quad f(\boldsymbol{X}^*)=683.73$$

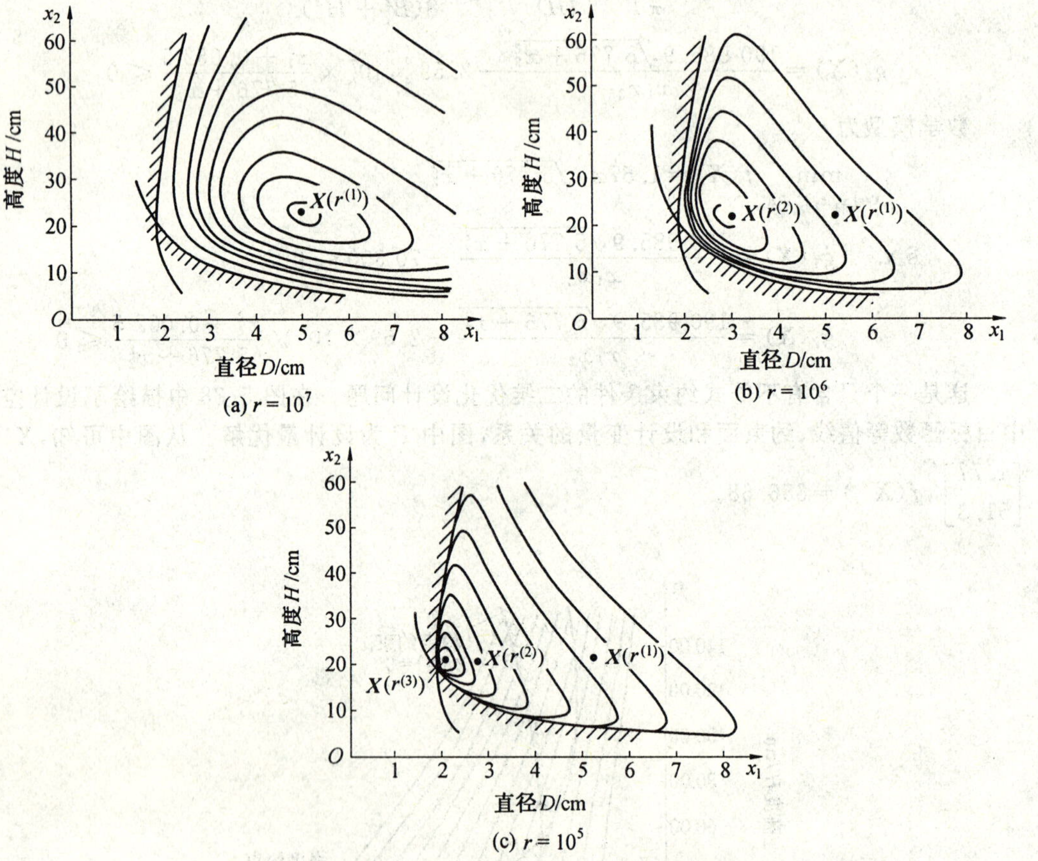


图 5.39　两杆支架优化设计的内点惩罚函数图形

(3) 用外点法求解

建立外点法惩罚函数

$$\Phi(\boldsymbol{X},r^{(k)})=f(\boldsymbol{X})+r^{(k)}\{[\max(0,g_1(\boldsymbol{X}))]^2+[\max(0,g_2(\boldsymbol{X}))]^2\}$$

将 $f(\boldsymbol{X})$、$g_1(\boldsymbol{X})$、$g_2(\boldsymbol{X})$ 关系式代入上式，取

$$r^{(1)}=10^{-10} \quad C=10$$

当惩罚因子 $r^{(k)}=10^{-10},10^{-9},10^{-8},10^{-7}$ 时，函数图形如图5.40所示。由图可以看出，随着 $r^{(k)}$ 的不断增加，惩罚函数 $\Phi(\boldsymbol{X},r^{(k)})$ 的最优点 $\boldsymbol{X}^*(r^{(1)})$、$\boldsymbol{X}^*(r^{(2)})$、$\boldsymbol{X}^*(r^{(3)})$、$\boldsymbol{X}^*(r^{(4)})$ 将从可行域外部逐渐趋近于原问题的约束最优点 $\boldsymbol{X}^*$。

其约束最优解是

$$\boldsymbol{X}^*=\begin{bmatrix}x_1\\x_2\end{bmatrix}=\begin{bmatrix}4.75\\51.31\end{bmatrix}\qquad f(\boldsymbol{X}^*)=683.73$$

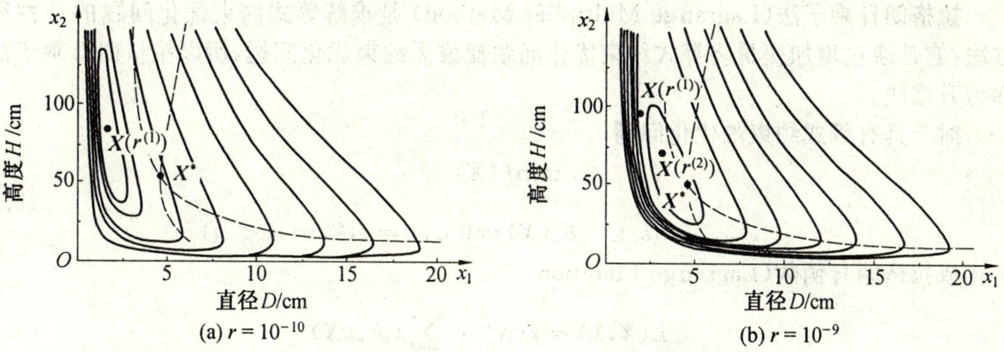

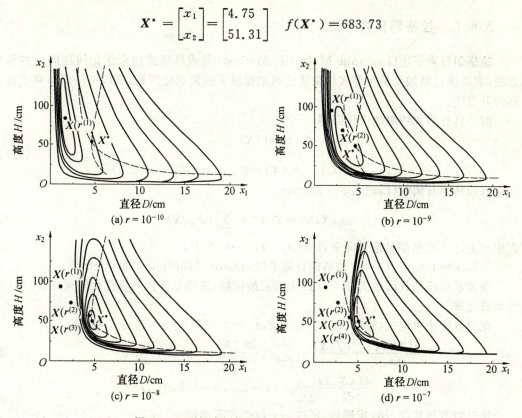

图5.40 两杆支架优化设计的外点惩罚函数图形

## 5.6 增广乘子法

5.5节所述的惩罚函数法以其原理简单，算法易行，适用范围广，并且可以和各种有效的无约束最优化方法结合起来的优点而得到了广泛的应用。但是，惩罚函数法也存在不少问题，从理论上讲，只有当惩罚因子 $r^{(k)}\to 0$（内点法）或 $r^{(k)}\to\infty$（外点法）时，算法才能收敛，从而造成了序列迭代过程收敛较慢。另外，当初始惩罚因子 $r^{(0)}$ 的取值不合适时，惩罚函数可能变得病态，使无约束最优化计算发生困难。

20世纪70年末提出了另一种求解约束优化问题的间接法——增广乘子法，这种方法在计算过程中数值的稳定性和计算效率都超过了惩罚函数法。目前，增广乘子法不仅在理论上得到了提高，而且在算法上也积累了不少经验，使得这种方法日趋完善。

增广乘子法的基本搜索策略同外点惩罚函数法相仿，两者都是将原约束优化问题转化为一系列无约束优化问题，并以这一系列无约束优化问题的解去逼近原约束优化问题的解。两者不同的是，增广乘子法首先构造原约束优化问题的外点惩罚函数来代替原约束优化问题的目标函数，得到一个增广极值问题，然后再构造增广极值问题的拉格朗日函数作为原问题的无约束优化问题；而外点惩罚函数法直接以构造的原约束优化问题的外点惩罚函数为一系列无约束优化问题。为了介绍方便，先简要介绍拉格朗日乘子法，然后再介绍增广乘子法的原理和步骤。

### 5.6.1 拉格朗日乘子法

拉格朗日乘子法(Lagrange Multiplier Method)是求解等式约束优化问题的一种经典方法，它是通过增加变量将等式约束优化问题变成无约束优化问题，所以拉格朗日乘子法又称为升维法。

对于具有等式约束的优化问题

$$\begin{cases} \min\limits_{\boldsymbol{X}\in R^n} f(\boldsymbol{X}) \\ \text{s.t.} \quad h_v(\boldsymbol{X})=0 \quad (v=1,2,\cdots,l<n) \end{cases} \tag{5.76}$$

转化成拉格朗日函数(Lagrange Function)

$$L(\boldsymbol{X},\boldsymbol{\lambda})=f(\boldsymbol{X})+\sum_{v=1}^{l}\lambda_v h_v(\boldsymbol{X}) \tag{5.77}$$

式中 $\boldsymbol{\lambda}$—— 拉格朗日乘子向量，$\boldsymbol{\lambda}=[\lambda_1 \quad \lambda_2 \quad \cdots \quad \lambda_l]^{\mathrm{T}}$；

$\lambda_v(v=1,2,\cdots,l)$—— 拉格朗日乘子(Lagrange Multiplication Factor)。

通过求拉格朗日函数式(5.77)的无约束最优解，求得原等式约束优化问题式(5.76)的约束最优解。

现用解析法求解式(5.77)，即令 $\nabla L(\boldsymbol{X},\boldsymbol{\lambda})=0$，可列出$(n+l)$个方程，即

$$\begin{aligned} \frac{\partial L(\boldsymbol{X},\boldsymbol{\lambda})}{\partial x_i}&=\frac{\partial f(\boldsymbol{X})}{\partial x_i}+\sum_{v=1}^{l}\lambda_v\frac{\partial h_v(\boldsymbol{X})}{\partial x_i}=0 \quad (i=1,2,\cdots,n) \\ \frac{\partial L(\boldsymbol{X},\boldsymbol{\lambda})}{\partial \lambda_v}&=h_v(\boldsymbol{X})=0 \quad (v=1,2,\cdots,l) \end{aligned} \tag{5.78}$$

通过对方程式(5.78)求解后，可得$(n+l)$个变量的值 $x_1^*,x_2^*,\cdots,x_n^*,\lambda_1^*,\lambda_2^*,\cdots,\lambda_n^*$。其中，$\boldsymbol{X}^*=[x_1^* \quad x_2^* \quad \cdots \quad x_n^*]^{\mathrm{T}}$ 即为原等式约束优化问题的最优点，$\boldsymbol{\lambda}=[\lambda_1^* \quad \lambda_2^* \quad \cdots \quad \lambda_l^*]^{\mathrm{T}}$ 为与 $\boldsymbol{X}^*$ 相对应的拉格朗日乘子向量。

现用一个简单的例子来说明拉格朗日乘子法的计算方法。

**【例 5.8】** 用拉格朗日乘子法求等式约束优化问题

$$\min_{\boldsymbol{X}\in R^2} f(\boldsymbol{X})=x_1^2+x_2^2-x_1x_2-10x_1-4x_2+60$$
$$\text{s.t.} \quad h(\boldsymbol{X})=x_1+x_2-8=0$$

的约束最优解。

**解** 按式(5.77)构造拉格朗日函数

$$L(\boldsymbol{X},\lambda)=x_1^2+x_2^2-x_1x_2-10x_1-4x_2+60+\lambda(x_1+x_2-8)$$

令 $\nabla L(\boldsymbol{X},\boldsymbol{\lambda})=0$，得方程组

$$\frac{\partial L(\boldsymbol{X},\boldsymbol{\lambda})}{\partial x_1}=2x_1-x_2-10+\lambda=0$$

$$\frac{\partial L(\boldsymbol{X},\boldsymbol{\lambda})}{\partial x_2}=2x_2-x_1-4+\lambda=0$$

$$\frac{\partial L(\boldsymbol{X},\boldsymbol{\lambda})}{\partial \lambda}=x_1+x_2-8=0$$

联立方程求解,得约束最优解

$$X^* = [x_1^* \quad x_2^*]^T = [5 \quad 3]^T, \lambda^* = 3, f(X^*) = 17$$

拉格朗日乘子法看似非常简单,但实际上存在着许多问题,例如,当拉格朗日函数 $L(\boldsymbol{X},\boldsymbol{\lambda})$ 为非凸函数时,求得的极值点$[X^{*T} \quad \boldsymbol{\lambda}^{*T}]^T$ 可能是鞍点,导致求优过程失败;对于大型非线性约束优化问题,需求解式(5.78) 的高次联立方程组,其数值解法的难度几乎与求解约束优化问题本身的难度相仿;此外,有时还必须分离出方程组的重根。因此,一般说来,用拉格朗日乘子法求解一般的约束优化问题并不是一种有效的方法。

### 5.6.2 等式约束的增广乘子法

1. 等式约束增广乘子法基本原理

对于只含有等式约束的优化问题

$$\min_{\boldsymbol{X} \in R^n} f(\boldsymbol{X})$$

$$\text{s.t.} \quad h_v(\boldsymbol{X}) = 0 \quad (v = 1,2,\cdots,l < n)$$

构造拉格朗日函数

$$L(\boldsymbol{X},\boldsymbol{\lambda}) = f(\boldsymbol{X}) + \sum_{v=1}^{l} \lambda_v h_v(\boldsymbol{X}) \tag{5.79}$$

当令 $\nabla L(\boldsymbol{X},\boldsymbol{\lambda}) = 0$ 时,可得原等式约束优化问题的极值点 $\boldsymbol{X}^*$ 以及相应的拉格朗日乘子向量 $\boldsymbol{\lambda}^*$。若构造外点惩罚函数

$$\Phi(\boldsymbol{X},r^{(k)}) = f(\boldsymbol{X}) + \frac{r^{(k)}}{2}\sum_{v=1}^{l}[h_v(\boldsymbol{X})]^2 \tag{5.80}$$

当 $r^{(k)} \to \infty$ 时,对惩罚函数 $\Phi(\boldsymbol{X},r^{(k)})$ 进行序列极小化,可得原等式约束优化问题的极值点 $\boldsymbol{X}^*$,且 $h_v(\boldsymbol{X}^*) = 0 (v = 1,2,\cdots,l)$。

如前所述,用拉格朗日乘子法求解等式约束优化问题往往会失败,而用外点惩罚函数法求解,又因要求 $r^{(k)} \to \infty$ 而使计算效率低,为此将这两种方法结合起来,也就是说,构造外点惩罚函数的拉格朗日函数,即

$$\begin{aligned} L(\boldsymbol{X},r^{(k)},\boldsymbol{\lambda}) &= \Phi(\boldsymbol{X},r^{(k)}) + \sum_{v=1}^{l}\lambda_v h_v(\boldsymbol{X}) = \\ &f(\boldsymbol{X}) + \frac{r^{(k)}}{2}\sum_{v=1}^{l}[h_v(\boldsymbol{X})]^2 + \sum_{v=1}^{l}\lambda_v h_v(\boldsymbol{X}) = \\ &L(\boldsymbol{X},\boldsymbol{\lambda}) + \frac{r^{(k)}}{2}\sum_{v=1}^{l}[h_v(\boldsymbol{X})]^2 \end{aligned} \tag{5.81}$$

若令 $\nabla L(\boldsymbol{X},r^{(k)},\boldsymbol{\lambda}) = \nabla L(\boldsymbol{X},\boldsymbol{\lambda}) + r^{(k)}\sum_{v=1}^{l} h_v(\boldsymbol{X})\nabla h_v(\boldsymbol{X}) = 0$,则求得约束极值点 $\boldsymbol{X}^*$,且使 $h_v(\boldsymbol{X}^*) = 0 (k = 1,2,\cdots,l)$,所以,不论 $r^{(k)}$ 取何值,式(5.81) 与原等式约束优化问题有相同的约束极值点 $\boldsymbol{X}^*$,与式(5.79) 有相同的拉格朗日乘子向量 $\boldsymbol{\lambda}^*$。

式(5.81) 称增广乘子函数(Augmented Multiplier Function),或称增广惩罚函数(Augmented Penalty Function),式中 $r^{(k)}$ 仍称惩罚因子(Penalty Factor)。

既然式(5.79) 与式(5.81) 有相同的 $\boldsymbol{X}^*$ 和 $\boldsymbol{\lambda}^*$,仍然要考虑由式(5.81) 表示的增广乘子函数的主要原因是,这两类函数的二阶偏导数矩阵,即海色矩阵的性质不同。一般地说,式(5.79) 所表示的拉格朗日函数 $L(\boldsymbol{X},\boldsymbol{\lambda})$ 的海色矩阵为

$$H(X,\lambda)=\left[\frac{\partial^2 L(X,\lambda)}{\partial x_i \partial x_j}\right] \quad (i,j=1,2,\cdots,n) \tag{5.82}$$

并不是正定的，而式(5.81)所表示的增广乘子函数 $L(X,r^{(k)},\lambda)$ 的海色矩阵为

$$H(X,r^{(k)},\lambda)=\left[\frac{\partial^2 L(X,r^{(k)},\lambda)}{\partial x_i \partial x_j}\right]=$$

$$H(X,\lambda)+r^{(k)}\left[\sum_{v=1}^{l}\frac{\partial h_v(X)}{\partial x_i}\frac{\partial h_v(X)}{\partial x_j}\right] \quad (i,j=1,2,\cdots,n) \tag{5.83}$$

必定存在一个 $r'$，对于一切满足 $r^{(k)}>r'$ 的值总是正定的。

下面通过一个简单的例子来说明上述结论的正确性。

【例 5.9】 求等式约束优化问题

$$\min_{X\in R^2} f(X)=x_1^2-x_2^2-3x_2$$

$$\text{s.t.} \quad h(X)=x_2=0$$

的约束最优解。

**解** 该等式约束优化问题的最优解为 $X^*=[0 \quad 0]^T$，$f(X^*)=0$，相应的拉格朗日乘子为 $\lambda^*=3$。

构造拉格朗日函数

$$L(X,\lambda)=x_1^2-x_2^2-3x_2+\lambda x_2$$

其海色矩阵为 $H(X,\lambda)=\begin{bmatrix}2 & 0\\ 0 & -2\end{bmatrix}$，在设计平面上任意一点，包括约束最优点 $X^*$ 处，都不是正定的。

构造增广乘子函数

$$L(X,r^{(k)},\lambda)=x_1^2-x_2^2-3x_2+\frac{r^{(k)}}{2}x_2^2+\lambda x_2$$

其海色矩阵为 $H(X,r^{(k)},\lambda)=\begin{bmatrix}2 & 0\\ 0 & r^{(k)}-2\end{bmatrix}$，当取 $r^{(k)}>2$ 时，在设计平面上处处正定。

由这一性质可知，当惩罚因子 $r^{(k)}$ 取足够大的定值，即 $r^{(k)}>r'$，不必趋于无穷大，且恰好取 $\lambda=\lambda^*$ 时，$X^*$ 就是增广乘子函数 $L(X,r^{(k)},\lambda)$ 的极小点，也就是说，要求解原等式约束优化问题的最优点，只需对增广乘子函数 $L(X,r^{(k)},\lambda)$ 求一次无约束极值点即可，但是，问题并不是如此简单，因为拉格朗日乘子向量 $\lambda^*$ 也是未知的。下面探讨取得 $\lambda^*$ 的方法。

假定惩罚因子 $r^{(k)}$ 取为满足 $r^{(k)}>r'$ 的定值，则增广乘子函数 $L(X,r^{(k)},\lambda)$ 就变成了只是 $X,\lambda$ 的函数。若不断地改变 $\lambda$ 值，并对每一个 $\lambda$ 求增广乘子函数的 $\min L(X,r^{(k)},\lambda)$，将得到极小点的点列 $X^*(\lambda^{(k)})(k=1,2,\cdots)$。显然，当 $\lambda^{(k)}\to\lambda^*$ 时，$X^*=X^*(\lambda^*)$ 就是原等式约束优化问题的最优点。为了使 $\lambda^{(k)}\to\lambda^*$，采用如下公式来校正 $\lambda^{(k)}$ 的值

$$\lambda^{(k+1)}=\lambda^{(k)}+\Delta\lambda^{(k)} \tag{5.84}$$

式(5.84)在增广乘子法中称为乘子迭代，这一公式在外点惩罚函数法中是没有的。为了确定式(5.84)中的校正量 $\Delta\lambda^{(k)}$，再定义

$$L(\lambda)=L(X(\lambda),\lambda) \tag{5.85}$$

为了直观地说明式(5.85)的属性，仍从例 5.9 入手。将例 5.9 的原等式约束优化问题构造成增广乘子函数，即

$$L(X,r^{(k)},\lambda)=x_1^2-x_2^2-3x_2+\frac{r^{(k)}}{2}x_2^2+\lambda x_2=$$

$$x_1^2+(\frac{1}{2}r^{(k)}-1)x_2^2+(\lambda-3)x_2$$

若取 $r^{(k)}=6$,上式可简化为

$$L(\boldsymbol{X},\boldsymbol{\lambda})=x_1^2-x_2^2-3x_2+\frac{r^{(k)}}{2}x_2^2+\lambda x_2=x_1^2+2x_2^2+(\lambda-3)x_2$$

求函数 $L(\boldsymbol{X},\boldsymbol{\lambda})$ 关于 $\boldsymbol{X}$ 的极值,即令 $\nabla_X L(\boldsymbol{X},\boldsymbol{\lambda})=0$,得方程组

$$\begin{cases}\dfrac{\partial L(\boldsymbol{X},\boldsymbol{\lambda})}{\partial x_1}=2x_1=0\\ \dfrac{\partial L(\boldsymbol{X},\boldsymbol{\lambda})}{\partial x_2}=4x_2+\lambda-3=0\end{cases}$$

解得

$$x_1^*=0\quad x_2^*=\frac{1}{4}(3-\lambda)$$

代入,得

$$L(\lambda)=\frac{1}{8}(3-\lambda)^2+\frac{1}{4}(\lambda-3)(3-\lambda)=\frac{1}{8}(-\lambda^2+6\lambda-9)$$

求函数 $L(\boldsymbol{\lambda})$ 关于 $\boldsymbol{\lambda}$ 的极值,即令

$$\frac{\mathrm{d}L(\boldsymbol{\lambda})}{\mathrm{d}\boldsymbol{\lambda}}=-\frac{1}{4}\lambda+\frac{3}{4}=0$$

解得

$$\boldsymbol{\lambda}^*=3$$

由于函数 $L(\boldsymbol{\lambda})$ 的二阶导数 $\dfrac{\mathrm{d}^2L(\boldsymbol{\lambda})}{\mathrm{d}\boldsymbol{\lambda}^2}=-\dfrac{1}{4}<0$,所以,$\boldsymbol{\lambda}^*=3$ 是使函数 $L(\boldsymbol{\lambda})$ 的取得极大值的点。

从这个例子的分析可知,为了求得 $\boldsymbol{\lambda}^*$,只需求函数 $L(\boldsymbol{\lambda})$ 的极大值。求函数 $L(\boldsymbol{\lambda})$ 极大值的方法不同,将会得到不同的乘子迭代公式。目前常采用近似的牛顿法求解,得到的乘子迭代公式为

$$\boldsymbol{\lambda}_v^{(k+1)}=\boldsymbol{\lambda}_v^{(k)}+r^{(k)}h_v(\boldsymbol{X}^{(k)})\quad(v=1,2,\cdots,l)\tag{5.86}$$

2.等式约束增广乘子法参数选择

增广乘子法中的乘子向量 $\boldsymbol{\lambda}$,惩罚因子 $r$,设计变量的初始值 $\boldsymbol{X}^{(0)}$ 都是重要参数。现介绍选择这些参数的一般方法。

(1) 在没有其他信息的情况下,初始乘子向量 $\boldsymbol{\lambda}^{(0)}$ 取零向量,即 $\boldsymbol{\lambda}^{(0)}=0$,显然,此时的增广乘子函数和外点惩罚函数的形式相同,也就是说,第一次迭代计算是用外点法进行的。从第二次迭代开始,乘子向量 $\boldsymbol{\lambda}$ 按式(5.86)进行校正。

(2) 惩罚因子的初始值 $r^{(0)}$ 可按外点法选取。以后的迭代计算,惩罚因子 $r$ 按下式递增

$$r^{(k+1)}=\begin{cases}Cr^{(k)} & (\parallel h(\boldsymbol{X}^{(k)})\parallel/\parallel h(\boldsymbol{X}^{(k-1)})\parallel>\delta)\\ r^{(k)} & (\parallel h(\boldsymbol{X}^{(k)})\parallel/\parallel h(\boldsymbol{X}^{(k-1)})\parallel\leqslant\delta)\end{cases}\tag{5.87}$$

式中 $C$—— 惩罚因子递增系数,取 $C=10$;

$\delta$—— 判别数,取 $\delta=0.25$。

式(5.87)说明,惩罚因子 $r$ 是在迭代过程中根据每次求得的无约束极值点 $\boldsymbol{X}^{(k)}$ 趋近于约束面的情况来决定的。当 $\boldsymbol{X}^{(k)}$ 离约束面很远,即 $\parallel h(\boldsymbol{X}^{(k)})\parallel$ 的值很大时,则增大惩罚因子 $r$ 的值,以加大惩罚项的作用,迫使迭代点更快地逼近约束面。当 $\boldsymbol{X}^{(k)}$ 已接近约束面,即

$\| h(X^{(k)}) \|$ 明显减小时，则不再增加惩罚因子 $r$ 的值了。

惩罚因子也可以用简单的递增公式计算

$$r^{(k+1)} = Cr^{(k)} \tag{5.88}$$

式(5.88)和外点法惩罚因子递增公式(5.70)在形式上相同，但实质上不同，因为增广乘子法并不要求 $r \to \infty$。事实上，当 $r$ 增加到一定值时，$\lambda$ 已趋近于 $\lambda^*$，从而增广乘子函数的极值点也逼近原等式约束问题的约束最优点了。用式(5.88)计算 $r^{(k+1)}$ 时，一般取 $C=2\sim4$，以免因 $r$ 增加太快，使乘子迭代不能充分发挥作用。

(3) 设计变量的初始值 $X^{(0)}$ 也按外点法选取，以后的迭代初始点都取上次迭代的无约束极值点，以提高计算效率。

3. 等式约束增广乘子法计算步骤

(1) 选取设计变量初始值 $X^{(0)}$，惩罚因子初始值 $r^{(0)}$，惩罚因子递增系数 $C$，判别数 $\delta$，收敛精度 $\varepsilon$，并令初始乘子向量 $\lambda^{(0)} \Leftarrow 0$，迭代次数 $k \Leftarrow 0$。

(2) 按式(5.81)构造增广乘子函数 $L(X, r^{(k)}, \lambda)$，求解 $\min L(X, r^{(k)}, \lambda)$ 的无约束最优点 $X^{(k)} \Leftarrow X^*(r^{(k)}, \lambda^{(k)})$。

(3) 计算 $\| h(X^{(k)}) \| = \sqrt{\sum_{v=1}^{l} [h_v(X^{(k)})]^2}$。

(4) 按式(5.86)校正乘子向量，求 $\lambda^{(k+1)}$。

(5) 如果 $\| h(X^{(k)}) \| \leqslant \varepsilon$，终止迭代计算，输出约束最优点 $X^* = X^{(k)}$，$\lambda^* = \lambda^{(k)}$；否则转向下一步。

(6) 按式(5.87)或式(5.88)计算惩罚因子 $r^{(k+1)}$，并令 $k \Leftarrow k+1$，转向步骤(2)。

等式约束的增广乘子法的计算框图如图 5.41 所示。

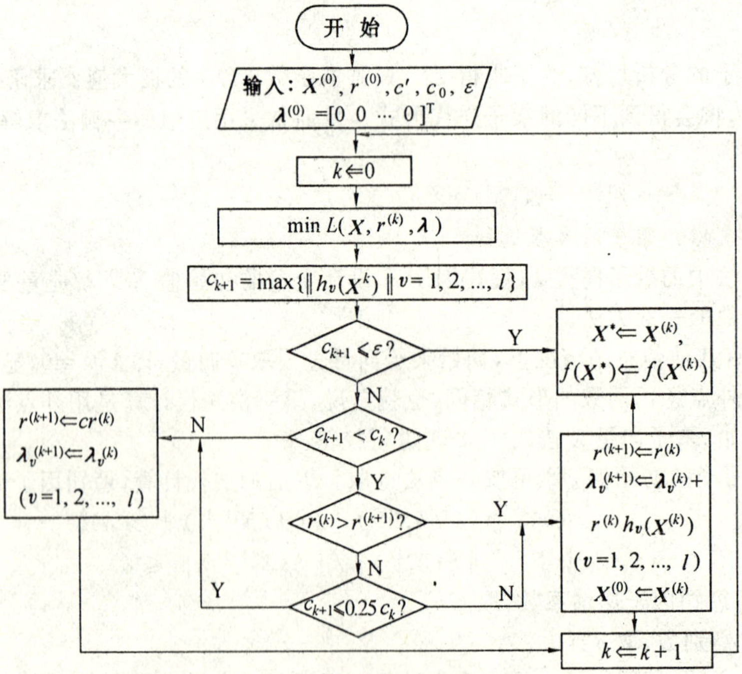


图 5.41　等式约束增广乘子法程序框图

### 5.6.3 不等式约束的增广乘子法

对于含有不等式约束的优化问题

$$\min_{X\in R^n} f(X)$$
$$\text{s.t.}\quad g_j(X)\leqslant 0\quad (j=1,2,\cdots,m)$$

引入松弛变量(Slack Variable)$\boldsymbol{Z}=[z_1\quad z_2\quad \cdots\quad z_m]^{\mathrm{T}}$,并且令

$$g'_j(\boldsymbol{X})=g_j(\boldsymbol{X})+z_j^2=0\quad (j=1,2,\cdots,m)\tag{5.89}$$

使不等式约束优化问题转化为等式约束优化问题

$$\min_{\boldsymbol{X}\in R^n} f(\boldsymbol{X})\tag{5.90}$$
$$\text{s.t.}\quad g'_j(\boldsymbol{X})=g_j(\boldsymbol{X})+z_j^2=0\quad (j=1,2,\cdots,m)$$

这样就可以按等式约束的增广乘子法来求解含不等式约束的优化问题了。取定一个足够大 $r(r^{(k)}>r')$ 后,式(5.90)的增广乘子函数为

$$L(\boldsymbol{X},r^{(k)},\boldsymbol{\lambda},\boldsymbol{Z})=f(\boldsymbol{X})+\frac{r^{(k)}}{2}\sum_{j=1}^{m}[g'_j(\boldsymbol{X},\boldsymbol{Z})]^2+\sum_{j=1}^{m}\lambda_j g'_j(\boldsymbol{X},\boldsymbol{Z})\tag{5.91}$$

对一组乘子向量 $\boldsymbol{\lambda}^{(k)}$(初始乘子向量 $\boldsymbol{\lambda}^{(0)}$ 仍取零向量),求 $\min L(\boldsymbol{X},r^{(k)},\boldsymbol{\lambda},\boldsymbol{Z})$,得 $\boldsymbol{X}^{(k)}=\boldsymbol{X}^*(\boldsymbol{\lambda}^{(k)})$,$\boldsymbol{Z}^{(k)}=\boldsymbol{Z}^*(\boldsymbol{\lambda}^{(k)})$,再参照式(5.86)计算新的乘子向量,即

$$\lambda_j^{(k+1)}=\lambda_j^{(k)}+r^{(k)}g'_j(\boldsymbol{X}^{(k)},\boldsymbol{Z})=\lambda_j^{(k)}+r^{(k)}[g_j(\boldsymbol{X})+z_j^2]\quad (j=1,2,\cdots,m)\tag{5.92}$$

将增广乘子函数的极小化和乘子迭代交替进行,直至 $\boldsymbol{X}$、$\boldsymbol{Z}$ 和 $\boldsymbol{\lambda}$ 分别趋近于 $\boldsymbol{X}^*$、$\boldsymbol{Z}^*$ 和 $\boldsymbol{\lambda}^*$。

理论上讲,虽然用等式约束增广乘子法求解式(5.91),即可求得原不等式约束优化问题的最优解,但是由于增加了松弛变量 $Z$,使原来的 $n$ 维极值问题扩充成 $n+m$ 维问题,因而计算工作量和求解难度势必增加,为简化计算,应设法消除式(5.91)中的变量 $\boldsymbol{Z}$。

将式(5.91)所示的增广乘子函数改写成

$$L(\boldsymbol{X},r^{(k)},\boldsymbol{\lambda},Z)=f(\boldsymbol{X})+\frac{r^{(k)}}{2}\sum_{j=1}^{m}[g_j(\boldsymbol{X})+z_j^2]^2+\sum_{j=1}^{m}\lambda_j(g_j(\boldsymbol{X})+z_j^2)\tag{5.93}$$

利用解析法求函数 $L(\boldsymbol{X},r^{(k)},\boldsymbol{\lambda},Z)$ 关于 $\boldsymbol{Z}$ 的极值,即令 $\nabla_Z L(\boldsymbol{X},r^{(k)},\boldsymbol{\lambda},Z)=0$,可得

$$z_j[\lambda_j+r^{(k)}(g_j(\boldsymbol{X})+z_j^2)]=0\quad (j=1,2,\cdots,m)$$

若 $\lambda_j+r^{(k)}(g_j(\boldsymbol{X})+z_j^2)\geqslant 0$,则 $z_j^2=0(j=1,2,\cdots,m)$;若 $\lambda_j+r^{(k)}(g_j(X)+z_j^2)<0$,则 $z_j^2=-\left[\frac{1}{r^{(k)}}\lambda_j+g_j(\boldsymbol{X})\right](j=1,2,\cdots,m)$。由此可得

$$z_j^2=\frac{1}{r^{(k)}}\{\max[0,-(\lambda_j+r^{(k)}g_j(\boldsymbol{X}))]\}\quad (j=1,2,\cdots,m)\tag{5.94}$$

将式(5.94)代入式(5.93),得

$$L(\boldsymbol{X},r^{(k)},\boldsymbol{\lambda})=f(\boldsymbol{X})+\frac{1}{2r^{(k)}}\sum_{j=1}^{m}\{\max[0,\lambda_j^{(k)}+r^{(k)}g_j(\boldsymbol{X})]^2-\lambda_j^2\}\tag{5.95}$$

式(5.95)就是不等式约束优化问题的增广乘子函数,它与式(5.93)的区别在于松弛变量 $\boldsymbol{Z}$ 已完全消失。实际计算时,仍然只要对给定的 $\boldsymbol{\lambda}$ 及 $r^{(k)}$,求函数 $L(\boldsymbol{X},r^{(k)},\boldsymbol{\lambda})$ 关于 $\boldsymbol{X}$ 的无约束极值。将式(5.94)代入式(5.92),得到乘子迭代公式

$$\lambda_j^{(k+1)}=\max[0,\lambda_j^{(k)}+r^{(k)}g_j(\boldsymbol{X})]\quad (j=1,2,\cdots,m)\tag{5.96}$$

不等式约束的增广乘子法的计算步骤与计算框图、设计变量初始值与有关参数的选择，均与等式约束的增广乘子法相同。算法的收敛条件可视乘子向量是否稳定不变来决定，如果前后两次迭代的乘子向量之差充分小，则认为迭代已经收敛，可以终止迭代。

### 5.6.4 同时具有等式约束和不等式约束的增广乘子法

对于同时具有等式约束和不等式约束的优化问题

$$\begin{aligned} &\min_{\boldsymbol{X}\in R^n} f(\boldsymbol{X}) \\ \text{s.t.}\quad & g_j(\boldsymbol{X}) \leqslant 0 \quad (j=1,2,\cdots,m) \\ & h_v(\boldsymbol{X}) = 0 \quad (v=1,2,\cdots,l<n) \end{aligned}$$

构造的增广乘子函数为：

$$L(\boldsymbol{X},r^{(k)},\boldsymbol{\lambda}) = f(\boldsymbol{X}) + \frac{1}{2r^{(k)}}\sum_{j=1}^{m}\{\max[0,\boldsymbol{\lambda}_{1j}^{(k)} + r^{(k)}g_j(\boldsymbol{X})]^2 - \boldsymbol{\lambda}_{1j}^2\} + \frac{r^{(k)}}{2}\sum_{v=1}^{l}[h_v(\boldsymbol{X})]^2 + \sum_{v=1}^{l}\boldsymbol{\lambda}_{2v}^{(k)}h_v(\boldsymbol{X}) \tag{5.97}$$

式中 $\boldsymbol{\lambda}_{1j}$—— 不等式约束函数的乘子向量，即

$$\boldsymbol{\lambda}_{1j}^{(k+1)} = \max[0,\lambda_{1j}^{(k)} + r^{(k)}g_j(\boldsymbol{X})] \quad (j=1,2,\cdots,m) \tag{5.98}$$

$\boldsymbol{\lambda}_{2v}$—— 等式约束函数的乘子向量，即

$$\lambda_{2v}^{(k+1)} = \lambda_{2v}^{(k)} + r^{(k)}h_v(\boldsymbol{X}^{(k)})\ (v=1,2,\cdots,l) \tag{5.99}$$

同时具有等式约束和不等式约束的增广乘子法的计算步骤与计算框图、设计变量初始值与有关参数的选择，与等式约束的增广乘子法基本相同。

**【例 5.10】** 用增广乘子法求问题

$$\begin{aligned} &\min_{\boldsymbol{X}\in R^2} f(\boldsymbol{X}) = \frac{1}{2}\left(x_1^2 + \frac{1}{3}x_2^2\right) \\ \text{s.t.}\quad & h(\boldsymbol{X}) = x_1 + x_2 - 1 = 0 \end{aligned}$$

的约束最优解。

**解** 这个等式约束优化问题的精确最优解为 $\boldsymbol{X}^* = [0.25 \quad 0.75]^{\mathrm{T}}, f(\boldsymbol{X}^*) = 0.125$，相应的乘子向量为 $\boldsymbol{\lambda}^* = 0.25$。

按式(5.81)构造增广乘子函数

$$L(\boldsymbol{X},r^{(k)},\boldsymbol{\lambda}) = \frac{1}{2}\left(x_1^2 + \frac{1}{3}x_2^2\right) + \frac{r^{(k)}}{2}(x_1 + x_2 - 1)^2 + \boldsymbol{\lambda}^{(k)}(x_1 + x_2 - 1)$$

对于 $\boldsymbol{X}$ 用解析法求 $\min L(\boldsymbol{X},r^{(k)},\boldsymbol{\lambda})$，即令 $\nabla_{\boldsymbol{X}} L(\boldsymbol{X},r^{(k)},\boldsymbol{\lambda}) = 0$，可得最优解

$$x_1^{(k)} = \frac{r^{(k)} - \lambda^{(k)}}{1 + 4r^{(k)}}$$

$$x_2^{(k)} = \frac{3(r^{(k)} - \lambda^{(k)})}{1 + 4r^{(k)}}$$

取 $r^{(0)} = 0.1, C = 2, \lambda^{(0)} = 0, \boldsymbol{X}^{(0)} = [0.071\,4 \quad 0.214\,2]^{\mathrm{T}}$，迭代 6 次得到最优解 $\boldsymbol{X}^* = [0.249\,9 \quad 0.749\,9]^{\mathrm{T}}, f(\boldsymbol{X}^*) = 0.125$。同精确解相比，误差很小。

## 习　题

5.1　已知约束优化问题

$$\min_{X\in R^2} f(\boldsymbol{X})=(x_1-2)^2+(x_2-1)^2$$
$$\text{s.t.}\quad g_1(\boldsymbol{X})=x_1^2-x_2\leqslant 0$$
$$g_2(\boldsymbol{X})=x_1+x_2-2\leqslant 0$$

试从第 $k$ 次的迭代点 $\boldsymbol{X}^{(k)}=[-1\quad 2]^{\mathrm{T}}$ 出发，沿由 $[-1\quad 1]$ 区间的随机数 0.562 和 $-0.254$ 所确定的方向进行搜索，完成一次迭代，获取一个新的迭代点 $\boldsymbol{X}^{(k+1)}$，并作图画出目标函数的等值线、可行域和本次迭代的搜索路线。

5.2　已知约束优化问题

$$\min_{X\in R^2} f(\boldsymbol{X})=4x_1-x_2^2-12$$
$$\text{s.t.}\quad g_1(\boldsymbol{X})=x_1^2+x_2^2-25\leqslant 0$$
$$g_2(\boldsymbol{X})=-x_1\leqslant 0$$
$$g_3(\boldsymbol{X})=-x_2\leqslant 0$$

试以 $\boldsymbol{X}_1^{(0)}=[2\quad 1]^{\mathrm{T}}$，$\boldsymbol{X}_2^{(0)}=[4\quad 1]^{\mathrm{T}}$ 和 $\boldsymbol{X}_3^{(0)}=[3\quad 3]^{\mathrm{T}}$ 为复合形的初始顶点，用复合形法进行两次迭代计算。

5.3　设已知在二维空间中的点 $\boldsymbol{X}=[x_1\quad x_2]^{\mathrm{T}}$，并已知该点约束的梯度 $\nabla g(\boldsymbol{X})=[-1\quad -1]^{\mathrm{T}}$，目标函数的梯度 $\nabla f(\boldsymbol{X})=[-0.5\quad 1]^{\mathrm{T}}$，试用简化方法确定一个适用的可行方向。

5.4　已知约束优化问题

$$\min_{X\in R^2} f(\boldsymbol{X})=\frac{4}{3}(x_1^2-x_1x_2+x_2^2)^{3/4}-x_2$$
$$\text{s.t.}\quad g_1(\boldsymbol{X})=-x_1\leqslant 0$$
$$g_2(\boldsymbol{X})=-x_2\leqslant 0$$
$$g_3(\boldsymbol{X})=-x_3\leqslant 0$$

试求在点 $\boldsymbol{X}=[0\quad 0.25\quad 0.5]^{\mathrm{T}}$ 的梯度投影方向。

5.5　已知约束优化问题

$$\min_{X\in R^2} f(\boldsymbol{X})=x_1^2+4x_2^2$$
$$\text{s.t.}\quad g_1(\boldsymbol{X})=-x_1-2x_2+1\leqslant 0$$
$$g_2(\boldsymbol{X})=-x_1+x_2\leqslant 0$$
$$g_3(\boldsymbol{X})=-x_1\leqslant 0$$

试用约束优化问题的直接解法求从初始点 $\boldsymbol{X}=[8\quad 8]^{\mathrm{T}}$ 开始的一个迭代过程。

5.6　用内点法求约束优化问题

$$\min_{X\in R^2} f(\boldsymbol{X})=x_1^2+x_2^2-2x_1+1$$
$$\text{s.t.}\quad g(\boldsymbol{X})=3-x_2\leqslant 0$$

的最优解。（提示：可构造惩罚函数 $\Phi(\boldsymbol{X},r)=f(\boldsymbol{X})-r\ln[-g(\boldsymbol{X})]$，用解析法求解）

5.7　用内点法求约束优化问题

$$\min_{X \in R^2} f(\boldsymbol{X}) = x_1 + x_2$$

$$\text{s.t.} \quad g_1(\boldsymbol{X}) = x_1^2 - x_2 \leqslant 0$$

$$g_2(\boldsymbol{X}) = -x_1 \leqslant 0$$

的最优解。(提示:可构造惩罚函数 $\Phi(\boldsymbol{X},r) = f(\boldsymbol{X}) - r\sum_{i=1}^{2}\ln[-g_i(\boldsymbol{X})]$,用解析法求解)

5.8 用外点法求 5.1 题的约束最优解。

5.9 用外点法求 5.2 题的约束最优解。

5.10 试用内点法求约束优化问题

$$\min_{X \in R^2} f(\boldsymbol{X}) = x_1^2 + 2x_2^2$$

$$\text{s.t.} \quad g_1(\boldsymbol{X}) = 1 - x_1 - x_2 \leqslant 0$$

的约束最优点,并将不同 $r^{(k)}$ 值时的最优点的轨迹表示在设计空间内。

5.11 试用混合惩罚函数法求约束优化问题

$$\min_{X \in R^2} f(\boldsymbol{X}) = -x_1 + x_2$$

$$\text{s.t.} \quad g(\boldsymbol{X}) = -\ln x_1 \leqslant 0$$

$$h(\boldsymbol{X}) = x_1 + x_2 - 1 = 0$$

的约束最优点。

5.12 用乘子法求 5.10 题的约束最优点,并将不同 $r^{(k)}$ 值时的最优点的轨迹表示在设计空间内。

5.13 图 5.42 所示为一悬臂梁,其一端用钢索吊住。已知悬臂梁长度 $L$=7 600 mm,截面高度 $h$=500 mm,载荷 $F$=68 000 N/mm,梁的许用弯曲应力$[\sigma]_w$=200 MPa,钢索的许用拉应力$[\sigma]_c$=700 MPa,梁的许用挠度 $\Delta m$=25 mm,试以梁宽度 $b$,悬挂点距离 $H$ 以及钢索截面积 $A$ 为设计变量,以结构质量最轻为目标函数进行优化设计。

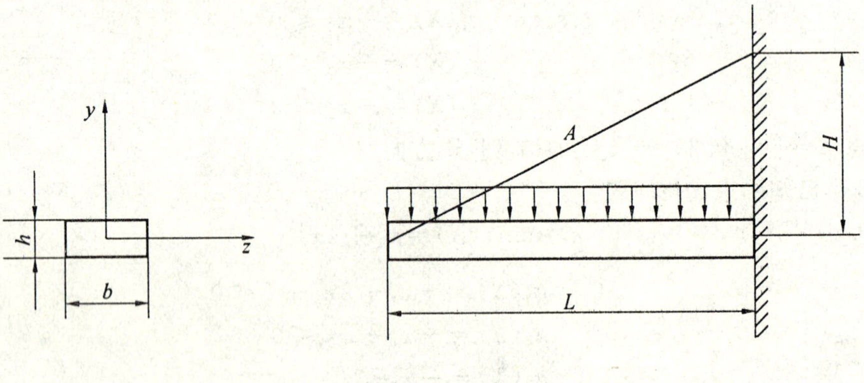


图 5.42 题 5.13 附图

5.14 图 5.43 所示为一箱形盖板,已知长度 $l$=6 000 mm,宽度 $b$=600 mm,厚度 $t_s$=5 mm,承受最大单位载荷 $q$=0.01 MPa,要求在满足强度、刚度和稳定性条件下,设计质量最轻的结构方案。

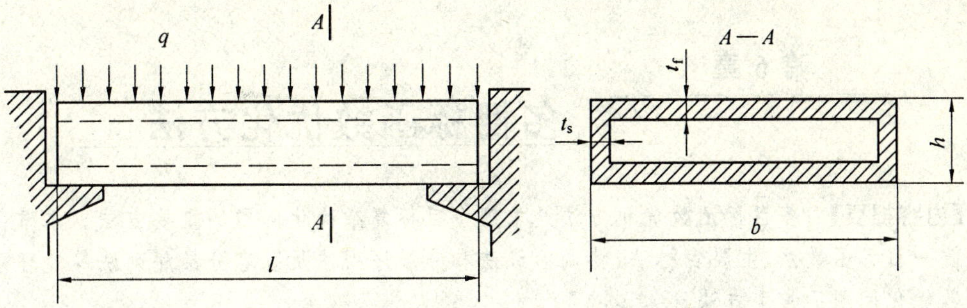


图5.43　题5.14附图

# 第6章 多目标函数优化方法

【内容提要】 多目标函数优化方法是求解多目标复杂优化问题的重要方法。本章主要讲述统一目标函数法、主要目标法、协调曲线法和分层序列法及宽容分层序列法等处理多目标函数优化问题的常用方法。

【课程指导】 通过对本章多目标函数优化方法的学习，理解常用多目标函数优化方法的基本原理，了解具体每一种方法的实现过程。

## 6.1 概 述

在机械优化设计中，某个设计往往并非只有一项设计指标要求最优化，例如，设计汽车变速箱齿轮，常常同时提出如下要求：

(1)齿轮的质量尽可能小；

(2)齿轮的抗疲劳点蚀的能力尽可能高；

(3)相互啮合的两齿轮的弯曲强度尽可能相等；

(4)大小齿轮其齿根磨损量尽量接近；

(5)变速箱中间轴上的轴向力尽可能平衡；

(6)制造成本尽可能低。

这种同时要求几项设计指标达到最优的问题，称为多目标函数优化问题(Multiple Objective Function Optimization Problems)。

按照要求优化的各项指标可分别建立目标函数 $f_1(\boldsymbol{X}),f_2(\boldsymbol{X}),\cdots,f_p(\boldsymbol{X}),\cdots$，这些目标函数称为分目标函数。为了区别于单目标函数优化问题(Single Objective Function Optimization Problems)，将由 $t$ 个分目标函数 $f_1(\boldsymbol{X}),f_2(\boldsymbol{X}),\cdots,f_t(\boldsymbol{X})$ 构成的多目标函数优化问题的数学模型一般表达为

$$\begin{cases} \min\limits_{\boldsymbol{X}\in R^n}[f_1(\boldsymbol{X}) \quad f_2(\boldsymbol{X}) \quad \cdots \quad f_t(\boldsymbol{X})]^{\mathrm{T}} \\ \text{s. t.} \quad g_j(\boldsymbol{X})\leqslant 0 \quad (j=1,2,\cdots,m) \\ \qquad h_k(\boldsymbol{X})=0 \quad (k=1,2,\cdots,l<n) \end{cases} \tag{6.1}$$

多目标函数优化问题的求解与单目标函数优化问题的求解有着根本区别。对于单目标函数优化问题，任何两个解都可以用其目标函数值比较方案优劣，但对于多目标函数优化问题，任何两个解不一定都可以评判出其优劣。设 $\boldsymbol{X}^{(1)}$、$\boldsymbol{X}^{(2)}$ 为满足多目标函数优化问题约束条件的两个设计方案(或设计点)，判别这两个方案的优劣需分别计算各自对应的分目标函数值 $f_1(\boldsymbol{X}^{(1)}),f_2(\boldsymbol{X}^{(1)}),\cdots,f_t(\boldsymbol{X}^{(1)})$ 和 $f_1(\boldsymbol{X}^{(2)}),f_2(\boldsymbol{X}^{(2)}),\cdots,f_t(\boldsymbol{X}^{(2)})$ 并进行对照，若

$$f_p(\boldsymbol{X}^{(2)})\leqslant f_p(\boldsymbol{X}^{(1)}) \quad (p=1,2,\cdots,t)$$

则方案 $\boldsymbol{X}^{(2)}$ 肯定比方案 $\boldsymbol{X}^{(1)}$ 好。然而绝大多数情况下是 $\boldsymbol{X}^{(2)}$ 所对应的某些分目标函数值 $f_p(\boldsymbol{X}^{(2)})$ 小于 $\boldsymbol{X}^{(1)}$ 所对应的某些分目标函数值 $f_p(\boldsymbol{X}^{(1)})$，而另一些则刚好相反，这时 $\boldsymbol{X}^{(2)}$ 与 $\boldsymbol{X}^{(1)}$ 两个方案的优劣一般就难以绝对比较了，这是多目标函数优化问题的特点。在多目标函数优化设计中，使几项分目标函数同时达到最优的解称为绝对最优解（Absolute Optimal Solution），如果能获得这样的结果，当然是十分理想的，但是一般来说是难以实现的。在多目标函数优化设计中，如果一个解使每个分目标函数值都比另一个解为劣，则这个解称为劣解（Inferior Solution）。显然多目标函数优化问题只有找到非劣解时才具有意义。实际上往往是一个分目标的极小化会引起另一个或一些分目标的变化，有时各分目标的优化还互相矛盾，甚至完全对立，例如，机械优化设计中技术性能的要求与经济性的要求往往是相互矛盾的。因此，就需要在各分目标函数 $f_1(\boldsymbol{X}), f_2(\boldsymbol{X}), \cdots, f_t(\boldsymbol{X})$ 的最优值之间进行协调，互相做出些“让步”，以便取得对各分目标函数值来说都算是比较好的方案。

多目标函数优化问题的求解方法很多，其中最主要的有两大类，一类是把多目标函数优化问题转化成一个或一系列单目标函数优化问题求解，以此解作为多目标函数优化问题的一个解；另一类是直接求出非劣解，然后从中选择较好解。

## 6.2 统一目标函数法

统一目标函数法就是将各分目标函数 $f_1(\boldsymbol{X}), f_2(\boldsymbol{X}), \cdots, f_t(\boldsymbol{X})$ 统一到一个新构成的总的目标函数 $f(\boldsymbol{X}) = f(f_1(\boldsymbol{X}), f_2(\boldsymbol{X}), \cdots, f_t(\boldsymbol{X}))$ 中，这样就把原来的多目标函数优化问题转化为具有一个统一目标函数的单目标函数优化问题来求解。

在求统一目标函数极小化过程中，可以按照不同的方法来构成不同的统一目标函数，其中较常用的有线性加权组合法（Linear Weighted Combination Method）、目标规划法（Objective Programming Method）、功效系数法（Efficacy Coefficient Method）和乘除法（Multiplication Division Method）。

### 6.2.1 线性加权组合法

线性加权组合法的基本思想是在多目标函数优化问题中，将其各个分目标函数 $f_1(\boldsymbol{X})$，$f_2(\boldsymbol{X}), \cdots, f_t(\boldsymbol{X})$ 依其数量级和在整体设计中的重要程度相应地给出一组加权因子（Weighted Factor）$w_1, w_2, \cdots, w_t$，取 $f_p(\boldsymbol{X})$ 与 $w_p(p=1,2,\cdots,t)$ 的线性组合，人为地构成一个新的统一的目标函数，即

$$f(\boldsymbol{X}) = \sum_{p=1}^{t} w_p f_p(\boldsymbol{X}) \tag{6.2}$$

以 $f(\boldsymbol{X})$ 作为单目标函数优化问题来求解。

式(6.2)中加权因子 $w_p(p=1,2,\cdots,t)$ 是一组大于零的数，其值决定于各分目标函数的数量级及其重要程度。选择加权因子对计算结果的正确性影响较大。取得加权因子 $w_p$ 的方法是多种多样的，主要有以下几种处理方法。

1. 将各个分目标函数转化后加权

在采用线性加权组合法时，为了消除各个分目标函数在数量级上较大的差别，可以先将

各个分目标函数 $f_p(\boldsymbol{X})(p=1,2,\cdots,t)$ 转化为无量纲且等量级的分目标函数$\overline{f_p}(\boldsymbol{X})(p=1,2,\cdots,t)$，然后用转化后的分目标函数$\overline{f_p}(\boldsymbol{X})$ 来构成一个统一目标函数，即

$$f(\boldsymbol{X})=\sum_{p=1}^{t}w_p\overline{f_p}(\boldsymbol{X}) \tag{6.3}$$

式(6.3) 中的加权因子 $w_p(p=1,2,\cdots,t)$ 根据各分目标函数在设计中所占的重要程度来确定。当各分目标函数有相同的重要性时，取 $w_p=1(p=1,2,\cdots,t)$，并称为均匀计权(Even Weighted)；否则，各分目标函数加权因子不等，可取 $\sum_{p=1}^{t}w_p=1$ 或其他值。

各分目标函数 $f_p(\boldsymbol{X})(p=1,2,\cdots,t)$ 可选择合适的函数使其转换为无量纲等量级分目标函数$\overline{f_p}(\boldsymbol{X})(p=1,2,\cdots,t)$。例如，若能预计各分目标函数值的变动范围

$$\alpha_p\leqslant f_p(\boldsymbol{X})\leqslant\beta_p \quad (p=1,2,\cdots,t) \tag{6.4}$$

则可用如图 6.1 所示的正弦函数

$$y=\frac{x}{2\pi}-\sin x \quad (0\leqslant x\leqslant 2\pi) \tag{6.5}$$

实现将各分目标函数都转换为 0 ～ 1 的范围内取值。

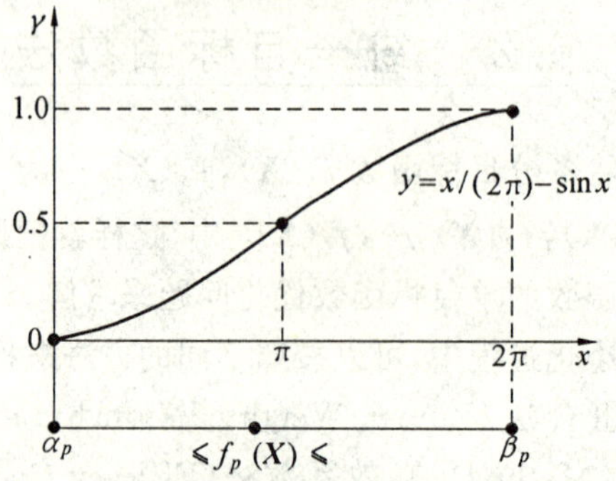


图 6.1 分目标函数规格化用的转换函数

令各目标函数的下限值 $\alpha_p(p=1,2,\cdots,t)$ 和上限值 $\beta_p(p=1,2,\cdots,t)$ 分别与式(6.5) 正弦转换函数自变量 $x$ 的下限值 0 和上限值 $2\pi$ 相对应，则相应于各分目标函数 $f_p(\boldsymbol{X})(p=1,2,\cdots,t)$ 值的转换函数的自变量 $x_p$ 值为

$$x_p=\frac{f_p(\boldsymbol{X})-\alpha_p}{\beta_p-\alpha_p}2\pi \quad (p=1,2,\cdots,t) \tag{6.6}$$

转换后的分目标函数为

$$\overline{f_p}(\boldsymbol{X})=\frac{x_p}{2\pi}-\sin x_p \quad (0\leqslant x_p\leqslant 2\pi) \quad (p=1,2,\cdots,t) \tag{6.7}$$

2. 直接加权

把加权因子分为两部分，即第 $p$ 个分目标函数 $f_p(\boldsymbol{X})$ 的加权因子 $w_p$ 为

$$w_p=w_{1p}w_{2p} \quad (p=1,2,\cdots,t) \tag{6.8}$$

式中 $w_{1p}$——反映第 $p$ 个分目标函数 $f_p(\boldsymbol{X})$ 相对重要性的加权因子，称为本征加权因子，其取值与前述相同；

$w_{2p}$——第 $p$ 个分目标函数 $f_p(\boldsymbol{X})$ 的校正加权因子，用于调整各分目标函数在数量级差别方面的影响，并在迭代过程中逐步加以校正。

考虑到设计变量对各分目标函数值随设计变量变化而不同，若用各分目标函数的梯度 $\nabla f_p(\boldsymbol{X})$ 来刻画这种差别，其校正加权因子值相应可取为

$$w_{2p}=\frac{1}{\|\nabla f_p(\boldsymbol{X})\|^2}\quad(p=1,2,\cdots,t) \tag{6.9}$$

这意味着一个分目标函数 $f_p(\boldsymbol{X})$ 的变化越快，即 $\|\nabla f_p(\boldsymbol{X})\|^2$ 值越大，则加权因子 $w_{2p}$ 越小；反之，其加权因子应取大一些，这样可使变化快慢不同的分目标函数一起调整好。

### 6.2.2 目标规划法

目标规划法又称理想点法，这种方法的基本思想是首先制定出各个分目标函数的最优值，然后根据多目标函数优化问题的总体要求，对这些最优值做适当调整，制定出各个分目标函数的最合理值 $f_p^0(p=1,2,\cdots,t)$，再按如下的平方和法来构造统一目标函数

$$f(\boldsymbol{X})=\sum_{p=1}^{t}\left[\frac{f_p(\boldsymbol{X})-f_p^0}{f_p^0}\right]^2 \tag{6.10}$$

这意味着当各个分目标函数分别达到各自的最合理值 $f_p^0$ 时，统一目标函数 $f(\boldsymbol{X})$ 为最小，式中除以 $f_p^0$ 是使之无量纲化。

在目标规划法中，比较困难的是如何制定适当的各个分目标函数的最合理值 $f_p^0(p=1,2,\cdots,t)$。如果目标函数是误差值，则 $f_p^0$ 可取为零；否则，当对各个分目标函数的变化情况不清楚时，可分别求出各个分目标函数各自的最优值 $f_p^*=f_p(\boldsymbol{X}^*)(p=1,2,\cdots,t)$，做出适当调整后，制定出理想的合理值 $f_p^0(p=1,2,\cdots,t)$，即

$$f_p^0=f_p(\boldsymbol{X}^*)+\Delta f_p\quad(p=1,2,\cdots,t) \tag{6.11}$$

式中 $\Delta f_p$——第 $P$ 个分目标函数做出的“让步”值。

### 6.2.3 功效系数法

将每个分目标函数 $f_p(\boldsymbol{X})(p=1,2,\cdots,t)$ 都用一个称为功效系数的 $\eta_p(p=1,2,\cdots,t)$ 来表示该项指标的好坏。功效系数 $\eta_p$ 是一个定义于 $0\leqslant\eta_p\leqslant 1$ 之间的函数，当 $\eta_p=1$ 时，表示第 $P$ 个分目标函数的效果达到最好；当 $\eta_p=0$ 时，表示第 $P$ 个分目标函数的效果达到最坏，将这些系数的几何平均值称为总功效系数 $\eta$，即

$$\eta=\sqrt[t]{\eta_1\eta_2\cdots\eta_t} \tag{6.12}$$

$\eta$ 的大小可表示该设计方案的好坏，显然，最优设计方案应为

$$\eta=\sqrt[t]{\eta_1\eta_2\cdots\eta_t}\rightarrow\max \tag{6.13}$$

当 $\eta=1$ 时，表示取得最理想方案；当 $\eta=0$ 时，表示这个方案不能接受，此时必有某项分目标函数的功效系数 $\eta_p=0$。

图 6.2 给出了几种功效系数的函数曲线，其中图 6.2(a) 表示与 $f_p(\boldsymbol{X})$ 值成正比的功效系数 $\eta_p$ 的函数；图 6.2(b) 表示与 $f_p(\boldsymbol{X})$ 值成反比的功效系数 $\eta_p$ 的函数；图 6.2(c) 表示 $f_p(\boldsymbol{X})$ 值过大和过小都不行的功效系数 $\eta_p$ 的函数。在具体使用这些功效系数函数时，应做出相应的规定，例如，规定 $\eta_p<0.3$ 为不可接受的方案；$0.3\leqslant\eta_p\leqslant 0.7$ 是可接受的但效果稍差的情况；$0.7<\eta_p<1$ 是可以接受的而且效果较好的情况；$\eta=1$ 为最理想的情况。这些具体的规定，当然可以根据某项设计的具体要求而定。

用总功效系数 $\eta$ 作为统一目标函数 $f(\boldsymbol{X})$

$$f(\boldsymbol{X})=\eta=\sqrt[t]{\eta_1\eta_2\cdots\eta_t}\rightarrow\max \tag{6.14}$$

则比较直观且容易调整，同时由于各个分目标函数最终都化为 0 ～ 1 间的数值，各个分目标函数的量纲不会互相影响，而且一旦有一个分目标函数不理想（$\eta_p=0$），其总功效系数必为零，表示该设计方案不能接受，另外，这种方法易于处理既不是越大越好，也不是越小越好的目标函数的情况。

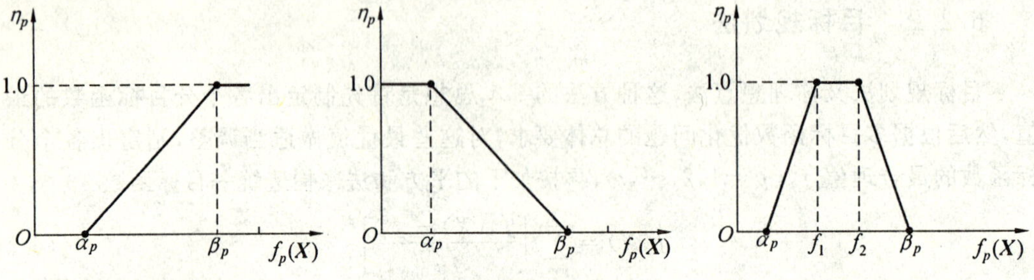


(a) 与 $f_p(X)$ 值成正比的功效系数 $\eta_p$ 的函数　(b) 与 $f_p(X)$ 值成反比的功效系数 $\eta_p$ 的函数　(c) $f_p(X)$ 值过大和过小都不行的功效系数 $\eta_p$ 的函数

图 6.2　功效系数的函数曲线

## 6.2.4　乘除法

若在 $t$ 个分目标函数中有两类不同性质的目标函数，一类是属于费用类，如成本、材料、加工费用、质量等，表示为目标函数值越小越好；另一类是属于效果类，如产品的产量、效率、利润和承载能力等，表示为目标函数值越大越好。对于这种情况，其统一目标函数可以取为

$$f(\boldsymbol{X})=\frac{\sum_{p=1}^{s}w_pf_p(\boldsymbol{X})}{\sum_{p=s+1}^{t}w_pf_p(\boldsymbol{X})}\rightarrow\min \tag{6.15}$$

式中　$s$——$t$ 个目标函数中属于第一类性质的目标函数的总个数；

$w_p$—— 加权因子，$w_p\geqslant 0$。

显然，当 $\sum_{p=s+1}^{t}w_pf_p(\boldsymbol{X})=0$ 或 $\approx 0$ 时，乘除法是无法计算的。

乘除法的基本思想可用图 6.3 做出直观解释。设有两个目标函数 $f_1(\boldsymbol{X})\rightarrow\max$ 和 $f_2(\boldsymbol{X})\rightarrow\min$，已求得目标空间内可行解的解集为 $\mathscr{D}$，图中用直线 $l_1,l_2,l_3,\cdots$ 的斜率 $\tan\alpha$ 表示不同的目标函数之比，即 $\tan\alpha=f(\boldsymbol{X})=f_2/f_1$。显然，当直线与解的集合边界相切时，其相应的 $\tan\alpha=f_2/f_1$ 为最小值，此时的切点 $Q$ 相应的目标函数值 $f_1^*$、$f_2^*$ 即为最优解。

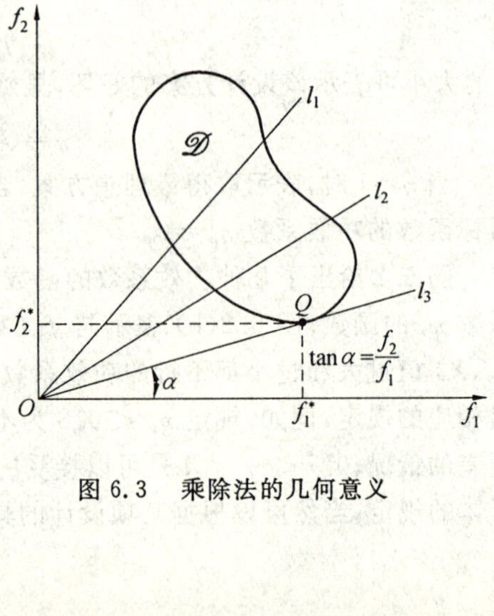


图 6.3　乘除法的几何意义

## 6.3 主要目标法

主要目标法(Main Objective Method)的基本思想是根据总体技术条件，在求最优解的各分目标函数 $f_1(\boldsymbol{X}),f_2(\boldsymbol{X}),\cdots,f_t(\boldsymbol{X})$ 中选定其中一个作为主要目标函数，而将其余 $t-1$ 个分目标函数分别给一限制值后，使其转化为新的约束条件，这样抓住主要目标，同时兼顾其他目标，从而构成一个新的单目标优化问题进行求优。

为简明起见，先以式(6.16)所示设计变量 $\boldsymbol{X}$ 为二维的具有两个分目标函数的多目标函数优化问题为例，对主要目标法进行说明。

$$\begin{cases} \min\limits_{\boldsymbol{X}\in R^2}[f_1(\boldsymbol{X}) \quad f_2(\boldsymbol{X})]^{\mathrm{T}} \\ \text{s.t.} \quad g_j(\boldsymbol{X})\leqslant 0 \quad (j=1,2,\cdots,m) \end{cases} \tag{6.16}$$

假定经分析后 $f_1(\boldsymbol{X})$ 取为主要目标函数，$f_2(\boldsymbol{X})$ 为次要目标函数，把次要目标函数加上一个约束 $f_2^0$，即

$$f_2(\boldsymbol{X})\leqslant f_2^0 \tag{6.17}$$

式中，$f_2^0$ 为一事先给定的限制值(显然它不能小于 $f_2(\boldsymbol{X})$ 的最小值 $f_2(\boldsymbol{X}^*)$)。这样就把式(6.16)表示的原多目标函数优化问题转化为求式(6.18)的单目标函数优化问题

$$\begin{cases} \min\limits_{\boldsymbol{X}\in R^2}[f_1(\boldsymbol{X}) \quad f_2(\boldsymbol{X})]^{\mathrm{T}} \\ \text{s.t.} \quad g_j(\boldsymbol{X})\leqslant 0 \quad (j=1,2,\cdots,m) \\ \qquad g_{m+1}(\boldsymbol{X})=f_2(\boldsymbol{X})-f_2^0\leqslant 0 \end{cases} \tag{6.18}$$

用图6.4表明其几何意义：由 $g_j(\boldsymbol{X})\leqslant 0(j=1,2,3,4)$ 围成的区域构成了两目标函数优化问题的可行域。$\boldsymbol{X}^{*(1)}$、$\boldsymbol{X}^{*(2)}$ 分别为分目标函数 $f_1(\boldsymbol{X})$ 和分目标函数 $f_2(\boldsymbol{X})$ 的约束最优点。现将 $f_2(\boldsymbol{X})$ 转化为 $g_5(\boldsymbol{X})=f_2(\boldsymbol{X})-f_2^0\leqslant 0$ 新的约束条件，这样原两目标函数优化问题可视为 $f_1(\boldsymbol{X})$ 在由 $g_j(\boldsymbol{X})\leqslant 0(j=1,2,3,4,5)$ 构成的新的可行域(阴影部分)中的单目标函数优化问题，显然，$\boldsymbol{X}^*$ 即为原两目标函数优化问题的最优点。

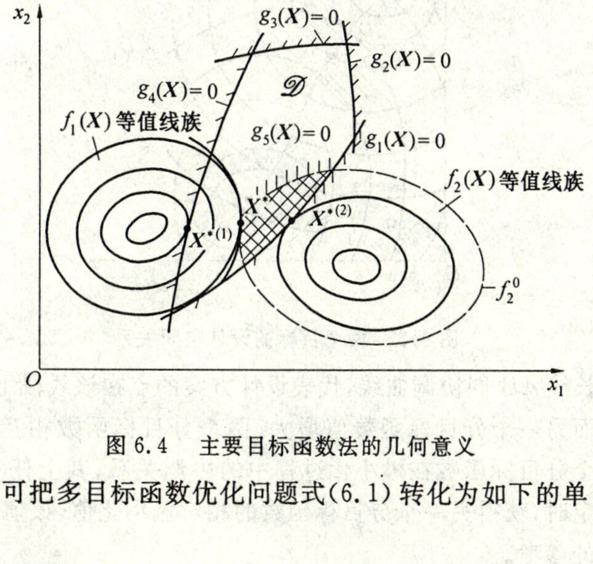


图 6.4　主要目标函数法的几何意义

对于一般情况，可把多目标函数优化问题式(6.1)转化为如下的单目标函数优化问题，即

$$\begin{cases} \min\limits_{X \in R^n} f_1(\boldsymbol{X}) \\ \text{s.t.} \quad g_j(\boldsymbol{X}) \leqslant 0 \quad (j=1,2,\cdots,m) \\ h_k(\boldsymbol{X})=0 \quad (k=1,2,\cdots,l) \\ g_{m+p}(\boldsymbol{X})=f_p(\boldsymbol{X})-f_p^0 \leqslant 0 \quad (p=2,3,\cdots,t) \end{cases} \tag{6.19}$$

式中 $f_1(\boldsymbol{X})$—— 主要目标函数。

## 6.4 协调曲线法

在一个多目标函数优化问题中，会出现当一个分目标函数的优化将导致另一些分目标函数的劣化，即所谓各分目标函数之间相互矛盾的情况。为了使某个较差的分目标函数值也达到合理值，需要以增加其他几个分目标函数值为代价，也就是说，各分目标函数值之间需要进行协调，互相做出一些让步，以便得出一个较合理的方案。

这种矛盾关系可以用如图 6.5 和图 6.6 所示的协调曲线(Coordination Curve) 来说明。

图 6.5 给出了无约束二维两个分目标函数优化问题的设计空间和分目标函数 $f_1(\boldsymbol{X})$、$f_2(\boldsymbol{X})$ 的等值线。图上的任意一点代表着一个具体的两个目标函数的设计方案，其中 $A$、$B$ 分别代表分目标函数 $f_1(\boldsymbol{X})$、$f_2(\boldsymbol{X})$ 的极小值点；$C$ 点为某一设计方案，在 $C$ 点处 $f_1(\boldsymbol{X})=4$，$f_2(\boldsymbol{X})=9$；当取定 $f_2(\boldsymbol{X})=9$ 时，求分目标函数 $f_1(\boldsymbol{X})$ 的极小点，得到 $D$ 点($f_1(\boldsymbol{X})=1.5$) 为最佳设计方案；同样当取定 $f_1(\boldsymbol{X})=4$ 时，求分目标函数 $f_2(\boldsymbol{X})$ 的极小点，可得到 $E$ 点($f_2(\boldsymbol{X})=5.5$) 为最佳设计方案。显然，$D$、$E$ 两点的设计方案优于 $C$ 点，实际上在阴影区内的任何一点所代表的设计方案均优于 $C$ 点所代表的设计方案。

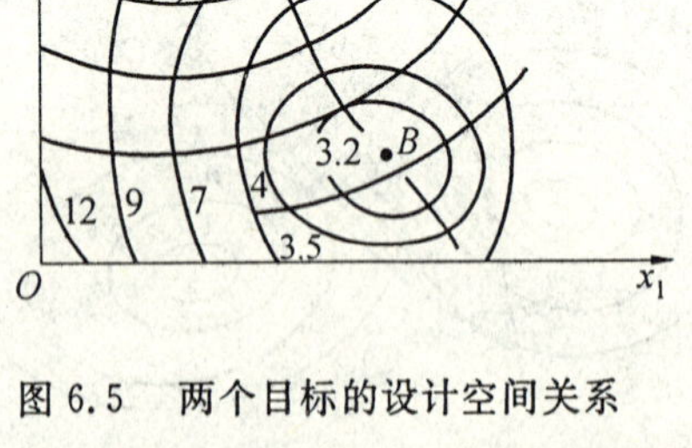

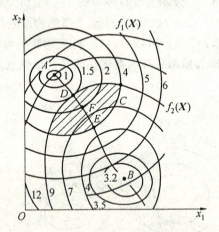

图 6.5 两个目标的设计空间关系

线段 $DE$ 的延长线 $AB$ 即协调曲线，代表设计方案的点在该线段上移动，就会出现一个分目标函数值减小而另一个分目标函数值增大，两个分目标函数相互矛盾的现象。$AB$ 线段形象地表达了两个分目标函数在极小化过程中的协调关系，其上任意一点都可实现在一个分目标函数值给定时，获得另一个分目标函数的相对极小化值，该值即可用做确定设计方案 $\boldsymbol{X}=[x_1 \quad x_2]^{\mathrm{T}}$ 的参考。

图 6.6 是在以分目标函数 $f_1(\boldsymbol{X})$、$f_2(\boldsymbol{X})$ 为坐标系，用图 6.5 中 $AB$ 线段上各点所对应的函数值作出的 $f_1(\boldsymbol{X})-f_2(\boldsymbol{X})$ 关系曲线，这是协调曲线的另一种表现形式，在这里可以更清楚地看出两分目标函数在极小化过程中相互矛盾的关系。

可将协调曲线作为使相互矛盾的分目标函数取得相对优化解的主要依据。至于要从协调曲线上选出最优方案，还需要根据两个分目标函数恰当的匹配要求、实验数据、其他目标的好坏以及设计人员的经验综合确定。

对于两个以上的分目标函数优化问题，不难想象可以构成协调曲面。

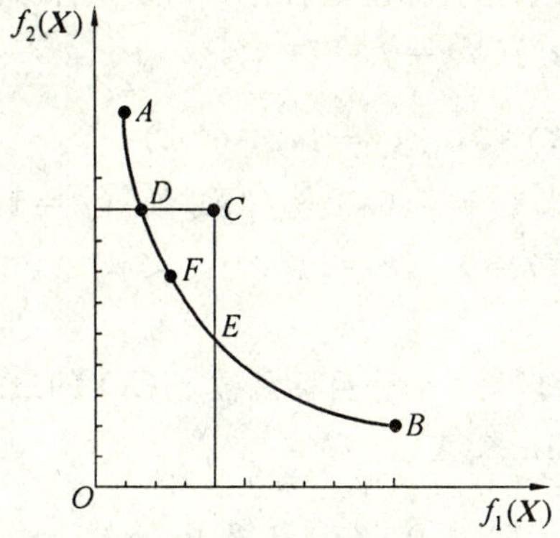


图 6.6　两个目标的协调曲线

# 6.5　分层序列法及宽容分层序列法

## 6.5.1　分层序列法

分层序列法(Lamination Sequence Method) 的基本思想是将式(6.1) 所示的多目标优化问题

$$\min_{\boldsymbol{X}\in R^n}[f_1(\boldsymbol{X}) \quad f_2(\boldsymbol{X}) \quad \cdots \quad f_t(\boldsymbol{X})]^{\mathrm{T}}$$
$$\text{s.t.} \quad g_j(\boldsymbol{X})\leqslant 0 \quad (j=1,2,\cdots,m)$$
$$h_k(\boldsymbol{X})=0 \quad (k=1,2,\cdots,l<n)$$

中的 $t$ 个目标函数分清主次，按其在设计问题中的重要程度逐一排除，然后依次对各个分目标函数求最优解，不过后一分目标函数应在前一分目标函数最优解的集合内寻优。

现在假设第一个分目标函数 $f_1(\boldsymbol{X})$ 最重要，第二个分目标函数 $f_2(\boldsymbol{X})$ 其次，第三个分目标函数 $f_3(\boldsymbol{X})$ 再其次，…… ……

首先对第一个分目标函数 $f_1(\boldsymbol{X})$ 求最优值，得

$$\begin{cases} \min\limits_{\boldsymbol{X}\in R^n} f_1(\boldsymbol{X})=f_1^* \\ \text{s.t.} \quad g_j(\boldsymbol{X})\leqslant 0 \quad (j=1,2,\cdots,m) \\ \quad\quad h_k(\boldsymbol{X})=0 \quad (k=1,2,\cdots,l<n) \end{cases} \tag{6.20}$$

在第一个分目标函数的最优解集合域内，求第二个分目标函数 $f_2(\boldsymbol{X})$ 的最优值，也就是将第一个分目标函数转化为约束条件，即求

$$\begin{cases} \min\limits_{X \in R^n} f_2(\boldsymbol{X}) = f_2^* \\ \text{s.t.} \quad g_j(\boldsymbol{X}) \leqslant 0 \quad (j = 1, 2, \cdots, m) \\ \qquad g_{m+1}(\boldsymbol{X}) = f_1(X) - f_1^* \leqslant 0 \\ \qquad h_k(\boldsymbol{X}) = 0 \quad (k = 1, 2, \cdots, l < n) \end{cases} \tag{6.21}$$

的最优值，记作 $f_2^*$。

然后，再在第一、第二分目标函数的最优解集合域内，求第三个分目标函数 $f_3(\boldsymbol{X})$ 的最优值，此时，分别将第一、第二个分目标函数转化为约束条件，即求

$$\begin{cases} \min\limits_{X \in R^n} f_3(\boldsymbol{X}) = f_3^* \\ \text{s.t.} \quad g_j(\boldsymbol{X}) \leqslant 0 \quad (j = 1, 2, \cdots, m) \\ \qquad g_{m+p}(\boldsymbol{X}) = f_p(\boldsymbol{X}) - f_p^* \leqslant 0 \quad (p = 1, 2) \\ \qquad h_k(\boldsymbol{X}) = 0 \quad (k = 1, 2, \cdots, l < n) \end{cases} \tag{6.22}$$

的最优值，记作 $f_3^*$。

照此继续进行下去，最后求第 $t$ 个分目标函数 $f_t(\boldsymbol{X})$ 的最优值，即

$$\begin{cases} \min\limits_{X \in R^n} f_t(\boldsymbol{X}) = f_t^* \\ \text{s.t.} \quad g_j(\boldsymbol{X}) \leqslant 0 \quad (j = 1, 2, \cdots, m) \\ \qquad g_{m+p}(\boldsymbol{X}) = f_p(\boldsymbol{X}) - f_p^* \leqslant 0 \quad (p = 1, 2, \cdots, t-1) \\ \qquad h_k(\boldsymbol{X}) = 0 \quad (k = 1, 2, \cdots, l < n) \end{cases} \tag{6.23}$$

其最优值是 $f_t^*$，对应的最优点为 $\boldsymbol{X}^*$，这个解就是多目标优化问题的最优解。

### 6.5.2 宽容分层序列法

采用分层序列法，在求解过程中可能出现中断现象，使求解过程无法继续进行下去。当求解到第 $p$ 个分目标函数的最优解是唯一时，则再往后求第 $p+1, p+2, \cdots, t$ 个分目标函数的解就完全没有意义了，此时可供选用的设计方案只是这一个，而它仅仅是由第一个至第 $p$ 个分目标函数通过分层序列求得的，并没有把第 $p$ 个以后的分目标函数考虑进去；特别是当求得的第一个分目标函数的最优解是唯一时，则更失去了多目标优化的意义了，为此引入宽容分层序列法(Tolerance lamination Sequence Method)。

宽容分层序列法就是对各分目标函数的最优值放宽要求，可以事先对各分目标函数的最优值给定宽容量，如 $\varepsilon_1 > 0, \varepsilon_2 > 0, \cdots$，这样，在求后一个分目标函数的最优值时，对前一个分目标函数不严格限制在最优解内，而是在前一个分目标函数最优值附近的某一范围进行优化，从而可避免计算过程的中断。

$$
\left\{
\begin{aligned}
&\min_{X\in R^n} f_1(\boldsymbol{X}) = f_1^* \\
&\text{s.t.}\quad g_j(\boldsymbol{X}) \leqslant 0 \quad (j=1,2,\cdots,m) \\
&\qquad h_k(\boldsymbol{X}) = 0 \quad (k=1,2,\cdots,l<n) \\
&\min_{X\in R^n} f_2(\boldsymbol{X}) = f_2^* \\
&\text{s.t.}\quad g_j(\boldsymbol{X}) \leqslant 0 \quad (j=1,2,\cdots,m) \\
&\qquad g_{m+1}(\boldsymbol{X}) = f_1(\boldsymbol{X}) - f_1^* - \varepsilon_1 \leqslant 0 \\
&\qquad h_k(\boldsymbol{X}) = 0 \quad (k=1,2,\cdots,l<n) \\
&\min_{X\in R^n} f_3(\boldsymbol{X}) = f_3^* \\
&\text{s.t.}\quad g_j(\boldsymbol{X}) \leqslant 0 \quad (j=1,2,\cdots,m) \\
&\qquad g_{m+p}(\boldsymbol{X}) = f_p(\boldsymbol{X}) - f_p^* - \varepsilon_p \leqslant 0 \quad (p=1,2) \\
&\qquad h_k(\boldsymbol{X}) = 0 \quad (k=1,2,\cdots,l<n) \\
&\qquad \vdots \\
&\min_{X\in R^n} f_t(\boldsymbol{X}) = f_t^* \\
&\text{s.t.}\quad g_j(\boldsymbol{X}) \leqslant 0 \quad (j=1,2,\cdots,m) \\
&\qquad g_{m+p}(\boldsymbol{X}) = f_p(\boldsymbol{X}) - f_p^* - \varepsilon_p \leqslant 0 \quad (p=1,2,\cdots,t-1) \\
&\qquad h_k(\boldsymbol{X}) = 0 \quad (k=1,2,\cdots,l<n)
\end{aligned}
\right.
\tag{6.24}
$$

其中，$\varepsilon_p > 0(p=1,2,\cdots,t-1)$。最后求得多目标函数的最优解 $\boldsymbol{X}^*$。

图 6.7 给出了用宽容分层序列法求两目标函数单变量优化设计问题最优解的情况。采用分层序列法求解时，最优解为 $\tilde{x}$，它就是第一个分目标函数 $f_1(x)$ 的严格最优解。若采用宽容分层序列法求解，则最优解为 $x^{(1)}$，它已考虑了第二个分目标函数 $f_2(x)$，但是，对于第一个分目标函数 $f_1(x)$ 来说，其最优值就有一个误差。图中 $\varepsilon_1$ 为人为给定的第一个分目标函数最优值 $f_1^*$ 的宽容量。

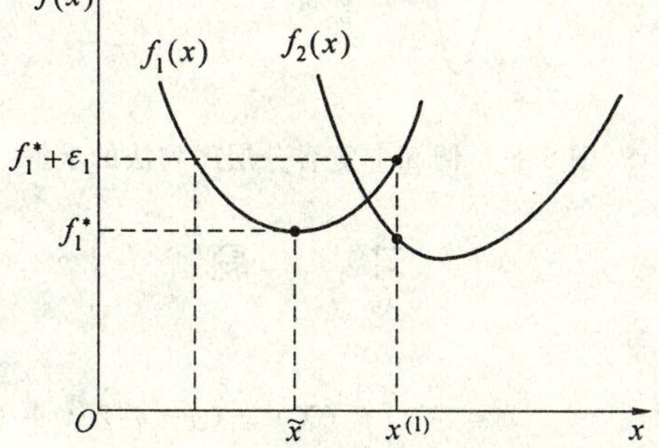


图 6.7　宽容分层序列法最优解

【例 6.1】　用宽容分层序列法求多目标约束优化问题

$$
\min_{X\in R^1}[-f_1(\boldsymbol{X}) \quad -f_2(\boldsymbol{X})]^{\mathrm{T}} = \left[-\frac{1}{2}\times(6-x)\cos(\pi x) \quad -1-(x-2.9)^2\right]^{\mathrm{T}}
$$

$$
\begin{aligned}
\text{s.t.}\quad & g_1(\boldsymbol{X}) = 1.5 - x \leqslant 0 \\
& g_2(\boldsymbol{X}) = x - 2.5 \leqslant 0
\end{aligned}
$$

的最优解。

**解** 若按重要程度将目标函数排队为：$f_1(\boldsymbol{X})$，$f_2(\boldsymbol{X})$，则首先求解

$$\min_{\boldsymbol{X}\in R^1}[-f_1(\boldsymbol{X})]=-\frac{1}{2}(6-x)\cos(\pi x)$$

$$\text{s.t.}\quad g_1(\boldsymbol{X})=1.5-x\leqslant 0$$

$$g_2(\boldsymbol{X})=x-2.5\leqslant 0$$

得最优点 $x^{(1)}=2$，最优值 $f_1^*=-f_1(x^{(1)})=2$。

设给定第一个分目标函数最优值 $f_1^*$ 的宽容量 $\varepsilon_1=0.052$，然后求解

$$\min_{\boldsymbol{X}\in R^1}[-f_2(\boldsymbol{X})]=-1-(x-2.9)^2$$

$$\text{s.t.}\quad g_1(\boldsymbol{X})=1.5-x\leqslant 0$$

$$g_2(\boldsymbol{X})=x-2.5\leqslant 0$$

$$g_3(\boldsymbol{X})=-f_1(\boldsymbol{X})-f_1^*-\varepsilon_1=\frac{1}{2}(6-x)\cos(\pi x)-f_1^*-0.052\leqslant 0$$

得最优点 $x^{(2)}=1.9$，这就是该两目标函数优化问题的最优点 $x^*$，即

$$x^*=x^{(2)}=1.9$$

对应的最优值为

$$f_1(x^{(2)})=1.948$$

$$f_2(x^{(2)})=2$$

最优解的情况如图 6.8 所示。

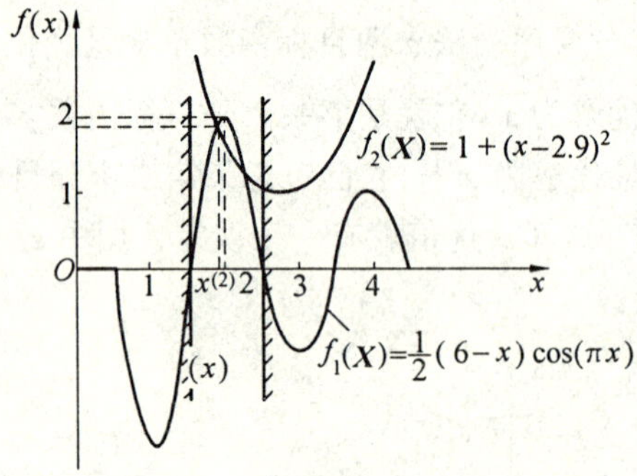


图 6.8 例 6.1 宽容分层序列法的求解

## 习 题

6.1 用线性加权法求

$$\min_{\boldsymbol{X}\in R^2}\begin{bmatrix} f_1(\boldsymbol{X})=(x_1+2)^2+(x_2-2)^2 \\ f_2(\boldsymbol{X})=(x_1+1)^2+(x_2+3)^2 \\ f_3(\boldsymbol{X})=(x_1-9)^2+(x_2+3)^2 \end{bmatrix}$$

$$\text{s.t.}\quad g(\boldsymbol{X})=4-x_1^2-x_2^2\leqslant 0$$

的最优解。

（提示：① 取加权因子 $w_1=w_2=w_3=1$；② 取加权因子 $w_1=3.8$，$w_2=2.8$，$w_3=1$。）

6.2 用宽容分层序列法求解

$$\min_{X \in R^1} \begin{bmatrix} f_1(\boldsymbol{X}) = \frac{1}{2}(6-x)\cos(\pi x) \\ f_2(\boldsymbol{X}) = -1-(x-2.9)^2 \end{bmatrix}$$

$$\text{s.t.} \quad g_1(\boldsymbol{X}) = x - 2.5 \leqslant 0$$

$$g_2(\boldsymbol{X}) = 1.5 - x \leqslant 0$$

的最优解。

（提示：目标函数重要度排序为：$f_1(\boldsymbol{X})$，$f_2(\boldsymbol{X})$，宽容值 $q=0.62$。）

# 第7章 离散变量的优化设计方法

**【内容提要】** 本章主要介绍离散变量优化设计的一些基本概念，概略介绍凑整解法和网格法，重点对工程实用的离散复合形法中的离散复合形的产生、约束条件的处理、离散一维搜索、终止准则、重构复合形以及复合型法的辅助功能等方面进行介绍，并进行举例说明。

**【课程指导】** 通过对离散变量优化设计的学习，要求掌握离散变量优化设计中的离散复合形法求解的一般过程，建立数学模型、选择优化方法和优化结果分析的基本原则。

本书前述各种优化设计方法都是假定设计变量是连续的前提下叙述的，但是，机械优化设计中有许多问题是混合设计变量(Mix Design Variables)的问题，即数学模型中同时存在连续设计变量(Continuous Design Variables)、整型设计变量(Integer Design Variables)和离散设计变量(Dispenser Design Variables)。例如，齿轮传动装置优化设计中，若把齿数、模数、齿宽和变位系数等作为设计变量，则齿数是整型量，模数是符合齿轮标准的一系列离散量，变位系数和齿宽可以看做是连续量(齿宽如果按毫米单位计算，则也可看做是连续量)；又如钢丝直径、钢板厚度、型钢的型号也都应符合金属材料的供应规范等，属于这样的一些必须取离散数值的设计变量均称为离散变量(Dispenser Variables)。

离散变量优化方法(Dispenser Variables Optimization Method)是指专门研究变量集合中的某些或全部变量只定义在离散值域上的一种数学规划方法。与连续变量优化方法相比，随着机械设计中标准化、规范化日趋增多，发展和研究不同于连续设计变量的优化方法，对机械工程设计的优化问题有着重要的意义。由于只在有限的离散点上进行计算，可大大提高计算速度以及优化设计结果所提供的数据完全符合设计规范的要求，离散变量的设计优化方法成为目前工程优化发展中的一个重要的方向，在理论上、方法上以及计算机程序设计上均已取得一些研究成果。主要的离散变量优化方法有：

(1) 按连续变量处理和修整的优化方法，如凑整解法(Rounding Method)、拟离散法(Quasi Discrete Method)、离散惩罚函数法(Discrete Penalty Function Method)；

(2) 离散变量随机型优化方法，如离散变量随机试验法(Discrete Random Test Method)、随机离散搜索法(Random Discrete Searching)；

(3) 离散变量搜索优化方法，如启发式组合优化方法(Heuristic Optimization Method)、整数梯度法(Integer Gradient)、离散变量复合形法(Discrete Variable Complex Method)；

(4) 其他离散变量优化方法，如非线性隐枚举法(Nonlinear Implicit Enumeration Method)、分支定界法(Branch And Bound Method)、网格法(Grid method)。

# 7.1 离散变量优化设计的基本概念

## 7.1.1 离散设计空间和离散值域

对于连续变量，一维设计空间就是一条表示该变量的坐标轴上所有点的集合；对于离散变量，一维离散设计空间则是一条表示该变量的坐标轴上一些间隔点的集合，这些点的坐标值是该变量可取的离散值(Discrete Value)，这些点称为一维离散设计空间(One-Dimensional Discrete Design Space)的离散点(Discrete Point)。二维连续设计变量的设计空间是代表该两个变量的两条坐标轴形成的平面；二维离散设计空间(Two-Dimensional Discrete Design Space)则是上述平面上的某些点的集合，这些点是坐标值分别是各离散变量可取的离散值，这些点称为二维离散设计空间的离散点，如图 7.1 所示，在 $x_1Ox_2$ 平面上形成的网格节点，即二维离散设计空间的离散点。对于三维离散变量，过每个变量离散值作该变量坐标轴的垂直面，这些平面的交点的集合就是三维离散设计空间(Three-Dimensional Discrete Design Space)，这些交点就是三维离散设计空间中的离散点，如图7.2 所示。

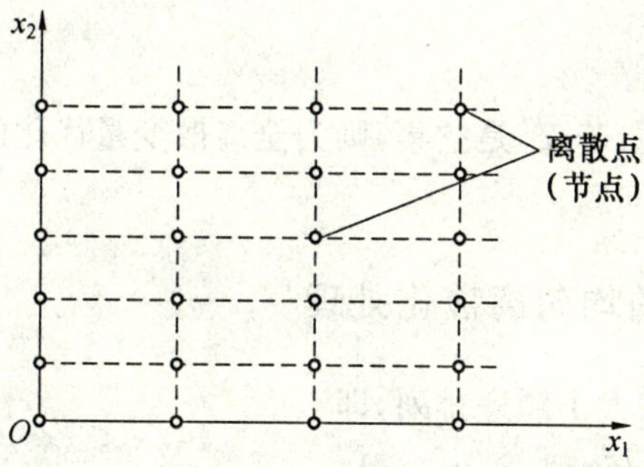

图 7.1 二维离散设计空间的离散点

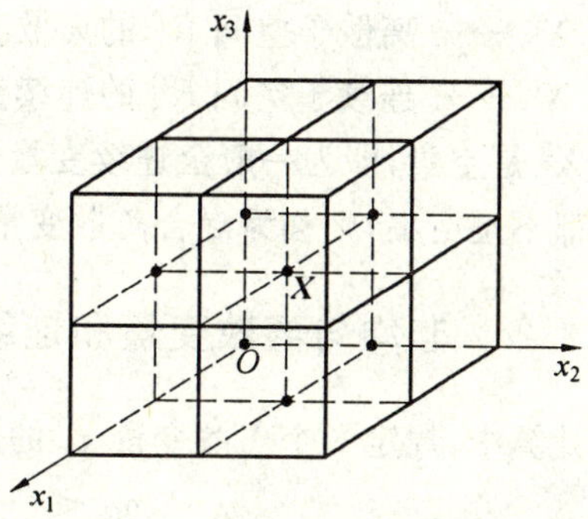

图 7.2 三维离散设计空间的离散点

同样，对于 $n1$ 维离散变量，对每个变量离散值作该变量坐标轴的垂直面，这些超平面的交点的集合就是 $n1$ 维离散设计空间($n1$-Dimensional Discrete Design Space)，用 $R^{\mathscr{D}}$ 表示，而这些交点就是 $n1$ 维离散设计空间中的离散点，用 $\boldsymbol{X}^{\mathscr{D}}$ 表示，显然 $\boldsymbol{X}^{\mathscr{D}} \in R^{\mathscr{D}}$。

设 $n1$ 个离散设计变量中，第 $i(i=1,2,\cdots,n1)$ 个离散设计变量 $x_i$ 可取 $l_i$ 个离散变量值，其可取的离散值 $q_{ij}(j=1,2,\cdots,l_i)$ 的集合称为第 $i$ 个离散设计变量的离散值域(Discrete Range)。

为便于计算，通常将每个离散设计变量 $x_i$ 可取的离散值的个数 $l_i$ 均取为 $L$ 个，$L$ 为各离散设计变量可取离散值个数中的最大值，即

$$l_1 = l_2 = \cdots l_{n1} = L$$

当某维离散变量离散值的个数不足 $L$ 时，可用其最后一个离散值来补足，例如，第 $i$ 个设计变量只有 $r$ 个可取离散值，$r < L$，则可令其余 $L-r$ 个离散值为

$$q_{ir+1} = q_{ir+2} = \cdots = q_{iL} = q_{ir}$$

这样，$n1$ 个离散变量全部可取的离散值 $q_{ij}(i=1,2,\cdots,n1;j=1,2,\cdots,L)$ 的集合称为 $n1$ 维离散变量值域，可用一个 $n1\times L$ 阶矩阵 $\boldsymbol{Q}$ 来表示，即

$$\boldsymbol{Q}=\begin{bmatrix} q_{11} & q_{12} & \cdots & q_{1L} \\ q_{21} & q_{22} & \cdots & q_{2L} \\ \vdots & \vdots & & \vdots \\ q_{n11} & q_{n12} & \cdots & q_{n1L} \end{bmatrix} \tag{7.1}$$

式中 $\boldsymbol{Q}$—— 离散值域矩阵(Discrete Range Matrix)。

在机械优化设计中，常见的约束非线性离散变量优化问题的数学模型，可表达为

$$\begin{cases} \min\limits_{\boldsymbol{X}\in R^n} f(\boldsymbol{X}) \\ \text{s.t.}\quad g_j(\boldsymbol{X})\leqslant 0 \quad (j=1,2,\cdots,m) \\ \boldsymbol{X}=\begin{Bmatrix}\boldsymbol{X}^{\mathscr{D}} \\ \boldsymbol{X}^{C}\end{Bmatrix} \begin{matrix}\boldsymbol{X}^{\mathscr{D}}=[x_1,x_2,\cdots,x_{n1}]^{\mathrm{T}}\in R^{\mathscr{D}} \\ \boldsymbol{X}^{C}=[x_{n1+1},x_{n1+2},\cdots,x_n]^{\mathrm{T}}\in R^{C}\end{matrix} \\ R^n=R^{\mathscr{D}}\cup R^{C} \end{cases} \tag{7.2}$$

式中 $n$—— 设计变量维数；

$m$ —— 不等式约束条件的个数；

$n1$ —— 离散变量的个数；

$\boldsymbol{X}^{\mathscr{D}}$ —— 离散子空间 $R^{\mathscr{D}}$ 的离散变量子集；

$\boldsymbol{X}^{C}$ —— 连续子空间 $R^{C}$ 的连续变量子集。

若 $\boldsymbol{X}^{\mathscr{D}}$ 是空集，即为一般全连续变量优化问题；若 $\boldsymbol{X}^{C}$ 是空集，则为全离散变量优化问题；若两者都不是空集，则称为混合离散变量最优化问题。

### 7.1.2 非均匀离散变量和连续变量的均匀离散化处理

在计算中，规定一个离散变量 $x_i$ 的离散值按大小顺序排列，即

$$q_{i1}<q_{i2}<\cdots<q_{iL}\quad (i=1,2,\cdots,n1)$$

且将其沿坐标轴相邻离散点的离散值之差称为离散值增量(Discrete Variable Increment)，记为 $\Delta_{ij}$

$$\Delta_{ij}=q_{ij+1}-q_{ij}\,(i=1,2,\cdots,n1;j=1,2,\cdots,L-1) \tag{7.3}$$

若一个离散变量 $x_i$ 的各个离散值间的增量 $\Delta_{ij}$ 完全相等，则称其为均匀离散变量(Uniform Discrete Variables)，即

$$\Delta_{i1}=\Delta_{i2}=\cdots\Delta_{iL-1}=\Delta_i$$

若一个离散变量 $x_i$ 的各个离散值间的增量 $\Delta_{ij}$ 只有部分相等或全部不相等，则统称为非均匀离散变量(Non Uniform Discrete Variables)。为便于在计算中查找离散值，在优化设计中常将非均匀离散变量转化为均匀离散变量，其转化方法如下。

假设在 $n1$ 个离散变量中，前面的 $t$ 个变量为非均匀离散变量，且每个离散变量可取的离散值个数均为 $L$ 个，其离散值域可以用矩阵表示为

$$\boldsymbol{Q}=[q_{ij}]_{t\times L}\quad (i=1,2,\cdots,t;j=1,2,\cdots,L) \tag{7.4}$$

在计算机上计算时，先将离散值域的所有离散值用一个二维数组 $Q(t,L)$ 存储起来，即

$$Q(i,j)=q_{ij}\quad (i=1,2,\cdots,t;j=1,2,\cdots,L) \tag{7.5}$$

令设计变量 $x_i(i=1,2,\cdots,t)$ 代表第 $i$ 个离散变量的离散值序号 $j$，例如，$x_2=4$ 则表示第2个变量的第4个离散值，此时 $x_i$ 不再表示离散值具体数据，而令 $Rx_i(i=1,2,\cdots,t)$ 表示离散值。

在计算中令 $x_i$ 为整形变量，并限定其取值范围为 $1\leqslant i\leqslant L$，值域处理后 $x_i$ 就转化为离散值增量为 $\Delta_i=1$ 的均匀离散变量，显然

$$Rx_i=q_{ij}=Q(i,j)=Q(i,x_i) \tag{7.6}$$

需要指出，计算目标函数值或约束函数值时，应采用代表离散值本身的 $Rx_i$ 值，而不采用代表离散值序号的 $x_i$，因为在这种情况下，$x_i$ 代表离散值的序号，而不是离散值本身。例如某齿轮模数是某问题中的第2个非均匀离散变量，它可取5个离散值，即 $Q=[q_{ij}]$，$Q=[q_{21},q_{22},q_{23},q_{24},q_{25}]=[1,1.25,1.5,2,3]$，如果有 $x_2=3$，则齿轮模数应为 $q_{23}$，即 $m=1.5$，而不是 $m=3$。

工程设计中，真正把设计参数取为连续变量的情形是不多的，例如，长度、流量等都是连续变量，将这些设计参数分别看成是以1 mm（或0.1 mm）、1 cm³/s（或1 mm³/s）的具有很小均匀间隔变化的量，显得更有实际意义。可将混合离散变量优化问题中理论上是连续的变量转化为均匀离散变量，其转化方法如下。

假定在 $n$ 维优化问题中，有 $n-n1$ 个连续变量，对这些连续变量进行离散化，可以先根据连续变量 $x_i$ 在设计、工艺、测量等方面的具体要求，规定出在其离散化后的离散值之间的间距 $\varepsilon_i(i=n1+1,n1+2,\cdots,n)$，$\varepsilon_i$ 称为拟离散增量（Quasi Discrete Increments）。定出连续变量的上限值 $x_i^u$ 和下限值 $x_i^l$，即

$$x_i^l\leqslant x_i\leqslant x_i^u \quad (i=n1+1,n1+2,\cdots,n)$$

则各连续变量离散化后的离散值的个数 $L_i$ 分别为

$$L_i=\mathrm{INT}\left[\frac{x_i^u-x_i^l}{\varepsilon_i}\right]+1 \quad (i=n1+1,n1+2,\cdots,n) \tag{7.7}$$

式中　INT—— 取整函数。

经以上处理，连续变量 $x_i$ 可取的离散值为

$$x_{ij}=x_i^l+j\varepsilon_i \quad (i=n1+1,n1+2,\cdots,n;j=0,1,2,\cdots,L_{i-1}) \tag{7.8}$$

非均匀离散变量及连续变量的均匀离散化处理，可使混合离散变量的优化问题转化为均匀全离散变优化问题来求解，这对提高计算效率通常是有利的。

### 7.1.3　离散最优解

由于离散设计空间的不连续性，离散变量最优点与连续变量最优点不是同一概念，必须重新定义。

1. 离散单位邻域

在设计空间中，离散点 $\boldsymbol{X}$ 的单位邻域（Unit Neighborhood）$UN(\boldsymbol{X})$ 是指如下定义的集合：

$$UN(\boldsymbol{X})=\left\{\begin{matrix}\boldsymbol{X}\mid x_i-\Delta_i,x_i,x_i+\Delta_i,i=1,2,\cdots,n1\\ \boldsymbol{X}\mid x_i-\varepsilon_i,x_i,x_i+\varepsilon_i,i=n1+1,n1+2,\cdots,n\end{matrix}\right\} \tag{7.9}$$

图7.3中表示了二维设计空间中离散点 $\boldsymbol{X}$ 的离散单位邻域（Discrete Unit Neighborhood），即

$$UN(\boldsymbol{X})=\{A,B,C,D,E,F,G,H,X\}$$

一般情况下，设离散变量的维数为 $n1$，则 $UN(\boldsymbol{X})$ 内的离散点总数为 $N=3^{n1}$。

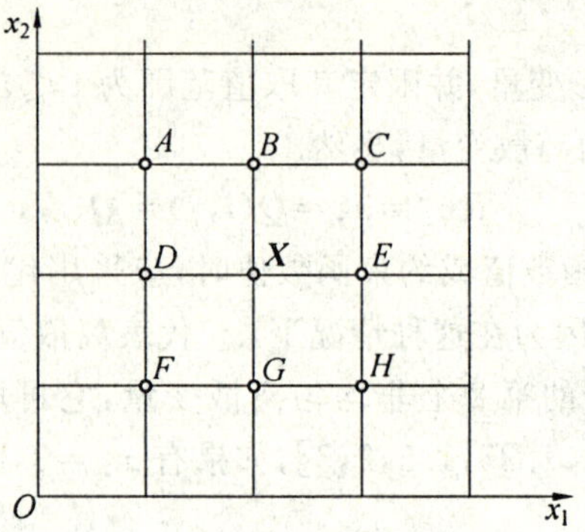


图 7.3 离散单位邻域图

2. 离散坐标邻域

在设计空间中离散点 $\boldsymbol{X}$ 的离散坐标邻域(Discrete Coordinate Neighborhood)$UC(\boldsymbol{X})$ 是指 $\boldsymbol{X}$ 点为原点的坐标轴线和离散单位邻域 $UN(\boldsymbol{X})$ 的交点的集合。在图 7.3 中，离散点 $\boldsymbol{X}$ 的离散坐标邻域为

$$UC(\boldsymbol{X})=\{B,D,E,G,X\}$$

一般在 $n1$ 维离散变量情况下离散坐标邻域的离散点总数为 $N=2n1+1$。

3. 离散局部最优解(Discrete Local Optimal Solution)

若 $\boldsymbol{X}^* \in \mathcal{D}$，对所有 $\boldsymbol{X} \in UN(\boldsymbol{X}^*) \cap \mathcal{D}$，恒有

$$f(\boldsymbol{X}^*) \leqslant f(\boldsymbol{X})$$

则称 $\boldsymbol{X}^*$ 是离散局部最优点(Discrete Local Optimal Point)。

4. 拟离散局部最优解(Quasi Discrete Local Optimal Solution)

若 $\boldsymbol{X}^* \in \mathcal{D}$，且对所有 $X \in UC(\overline{\boldsymbol{X}}^*) \cap \mathcal{D}$，恒有

$$f(\overline{\boldsymbol{X}}^*) \leqslant f(\boldsymbol{X})$$

则称 $\overline{\boldsymbol{X}}^*$ 是拟离散局部最优点(Ouasi Discrete Local Optimal Point)。

5. 离散全域最优解(Discrete Global Optimal Solution)

若 $\boldsymbol{X}^{**} \in \mathcal{D}$，且对所有 $\boldsymbol{X} \in \mathcal{D}$，恒有

$$f(\boldsymbol{X}^{**}) \leqslant f(\boldsymbol{X})$$

则称 $\boldsymbol{X}^{**}$ 为离散全域最优点(Discrete Global Optimal Point)。

严格说来，离散优化问题的最优解应是指离散全域最优点而言的，但它与一般的非线性优化问题一样，离散优化方法所求得的最优点一般是局部最优点，通常所说的最优解均指局部最优解。

由于设计空间的离散性，离散最优点将不是唯一的。为了判断 $\boldsymbol{X}$ 点是否最优点，应从 $UN(\boldsymbol{X})$ 内所有离散点进行比较得到局部最优点 $\boldsymbol{X}^*$。但由于在 $UN(\boldsymbol{X})$ 中离散点的总数目 $N=3^{n1}$，若维数 $n1$ 很大，则判断离散局部最优点 $\boldsymbol{X}^*$ 的计算工作量太大，故也可仅在 $UC(\boldsymbol{X})$ 中进行比较，$UC(\boldsymbol{X})$ 的离散点总数仅有 $2n1+1$ 个，计算工作量相对来说少一些。但这样判断得到的是拟离散局部最优点 $\overline{\boldsymbol{X}}^*$，它可能是离散局部最优点 $\boldsymbol{X}^*$，也可能不是，因而以此作为离散最优点，其可靠程度会低一些。

# 7.2 凑整解法与网格法

## 7.2.1 凑整解法

解决离散变量的优化问题很容易考虑为:将离散变量全都权宜地视为连续变量,用一般连续变量优化方法求得最优点(称为连续最优点),然后再把该点的坐标按相应的设计规范和标准调整为与其最接近的整数值或离散值,作为离散变量优化问题的最优点(称为离散最优点)的坐标,这便构成离散变量优化问题的凑整解法。如图7.4所示,一级圆柱齿轮减速器,当输入功率为280 kW,输入转速为1 000 r/min,传动比$i=5$,齿轮的接触强度许用应力$[\sigma_H]=855$ MPa,弯曲强度许用应力$[\sigma_{F1}]=261$ MPa,$[\sigma_{F2}]=213$ MPa,轴的许用挠度$[f]=0.003\ 31$,取$b$、$Z_1$、$m$、$d_1$、$d_2$、$l$为设计变量,以转动件的体积总和$v$最小为目标函数,采用内点惩罚函数法求得连续变量最优解和凑整解的结果见表7.1。

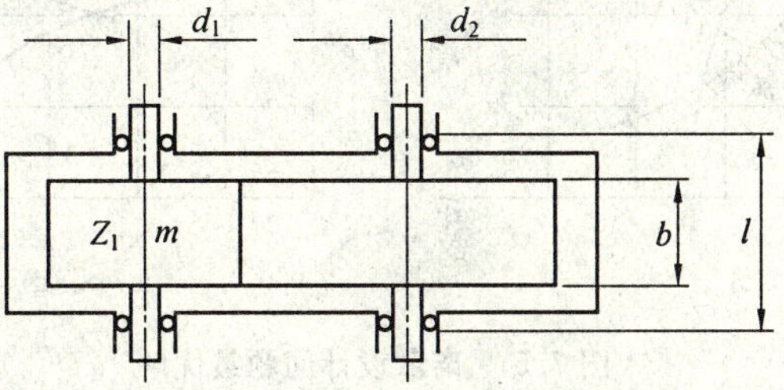


图7.4 一级圆柱齿轮减速器

表7.1 一级圆柱齿轮减速器的连续解和凑整解

| 方案 | $b$/cm | $Z_1$ | $m$/cm | $d_1$/cm | $d_2$/cm | $l$/cm | $V$/cm³ |
|---|---|---|---|---|---|---|---|
| 原方案设计 | 23 | 21 | 0.8 | 12 | 16 | 42 | 87 139.235 1 |
| 连续设计方案 | 13.092 0 | 18.738 8 | 0.818 3 | 10.000 1 | 13.00 | 23.593 | 35 334.358 3 |
| 凑整解法设计方案 | 13.092 9 | 19 | 0.9 | 10.000 1 | 13.00 | 23.593 | 40 709.375 2 |

这种方法非常简单,并且受人欢迎,但可能出现两个问题,如图7.5(a)所示,$A$、$B$两点分别表示二维离散变量优化问题凑整法中的连续最优点与离散最优点,则有:

(1) 与连续最优点$A$最接近的离散点$B$落在可行域外,如图7.5(b)所示,一般来说,这是工程实际所不能接受的。

(2) 与连续最优点$A$最接近的离散点$B$并非离散最优点$C$,如图7.5(c)所示,点$B$仅是一个工程实际可能接受的较好的设计方案。

针对上述问题可做些改进,即在求得连续最优点$A$并调整到最接近的离散点$B$以后,在$B$的离散单位邻域$UN(B)$或离散坐标邻域$UC(B)$内找出所有的离散点,逐个判断其可行性并比较其函数值的大小,从中找到离散局部最优点或拟离散局部最优点。

其实凑整解或改进的凑整解都是基于离散最优点就在连续最优点的附近,但由于实际问题很复杂,有时并非如此,如图7.5(d)所示真正的离散最优点$C$离连续最优点$A$最远。

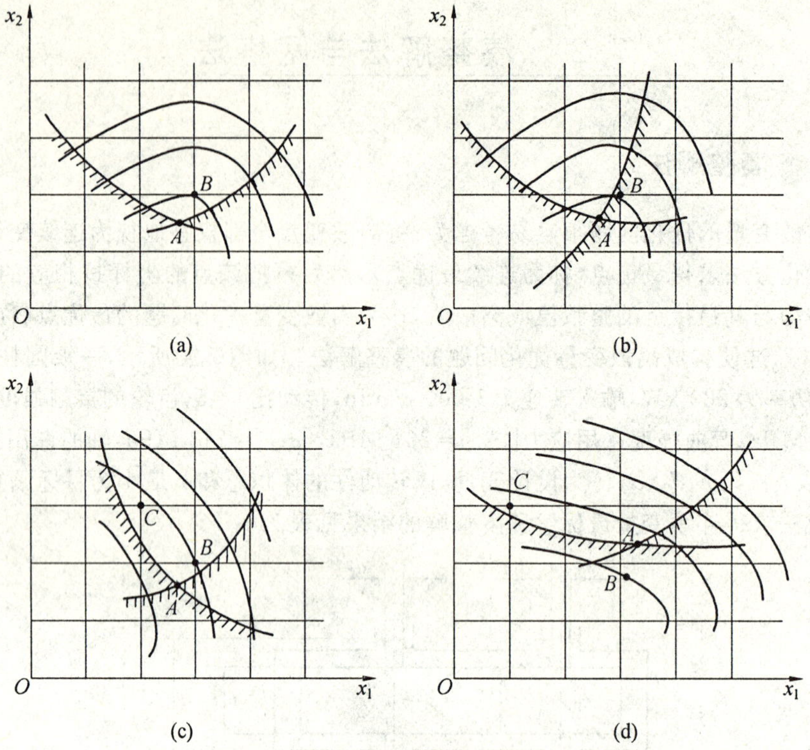


图 7.5　离散设计问题最优解

另外，有些设计变量是不允许最后取整的，例如，设计变位齿轮传动时，优化结果可能是非整数的齿数，非标准的模数及变位系数，如果按优化结果将齿数圆整，将模数取为标准模数后，原优化结果的变位系数也可能会变得毫无意义了。

### 7.2.2　网格法

1. 基本原理

网格法是解离散变量优化问题的一种最原始的遍数法。现以图 7.6 所示的二维问题来进行说明。在离散变量的值域内，先按各变量的可取离散值为间隔在设计空间内构成全部离散网格点，再计算域内的每个网格点上的目标函数值，比较其大小，全域最优点 $\boldsymbol{X}^*$ 应是可行域 $\mathscr{D}$ 中诸网格点目标函数值最小者，这就需要逐个检查网格点是否可行和择其最优。对所取的点 $\boldsymbol{X}$，先检查其可行性，若此点不可行，则继续检查下一个离散点，待全部离散点都检查一遍后，其最好点就是该优化问题的全域最优点 $\boldsymbol{X}^*$。

2. 计算框图

图 7.7 所示为二维离散变量的程序框图，实际上，它就是一个简单的二重循环计算。其中 $f_0$ 为预先给定的一个很大的目标函数值，返回时存放目标函数的最小值 $d_1$、$d_2$ 分别为变量 $x_1$、$x_2$ 所取离散值的个数。对于 $n$ 维离散变量的优化设计问题，其程序框图即为一简单的 $n$ 重循环。在使用本方法时，离散点可按离散变量的间隔 $\Delta_{ij}$ 来计算，也可以将离散变量变为数组形式的等距网格来计算。这种方法的特点是只要可行域 $\mathscr{D}$ 为非空集且 $f(\boldsymbol{X})$、$g(\boldsymbol{X})$ 是可计算函数，采用网格法便可求得问题的全域最优解，但是当设计变量维数 $n$ 以及

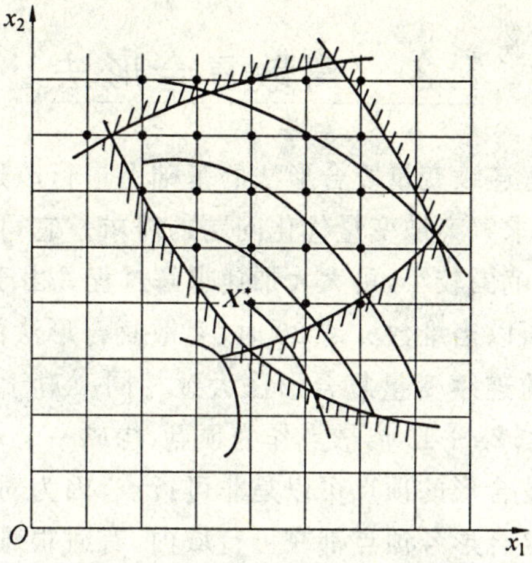


图 7.6　二维离散变量网格图

每个变量离散值数目 $L$ 很多时，需要检查的离散点数 $N$ 很多（$N=L^n$），占机时数巨大。因此为提高计算效率，通常可先把设计空间划分为较稀疏的网格，如先按 50 个离散增量划分网格，找到最好点后，再在该点附近空间以 10 个离散增量为间隔划分网格，在这个范围缩小、密度增大的网格空间中进一步搜索最好的节点，如此重复，直至网格节点的密度与离散点的密度相等，即按一个离散增量划分网格节点为止。

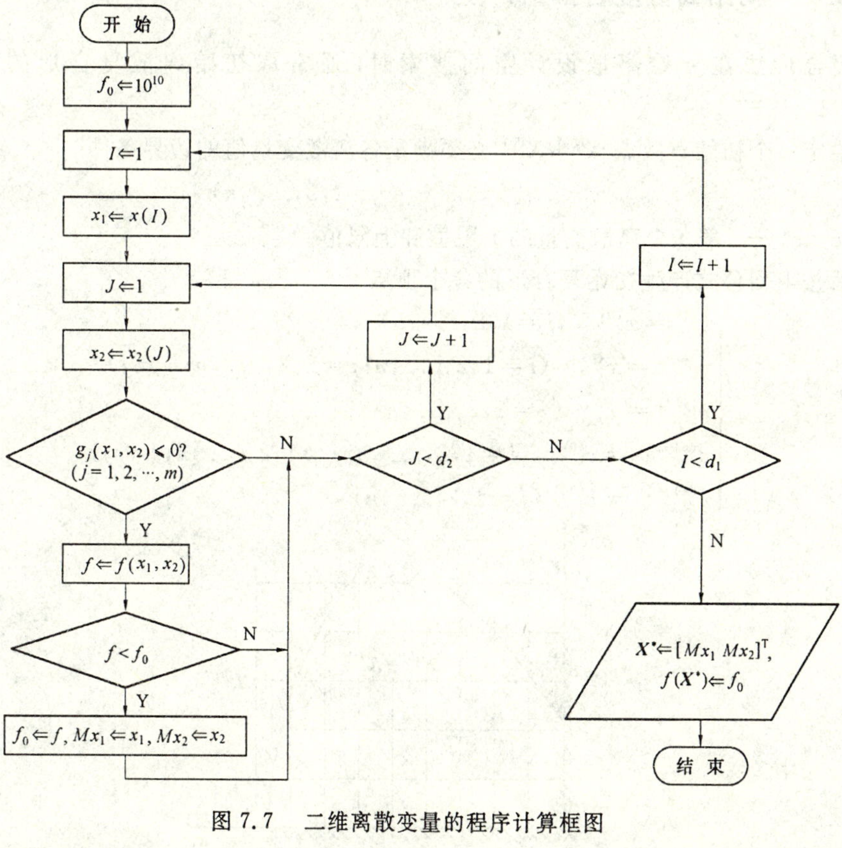


图 7.7　二维离散变量的程序计算框图

## 7.3 离散复合形法

离散复合形法是在求解连续变量复合形法的基础上进行改造的，使之能在离散空间中直接搜索离散点，从而满足求解离散变量优化问题的需求。它可以在可行域内的离散空间中直接探索离散点，且探索范围较小，可大大加速求解过程。由于离散空间可供探索的点与连续空间相比，要少的多，所以当维数 $n \leqslant 20$ 时，离散复合形法的计算效率还是相当高的，其基本原理与前面所介绍的连续变量复合形法大致相同。对于 $n$ 维离散型设计变量的问题，通常取 $k$ 个 $(n+1 \leqslant k \leqslant 2n+1)$ 离散点作为顶点，构成一个 $n$ 维的不规则多面体作为初始离散复合形。初始离散复合形的顶点可以是非可行点，因为对于约束条件较多且复杂的最优化问题要使初始离散复合形各顶点都在可行域内，有时很难办到。可对约束条件进行处理，以避开寻找非可行域向可行域内移动，使新的离散复合形不断地向约束离散最优点靠拢，直至达到满足计算精度为止。所谓寻优迭代，就是计算离散复合形各顶点的目标函数值，找出其中函数值最大的一点即通过对初始复合形调优迭代，使新的复合形不断向最优点移动和收缩，直至满足一定的终止准则为止。以下就离散复合形的产生、约束条件的处理、离散一维搜索、终止准则、重构复合形以及复合型法的辅助功能等方面进行介绍。

### 7.3.1 初始离散复合形的产生

用复合形法在 $n$ 维离散设计空间搜索时，通常取初始离散复合形的顶点数为 $k=2n+1$。

先给定一个初始离散点 $\boldsymbol{X}^{(0)}$，$\boldsymbol{X}^{(0)}$ 必须满足各离散变量值的边界条件

$$x_i^l \leqslant x_i^{(0)} \leqslant x_i^u \quad (i=1,2,\ldots,n)$$

式中 $x_i^l$、$x_i^u$——第 $i$ 个离散变量的下限值和上限值。

然后按下列公式产生初始复合形的各个顶点

$$\begin{cases} x_i^{(1)}=x_i^{(0)} & (i=1,2,\ldots,n) \\ x_i^{(j+1)}=x_i^{(0)} & (i=1,2,\ldots,n;j=1,2,\ldots,n;i\neq j) \\ x_j^{(j+1)}=x_j^L & (j=1,2,\ldots,n) \\ x_i^{(n+j+1)}=x_i^{(0)} & (i=1,2,\ldots,n;j=1,2,\ldots,n;i\neq j) \\ x_j^{(n+j+1)}=x_i^U & (j=1,2,\ldots,n) \end{cases} \tag{7.10}$$

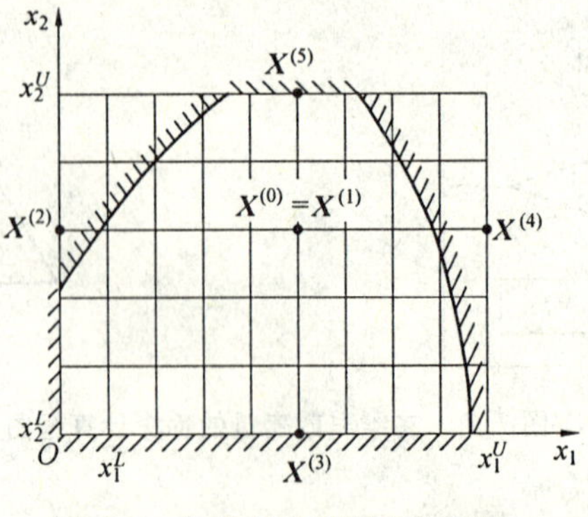


图 7.8 初始复合形顶点分布图

这样有 $2n$ 个顶点分别分布于 $n$ 个设计变量的上下限约束边界上。图 7.8 表示二维问题中按上式产生的离散复合形的 5 个初始顶点 $\boldsymbol{X}^{(1)}$、$\boldsymbol{X}^{(2)}$、$\boldsymbol{X}^{(3)}$、$\boldsymbol{X}^{(4)}$、$\boldsymbol{X}^{(5)}$ 的分布情况。

### 7.3.2 约束条件的处理

由于上述初始复合形顶点的产生未考虑全部约束条件，故此时产生的初始复合形顶点可能会有部分甚至全部落在可行域 $\mathscr{D}$ 的外面。在调优迭代的运算过程中，必须保持复合形各顶点的可行性，故如果有部分顶点落在可行域外面，可采用下述方法将其移入可行域之内。

定义离散复合形的有效目标函数 $\bar{f}(\boldsymbol{X})$ 为

$$\bar{f}(\boldsymbol{X})=\begin{cases}f(\boldsymbol{X}) & (\boldsymbol{X}\in\mathscr{D})\\ M-\sum\limits_{j\in l}g_j(\boldsymbol{X}) & (\boldsymbol{X}\notin\mathscr{D})\end{cases} \tag{7.11}$$

$$l=\{j\mid g_j(\boldsymbol{X})<0\quad(j=1,2,\cdots,m)\}$$

式中　$f(\boldsymbol{X})$—— 原目标函数；

$M$—— 一个比 $f(\boldsymbol{X})$ 值数量级大得多的常数。

图 7.9 为一维变量时由式(7.11)定义的有效目标函数 $\bar{f}(\boldsymbol{X})$ 的示意图。由图可见，在可行域 $\mathscr{D}$ 以外，$\bar{f}(\boldsymbol{X})$ 的曲线为向一个可行域 $\mathscr{D}$ 倾斜的“漏斗”，当部分复合形顶点在可行域之外时，最坏的顶点 $\boldsymbol{X}^{(h)}$ 一定位于可行域之外的一个离散点上。以此点为进行离散一维搜索的基点，$M$ 在有效目标函数 $\bar{f}(\boldsymbol{X})=M-\sum\limits_{j\in l}g_j(\boldsymbol{X})$ 中保持不变，而 $-\sum\limits_{j\in l}g_j(\boldsymbol{X})$ 的值则随搜索点离约束面的位置而变化，离约束越近，其值越小；反之，其值越大。主要从不可行离散顶点出发的离散一维搜索实际上是求 $-\sum\limits_{j\in l}g_j(\boldsymbol{X})$ 的极小值，当 $-\sum\limits_{j\in l}g_j(\boldsymbol{X})=0$ 时，即进入可行域 $\mathscr{D}$，从这时起目标函数 $\bar{f}(\boldsymbol{X})=f(\boldsymbol{X})$，由于可行域 $\mathscr{D}$ 的边界好像由 $M$ 筑起的一堵“高墙”，从而保证始终在可行域 $\mathscr{D}$ 内继续搜索 $f(\boldsymbol{X})$ 的极小值。按这种处理方法设计的程序可自动地将先由不可行离散点寻找可行离散点和接下来的从可行离散点寻找离散最优点这两个阶段地运算过程很好地统一起来。

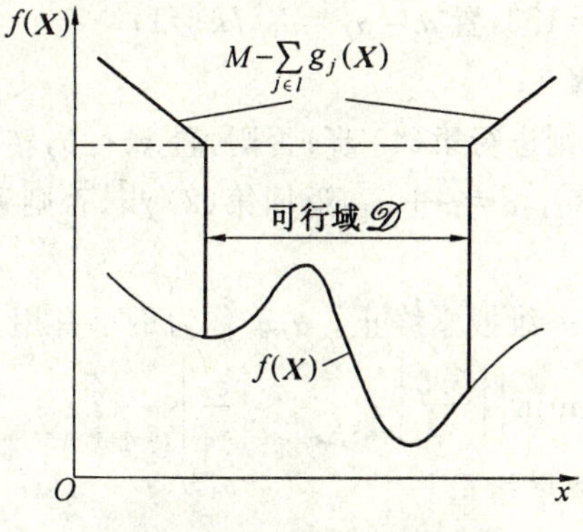


图 7.9　有效目标函数图

### 7.3.3 离散一维搜索

离散复合形的迭代调优过程与一般复合形类似，即以复合形顶点重点最坏点 $\boldsymbol{X}^{(h)}$ 为基点，把 $\boldsymbol{X}^{(h)}$ 和其余各顶点的几何中心 $\boldsymbol{X}_C$ 的连线方向作为搜索方向 $\boldsymbol{S}$，采用映射、延伸或收缩的方法进行一维搜索，待找到好点 $\boldsymbol{X}^{(r)}$ 则以该点代替最坏点组成新的复合形，重复以上步骤迭代调优。

设 $n$ 为维数，$n1$ 为离散变量个数，为保证离散一维搜索得到的新点 $\boldsymbol{X}^{(r)}$ 为一离散点，其各分量值为

$$\begin{cases} x_i^{(r)} = x_i^{(h)} + a s_{ci} \quad (i=1,2,\cdots,n) \\ x_i^{(r)} = \langle x_i^{(r)} \rangle \quad (i=1,2,\cdots,n1 < n) \end{cases} \tag{7.12}$$

式中 $s_{ci}$—— 离散一维搜索(Discrete One-Dimensional Search)方向 $\boldsymbol{S}=\boldsymbol{X}_C-\boldsymbol{X}^{(h)}$ 的各分量，即

$$s_{ci} = x_{Ci} - x_i^{(h)} \quad (i=1,2,\cdots,n) \tag{7.13}$$

$\alpha$—— 离散一维搜索的步长因子；

$\langle x_i^{(r)} \rangle$—— 取 $x_i^{(r)}$ 最靠近的离散值 $q_{ij}$。

离散一维搜索可采用简单的进退对分法，其步骤可参阅图 7.10。

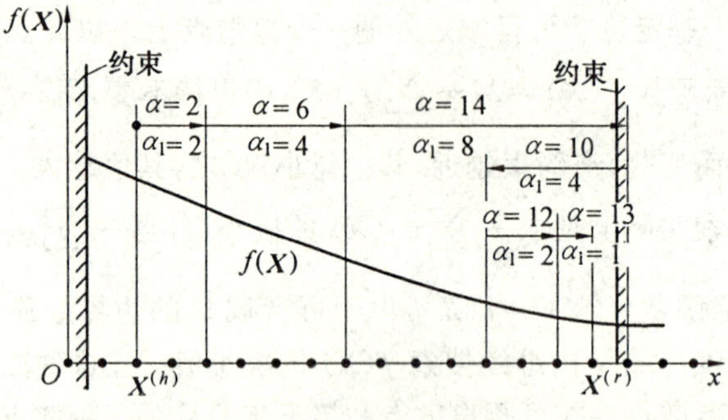


图 7.10 离散一维搜索进退对分法

(1) 一般取初始步长 $\alpha_0=1.3$，置 $\alpha=\alpha_1 \Leftarrow \alpha_0$，$kk \Leftarrow 1$；

(2) 按式(7.12)求新点 $\boldsymbol{X}^{(r)}$；

(3) 如果 $\boldsymbol{X}^{(r)}$ 比 $\boldsymbol{X}^{(h)}$ 好，则进行第(4)步；否则，置 $kk \Leftarrow 0$，转第(4)步；

(4) 如果 $kk=1$，则 $\alpha_1 \Leftarrow 2\alpha_1$，$\alpha \Leftarrow \alpha+\alpha_1$，返回第(2)步；否则置 $\alpha_1 \Leftarrow 0.5\alpha_1$，$\alpha \Leftarrow \alpha-\alpha_1$，返回第(2)步；

(5) 当 $\alpha_1 < \alpha_{\min}$ 时，离散一维搜索终止。$\alpha_{\min}$ 称为最小有用步长因子，其值按下式求出

$$\alpha_{\min} = \min\left\{ \left| \frac{0.5}{s_{ci}} \right|_{i=1,2,\cdots,n1} \left| \frac{\varepsilon_i}{s_{ci}} \right|_{i=n1+1,n1+2,\cdots,n} \right\} \tag{7.14}$$

式中 $\varepsilon_i$—— 连续变量的拟离散增量。

还需指出，以上由 $\boldsymbol{X}^{(h)}$ 点沿 $\boldsymbol{S}$ 方向一维离散搜索，由于设计空间的离散点远远的小于连续点，有可能沿 $\boldsymbol{X}^{(h)}$ 和 $\boldsymbol{X}_C$ 连续方向找不到一个比 $\boldsymbol{X}^{(h)}$ 更好的点，这时需要改变一维离散搜索方向，而依次改用第 2 坏点，第 3 坏点，…，直至第 $(k-1)$ 个坏点和复合形重点 $\boldsymbol{X}_C$ 的连线方向作为搜索方向重新进行一维搜索。如果依次进行了上述 $k-1$ 个方向搜索后，仍找不到

一个好于 $\boldsymbol{X}^{(h)}$ 的点，则将离散复合形各顶点均向最好顶点 $\boldsymbol{X}^{(l)}$ 方向收缩 1/3，构成新的复合形再进行一维搜索。

### 7.3.4 离散复合形法的终止准则

当离散复合形所有顶点在各坐标轴方向上的最大距离 $d_i$ 不大于相应设计变量 $x_i$ 的离散值增量 $\Delta_i$（对连续变量为拟离散增量 $\varepsilon_i$）时，表明离散复合形各顶点的坐标值已不再可能产生有意义的变化。$d_i$ 按下式计算：

$$\begin{aligned} d_i &= b_i - a_i \quad (i=1,2,\cdots,n) \\ a_i &= \min\{x_i^{(k)} \quad (k=1,2,\cdots,2n+1)\} \\ b_i &= \max\{x_i^{(k)} \quad (k=1,2,\cdots,2n+1)\} \end{aligned} \tag{7.15}$$

如果在 $n$ 个坐标轴方向中，满足 $d_i \leqslant \Delta_i$（或 $\varepsilon_i$）关系的方向数大于一个预先给定的分量数 $EN$，可认为收敛，离散复合形迭代运算即可终止，$EN$ 取$\left[\frac{n}{2},n\right]$间的正整数。

### 7.3.5 重构复合形

收敛准则所求得的复合形最好顶点 $\boldsymbol{X}^{(l)}$ 仅是 $\Delta_i$（或 $\varepsilon_i$）范围内的最好点。$\boldsymbol{X}^{(l)}$ 并不能保证是单位邻域 $UN(\boldsymbol{X}^{(l)})$ 内的最好点，由图 7.3 可知，单位邻域的坐标尺寸范围是两倍的 $\Delta_i$（或 $\varepsilon_i$），因而将这种情况下的 $\boldsymbol{X}^{(l)}$ 点作为最优点是不可靠的。为了避免漏掉最优点，应再采取多次构造离散复合形进行运算，直到前后两次离散复合形运算的最好点重合为止。具体做法是以前一次满足终止条件得到的最好点 $\boldsymbol{X}^{(l)}$ 作为初始点 $\boldsymbol{X}^{(0)}$，重新构造初始复合形进行迭代调优计算，如果下一次满足收敛准则得到的好点 $\boldsymbol{X}^{(l)}$ 与 $\boldsymbol{X}^{(0)}$ 重合，即认为已求得最优解 $\boldsymbol{X}^*$；否则还应再次构造初始复合形继续运算。

### 7.3.6 离散复合形法的计算步骤

离散复合形的迭代计算过程如下。

(1) 选择并输入运算的基本参数：维数 $n$，离散变量个数 $n1$，各设计变量的上限 $\boldsymbol{x}_i^u$ 和下限 $\boldsymbol{x}_i^l (i=1,2,\cdots,n)$，离散变量的离散值增量 $\Delta_i (i=1,2,\cdots,n1)$，连续变量的拟增量 $\varepsilon_i$ $(i=n1+1,n1+2,\cdots,n)$，判别收敛的分量数 $EN$；

(2) 选取一个满足设计变量上、下限的离散初始点 $\boldsymbol{X}^{(0)}$；

(3) 由 $\boldsymbol{X}^{(0)}$ 按式(7.10) 产生 $k=2n+1$ 个复合形顶点；

(4) 计算各顶点的有效目标函数值；

(5) 各顶点按有效目标函数值大小进行排队，找出最好点 $\boldsymbol{X}^{(l)}$，最坏点 $\boldsymbol{X}^{(h)}$；

(6) 检查复合形终止准则，若已满足则转(13) 步；否则，进行下一步；

(7) 求除坏点 $\boldsymbol{X}^{(h)}$ 外的顶点几何中心 $\boldsymbol{X}_C$，以 $\boldsymbol{X}_C$ 为基点，沿 $\boldsymbol{X}_C-\boldsymbol{X}^{(h)}$ 方向进行一维离散搜索；

(8) 若一维离散搜索终点的有效目标函数数值比 $\boldsymbol{X}^{(h)}$ 点函数值小，则一维函数搜索成功，转第(9) 步；否则，转第(10) 步；

(9) 用一维离散搜索终点代替 $\boldsymbol{X}^{(h)}$ 点，完成一轮迭代，转入第(5) 步；

(10) 改变搜索方向,即以下一个坏点为基点,沿该点与 $X_C$ 的连线方向一维离散搜索;

(11) 如果搜索成功,转第(9)步;否则,进行下一步;

(12) 若改变搜索方向未到 $2n$ 次,则返回第(10)步;否则,各顶点向最好点收缩 1/3,转第(4)步;

(13) 检查 $X^{(l)}$ 点是否与 $X^{(0)}$ 点重合,若不重合,则置 $X^{(0)} \Leftarrow X^{(l)}$,转第(3)步;若重合,则输出结果:$X^* \Leftarrow X^{(l)}$,$f(X^*) \Leftarrow f(X^{(l)})$,结束迭代。

离散复合形法程序框图如图 7.11 所示。

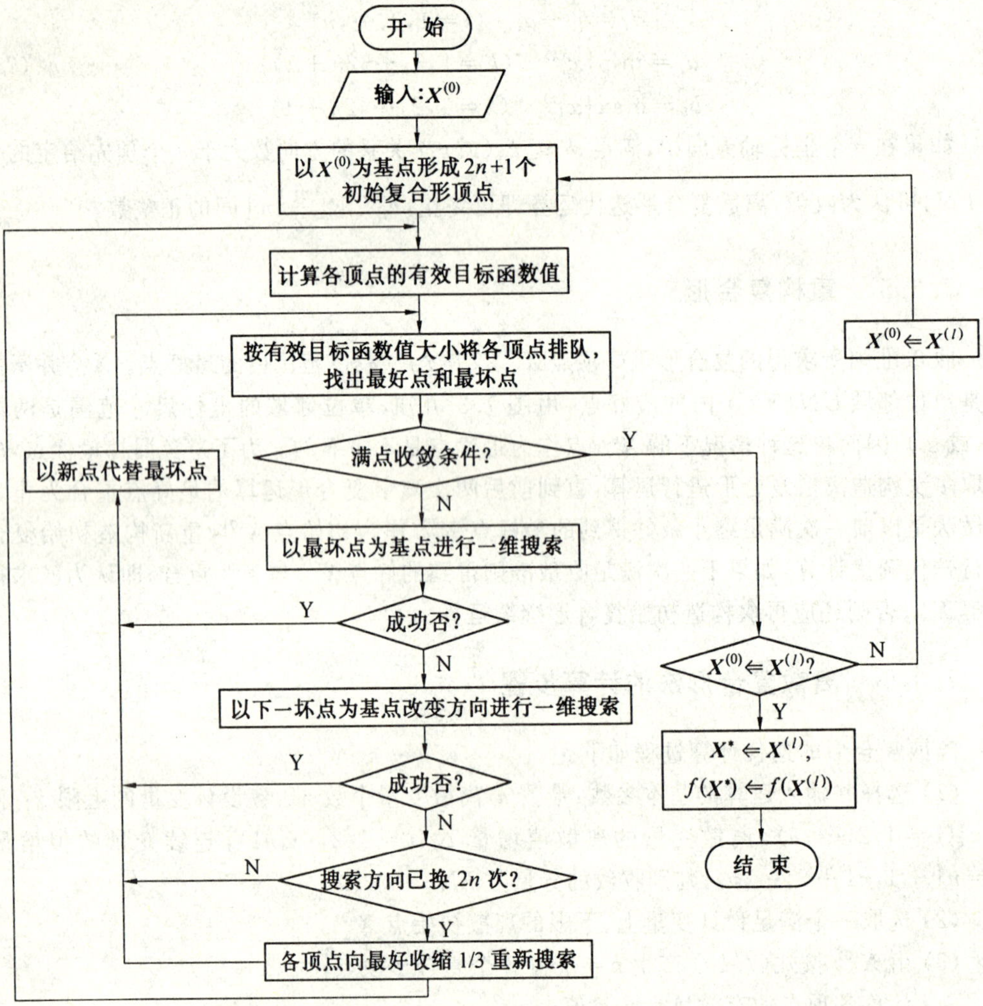


图 7.11 离散复合形法程序框图

### 7.3.7 复合形算法的辅助功能

由于上述离散一维搜索的 $S$ 方向,只是目标函数可能的下降方向(只能表明其下降的概率较大),但不一定能完全保证就是下降方向,由此,也就不能保证求得的点就是好的离散点,当出现这种情形时,就需要采用算法里的一些辅助功能,比如重新启动技术,它很适合用来使离散复合形算法产生理想的新点,使调优迭代工作较顺利地进行下去,至迭代满足精度要求结束运算。它有两种方法:一是改变搜索基点和搜索方向;二是离散复合形的各顶点向最好顶点收缩。但此法不能保证迭代的高效率,也不能保证迭代能找到离散最优解,为此,该算法中还需要加入其他辅助功能,以提高求解效率及可靠性。通常其辅助功能除了上述的重新启动技术外,还有脊线加速技巧(The Ridge Line Acceleration Capability)、网络搜索技术(The Grid Search Method)、变量分解策略(Variable Decomposition)、贴界搜索技术(Boundary Searching)、反射技术(Reflex)、重开始技术(Restart)6 种辅助功能,这里简介如下。

1. 脊线加速

当目标函数严重非线性时,即若函数具有尖峰脊线,即存在"谷"时,则希望能沿着脊线方向进行搜索,可迅速提高算法的寻优效率,该算法称为具有脊线加速能力。加速的措施是以分析轨迹为其理论基础。图 7.12 所示为具有脊线的目标函数。确定目标函数存在"谷"的主要依据是认为离散复合形最好顶点一定是在谷的脊线上或其附近求得,这是符合实际情况的。如图 7.12 所示,当由初始点 $\boldsymbol{X}^{(0)}$ 沿着 $\boldsymbol{S}$ 下降方向搜索时,总是到达脊线附近的点 $\boldsymbol{X}^{(1)}$ 点处,则认为是最好的离散点。

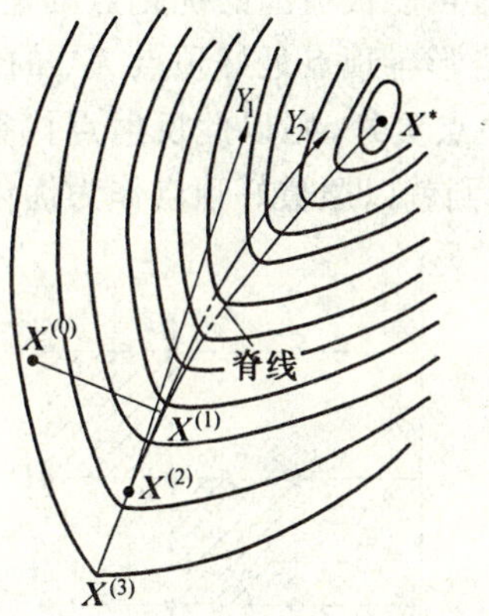


图 7.12 有脊线目标函数寻优过程

2. 网格搜索法技术

将离散空间视为一网格空间,每个离散点就是一个网格节点。前述网格法对他们进行离散搜索的技巧也应用在离散复合形法中作为寻优方法,这时不是计算各节点的目标函数值,而是用离散复合形法去搜索最优的网格节点,故称为网格搜索法,以便得到全域的最优解。

3. 变量分解策略

将目标函数中的变量分成若干个子集合,若当各个子集合内的变量相互影响,而各子集合之间的变量互不影响或影响很小时,可将坐标轮换法的思想推广到子空间轮换搜索法中,即每次对一个子集中所含变量张成的子空间轮换搜索。这一思想非常适合用于离散复合形的搜索,只需使初始变量复合形的各顶点都在某一子空间中,则可保证离散复合型的调优产生新点的搜索都在该子空间内进行;反之要从子空间向全域空间推广也很容易,只要重新定义离散复合形顶点,以前面子空间中运算得到的最好顶点作为初始点,重新定义全域内各变量上、下限,使之分布在全域空间中,就可保证在全域内搜索产生新点,这样总可以保证整个搜索过程向全域最好点运动。

4. 贴界搜索技术

当优化界落在上界或下界或某一边界时，这时用常规离散复合形法寻优常常表现有跳跃性，所以不易求得优化解，这时若采用贴界搜索技术可加快搜索到优化点。其方法是，当离散一维搜索所找到的点靠近某一变量的边界上时，则下一次搜索，不改变此变量值，而只是沿此变量的边界进行搜索，以便很快搜索到优化解。贴界搜索示意图如图 7.13 所示。

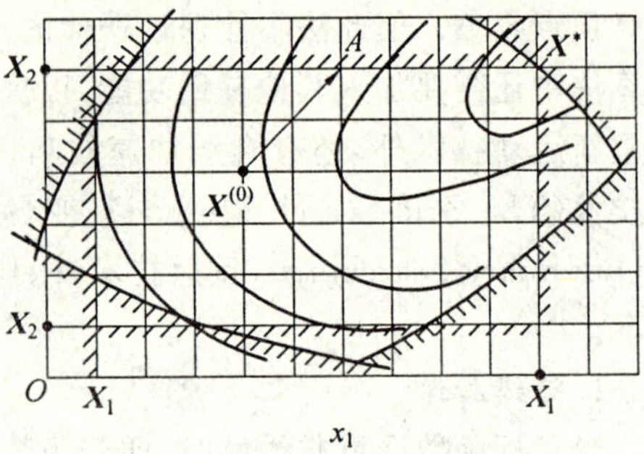


图 7.13 贴界搜索示意图

5. 反射技术

当满足终止准则时，其离散复合形的最好顶点，只是在一个增量尺寸范围内的最好点。由最优解的定义可知，离散优化解应是单位邻域中的最好点，而单位邻域的坐标尺寸是双向的两个增量，因此必须全面考察，才能正确找到真正的优化点，以避免一部分可能被遗漏的优化点的情况。其具体方法是在离散复合形计算终止时，进行一次离散复合形各顶点最好顶点 $\boldsymbol{X}^*$ 的反射，如图 7.14 所示，如反射点可行且其目标函数值比原最好顶点更好，则以此反射点代替原最好顶点，再继续进行调优搜索；如反射点不比原最好点好，则就以原最好顶点作为优化解输出。

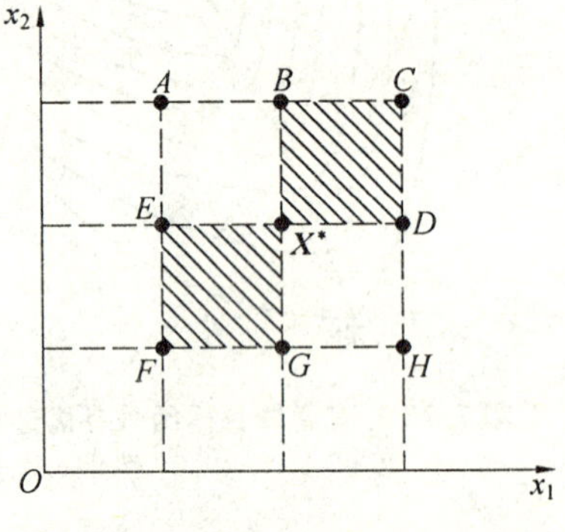


图 7.14 最终反射示意图

6. 重开始技术

为避免输出伪优化点，采用重开始技术，即将第一次所得优化解作为初始点并以此点作为基点重新构造初始离散复合形，重新进行调优搜索，直到前后两次离散复合形运算的优化点重合，算法才最终结束，此法即为重开始技术。

【例 7.1】 设 $x_1, x_2$ 均为离散变量，离散值增量 $\Delta_1 = \Delta_2 = 0.1$。用离散复合形法求约束优化问题

$$\min_{X \in R^2} f(\boldsymbol{X}) = x_1^2 + 2x_2^2 - 4x_1 - 2x_1 x_2$$

$$\text{s.t.} \quad g_1(X) = x_1^2 - 4x_2 \leqslant 0$$

$$g_2(X) = -x_1 \leqslant 0$$

$$g_3(X) = x_1 - 8 \leqslant 0$$

$$g_4(X) = 1 - x_2 \leqslant 0$$

$$g_5(X)=x_2-8\leqslant 0$$

的最优解。

**解** (1)$k=2,M=100$。

(2) 选取 $\boldsymbol{X}^{(1)}=[3\quad 4]^{\mathrm{T}}$，产生 $2n+1$ 个顶点如下：

$$\boldsymbol{X}^{(1)}=\begin{bmatrix}3\\4\end{bmatrix},\boldsymbol{X}^{(2)}=\begin{bmatrix}0\\4\end{bmatrix},\boldsymbol{X}^{(3)}=\begin{bmatrix}3\\1\end{bmatrix},\boldsymbol{X}^{(4)}=\begin{bmatrix}8\\4\end{bmatrix},\boldsymbol{X}^{(5)}=\begin{bmatrix}3\\10\end{bmatrix}$$

$$f(\boldsymbol{X}^{(1)})=5,f(\boldsymbol{X}^{(2)})=32,f(\boldsymbol{X}^{(3)})=105$$

$$f(\boldsymbol{X}^{(4)})=148,f(\boldsymbol{X}^{(5)})=137$$

由于 $\boldsymbol{X}^{(3)},\boldsymbol{X}^{(4)}$ 在可行区外，故其目标函数加一个常数 $M$，其中最坏点为 $\boldsymbol{X}^{(4)}$，按式(7.12)求映射点为

$$\boldsymbol{X}^{(l)}=\begin{bmatrix}0\\5.7\end{bmatrix},f(\boldsymbol{X}^{(l)})=64.98$$

由于满足 $f(\boldsymbol{X}^{(1)})<f(\boldsymbol{X}^{(l)})<f(\boldsymbol{X}^{(4)})$，故以 $\boldsymbol{X}^{(l)}$ 替代 $\boldsymbol{X}^{(4)}$，即 $\boldsymbol{X}^{(4)}=\boldsymbol{X}^{(l)}$，重新构成复合形，再迭代，并将迭代结果汇于表7.2中。

**表7.2 离散复合顶点坐标和目标函数值变化**

| 迭代轮次 | $\boldsymbol{X}^{(1)}$ | $f(\boldsymbol{X}^{(1)})$ | $\boldsymbol{X}^{(2)}$ | $f(\boldsymbol{X}^{(2)})$ | $\boldsymbol{X}^{(3)}$ | $f(\boldsymbol{X}^{(3)})$ | $\boldsymbol{X}^{(4)}$ | $f(\boldsymbol{X}^{(4)})$ | $\boldsymbol{X}^{(5)}$ | $f(\boldsymbol{X}^{(5)})$ |
|---|---|---|---|---|---|---|---|---|---|---|
| 0 | 3<br>4 | 5 | 0<br>4 | 32 | 3<br>1 | 105 | 8<br>4 | 148 | 3<br>10 | 137 |
| 1 | | | | | | | 0<br>5.7 | 64.98 | | |
| 2 | | | | | | | | | 0<br>1 | 2 |
| 3 | | | | | 0<br>7.1 | 100.8 | | | | |
| 4 | | | | | 1.7<br>1 | −5.31 | | | | |
| 5 | | | | | | | 1.3<br>2 | −7.10 | | |
| 10 | 2.7<br>1.9 | −6.55 | 1.7<br>1.7 | −3.91 | 1.7<br>1.0 | −5.31 | 2.1<br>1.5 | −5.79 | 2.1<br>1.7 | −5.35 |
| 20 | 2.7<br>1.9 | −6.55 | 2.7<br>1.9 | −6.55 | 2.4<br>1.6 | −6.4 | 2.6<br>1.7 | −6.70 | 2.6<br>1.8 | −6.52 |
| 30 | 2.6<br>1.7 | −6.70 | 2.6<br>1.7 | −6.70 | 2.6<br>1.7 | −6.7 | 2.6<br>1.7 | −6.70 | 2.6<br>1.7 | −6.70 |

迭代30轮后，满足收敛准则，得最优点为

$$\boldsymbol{X}^{*}=[2.6\quad 1.7]^{\mathrm{T}},f(\boldsymbol{X}^{*})=-6.7$$

和理论最优解相同。

## 习　题

7.1　简述离散复合形法中约束条件的处理方式。

7.2　举出三种复合形算法的辅助功能，并说明其应用场合。

7.3　用离散复合形法求极小化

$$f(\boldsymbol{X}) = x_1^2 + x_2^2 - x_1 x_2 - 10x_1 - 4x_2 + 60$$

并满足：

$$x_1 - x_2 + 11 \geqslant 0$$

$$0 \leqslant x_1 \leqslant 6$$

$$0 \leqslant x_2 \leqslant 8$$

（提示：$x_1$、$x_2$ 均为离散变量，离散值增量 $\Delta_1 = \Delta_2 = 0.1$。）

# 第8章 模糊优化设计

**【内容提要】** 本章首先介绍模糊集、隶属函数、截集和模糊扩展原理等模糊优化的基本概念，然后分别介绍了典型单目标和多目标模糊优化设计转化为非模糊优化的方法，包括建立数学模型和应用计算机优化程序求解两方面内容。

**【课程指导】** 通过对本章模糊优化设计的学习，要求掌握模糊优化设计数学模型的建立、优化方法的选择和优化结果分析的基本原则。

许多工程实际问题的设计往往含有大量的不确定因素，尤其是结构设计中约束的容许范围和失效准则具有一定的模糊性，例如在轴的设计中，其承载的力越大，截面积应越大，即应力约束的形式可表达为 $F/A \leqslant [\sigma]$，这里，如果设计超出了$[\sigma]$，传统的设计方案就认为是绝对不安全的，而实际上应力有一个从容许到完全不容许的过渡阶段，在一定范围内即使超出了$[\sigma]$，仍然可认为是可用的，而且往往存在最优解。

机械设计中也存在大量模糊的信息，如在对结构优化设计时，通常要考虑一项或几项指标，如质量、造价、刚度、固有频率等作为设计目标；此外，根据材料的强度、刚度性质和结构的使用要求，需要设计约束允许范围和失效准则的模糊性；以及结构在工作期间所受的载荷的模糊性和连接的边界条件的模糊性等。

模糊优化设计(Fuzzy Optimal Design) 就是指在优化设计中考虑种种模糊因素，在模糊数学(Fuzzy Mathematics) 基础上发展起来的一种新的优化理论和方法。本章首先介绍模糊集合(Fuzzy Set) 的基本概念，然后介绍几种模糊优化设计方法。

## 8.1 模糊优化的基本概念

### 8.1.1 模糊集

1. 模糊集的定义

给定论域(Domain)$U$ 上的一个模糊集(Fuzzy Set)$\underset{\sim}{\boldsymbol{A}}$ 是指：对任何 $u \in U$，都指定了一个数 $\mu_{\underset{\sim}{A}}(u) \in [0,1]$ 与之对应，它称为 $u$ 对 $\underset{\sim}{\boldsymbol{A}}$ 的隶属度(Membersbip)，这意味着做出了一个映射，即

$$\mu_{\underset{\sim}{A}}: U \rightarrow [0,1] \tag{8.1}$$

$$u \rightarrow \mu_{\underset{\sim}{A}}(u) \tag{8.2}$$

这个映射称为 $\underset{\sim}{\boldsymbol{A}}$ 的隶属函数(Membership Function)，其中的波浪号表示变量或运算中含有模糊信息，如图 8.1 所示。

模糊集完全由隶属函数刻画。特别 $\mu_{\underset{\sim}{A}}(u) = \{0,1\}$ 时，$\mu_{\underset{\sim}{A}}$ 便锐化为一个普通集合的特征

函数，于是 $\underset{\sim}{A}$ 便锐化为一个普通集合

$$\underset{\sim}{\mathbf{A}}=\{u \in U \mid \mu_{\underset{\sim}{A}}(u)=1\} \tag{8.3}$$

因此，普通集合是模糊集的特殊情况，而模糊集是普通集合的扩展。

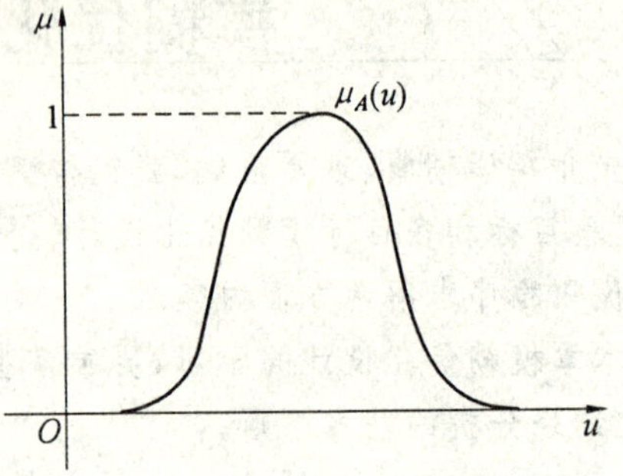


图 8.1　模糊集合的隶属函数

2. 模糊集的表示方法

模糊集的表示方法一般有三种，设 $\underset{\sim}{A}$ 为论域 $U$ 上的模糊集合，$\underset{\sim}{A}$ 中的元素为 $\{a,b,c,d,e\}$，各元素所对应的隶属函数为 $\{1,0.8,0.4,0.2,0\}$。

(1) 查德表示法

$$\underset{\sim}{A}=\frac{1}{a}+\frac{0.8}{b}+\frac{0.4}{c}+\frac{0.2}{d}+\frac{0}{e}$$

这里右端项并非分式求和，它仅仅是一种记号，分母位置为论域 $U$ 的元素，分子位置为相应元素的隶属度。

当 $U$ 是连续论域时，给出如下记法

$$\underset{\sim}{A}=\int_u \frac{\mu_{\underset{\sim}{A}}(u)}{u} \quad \text{或} \quad \underset{\sim}{A}=\{u,\mu_{\underset{\sim}{A}}(u) \mid u \in U\} \tag{8.4}$$

式中的积分号不是通常积分的意思，而是表示各个元素与其隶属度对应关系的一个总括。

(2) 序偶表示法

$$\underset{\sim}{A}=\{(a,1),(b,0.8),(c,0.4),(d,0.2),(e,0)\}$$

其中每一元素是个序偶 $(x,y)$，第一个分量 $x$ 表示论域中的元素，第二个分量 $y$ 表示相应元素的隶属度。

(3) 向量表示法

$$\underset{\sim}{\mathbf{A}}=[1 \quad 0.8 \quad 0.4 \quad 0.2 \quad 0]^{\mathrm{T}}$$

3. 模糊集的基本运算

设 $\underset{\sim}{A}$，$\underset{\sim}{B}$ 为论域 $U$ 上的两个模糊集合，则规定模糊集之间的包含 $\underset{\sim}{A} \supseteq \underset{\sim}{B}$、相等 $\underset{\sim}{A}=\underset{\sim}{B}$、并 $\underset{\sim}{A} \cup \underset{\sim}{B}$、交 $\underset{\sim}{A} \cap \underset{\sim}{B}$、余 $\underset{\sim}{A}^c$，运算如下

$$\underset{\sim}{A} \supseteq \underset{\sim}{B} \Leftrightarrow \mu_{\underset{\sim}{A}}(u) \geqslant \mu_{\underset{\sim}{B}}(u) \tag{8.5}$$

$$\underset{\sim}{A}=\underset{\sim}{B} \Leftrightarrow \mu_{\underset{\sim}{A}}(u)=\mu_{\underset{\sim}{B}}(u) \tag{8.6}$$

$$\underset{\sim}{A} \cup \underset{\sim}{B} \Leftrightarrow \mu_{\underset{\sim}{A} \cup \underset{\sim}{B}}(u)=\mu_{\underset{\sim}{A}}(u) \vee \mu_{\underset{\sim}{B}}(u) \tag{8.7}$$

$$\underset{\sim}{A} \cap \underset{\sim}{B} \Leftrightarrow \mu_{\underset{\sim}{A} \cap \underset{\sim}{B}}(u)=\mu_{\underset{\sim}{A}}(u) \wedge \mu_{\underset{\sim}{B}}(u) \tag{8.8}$$

$$\underset{\sim}{A}^c \Leftrightarrow \mu_{\underset{\sim}{A}}(u)=1-\mu_{\underset{\sim}{A}}(u) \tag{8.9}$$

模糊集的并、交、余运算的几何意义如图 8.2 所示。

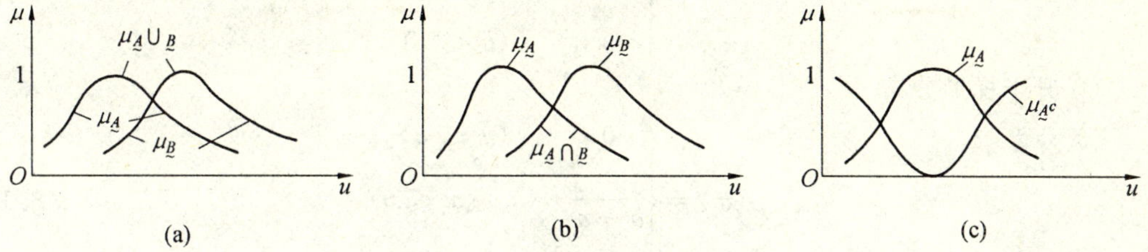


图 8.2 模糊集合的基本运算

这些运算具有幂等律，交换律，结合律，吸收律，分配律，两极律，复原律和对偶律等性质。并和交的运算还有多种其他定义，但常用的是取大和取小运算，这是由于它们计算简单，而且能为模糊决策分析提供合理的解释。

除了以上的并、交、余基本运算之外，模糊集还有许多其他运算，如模糊集的差、代数和、代数积、有界和、有界积、Einstein 积与和以及 Hamacher 积与和等。

### 8.1.2 隶属函数

隶属函数的选取在模糊优化问题的求解中是极其重要的，函数形状将直接影响最终的模糊最优解(Fuzzy Optimal Solution)。判别隶属函数是否符合实际，不是看单个元素的隶属度的数值如何，而是要看这个函数是否正确反映了元素从属于集合到不属于集合这一变化过程的整体特性。模糊数学已总结出隶属函数的多种方法，可在实际应用中参考。

1. 常用的两种隶属函数形式

(1) 正态型

这是最常见的一种分布，有以下 3 种。

① 降半正态型

$$\mu(x)=\begin{cases}1 & (x\leqslant a)\\ e^{-k(x-a)^2} & (k>0,x>a)\end{cases} \tag{8.10}$$

② 升半正态型

$$\mu(x)=\begin{cases}0 & (0\leqslant x\leqslant a)\\ 1-e^{-k(x-a)^2} & (k>0,x>a)\end{cases} \tag{8.11}$$

③ 对称正态型

$$\mu(x)=e^{-k(x-a)^2} \quad (k>0) \tag{8.12}$$

上述正态对称型适用于模糊变量具有某种对称性质，且随着偏离某中心位置，模糊变量的隶属程度将不断减小，如某零件“磨损量大约为某值”这一模糊事物，就可选用这种隶属函数加以描述。正态非对称型可用来描述模糊变量上下界取值的模糊允许范围。

(2) 梯形分布

① 降半梯形分布

$$\mu(x)=\begin{cases}1 & (x\leqslant a)\\ \dfrac{b-x}{b-a} & (a\leqslant x\leqslant b)\\ 0 & (b<x)\end{cases} \tag{8.13}$$

② 升半梯形分布

$$\mu(x)=\begin{cases}0 & (x\leqslant a)\\ \dfrac{x-a}{b-a} & (a\leqslant x\leqslant b)\\ 1 & (b<x)\end{cases} \tag{8.14}$$

③ 对称梯形分布

$$\mu(x)=\begin{cases}0 & (x\leqslant a)\\ \dfrac{x-a}{b-a} & (a\leqslant x\leqslant b)\\ 1 & (b\leqslant x<c)\\ \dfrac{d-x}{d-c} & (c\leqslant x\leqslant d)\\ 0 & (x\geqslant d)\end{cases} \tag{8.15}$$

上述分布适用于模糊现象呈简单的线性变化情况。工程设计中为简化起见，通常将模糊设计变量上下界的取值区间用梯形分布隶属函数加以描述。

2. 其他常用隶属函数类型及突出重要程度参数调整方式

在多目标模糊优化中，目标之间经常是相互矛盾的，根据各目标的重要程度，选取合适的隶属函数数值，可调整最优解在设计空间的位置，使之向重要目标靠近，增加重要目标对最优解的影响。其他常用隶属函数类型及参数调整方式见表 8.1。

一般来说，从重要到不重要的目标，选取隶属函数的优先顺序依次为：尖 Γ 型、锥型、柯西型和抛物线型。上述顺序不是绝对的，隶属函数的形状一方面决定于其类型，另一方面还取决于其参数的大小。

**表 8.1　常用隶属函数类型及参数调整方式**

| 类型 | 隶属函数 | 参数调整方式 |
|---|---|---|
| 尖 Γ 型 | $\mu(x)=\begin{cases}e^{k(x-a)} & (x\leqslant a,k>0)\\ e^{-k(x-a)} & (x>a,k>0)\end{cases}$ | 增大 $k$ |
| 锥型 | $\mu(x)=\begin{cases}(k-\mid x-a\mid)/k & (a-k\leqslant x\leqslant a+k,k>0)\\ 0 & (\text{其他})\end{cases}$ | 减小 $k$ |
| 柯西型 | $\mu(x)=\dfrac{1}{1+k(x-a)^{\beta}}\quad(\beta,k>0)$ | 增大 $k$ |
| 抛物型 | $\mu(x)=\begin{cases}1-k(x-a)^2 & (a-1/\sqrt{k}\leqslant x\leqslant a+1/\sqrt{k},k>0)\\ 0 & (\text{其他})\end{cases}$ | 增大 $k$ |
| 正态型 | $\mu(x)=e^{-k(x-a)^2}\quad(k>0)$ | 增大 $k$ |

### 8.1.3 截集

模糊集合是通过隶属函数来定义的,那么如何从模糊集合中挑选出符合设计要求的集合,即模糊集合向普通集合转化,这时可以取一定的阈值或置信水平 $\lambda$,即约定:当元素 $u$ 对模糊集合 $\underset{\sim}{A}$ 的隶属度达到或超过 $\lambda$ 时,就算做模糊集合的成员,这就引出了截集(Cut Set)的概念,它是沟通模糊集和普通集之间的桥梁。

设 $\underset{\sim}{A}$ 是论域 $U$ 上的模糊集合,对任意 $\lambda \in [0,1]$,记

$$A_\lambda = \{u \mid u \in U, \mu_{\tilde{A}}(u) \geqslant \lambda\} \tag{8.16}$$

显然,$A_\lambda$ 是一个经典集合,由论域 $U$ 中对模糊集合 $\underset{\sim}{A}$ 的隶属度达到或超过 $\lambda$ 的元素所组成的集合,当 $\lambda$ 的取值由 1 逐渐减小而趋向零时,相应的 $A_\lambda$ 逐渐向外扩展,从而得到一系列的普通集合。从设计的观点来看,即一个模糊设计的问题转化为一系列不同置信水平 $\lambda$ 的传统设计问题,如零件的许用应力存在着一个模糊区间,用降半梯形分布隶属函数表示如下

$$\mu_\sigma = \frac{\sigma_2 - \sigma}{\sigma_2 - \sigma_1} \quad (\sigma_1 \leqslant x \leqslant \sigma_2) \tag{8.17}$$

式中 $\sigma_1$ 和 $\sigma_2$ 为许用应力的上下限,这样可以取一系列 $\lambda = \mu_\sigma$ 代入式(8.17),便可求出不同设计置信水平 $\lambda$ 的许用应力,如图 8.3 所示。再按设计目标的要求,通过优化方法选择最佳的许用应力设计方案。

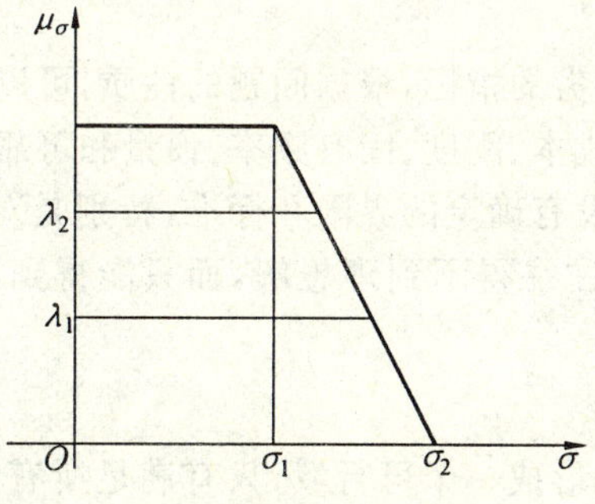


图 8.3 许用应力的隶属函数

### 8.1.4 模糊扩展原理

模糊扩展原理实质上是指用映射 $f$ 将论域 $U$ 上的模糊集合 $\underset{\sim}{A}$ 变为论域 $V$ 上的模糊集合 $\underset{\sim}{B}$ 时,确定 $\underset{\sim}{B}$ 的隶属函数的原则和方法,可描述如下:

设 $\boldsymbol{X}_1, \boldsymbol{X}_2, \cdots, \boldsymbol{X}_r, \boldsymbol{Y}$ 分别为不同的论域;

$\underset{\sim}{A}_1, \underset{\sim}{A}_2, \cdots, \underset{\sim}{A}_r$ 为模糊集,且 $\underset{\sim}{A}_i \subseteq X_i$;

$\boldsymbol{X} = \boldsymbol{X}_1 \times \boldsymbol{X}_2 \times \cdots \times \boldsymbol{X}_r$ 为笛卡尔乘积;

映射 $f$ 为

$$f = \boldsymbol{X} \rightarrow \boldsymbol{Y}$$

$$(x_1, x_2, \cdots, x_r) \rightarrow y = f(x_1, x_2, \cdots, x_r)$$

$f$ 在 $\boldsymbol{Y}$ 上产生一个模糊集 $\underset{\sim}{B}$ 为

$$\underset{\sim}{B}=\{[y,\mu_{\underset{\sim}{B}}(y)]\mid y=f(x_1,x_2,\cdots,x_r),(x_1,x_2,\cdots,x_r)\in\boldsymbol{X}\}$$

其中

$$\mu_{\underset{\sim}{B}}(y)=\bigvee_{y=f(x_1,x_2,\cdots,x_r)}\left[\bigwedge_{i=1}^{r}\mu_{\underset{\sim}{A_i}}(x_i)\right]$$

模糊扩展原理表明，系统模糊输入 $\underset{\sim}{A}$（模糊力、模糊位移、模糊材料属性等）通过映射 $\underset{\sim}{B}=f(\underset{\sim}{A})$，可将其隶属函数毫无保留传递下去，这样，任意一模糊输入量的性质必将传递给一模糊响应量，如图 8.4 所示。

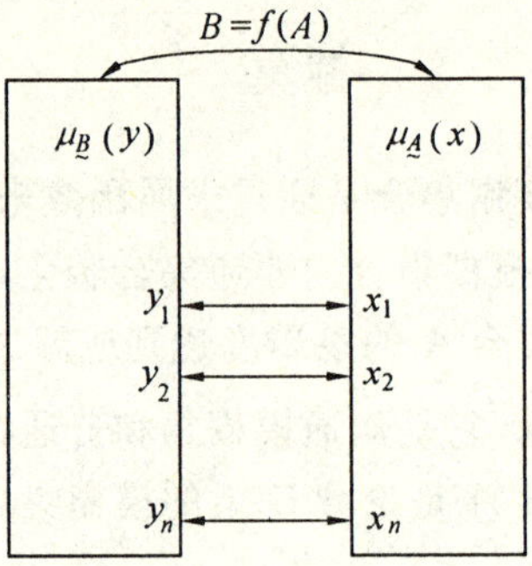


图 8.4 模糊扩展原理

### 8.1.5 模糊优化的数学模型

进行模糊优化设计之前，首先要建立其数学模型，与普通优化设计的数学模型一样，模糊优化的数学模型也包括设计变量、目标函数和约束条件三个基本要素。

1. 设计变量

设计变量为设计过程中所选的非相关的变化量，一般包括结构的几何参数，材料特性参数等。由于设计问题的复杂性，设计变量可以是确定的、随机的和模糊的。

2. 目标函数

目标函数是衡量设计优劣的指标，根据问题的性质，可以有一个或多个目标函数。目标函数一般包括结构的质量、成本、刚度、固有频率、惯量和可靠性等性能指标。设计方案的优劣本身就是一个模糊概念，没有确定的界限和标准，特别是对于多目标优化设计，目标函数之间通常都是相互矛盾的，往往得不到理想解，而只能得到满意解。如果目标函数是模糊的，记做 $\underset{\sim}{f}(x)$。

3. 约束条件

约束条件在设计空间中形成一个可行域，只有满足所有约束条件的设计才认为是可行设计，否则为不可行设计。约束条件一般分为三个方面：一是几何约束，如结构尺寸与形状约束等；二是性能约束，如应力约束，刚度约束，位移约束，频率约束和稳定性约束等；三是人文因素约束，如政治形式约束，经济政策约束，环境因素约束等。以上约束条件，特别是人文因素约束和性能约束条件中，包含大量的模糊信息。根据约束的模糊性质，又把模糊约束分为两类。

(1) 广义模糊约束

广义模糊约束条件可以表达为

$$\underset{\sim}{g_j}(x)\ \underset{\sim}{\subset}\ \underset{\sim}{G_j}\quad (j=1,2,\ldots J)\tag{8.18}$$

式中，$\underset{\sim}{g_j}(x)$ 代表应力、位移、频率等模糊物理量；$\underset{\sim}{G_j}$ 是 $\underset{\sim}{g_j}(x)$ 所允许的范围，其意义为模糊量 $\underset{\sim}{g_j}(x)$ 在模糊意义下落入模糊允许区间 $\underset{\sim}{G_j}$。

(2) 普通模糊约束

当 $\underset{\sim}{g_j}(x)$ 为非模糊量时，约束条件变为 $g_j(x)\ \underset{\sim}{\subset}\ \underset{\sim}{G_j}$，这是工程设计中最常见的一种情

况，其意义为确定量 $g_j(x)$ 在模糊意义下落入模糊允许区间 $\underset{\sim}{G_j}$。

设计变量、目标函数和约束条件，三者都可以是模糊的，也可以某一方面是模糊的而其他方面是确定的或随机的，但只要其中一项包含了模糊信息，该优化问题即为模糊优化问题。当设计变量、目标函数和约束条件中都具有模糊性时，模糊优化的数学模型可以表示为

$$\begin{cases} \text{Find } \underset{\sim}{\boldsymbol{X}}=[x_1,x_2,\cdots,x_n]^{\mathrm{T}} \\ \min \underset{\sim}{f}(x) \\ \text{s.t.} \quad \underset{\sim}{g_j}(x) \underset{\sim}{\subset} \underset{\sim}{G_j} \quad (j=1,2,\ldots J) \end{cases} \tag{8.19}$$

### 8.1.6 模糊允许区间上下界的确定

对于模糊优化设计，建立模糊约束的隶属函数后，还必须确定模糊允许区间的上下界，即模糊集合过渡区的范围，其方法有许多种，这里仅介绍工程中用的比较多的扩增系数法。

扩增系数法在充分考虑常规设计所积累的经验基础和常规设计规范所给出的许用值基础上，通过引入一扩增系数 $\beta$ 来确定过渡区间的上下界。这里以确定许用应力的上下界为例来说明：普通的应力约束可写为 $\sigma \leqslant [\sigma]$，这里 $[\sigma]$ 由设计规范给出，这是一种不合理的刚性约束，如果考虑许用应力 $[\sigma]$ 存在一个模糊区间，则可取 $[\sigma]$ 过渡区间的上下界为

$$\underline{\sigma} \leqslant [\sigma], \bar{\sigma} \leqslant \beta[\sigma]$$

式中扩充了许用应力的上界，也可根据情况扩充下界或同时扩充上下界，$\beta$ 的大小可根据约束的性质或模糊综合决策来确定。该方法在设计规范所给出的许用值的基础上，通过引入一扩增系数 $\beta$ 来确定过渡区的上下界，是一种简单适用的工程方法。

## 8.2 单目标模糊优化设计

### 8.2.1 迭代法

迭代法适合于求解对称模糊优化问题(Symmetric Fuzzy Optimization Problems)。对称的模糊优化是指目标和约束在优化问题中是同等重要的，因而模糊目标集(Fuzzy Objective Set)和模糊约束集(Fuzzy Constratint Set)的交集中存在一个点，它同时使目标和约束得到最大程度的满足。

其形式表示为，在论域 $U$ 上，模糊目标集为 $\underset{\sim}{F}$，模糊约束集为 $\underset{\sim}{G}$，则它们的交集 $\underset{\sim}{D}=\underset{\sim}{F} \cap \underset{\sim}{G}$ 称为模糊优越集。

设模糊约束集 $\underset{\sim}{G}$ 的 $\lambda$ 水平截集为

$$G_\lambda=\{x \mid \underset{\sim}{G} \geqslant \lambda, x \in \boldsymbol{X}\} \tag{8.20}$$

则模糊优越集的最大值为

$$d(x^*)=\max \underset{\sim}{d}(\boldsymbol{X})=\max_{\lambda \in[0,1]}[\lambda \wedge \max_{X \in G_\lambda} \underset{\sim}{f}(\boldsymbol{X})] \tag{8.21}$$

利用上述定理，可以构造一个迭代寻优的准则，建立一套迭代寻优的具体方法。对于求解对称模糊优化的问题可归结为求

$$\lambda^*=\max_{X \in G_{\lambda^*}} \underset{\sim}{f}(\boldsymbol{X})=\max \underset{\sim}{d}(\boldsymbol{X}) \tag{8.22}$$

的问题，只要求得这样的 $\lambda^*$，则在水平截集 $G_{\lambda^*}$ 下极大化模糊目标函数 $\underset{\sim}{F}(\boldsymbol{X})$，便可得到问题的最优解 $X^*$。我们称 $\lambda^*$ 为最优 $\lambda$，相应的水平截集为最优水平截集。

由式(8.22)知

$$\lambda^* - \max_{\boldsymbol{X}\in G_{\lambda^*}} \underset{\sim}{f}(\boldsymbol{X}) = 0 \tag{8.23}$$

由于 $\lambda^*$ 是唯一的，只有当 $\lambda$ 为最优时，式(8.22)才成立，否则将不等于零，因此，我们可以把式(8.23)作为一个准则，把寻求最优和最优解的过程，归结为使

$$\varepsilon^{(k)} = \lambda^{(k)} - \max_{\boldsymbol{X}\in G_{\lambda(k)}} \underset{\sim}{f}(\boldsymbol{X}) = 0 \tag{8.24}$$

逐渐趋于零的过程。工程上，并不要求得到绝对满足式(8.23)的最优解，而只要求式(8.24)的 $\varepsilon^{(k)}$ 小于预先给定的一个非负小量即可，因此，寻求最优和最优解的过程，可归结为使

$$|\lambda^{(k)} - \underset{\sim}{f}^{(k)}(\boldsymbol{X})| \leqslant \varepsilon \tag{8.25}$$

逐渐得到满足的过程，其中，$k=1,2,3,\cdots,n$，表示迭代次数；$\underset{\sim}{f}^{(k)}(x) = \max\limits_{\boldsymbol{X}\in G_{\lambda(k)}} \underset{\sim}{f}(\boldsymbol{X})$ 表示第 $k$ 次迭代的水平截集 $G_\lambda(k)$ 上 $\underset{\sim}{f}(\boldsymbol{X})$ 的最大值。一般预先给定收敛精度，通常 $\varepsilon = 10^{-3} \sim 10^{-5}$，可根据需要选取。

上述解法的迭代步骤，如图 8.5 所示。

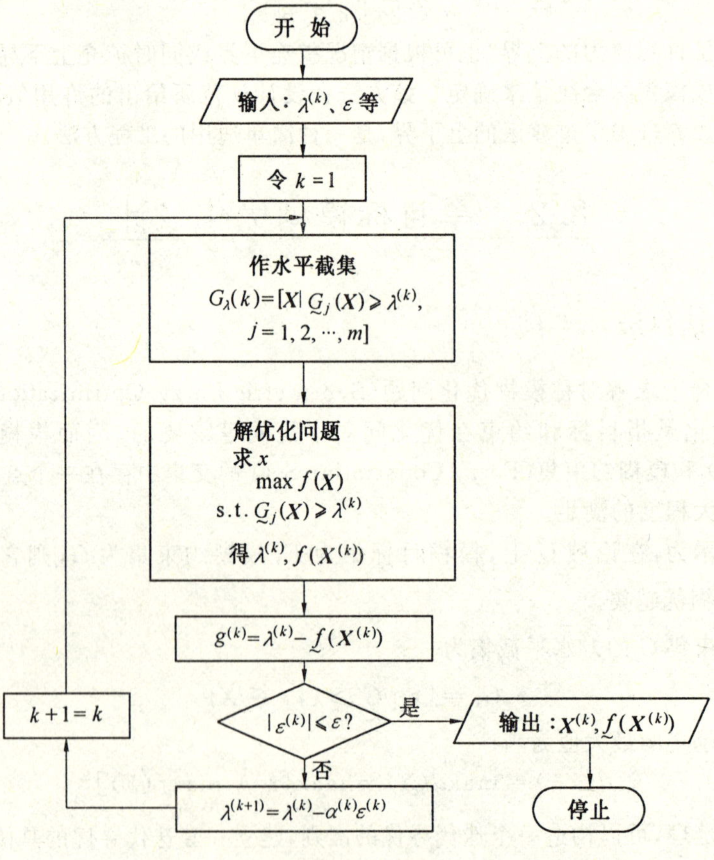


图 8.5 对称模糊优化解的迭代框图

## 8.2.2 最优水平截集法

*1. 求解原理*

如果只有约束条件是模糊的，而目标函数是清晰的，则该模糊优化问题为非对称模糊优化问题（Non Symmetric Fuzzy Optimization Problems），可利用最优水平截集法（Optimal Level Set Method）求解。

设 $\mu_{\underset{\sim}{G_j}}(g_j(\boldsymbol{X}))$ 为物理量 $g_j(\boldsymbol{X})$ 对模糊允许区间（Fuzzy Allowable Range）$\underset{\sim}{G_j}$ 的隶属度，则 $g_j(\boldsymbol{X})$ 对模糊约束的满足度（Fuzzy Constraint Satisfaction），可记为

$$\beta_j = \mu_{\underset{\sim}{G_j}}(g_j(\boldsymbol{X})) \tag{8.26}$$

当 $\beta_j=1$，该约束得到严格的满足；当 $\beta_j=0$，该约束未得到满足；当 $0<\beta_j<1$，该约束得到一定程度的满足。

模糊允许范围 $\underset{\sim}{G_j}$ 在设计空间划出一个具有模糊边界（Fuzzy Boundary）的模糊允许域（Fuzzy Allowable Domain）和模糊不允许域（Fuzzy Unallowable Domain），因此，所有模糊约束在设计空间围成了一个具有模糊边界的可用域（Available Domain），记为

$$\underset{\sim}{\Omega} = \bigcap_{j=1}^{J} \underset{\sim}{G_j} \tag{8.27}$$

式(8.27)表示设计空间的模糊可用域（Fuzzy Available Domain）$\underset{\sim}{\Omega}$ 是所有模糊约束空间（Fuzzy Constraint Space）$\underset{\sim}{G_j}(j=1,2,\ldots J)$ 的交集，也就是说 $\underset{\sim}{\Omega}$ 中的每一个可用点是所有 $\underset{\sim}{G_j}$ 的可用点，它们在满足度大于零的意义下满足所有模糊约束（Fuzzy Constraint）。

对于广义模糊约束（Generalized Fuzzy Constraint）来说，可将模糊约束记为

$$\underset{\sim}{\Omega} = \{\underset{\sim}{g_j}(\boldsymbol{X}) \subset \underset{\sim}{G_j}\} \tag{8.28}$$

式(8.28)表示广义模糊约束 $\underset{\sim}{\Omega}$ 就是要求模糊约束函数 $\underset{\sim}{g_j}(\boldsymbol{X})$ 在模糊意义下落入模糊允许区间 $\underset{\sim}{G_j}$。因此，对此模糊约束的满足度 $\beta_j$ 必须根据模糊约束函数 $\underset{\sim}{g_j}(\boldsymbol{X})$ 的隶属函数 $\mu_{\underset{\sim}{g_j}}(\boldsymbol{X})$ 的图形和它的模糊允许区间 $\underset{\sim}{G_j}$ 的隶属函数 $\mu_{\underset{\sim}{G_j}}$ 的图形的相对位置来定义。

如图 8.6 所示，当 $\underset{\sim}{g_j}$ 完全落入 $\underset{\sim}{G_j}$ 内，相当于 $\underset{\sim}{g_j}(x)$ 的隶属函数图完全落入 $\underset{\sim}{G_j}$ 的隶属函数图内，约束得到完全满足，此时满足度 $\beta_j=1$；

当 $\mu_{\underset{\sim}{g_j}}(\boldsymbol{X})$ 和 $\mu_{\underset{\sim}{G_j}}(\boldsymbol{X})$ 的图形重叠，约束得到一定程度的满足，此时 $0<\beta_j<1$；

当 $\underset{\sim}{g_j}(\boldsymbol{X})$ 的隶属函数图落入 $\underset{\sim}{G_j}$ 的隶属函数图外，约束完全没有得到满足，此时满足度 $\beta_j=0$。

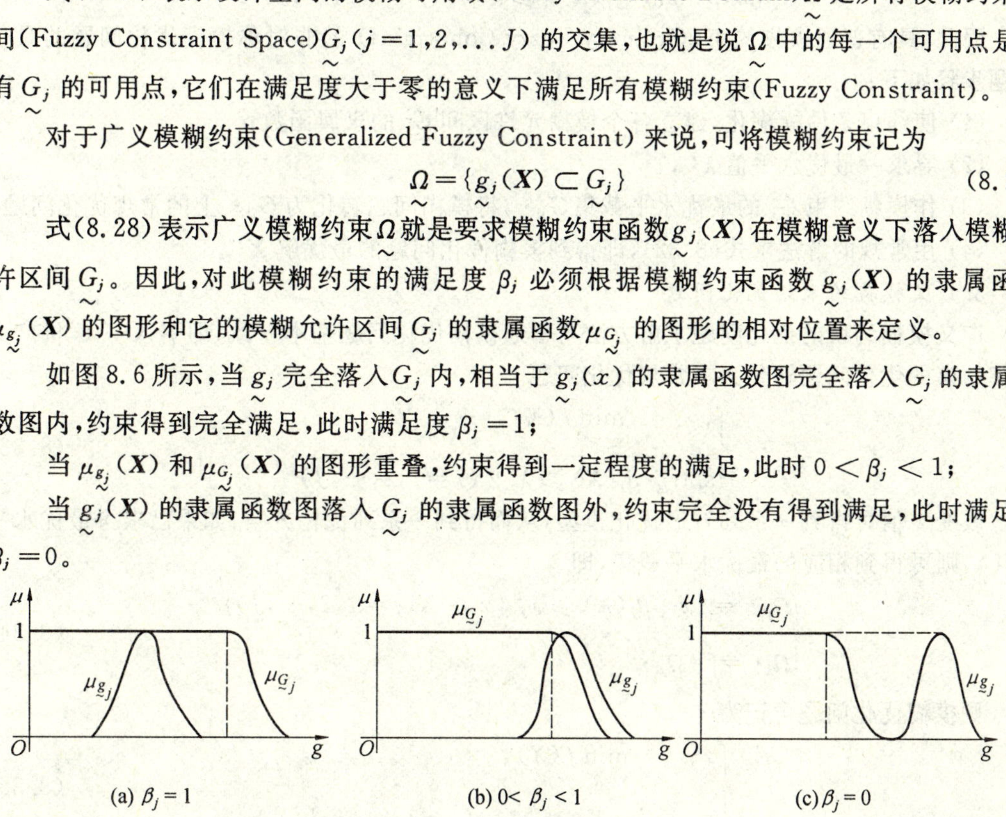


图 8.6　模糊约束满足度

2. 普通模糊约束的优化问题

根据上述原理，其求解的基本思想是：通过 $\lambda$ 水平截集将模糊子集 $\underset{\sim}{G}$ 分解为若干个普通集合 $G_\lambda$，然后求目标函数 $f(\boldsymbol{X})$ 在 $G_\lambda$ 上的极值，进而求得在 $\underset{\sim}{G}$ 上的模糊条件极值，即在模糊允许区间 $\underset{\sim}{G}$ 中，在隶属度 $\mu_{\underset{\sim}{G}}(g) \geqslant \lambda(\lambda \in [0,1])$ 的区间构成实数论域上的一个普通子集

$$G_\lambda = \{g \mid \mu_{\underset{\sim}{G}}(g) \geqslant \lambda\} \tag{8.29}$$

可以看出，两个不同的水平截集满足如下关系

$$\lambda_1 \leqslant \lambda_2 \Rightarrow G_{\lambda_1} \supseteq G_{\lambda_2} \tag{8.30}$$

即 $\lambda$ 值越小，$G_\lambda$ 的区间就越大，当 $\lambda=0$ 时，包括了全部的允许域；当 $\lambda=1$ 时，变为最严格的区间。因此在机械结构模糊优化设计过程中，$\lambda$ 可以理解为“设计水平”的概念，在实际优化过程中可以取不同的值，便得到一系列的水平最优解，供决策者选择，其中必然存在一个最优的 $\lambda^*$，与之相应的水平截集为

$$G_{j\lambda^*} = \{g \mid \mu_{\underset{\sim}{G}_j}(g) \geqslant \lambda^*\} \quad (j=1,2,\cdots,J) \tag{8.31}$$

称为最优水平截集（Optimal Level Set）。用此水平截集代替全部的模糊允许区间，模糊优化问题可以转化为具有设计水平的非模糊优化问题，即

$$\begin{cases} \min\limits_{\boldsymbol{X}\in R^n} f(\boldsymbol{X}) \\ \text{s.t.} \quad \mu_{\underset{\sim}{G}_j}(g_j(\boldsymbol{X})) \geqslant \lambda^* \quad (j=1,2,\cdots,J) \end{cases} \tag{8.32}$$

因此，具有普通模糊约束（Ordinary Fuzzy Constraint）的非对称模糊优化问题的具体解题步骤如下。

(1) 使约束条件模糊化，建立各个模糊允许区间 $\underset{\sim}{G}_j$ 的隶属函数；

(2) 寻求一最优水平值 $\lambda^*$；

(3) 作模糊约束 $\underset{\sim}{G}_j$ 的最优水平截集 $G_{j\lambda^*}$，将模糊问题转化为 $G_{j\lambda^*}$ 上的常规优化问题；

(4) 用常规的解法求式(8.32)，即得到模糊优化问题的最优解 $\boldsymbol{X}^*$。

3. 广义模糊约束的优化问题

广义模糊约束的优化问题求解方法与普通模糊优化问题基本一致，即引入一 $\lambda$，将广义模糊约束的优化问题转化为求常规优化问题

$$\begin{cases} \min\limits_{\boldsymbol{X}\in R^n} f(\boldsymbol{X}) \\ \text{s.t.} \quad \beta_j(\boldsymbol{X}) \geqslant \lambda_j \quad (j=1,2,\cdots,J) \end{cases} \tag{8.33}$$

改变 $\lambda$ 值可得到一系列普通优化模型，从而得到一系列优化方案，如果已求得最优水平值 $\lambda^*$，则可得到相应的最优水平截集，即

$$\begin{cases} \Omega_{j\lambda^*} = \{x \mid \beta_j(\boldsymbol{X}) \geqslant \lambda_j^*, x \in \boldsymbol{X}(j=1,2,\cdots,J)\} \\ \Omega_{\lambda^*} = \bigcap\limits_{j=1}^{J} \underset{\sim}{\Omega}_{j\lambda^*} \end{cases} \tag{8.34}$$

则模糊优化问题可记为

$$\begin{cases} \min\limits_{\boldsymbol{X}\in R^n} f(\boldsymbol{X}) \\ \text{s.t.} \quad \beta_j(\boldsymbol{X}) \geqslant \lambda_j^* \quad (j=1,2,\cdots,J) \end{cases} \tag{8.35}$$

综上所述，求解具有广义模糊约束的非对称模糊优化问题的最优水平截集法步骤如下。

(1) 建立设计变量 $\boldsymbol{X}$ 对广义模糊约束 $\underset{\sim}{\Omega}_j$ 的满足度 $\beta_j(\boldsymbol{X})$；

(2) 寻求一最优水平值 $\lambda^*$；

(3) 作模糊约束 $\underset{\sim}{\Omega}_j$ 的最优水平截集 $\Omega_{j\lambda^*}$，将模糊问题转化为 $\Omega_{j\lambda^*}$ 上的常规优化问题；

(4) 用常规的解法求式(8.35)，即得到模糊优化问题的最优解 $\boldsymbol{X}^*$。

4. 最优水平截集的确定

用最优水平截集法求解模糊优化问题时，关键问题是确定最优水平截集，即确定最优的值，主要有规划法(Programming Method)和模糊综合评判法两种方法(Fuzzy Compreheasion Evaluation Method)。

(1) 规划法的基本思想是：由于最优 $\lambda^*$ 值应使得结构即安全可靠，又经济节省，因此，$\lambda^*$ 值应根据结构的初始造价 $C(\boldsymbol{X}_\lambda)$ 和结构使用中所需补充的费用(维修费用、灾害损失费用等)的期望值 $E(\boldsymbol{X}_\lambda)$ 来决定。初始造价和期望值既是 $\boldsymbol{X}_\lambda$ 的函数，故也是 $\lambda$ 的函数。随着 $\lambda$ 的增大，$C(\boldsymbol{X}_\lambda)$ 值增大，$E(\boldsymbol{X}_\lambda)$ 值减小，因此，确定 $\lambda^*$ 的问题，可归结为求解如下的数学规划问题，即

$$\begin{cases} \min\limits_{\lambda \in R^1} W(\lambda) = C(\lambda) + E(\lambda) \\ \text{s.t.} \quad 0 \leqslant \lambda \leqslant 1 \end{cases} \tag{8.36}$$

此规划问题的最优解，即为所求得最优 $\lambda^*$ 值。

(2) 模糊综合评判法就是应用模糊变换原理对其所考虑的事物进行综合评价。当对上述的最优水平值进行决策时，凡是对结构安全可靠和经济节省有影响的因素，如设计水平、制造水平、材料好坏、重要程度、使用条件、维修保养费等，都可以作为因素集中的因素加以考虑。首先建立因素集、评价集，进行单因素模糊评判，建立权重集，最后进行模糊综合评判，根据需要可采用一级模糊综合评判(One Stage Fuzzy Comprehenasive Evaluation)、二级模糊综合评判(Two Stage Fuzzy Comprehenasive Evaluation)和多级模糊综合评判(Multi Stage Fuzzy Comprehenasive Evaluation)。

## 8.3 多目标模糊优化设计

大部分工程优化问题都含多个优化目标，并受多个等式和不等式约束。设计目标经常是互相矛盾的，所以不能同时达到最优。例如，在设计一个传动装置时，希望它的质量最轻、承载能力最高，同时又要使它的寿命最长；在设计高速凸轮机构时，不仅要求体积最小，而且要求其柔性误差最小、动力性能最好等。因此，设计者用经典数学建立系统的正确模型的困难变得更大，处理这样的问题需要借助于模糊理论。

### 8.3.1 对称多目标模糊优化模型的求解

对于具有 $I$ 个模糊目标，$J$ 个模糊约束的多目标模糊优化问题(Multi Objective fuzzy Optimization Problems)，当给出论域 $U$ 上的模糊目标集 $\underset{\sim}{f}_i(i=1,2,\cdots,I)$ 和模糊约束集 $\underset{\sim}{G}_j(j=1,2,\cdots,J)$ 时，对称条件下的模糊判决为

$$\underset{\sim}{D} = (\bigcap_{i=1}^{I} \underset{\sim}{f}_i) \cap (\bigcap_{j=1}^{J} \underset{\sim}{G}_j) \tag{8.37}$$

其隶属函数为

$$\mu_{\underset{\sim}{D}}(\boldsymbol{X})=[\bigwedge_{i=1}^{I}\mu_{\underset{\sim}{f_i}}(\boldsymbol{X})]\wedge[\bigwedge_{j=1}^{J}\mu_{\underset{\sim}{G_j}}(\boldsymbol{X})] \tag{8.38}$$

最优解为使模糊判决的隶属函数取最大值的 $X^*$，即

$$\mu_{\underset{\sim}{D}}(\boldsymbol{X}^*)=\max\mu_{\underset{\sim}{D}}(\boldsymbol{X}) \tag{8.39}$$

采用直接求解法求解时，上式可归结为求解如下的常规优化问题：

$$\begin{cases}\min\limits_{\lambda\in R^1,\boldsymbol{X}\in R^n}\ (-\lambda)\\ \text{s. t.}\quad \mu_{\underset{\sim}{G_j}}(\boldsymbol{X})\geqslant\lambda\quad(j=1,2,\cdots,J)\\ \qquad\ \mu_{\underset{\sim}{f_i}}(\boldsymbol{X})\geqslant\lambda\quad(i=1,2,\cdots,I)\end{cases} \tag{8.40}$$

## 8.3.2 普通多目标模糊优化问题的求解

这类多目标模糊优化问题的数学模型为

$$\begin{cases}\min\limits_{\boldsymbol{X}\in R^n} f(\boldsymbol{X})=[f_1(\boldsymbol{X}),f_2(\boldsymbol{X}),\cdots,f_n(\boldsymbol{X})]^{\mathrm{T}}\\ \text{s. t.}\quad \underset{\sim}{G}=\bigcap\limits_{j=1}^{p}\underset{\sim}{G_j}=\begin{cases}\boldsymbol{X}\mid \boldsymbol{X}\in R^n,\\ g_j(\boldsymbol{X})\lessapprox b_j^l\quad(j=1,2,\cdots,J)\\ g_j(\boldsymbol{X})\lessapprox b_j^u\quad(j=J+1,J+2,\cdots,m)\end{cases}\end{cases} \tag{8.41}$$

对于 $\underset{\sim}{G}$ 中每一模糊约束的 $\underset{\sim}{G_j}$ 约束上下限给出容差 $d_j$，并采用线性隶属函数 $\mu_{\underset{\sim}{G_j}}(\boldsymbol{X})$，如图8.7所示，则

$$\mu_{\underset{\sim}{G_j}}(\boldsymbol{X})=\begin{cases}1 & (g_j(\boldsymbol{X})\leqslant d_j)\\ \dfrac{(b_j^l+d_j)-g_j(\boldsymbol{X})}{d_j} & (b_j^l<g_j(\boldsymbol{X})<b_j^l+d_j;j=1,2,\cdots,J)\\ 0 & (g_j(\boldsymbol{X})\geqslant b_j^l+d_j)\end{cases} \tag{8.42}$$

$$\mu_{\underset{\sim}{G_j}}(\boldsymbol{X})=\begin{cases}0 & (g_j(\boldsymbol{X})\leqslant b_j^u-d_j)\\ \dfrac{g_j(\boldsymbol{X})-(b_j^u-d_j)}{d_j} & (b_j^u-d_j<g_j(\boldsymbol{X})<b_j^u);j=J+1,J+2,\cdots,m)\\ 1 & (g_j(\boldsymbol{X})\geqslant b_j^u\end{cases} \tag{8.43}$$

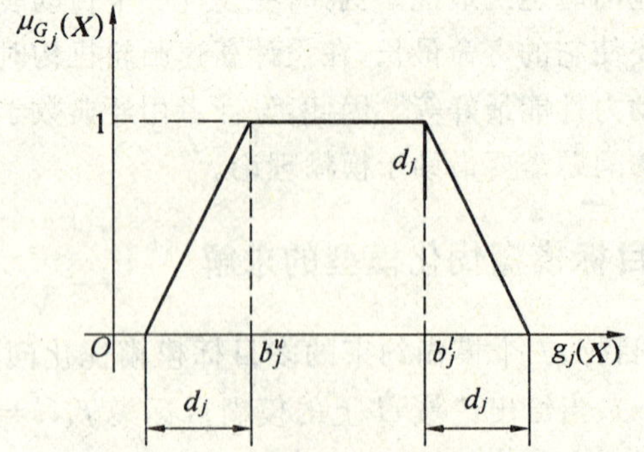


图 8.7 线性隶属函数 $\mu_{\underset{\sim}{G_j}}(\boldsymbol{X})$

应该指出，各子目标函数 $f_i(\boldsymbol{X})(i=1,2,\cdots,I)$ 可能的最小值 $m_i$ 受到约束条件模糊性的影响，而其可能的最大值 $M_i$ 又受到其子目标函数最小点的影响，因此，在满足模糊约束条件的多目标优化情况下，各子目标函数 $f_i(\boldsymbol{X})(i=1,2,\cdots,I)$ 将在特定的区间内变化，形成模糊目标最小集 $\underset{\sim}{F}_i$。构造 $\underset{\sim}{F}_i$ 的隶属函数 $\mu_{\underset{\sim}{F}_j}(\boldsymbol{X})$ 的具体步骤如下。

(1) 求各子目标函数在约束条件最宽松情况下可能的最小值 $m_i$ 和最大值 $M_i$，即

$$\begin{cases} \min\limits_{\boldsymbol{X}\in R^n} f_i(\boldsymbol{X}) \quad (i=1,2,\cdots,I) \\ \text{s. t.} \quad g_j(\boldsymbol{X}) \leqslant b_j^l + d_j \quad (j=1,2,\cdots,J) \\ \quad g_j(\boldsymbol{X}) \geqslant b_j^u - d_j \quad (j=J+1,J+2,\cdots,m) \end{cases} \tag{8.44}$$

(2) 用常规优化方法求得其解为 $\boldsymbol{X}_i^*$ 或 $(\boldsymbol{X}_l^*)$。将 $\boldsymbol{X}_i^*$ 代入其余的子目标函数，得到各子目标函数可能的最小值和最大值，即

$$\begin{cases} m_i = \min\limits_{1\leqslant l\leqslant I} f_i(\boldsymbol{X}_i^*) = f_i(\boldsymbol{X}_i^*) \\ M_i = \max\limits_{1\leqslant l\leqslant I} f_i(\boldsymbol{X}_l^*) \quad (i=1,2,\cdots,I) \end{cases} \tag{8.45}$$

(3) 构造各子目标函数的模糊目标集 $\underset{\sim}{F}_i$ 的隶属函数

$$\mu_{\underset{\sim}{F}_j}(\boldsymbol{X}) = \begin{cases} 1 & (f_i(\boldsymbol{X}) \leqslant m_i) \\ \dfrac{M_i - f_i(\boldsymbol{X})}{M_i - m_i} & (m_i < f_i(\boldsymbol{X}) < M_i; i=1,2,\cdots,I) \\ 0 & (f_i(\boldsymbol{X}) \geqslant M_i) \end{cases} \tag{8.46}$$

(4) 构造综合模糊目标集 $\underset{\sim}{F}$ 和综合模糊约束集 $\underset{\sim}{G}$ 的模糊判决 $\underset{\sim}{D}$ 的隶属函数 $\mu_{\underset{\sim}{D}}(\boldsymbol{X})$，求出最优点 $\boldsymbol{X}^*$ 使最优判决为

$$\mu_{\underset{\sim}{D}}(\boldsymbol{X}^*) = \max \mu_{\underset{\sim}{D}}(\boldsymbol{X}) \tag{8.47}$$

为适应对工程设计不同决策思想的需要，采用不同形式的模糊判决：包括交模糊判决、凸模糊判决和积模糊判决。

交模糊判决隶属函数定义为

$$\mu_{\underset{\sim}{D}}(\boldsymbol{X}) = [\bigwedge_{i=1}^{I} \mu_{\underset{\sim}{F}_j}(\boldsymbol{X})] \wedge [\bigwedge_{j=1}^{m} \mu_{\underset{\sim}{G}_j}(\boldsymbol{X})] \tag{8.48}$$

则式(8.41)所示的普通多目标模糊优化问题转化为

$$\begin{cases} \min\limits_{\boldsymbol{X}\in R^n} [-\mu_{\underset{\sim}{D}}(\boldsymbol{X})] = -\lambda \\ \text{s. t.} \quad \mu_{\underset{\sim}{F}_j}(\boldsymbol{X}) \geqslant \lambda \quad (i=1,2,\cdots,I) \\ \quad \mu_{\underset{\sim}{G}_j}(\boldsymbol{X}) \geqslant \lambda \quad (j=1,2,\cdots,J) \\ \quad 0 \leqslant \lambda \leqslant 1 \end{cases} \tag{8.49}$$

凸模糊判决的隶属函数定义为

$$\mu_{\underset{\sim}{D}}^{\infty}(\boldsymbol{X}) = \sum_{i=1}^{I} \omega_i \mu_{\underset{\sim}{F}_i}(\boldsymbol{X}) + \sum_{j=1}^{m} \omega_{I+j} \mu_{\underset{\sim}{G}_j}(\boldsymbol{X}) \tag{8.50}$$

其中

$$\sum_{i=1}^{I} \omega_i - \sum_{j=1}^{m} \omega_{I+j} = 1$$
$$\omega_i \geqslant 0$$
$$\omega_{I+j} \geqslant 0$$

则式(8.41)所示的普通多目标模糊优化问题转化为

$$\begin{cases} \min\limits_{X\in R^n}[-\mu_{\underset{\sim}{D}}^{\infty}(\boldsymbol{X})] = -[\sum\limits_{i=1}^{I}\omega_i\mu_{\underset{\sim}{F_j}}(\boldsymbol{X}) + \sum\limits_{j=1}^{m}\omega_{I+j}\mu_{\underset{\sim}{G_j}}(\boldsymbol{X})] \\ \text{s.t.}\quad g_j(\boldsymbol{X}) \leqslant b_j^l + d_j \quad (j=1,2,\cdots,J) \\ \qquad g_j(\boldsymbol{X}) \geqslant b_j^u + d_j \quad (j=J+1,J+2,\cdots,m) \end{cases} \tag{8.51}$$

积模糊判决的隶属函数定义为

$$\mu_{\underset{\sim}{D}}^{pr}(\boldsymbol{X}) = \left[\left[\prod_{i=1}^{I}\mu_{\underset{\sim}{F_J}}(\boldsymbol{X})\right]\cdot\left[\prod_{i=1}^{m}\mu_{\underset{\sim}{G_J}}(\boldsymbol{X})\right]\right]^{\frac{1}{1+m}} \tag{8.52}$$

于是,式(8.41)所示的普通多目标模糊优化问题可转化为

$$\begin{cases} \min\limits_{X\in R^n}[-\mu_{\underset{\sim}{D}}^{pr}(\boldsymbol{X})] = -\left[\left[\prod\limits_{i=1}^{I}\mu_{\underset{\sim}{F_J}}(\boldsymbol{X})\right]\cdot\left[\prod\limits_{i=1}^{m}\mu_{\underset{\sim}{G_J}}(\boldsymbol{X})\right]\right]^{\frac{1}{1+m}} \\ \text{s.t.}\quad g_j(\boldsymbol{X}) \leqslant b_j^l + d_j \quad (j=1,2,\cdots,J) \\ \qquad g_j(\boldsymbol{X}) \geqslant b_j^u + d_j \quad (j=J+1,J+2,\cdots,m) \end{cases} \tag{8.53}$$

经过严格的理论证明,应用上述不同形式的模糊判决求得的满意解均为弱有效解。交模糊判决反映了使各子目标和各约束中最差分量得到改善的谨慎思想,其结果仅使最差分量极大化,而其余量在一定范围内变化并不直接影响结果,丢失了不少信息。凸模糊判决属于算术平均型判决,它涉及各子目标、各约束之间的相对重要性,反映了对各方面均有所考虑的平均思想,表达明确、直观,且对重要指标的作用易于掌握。积模糊判决属于几何平均型判决,即从几何平均意义上考虑各子目标、各约束分量的影响。

### 8.3.3 多目标模糊优化的分层序列法

在某些多目标优化设计问题中,存在着一些特别重要的目标,如果这些重要的目标没有达到最优,则不考虑其他目标,例如,进行精密机床设计首先要考虑主轴的刚度满足要求,然后再考虑质量等其他目标。针对这些问题,多目标优化分层序列法已能很好解决,推广到多目标模糊优化情况,可将模型表示为

$$\begin{cases} \min\limits_{X\in R^n} F(\boldsymbol{X}) = [f_1(\boldsymbol{X}), f_2(\boldsymbol{X}), \cdots, f_I(\boldsymbol{X})]^{\mathrm{T}} \\ \text{s.t.}\quad g_j(\boldsymbol{X}) \underset{\sim}{\leqslant} b_j \quad (j=1,2,\cdots,l) \\ \qquad g_j(\boldsymbol{X}) \leqslant b_j \quad (j=l+1,l+2,\cdots,m) \\ \qquad h_j(\boldsymbol{X}) \underset{\sim}{=} c_j \quad (j=1,2,\cdots,n) \\ \qquad h_j(\boldsymbol{X}) = c_j \quad (j=n+1,n+2,\cdots,q) \end{cases} \tag{8.54}$$

该模型中既包含模糊不等式、等式约束,又包含非模糊不等式、等式约束。

为求解该模型,首先将上式中的 $I$ 个目标按重要程度分成 $r$ 组,每组中的目标函数个数分别为 $p_1, p_2, \cdots, p_r, p_1 + p_2 + \cdots + p_r = I$,其中第一组中的 $p_1$ 个目标函数优先级最高,应首先得到满足,这样原多目标模糊优化问题便划为 $r$ 个多目标模糊优化子问题。

第一个模糊优化子问题为

$$\begin{cases} \min\limits_{X \in R^n} F(\boldsymbol{X}) = [f_1(\boldsymbol{X}), f_2(\boldsymbol{X}), \cdots, f_{pr}(\boldsymbol{X})]^T \\ \text{s.t.} \quad g_j(\boldsymbol{X}) \lesssim b_j \quad (j=1,2,\cdots,l) \\ \qquad g_j(\boldsymbol{X}) \leqslant b_j \quad (j=l+1,l+2,\cdots,m) \\ \qquad h_j(\boldsymbol{X}) \underset{\sim}{=} c_j \quad (j=1,2,\cdots,n) \\ \qquad h_j(\boldsymbol{X}) = c_j \quad (j=n+1,n+2,\cdots,q) \end{cases} \tag{8.55}$$

式(8.55)可用下列模型求解：

$$\begin{cases} \min\limits_{X \in R^n} (-\lambda_1) \\ \text{s.t.} \quad \lambda_1 \leqslant \mu_{fi}(\boldsymbol{X}) \quad (i=1,2,\cdots,p_1) \\ \qquad \lambda_1 \leqslant \mu_{gj}(\boldsymbol{X}) \quad (j=1,2,\cdots,l) \\ \qquad g_j(\boldsymbol{X}) \leqslant b_j \quad (j=l+1,l+2,\cdots,m) \\ \qquad \lambda_1 \leqslant \mu_{hj}(\boldsymbol{X}) \quad (j=1,2,\cdots,n) \\ \qquad h_j(\boldsymbol{X}) = c_j \quad (j=n+1,n+2,\cdots,q) \end{cases} \tag{8.56}$$

上述模型共含有原模型式(8.54)中的 $p_1$ 个目标函数，可用前述的普通多目标优化方法求解。

第二个模糊优化子问题与第一个模糊优化子问题形式类似，只是目标函数为

$$F_2(\boldsymbol{X}) = [f_{p_1+1}(\boldsymbol{X}), f_{p_1+2}(\boldsymbol{X}), \cdots, f_{p_1+p_2}(\boldsymbol{X})]^T \tag{8.57}$$

约束条件在第一个模糊优化子问题约束条件的基础上再加上下式：

$$a\mu_{fi}^* - \mu_{fi} \leqslant 0 \quad (i=1,2,\cdots,p_1) \tag{8.58}$$

式中 $a$ 为系数，一般取 0.9～0.95，系数 $a$ 的大小限制了前面已求得的较重要的目标函数隶属度的取值范围，这样就在求解过程中，使重要的目标隶属度得到保证，同时优化其他次要目标的隶属度。

第二个模糊优化子问题为

$$\begin{cases} \min\limits_{X \in R^n} (-\lambda_2) \\ \text{s.t.} \quad a\mu_{fi}^* \leqslant \mu_{fi} \quad (i=1,2,\cdots,p_1) \\ \qquad \lambda_1 \leqslant \mu_{fi}(\boldsymbol{X}) \quad (i=p_1+1,p_1+2,\cdots,p_1+p_2) \\ \qquad \lambda_1 \leqslant \mu_{gj}(\boldsymbol{X}) \quad (j=1,2,\cdots,l) \\ \qquad g_j(\boldsymbol{X}) \leqslant b_j \quad (j=l+1,l+2,\cdots,m) \\ \qquad \lambda_1 \leqslant \mu_{hj}(\boldsymbol{X}) \quad (j=1,2,\cdots,n) \\ \qquad h_j(\boldsymbol{X}) = c_j \quad (j=n+1,n+2,\cdots,q) \end{cases} \tag{8.59}$$

依此类推，直到求解第 $r$ 个模糊优化子问题，最后得到的模糊最优解即为所求的解。

### 8.3.4 基于模糊综合评判的多目标优化设计方法

对设计方案优劣进行评判必须要有一定的基础(如设计指标等)，而评判结果通常以评语集(Evaluation Set)的形式表示。设评语集 $V$ 中有 $p$ 类评语 $v_1, v_2, \cdots, v_p$，如很好、好、一般、差、很差等。设计方案 $M$ 的评语 $\underset{\sim}{B}(M)$ 用模糊形式可写为

$$\underset{\sim}{B}(M) = (b_1, b_2, \cdots, b_p) \tag{8.60}$$

式中，$b_k(k=1,2,\cdots,p)$ 是对应于评语 $v_k$ 的隶属度$(k=1,2,\cdots,p)$，且 $\sum_{k=1}^{p} b_k=1, b_k \geqslant 0$。$b_k$ 表征的是方案 $M$ 隶属于评语 $v_k$ 的程度。如果 $b_k=1, b_i=0(i=1,2,\cdots,k-1,k+1,\cdots,p)$，则模糊评判就退化为确定性评判 $\underset{\sim}{B}(M)=(v_k)$。

在多个目标共存的情况下，决策者对设计方案 $M$ 的评判常用模糊关系矩阵(Fuzzy Relation Matrix) $\underset{\sim}{R}(M)$ 表示，即

$$\underset{\sim}{R}(M)=\begin{bmatrix} b_{11} & b_{12} & \cdots & b_{1p} \\ b_{21} & b_{22} & \cdots & b_{2p} \\ \vdots & \vdots & & \vdots \\ b_{l1} & b_{l2} & \cdots & b_{lp} \end{bmatrix} \tag{8.61}$$

式中　$b_{ij}$——设计方案 $M$ 的第 $i$ 个目标对应于第 $j$ 个评语 $v_j$ 的隶属度，且 $b_{ij} \geqslant 0, \sum_{j=1}^{p} b_{ij}=1$。

引入权重集(Weighted Set)

$$\underset{\sim}{W}=(w_1, w_2, \cdots, w_l) \tag{8.62}$$

其中

$$w_i \geqslant 0, \sum_{i=1}^{l} w_i=1 \tag{8.63}$$

$\underset{\sim}{W}$ 反映了对诸目标因素的一种权衡。一般地，决策评判集(Decision Evaluation Set) $\underset{\sim}{J}$ 可由模糊关系矩阵 $\underset{\sim}{R}$ 与权重集 $\underset{\sim}{W}$ 通过模糊变换求得

$$\underset{\sim}{J}=\underset{\sim}{W} \circ \underset{\sim}{R}=\vee\left[\mu_W \wedge \mu_R\right]=(j_1, j_2, \cdots, j_p) \tag{8.64}$$

式中　$\circ$——某种合成运算。

在多目标情况下，由于各目标相互制约，一般不存在绝对最优解。决策者追求的是对方案的评价尽可能的优越。在评判集中，方案"优"的隶属度应尽可能的大，而方案"差"的隶属度应尽可能的小。

设方案评语集为 $V=(v_1, v_2, \cdots, v_p)$，其中 $v_1$ 为"最理想"，$v_2$ 为"次理想"，…，$v_p$ 为"最不理想"。在 $p$ 维评判空间中定义理想评判集为

$$\underset{\sim}{J}^*=(j_1^*, j_2^*, \cdots, j_p^*)=(1.0,0,\cdots,0) \tag{8.65}$$

与之相应的点称为理想评判点。在评判空间上引进某个模 $\|\cdot\|$，并考虑在这个模的意义下实际评判点与理想评判点之间的"距离"，即

$$d(\underset{\sim}{J})=\|\underset{\sim}{J}-\underset{\sim}{J}^*\| \tag{8.66}$$

以 $d(\underset{\sim}{J})$ 为新的优化目标，求得评判点尽可能接近理想点的解即为原优化问题的解。每一评判点代表着一个评判集，因此 $d(\underset{\sim}{J})$ 表示的是两模糊子集之间的"距离"。

两模糊子集 $\underset{\sim}{A}, \underset{\sim}{B}$ 间的距离可采用下列的带权的 $q$——模 Minkowski 表示式进行计算。

$$\begin{cases} d_M(\underset{\sim}{A}, \underset{\sim}{B})=\left[\sum_{i=1}^{p} w'_i \left|\mu_{\underset{\sim}{A}_j}-\mu_{\underset{\sim}{B}_j}\right|^q\right]^{\frac{1}{q}} \\ q>0, w''_i \geqslant 0, \sum_{i=1}^{p} w'_i=1 \end{cases} \tag{8.67}$$

式中　$\mu_{\underset{\sim}{A}_j}$——模糊子集 $\underset{\sim}{A}$ 的第 $i$ 个隶属度；

$\mu_{\underset{\sim}{B}_j}$—— 模糊子集 $\underset{\sim}{B}$ 的第 $i$ 个隶属度；

$w'_i$—— 第 $i$ 个隶属度的权重。

当 $q=1$ 时，上式即为带权的 Hamming 距离 $d_H(\underset{\sim}{A},\underset{\sim}{B})$；当 $q=2$ 时，上式即为带权的 Euclid 距离 $d_E(\underset{\sim}{A},\underset{\sim}{B})$，即

$$\begin{cases} d_H(\underset{\sim}{A},\underset{\sim}{B}) = \sum_{i=1}^{p} w'_i \left| \mu_{\underset{\sim}{A}_j} - \mu_{\underset{\sim}{B}_j} \right| \\ d_E(\underset{\sim}{A},\underset{\sim}{B}) = \sqrt{\sum_{i=1}^{p} w'_i (\mu_{\underset{\sim}{A}_j} - \mu_{\underset{\sim}{B}_j})^2} \end{cases} \tag{8.68}$$

这样基于模糊综合评判的优化模型可归结为

$$\begin{cases} \min_{X \in R^n} \left\{ \left[ \sum_{i=1}^{p} w'_i \mid \underset{\sim}{J} - \underset{\sim}{J}^* \mid^q \right]^{\frac{1}{q}} J - J^* \right\} \\ \text{s.t.} \quad g_j(x) \leqslant 0 \quad (j=1,2,\cdots,m) \end{cases} \tag{8.69}$$

式中 $\underset{\sim}{J}$—— 方案综合评判集隶属度；

$\underset{\sim}{J}^*$—— 方案理想评判集隶属度。

## 8.4 模糊优化设计实例

弹簧是通用机械零件，在一些机器（如内燃机、压缩机）中所用弹簧性能的好坏直接影响到机器的整体性能，而弹簧设计的正确与否是保证弹簧使用性能的前提条件，本节对内燃机气门弹簧设计引入模糊优化方法。

### 8.4.1 弹簧模糊优化设计的数学模型

设计一内燃机气门弹簧。气门完全开启时，弹簧最大变形量 $\overline{\delta}=16.59$ mm，工作载荷 $P=680$ N，工作频率 $\underset{\sim}{\omega}=25$ Hz，最高工作温度 150 ℃，材料为 50CrVA 钢丝。结构要求为：簧丝直径 2.5 mm $\leqslant d \leqslant$ 10 mm，弹簧中径 30 mm $\leqslant D_2 \leqslant$ 60 mm，工作圈数 $3 \leqslant n \leqslant 15$，旋绕比$\dfrac{D_2}{d} \geqslant 6$，要求质量尽可能轻。

1. 设计变量

影响弹簧质量的设计变量为

$$\boldsymbol{X}=(d,D_2,n)^{\mathrm{T}}=(x_1,x_2,x_3)^{\mathrm{T}}$$

2. 目标函数

弹簧质量为

$$W=\frac{\pi}{4}d^2(\pi D_2)(n+n_2)\rho$$

式中 $n_2$—— 弹簧支承圈数，取 $n_2=2$；

$\rho$—— 钢丝密度，取 $\rho=7.8\times10^3$ kg/m³。

代入 $n_2$、$\rho$ 值，并引入设计变量，整理后可得目标函数

$$F(\boldsymbol{X})=1.925\times10^{-5}x_1^2x_2(x_3+2)$$

3.约束条件

考虑到弹簧材料的许用应力、高径比、旋绕比及设计变量的界限均存在有从完全许用到完全不许用的过渡区间，都应视作设计空间的模糊子集，这样得约束条件如下。

(1) 强度条件

$$\tau=\frac{8\kappa PD_2}{\pi d^3}\lessapprox[\tau]$$

式中 $\kappa$—— 曲度系数，当 $C=\frac{D_2}{d}=4\sim9$ 时，经曲线拟合得 $\kappa=1.95C^{-0.244}$；

$[\tau]$—— 簧丝许用切应力，常规下 $[\tau]=\frac{\tau_0}{1.3}\times1.1=405$ MPa。

(2) 稳定性条件

$$H_0/D_2\lessapprox\overline{b}$$

式中 $H_0$—— 弹簧自由高度，$H_0=(n+n_2-0.5)d+1.1\delta$；

$\overline{b}$—— 高径比，常规下弹簧两端均为固定端时，$\overline{b}=5.3$。

(3) 无共振条件(弹簧两端均为固定端时)

$$3.56\times10^5\times\frac{d}{(n+n_2)D_2^2}\gtrapprox10\underline{\omega}$$

式中 $\underline{\omega}$—— 工作载荷频率，$\underline{\omega}=25$ Hz。

(4) 刚度条件

$$\frac{8PD_2^3n}{Gd^4}\lessapprox\overline{\delta}$$

式中 $G$—— 簧丝材料剪切弹性模量，对 50CrVA，$G=80\ 000$ MPa。

$$\underline{C}\lessapprox C=\frac{D_2}{d}\lessapprox\overline{C}$$

式中 $C$—— 旋绕比，常规下取值 $4\leqslant C\leqslant16$，按题目要求 $C\geqslant6$ 时，取 $\underline{C}=6$，$\overline{C}=16$。

(5) 设计变量取值界限

$$\underline{d}\lessapprox d\lessapprox\overline{d}\quad \underline{D_2}\lessapprox D_2\lessapprox\overline{D_2}\quad \underline{n}\lessapprox n\lessapprox\overline{n}$$

式中 $\underline{d}=2.5$ mm，$\overline{d}=10$ mm；

$\underline{D_2}=30$ mm，$\overline{D_2}=60$ mm；

$\underline{n}=3$，$\overline{n}=15$(题目要求值)。

### 8.4.2 优化结果

采用最优水平截集法求解，当转化为常规优化模型后，用约束变尺度法上机求解，其模糊优化结果为

$$\boldsymbol{X}^*[x_1\quad x_2\quad x_3]^{\mathrm{T}}=[5.221\ 6,28.885\ 9,2.724]^{\mathrm{T}},f(\boldsymbol{X}^*)=0.071\ 26$$

按标准处理弹簧各参数后得

$$d=6\ \mathrm{mm},D_2=35\ \mathrm{mm},n=2.75,W=0.115\ 21\ \mathrm{kg}$$

## 习　题

8.1　写出模糊集的3种表示方法。

8.2　设论域$U=\{x_1,x_2,x_3\}$，$\underset{\sim}{A}$和$\underset{\sim}{B}$是论域$U$上的两个模糊集合，已知

$$\underset{\sim}{A}=\frac{0.2}{x_1}+\frac{0.5}{x_2}+\frac{0.7}{x_3}$$

$$\underset{\sim}{B}=\frac{0.3}{x_1}+\frac{1.0}{x_2}+\frac{0.6}{x_3}$$

求$\underset{\sim}{A}\cup\underset{\sim}{B}$、$\underset{\sim}{A}\cap\underset{\sim}{B}$、$\underset{\sim}{A}^c$。

8.3　某车间有两台设备，设备$A$每月最多运行400 h，设备$B$每月最多运行300 h。设备$A$每工时耗费3元，获纯利润8元，设备$B$每工时耗费1.5元，获纯利润2.5元。设备$A$和$B$每月耗费总和不能超过1 200元，如何安排两台设备的工作时间，以获得最大利润？（提示：采用对称模糊优化模型求解。）

## 第9章

# 现代智能优化方法——遗传算法

**【内容提要】** 本章主要介绍机械优化方法中的现代智能优化方法——遗传算法的基本概念、基本原理及遗传算法在机械工程中的应用等内容。

**【课程指导】** 本章要求领会遗传算法的基本概念，掌握遗传算法的基本原理和计算步骤；能够初步运用遗传算法进行简单目标函数的优化计算。

## 9.1 概 述

自然界的生物群体是现实世界中最复杂的系统。在自然界中，复杂的生物群体在自身繁衍的过程中能不断地进化，遵循"物竞天择，适者生存"的优胜劣汰的自然法则，是因为生物群体的繁殖过程蕴涵着自然优化的机制。早在20世纪60年代初，人们就已关注自然界生物群体进化中蕴涵着的内在的、朴素的优化思想，并开始将生物进化思想引入工程领域。

### 9.1.1 遗传算法的发展

遗传算法(Genetic Algorthms)是模拟自然界中生物群体的遗传进化过程而形成的一种自适应全局优化概率搜索算法。

虽然早在20世纪50年代初期，就已有一些生物学家开始利用计算机技术来模拟生物群体的遗传和进化过程，但研究的主要目的是为了更深入地了解生物群体遗传进化的机制。而遗传算法的概念是在1962年由美国密歇根大学(Michigan University)的J. H. Holland教授在认识到生物群体的遗传、进化和人工系统自适应间的相似性，借鉴生物群体遗传的基本理论来研究人工自适应系统，于1967年同他的学生J. D. Bagley共同提出的。20世纪70年代初J. H. Holland教授提出了遗传算法的基本定理——基因模式定理(Schema Theorem)，从而奠定了遗传算法坚实的理论基础。1975年J. H. Holland教授出版了第一本系统论述遗传算法的理论、原理、方法以及人工自适应系统的专著《自然和人工系统的自适应性(Adaptation in Natural and Artificial System)》。该专著的出版进一步推动了遗传算法的研究与应用，遗传算法开始被用来解决各种优化问题。1989年D. J. Goldberg出版了专著《搜索、优化和机器学习中的遗传算法(Genetic Algorithms in Search、Optimization and Machine Learning)》，该著作系统总结了遗传算法的主要研究成果，全面而完整地论述了遗传算法的基本原理及其应用。1991年L. Davis出版了《遗传算法手册(Handbook of Genetic Algorithms)》，该手册包含了遗传算法在科学计算、工程技术和社会经济中的大量应用实例，为推广和普及遗传算法的应用起到了重要的指导作用。1992年J. R. Koza将遗传算法应用于计算机程序的优化设计及自动生成，提出了遗传编程的概念，并成功地将遗传编程应用于人工智能、机器学习、符号处理等方面。

早在20世纪80年代中期，国际上就已举办遗传算法方面专门的学术会议。1985年，第一届遗传算法的国际学术会议在美国召开。在遗传算法国际学术会议召开期间，国际遗传算法学会(International Society of Genetic Algorithms)宣告成立。来自不同学科和工程领域的各国学者在每两年定期召开的国际遗传算法学术会议上交流、探讨遗传算法方面的成果。

### 9.1.2 遗传算法的应用

遗传算法提供了一种求解复杂系统优化问题的通用框架，它不依赖于问题的具体领域，对问题的种类有很强的鲁棒性(Robustness)，所以广泛应用于很多学科，应用领域十分广泛。

(1)函数优化

函数优化是遗传算法的经典应用领域，也是对遗传算法进行性能测试和评价的常用算例。如前几章所述，对于一些非线性、多模型、多目标的函数优化问题，用其他优化方法较难求解，而遗传算法可以方便地得到较好的结果。

(2)组合优化

遗传算法是寻求组合优化问题满意解的最佳工具之一，实践证明，遗传算法对于组合优化问题中的NP(Nondeterministic Polynomial)完全问题非常有效。

(3)生产调度问题

对于生产调度问题在很多情况下所建立起来的数学模型难以精确求解，即使经过一些简化之后可以进行求解也会因简化得太多而使求解的结果与实际相差太远。现在遗传算法已经成为解决复杂生产调度问题的有效工具。

(4)自动控制

遗传算法目前已经在自动控制领域中得到了很好的应用。例如，基于遗传算法的模糊控制器的优化设计、基于遗传算法的参数辨识、基于遗传算法的模糊控制规则的学习、利用遗传算法进行人工神经网络的结构优化设计和权值学习等。

(5)机器人学

机器人是一类复杂的难以精确建模的人工系统，而遗传算法的起源就来自于对人工自适应系统的研究，所以机器人学自然成为遗传算法的一个重要应用领域。

(6)图像处理

图像处理是计算机视觉中的一个重要研究领域。在图像处理过程中，如扫描、特征提取、图像分割等不可避免地存在一些误差，这些误差会影响图像处理的效果。如何使这些误差最小是使计算机视觉达到实用化的重要要求，遗传算法在这些图像处理过程中的优化计算方面得到了很好的应用。

(7)人工生命

人工生命是用计算机、机械等人工媒体模拟或构造出的具有自然生物系统特有行为的人造系统。自组织能力和自学习能力是人工生命的两大重要特征。人工生命与遗传算法有着密切的关系，基于遗传算法的进化模型是研究人工生命现象的重要理论基础。

(8)遗传编程

J. R. Koza发展了遗传编程的概念，他使用LISP语言所表示的编码方法，基于对一种树形结构所进行的遗传操作来自动生成计算机程序。

(9)机器学习

基于遗传算法的机器学习,在很多领域中都得到了应用。例如基于遗传算法的机器学习可以用来调整人工神经网络的连接权,也可以用于人工神经网络的网络结构优化设计。

除上述应用外,目前遗传算法在机械工程的参数及结构的优化设计、切削加工、制造过程规划、设备故障诊断方面也得到了广泛应用。

### 9.1.3 遗传算法的特点

遗传算法是模拟查尔斯·罗伯特·达尔文(Charles Robert Darwin)的遗传选择和自然淘汰的生物进化过程的计算模型,因此遗传算法具有以下特点。

(1)遗传算法以设计变量的编码作为运算对象

传统的优化算法往往直接利用设计变量的实际值本身进行优化计算,但遗传算法不是直接以设计变量的实际值,而是以设计变量的某种形式的编码作为运算对象,从而可以很方便地引入和应用遗传操作算子。

(2)遗传算法直接以目标函数值作为搜索信息

传统的一些优化算法往往不只需要目标函数值,还需要目标函数的导数等其他信息。这样对于许多无法求导或很难求导的目标函数,采用遗传算法就比较方便了。

(3)遗传算法可以同时进行解空间中的多点搜索

传统的优化算法往往从解空间(可行域)中的一个初始点开始搜索,这样容易陷入局部最优点,为此必须选择不同的初始点进行反复搜索以寻求全局最优点。遗传算法是进行群体搜索,而且在搜索的过程中引入遗传运算,使群体又可以不断进化,从而搜索全局最优点。这就是遗传算法所特有的一种隐含并行性。

(4)遗传算法使用概率搜索技术

遗传算法属于一种自适应概率搜索技术,其选择、交叉、变异等运算都是以一种概率的方式来进行的,从而增加了其搜索过程的灵活性。实践和理论都已证明了在一定条件下遗传算法总是以概率1收敛于问题的最优解。

### 9.1.4 遗传算法的基本术语

(1)染色体

染色体(Chromosome)是指生物细胞中含有的一种微小的丝状化合物,是遗传物质的主要载体,由多个遗传基因组成。

(2)DNA

DNA(Deoxyribonucleic Acid)脱氧核糖核酸又称去氧核糖核酸,是一种分子,可组成遗传指令,以引导生物发育与生命机能运作。

(3)RNA

RNA(Ribonucleic Acid)核糖核酸,由四种核糖核苷酸经磷酸二酯键连接而成的长链聚合物,是遗传信息的载体。

(4)基因

基因(Gene)也称遗传因子,DNA 和 RNA 长链中占有一定位置的基本单位。生物的基因数量依物种不同而不同,从几个(病毒)到几万个(动物)。

(5)基因座

基因座(Gene Locus)是指染色体中基因的位置。

(6)表现型

表现型(Phenotype)是指由染色体决定性状的外部表现。

(7)基因型

基因型(Genetype)是指与表现型密切相关的基因组成。

(8)个体

个体(Individuality)是指带有特征的染色体的实体。

(9)群体

群体(Population)是指一定数量个体的集合。

(10)适应度

适应度(Fitness)是指个体对环境的适应程度。

(11)进化

进化(Evolution)是指在选择压力下,生物种群的遗传组成随时间而发生优胜劣汰的改变,并导致相应的表现型的改变。在大多数情况下,这种改变使生物适应其生存环境。

(12)选择

选择(Selection)是指决定以一定概率从种群中选择若干个体的操作。一般而言,选择的过程是一种基于适应度的优胜劣汰的过程。

(13)复制

复制(Reproduction)是指细胞分裂时,遗传物质 DNA 通过复制转移到新的细胞中,新的细胞就继承了旧细胞的基因。

(14)交叉

交叉(Crossover)是指将种群中的各个个体随机搭配成对,对每一个个体,以某个概率(也称交叉概率(Crossover Rate))交换他们之间的基因值,从而产生新的个体。

(15)变异

变异(Mutation)是指对种群中的每一个个体,以某一概率(也称变异概率(Mutation Rate))改变某一个或一些基因座上的基因值为其他的等位基因,从而产生新的个体。

(16)编码

编码(Coding)是指 DNA 中遗传信息按一定的方式排列,也可看做从表现型到遗传型的映射。

(17)解码

解码(Decoding)是指从遗传型到表现型的映射。

# 9.2 遗传算法的基本原理及计算步骤

## 9.2.1 遗传算法的基本原理及基本流程

在自然界的演化过程中,生物种群通过遗传(后代和双亲非常相像)、变异(后代和双亲不完全相像)来适应外界环境,一代又一代地优胜劣汰、繁衍进化。遗传算法就是基于自然选择和遗传机制,在计算机上模拟生物进化机制的搜索寻优算法。它是把搜索空间(所求问题的解的隶属空间)映射为遗传空间,即把每一个可能的解编码作为一个向量(二进制或十进制数字串或字符串)——个体,向量的每个元素作为基因,所有个体组成种群,并按预定的目标函数(或某种评价指标)对每个个体进行评价,根据结果给出一个适应度函数值。遗传算法开始时先随机地产生一些个体(所求问题的候选解),计算其适应度函数值,根据适应度函数值的大小对个体进行选择、交叉、变异等遗传操作,剔除适应度函数值低(性能不好)的个体,留下适应度函数值大(性能优良)的个体,从而得到新的种群。由于新的种群的成员是上一代种群的优秀者,继承了上一代的优良性能,因而明显优于上一代。遗传算法就是通过这样反复地操作,向着更优解的方向进化,直到满足某种预先给定的优化收敛指标为止。

遗传算法同前几章所述的优化方法一样,也是一个重复的搜索过程,但这一过程并不是简单的重复搜索,而是一个具有"记忆"功能的搜索,算法本身不会向一个低的区域进化。遗传算法就是凭借其自身的这种导向,不断地产生新的个体,不断地淘汰性能不好的个体,从而进化到较高阶段或趋于收敛。遗传算法的基本流程如图 9.1 所示。

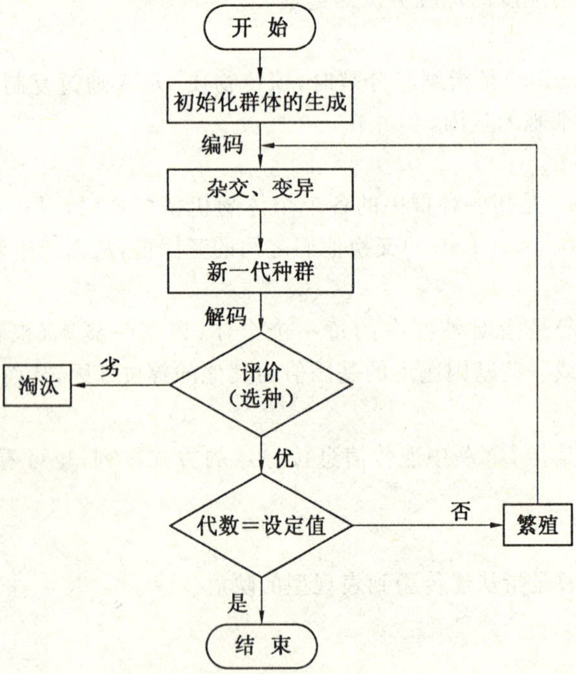


图 9.1 遗传算法的基本流程

从图 9.1 中可以看出,遗传算法是一种种群型操作。该操作以种群中的个体为对象,通过检测、评估每一个个体的适应度和遗传操作,生成新一代的种群,并从中挑选出优良的个体,这样经过一代代的搜索,最终求得满足要求的最优个体。

### 9.2.2 基本遗传算法

基本遗传算法(Simple Genetic Algorithms)是一种统一的最基本的遗传算法,它只应用选择、交叉、变异这三种基本遗传算子,其遗传进化操作过程简单,容易理解,是其他一些遗传算法的雏形和基础,它不仅给各种遗传算法提供了一个基本框架,同时也具有一定的应用价值。

1. 基本遗传算法的构成要素

(1)个体参数的编码

由于遗传算法不能直接处理解空间的解数据,因此必须通过编码将解空间的点表示成遗传空间中的基因型串结构数据。在确定表示方案时需要首先选择串长 $l$ 和字母表规模 $k$。二进制串是遗传算法中常用的表示方法,即将一个十进制的实数表示成一个二进制的数码串。此时,字母表规模 $k=2$,符号集是最简单的二值符号集{0,1}。例如,实数 $x=13$ 可表示成二进制数 01101。

① 一维个体编码。所谓一维个体编码是指解空间中的参数转换到遗传空间后,其相应的基因呈一维排列构成的个体。具体地说,在遗传空间中,用以表示个体的字符集中的要素构成了字符串。

设 $X=[x_1 \quad x_2 \quad \cdots \quad x_n]^{\mathrm{T}}$ 是解空间(或设计空间)中的一个点,如将 $X$ 中的第 $i(i=1,2,\cdots,n)$ 个设计变量 $x_i$ 采用二进制编码表示成一个子串,再把 $n$ 个子串串连成一行(个体)并用一维数组存储,则可建立解空间的点和个体之间的一一对应关系,从而完成参数编码的设计。例如,设 $X=[x_1 \quad x \quad x_3]^{\mathrm{T}}=[4 \quad 7 \quad 8]^{\mathrm{T}}$。若某个设计变量用码长为4的二进制编码表示,则 $X$ 点可表示成串长 $l=12$ 的一个个体 010001111000。

每个设计变量的码长大小取决于该设计变量绝对值的大小。因为一个确定码长为 $m$ 的二进制,只能表示一个绝对值不大于

$$N_m=2^0+2^1+\cdots+2^{m-2}+2^{m-1}=2^m-1 \tag{9.1}$$

的十进制数。

② 离散个体编码。设 $X=[x_1 \quad x_2 \quad \cdots \quad x_n]^{\mathrm{T}}$ 的第 $i(i=1,2,\cdots,n)$ 个设计变量 $x_i$ 的取值范围 $x_i\in(a_i,b_i)$,设计变量 $x_i$ 取为 $(a_i,b_i)$ 上的 $2^m$ 个离散值,则这 $2^m$ 个离散值可用码长为 $m$ 的 $2^m$ 个二进制编码表示,这是因为码长为 $m$ 的二进制正整数恰有 $2^m$ 个。当将 $x_i$ 的 $2^m$ 个值从小到大一次排列并赋于标号 $0,1,\cdots,2^m-1$,则 $x_i$ 的第 $k$ 号值与十进制值为 $k$ 的二进制编码一一对应。例如,设 $x_i\in(a_i,b_i)=(-2.5,8.6)$,取8个值,即 $x_i=-2.5,-1,0,1,3,5,7,8.6$,则 $x_i$ 的8个值和码长为 $m=3$ 的8个二进制编码的一一对应关系见表 9.1。

若将 $x_i$ 的取值区间 $(a_i,b_i)$ 等分 $2^m-1$ 段,分点标号依次为 $0,1,\cdots,2^m-1$,每个标号用相应的二进制数表示,则译码公式为

$$x_i^k=a_i+k\times\frac{b_i-a_i}{2^m-1} \quad (i=0,1,\cdots,n) \tag{9.2}$$

式中 $k$—— 对应二进制编码的十进制值,也即标号数。

一个方案或解空间中的一个点$X=[x_1 \quad x_2 \quad \cdots \quad x_n]^T$,其$n$个设计变量的码长可以是不同的。除了上面介绍的两种编码方法外,还有一些其他的编码方法。例如一维个体编码中的实数表示、雷格码表示和表表示等,还有可变个体长度编码、树结构编码和二维个体编码等。

**表9.1 离散值编码**

| $k$ | $x_i$的值 | 二进制编码 | $k$ | $x_i$的值 | 二进制编码 |
|---|---|---|---|---|---|
| 0 | −2.5 | 000 | 4 | 3 | 100 |
| 1 | −1 | 001 | 5 | 5 | 101 |
| 2 | 0 | 010 | 6 | 7 | 110 |
| 3 | 1 | 011 | 7 | 8.6 | 111 |

(2) 初始代种群的生成

① 种群规模。初始代种群及迭代搜索过程中新生成的各代种群所含的个体数$N_g$的大小对遗传算法的执行效率有很大影响。当$N_g$太小时,遗传算法的优化性能一般不会太好;若采用较大的$N_g$时,则可减少遗传算法陷入局部最优解的机会,但较大的种群规模$N_g$将意味着计算复杂程度增加。一般取$N_g=10 \sim 160$。

② 初始代种群。根据优化问题的固有特性,设法确定最优解可能的分布范围$\mathscr{D} \in R^n$,即确定每个设计变量$x_i$的取值范围$x_i \in (a_i, b_i)(i=1,2,\cdots,n)$,然后用随机搜索法(式(5.10))确定$N_g$个定点,并通过编码组成初始代种群。

(3) 适应度函数的确定

适应度函数(也称评价函数)是一个非负函数,用以评价个体或解的优劣,某一个体的适应度函数值越大,说明该个体的性能越好。遗传算法在进化过程中基本上不用外部信息,而仅用适应度函数值进行评价,所以适应度函数的确定将直接影响到遗传算法的性能和计算效率。不同的问题,适应度函数的确定方式也不相同。

① 无约束优化问题的适应度函数。对于无约束优化问题

$$\min_{X \in R^n} f(\boldsymbol{X}) \tag{9.3}$$

为保证非负性,其适应度函数可表示为

$$F(\boldsymbol{X})=\begin{cases} c_{\max}-f(\boldsymbol{X}) & (f(\boldsymbol{X})<c_{\max}) \\ 0 & (f(\boldsymbol{X}) \geqslant c_{\max}) \end{cases} \tag{9.4}$$

式中,$c_{\max}$最好是一个与种群无关的常数,是一个适当地相对比较大的数。它可以是预先给定的一个较大的数;也可以取当前代或最近几代种群中目标函数的最大值,还可以是进化到当前代为止种群中目标函数的最大值。

② 约束优化问题的适应度函数。对于只含有不等式约束的优化问题,其数学模型为

$$\begin{cases} \min\limits_{X \in R^n} f(\boldsymbol{X}) \\ \text{s.t.} \quad g_j(\boldsymbol{X}) \leqslant 0 \quad (j=1,2,\cdots,m) \end{cases} \tag{9.5}$$

由于在可行域内找一个可行点的难度接近于求解最优点,因此一般不采用直接判断一个计算点是否为可行点来考虑约束条件,而是通过引入惩罚函数来考虑约束条件,这样,式(9.5)所描述的约束优化问题的适应度函数就可取为

$$F(\boldsymbol{X}) = G(\boldsymbol{X}) \cdot P(\boldsymbol{X}) \tag{9.6}$$

$$G(\boldsymbol{X}) = \begin{cases} \dfrac{1}{1+(1.1)^{f(\boldsymbol{X})}} & (f(\boldsymbol{X}) \geqslant 0) \\ \dfrac{1}{1+(0.9)^{-f(\boldsymbol{X})}} & (f(\boldsymbol{X}) < 0) \end{cases} \tag{9.7}$$

$$P(\boldsymbol{X}) = \frac{1}{(1.1)^{\varphi(\boldsymbol{X})}} \tag{9.8}$$

$$\varphi(\boldsymbol{X}) = \sum_{i=1}^{k} g_i(\boldsymbol{X}) \tag{9.9}$$

式中　$g_i(\boldsymbol{X})$—— 违反约束条件的约束函数值，$i = 1, 2, \cdots, k \leqslant m$。

当确定了适应度函数 $F(\boldsymbol{X})$ 后，式(9.3) 表示的无约束优化问题或式(9.5) 表示的约束优化问题均可转化为如下的无约束极大值问题，即

$$\max_{X \in R^n} F(\boldsymbol{X}) \tag{9.10}$$

③ 适应度函数的定标。应用遗传算法时，特别是用它来处理小规模种群时，经常会出现一些不利于优化的现象或结果。在遗传计算的初期，有时会出现一些超常的个体，这些异常的个体因竞争力太强会控制选择过程，从而导致不成熟的收敛现象，进而影响算法的全局优化性能。此外，在遗传进化过程中，有时也会出现种群的平均适应度函数值与最佳个体的适应度函数值相接近的情况。在这种情况下，个体间的竞争力减弱，最佳个体和其他大多数个体几乎有相同的幸存机会，从而使有目标的优化过程趋于无目标的随机漫游过程。

显然，对于不成熟的收敛现象，应设法降低某些异常的个体的竞争力，可以通过缩小相应的适应度函数值来实现。而对于随机漫游现象，应设法提高个体间的竞争力，可以提高放大相应的适应度函数值来实现。这种对适应度函数值的缩放调整称为适应度函数定标。

目前对适应度函数值的定标有以下几种类型。

ⅰ) 线性定标

设原适应度函数值为 $F$，定标后的适应度函数值为 $F'$，则线性定标的公式为

$$F' = aF + b \tag{9.11}$$

式中　$a$、$b$—— 待定系数。

待定系数的设定，应满足以下两个条件：

(a) 原适应度函数值 $F$ 的平均值 $F_{avg}$ 和定标后适应度函数值 $F'$ 的平均值应 $F'_{avg}$ 相等，即

$$F'_{avg} = F_{avg} \tag{9.12}$$

(b) 定标后适应度函数值 $F'$ 的最大值 $F'_{max}$ 要等于原适应度函数值 $F$ 的平均值 $F_{avg}$ 的指定倍数 $c_m$，即

$$F'_{max} = c_m F_{avg} \tag{9.13}$$

其中，当 $N_g = 50 \sim 100$ 时，指定倍数 $c_m = 1.2 \sim 2.0$，通常取 $c_m = 2.0$。

条件(a) 保证在以后的选择处理中，平均每个种群中的个体可贡献一个期待的子孙到下一代。条件(b) 的提出是为了控制原适应度函数值最大的个体可贡献子孙的数目。

若定标后的适应度函数值 $F'$ 出现负值(这种情况一般出现在搜索后期)，一个简单的处理方法是将原适应度函数值 $F$ 的最小值 $F_{min}$ 映射成定标后适应度函数值 $F'$ 的最小值

$F'_{min}=0$，但仍保持式(9.12)的要求。

ⅱ）乘幂定标

乘幂定标的公式为

$$F'=F^{\alpha} \tag{9.14}$$

其中，幂指数 $\alpha$ 与求解问题有关，而其在计算中应视需要进行必要的修正。有资料介绍，在机器视觉试验中取 $\alpha=1.005$。

ⅲ）指数定标

指数定标的公式为

$$F'=e^{\beta F} \tag{9.15}$$

式中　$\beta$——待定常数，$0<\beta<1$。若希望避免出现不成熟的收敛现象，$\beta$ 应取较小的值；若希望避免出现随机漫游现象，$\beta$ 应取较大的值。

【例 9.1】　种群中有 6 个个体，其中一个个体的适应度函数值非常大。6 个个体的适应度函数值 $F$ 为：200，8，7，6，5，4。

取 $\beta=0.005$，定标后的适应度函数值 $F'$ 为：2.187，1.041，1.036，1.030，1.025，1.020。

【例 9.2】　种群中有 6 个个体，个体间的适应度函数值比较接近。6 个个体的适应度函数值 $F$ 为：9，8，7，6，5，4。

取 $\beta=0.5$，定标后的适应度函数值 $F'$ 为：90.0，54.6，33.1，20.1，12.2，7.4。

从例题中可以看出，指数定标可以让非常好的个体保持多的生存机会，同时又限制了其复制数目，以避免出现不成熟的收敛现象。当个体间的竞争力较接近时，通过指数定标可以提高最佳个体的竞争力，以避免出现随机漫游现象的出现。显然，待定常数 $\beta$ 的选取非常关键。

(4) 遗传操作

遗传操作是模拟生物基因遗传的操作，是遗传算法的核心。在遗传算法中，通过编码组成初始种群后，遗传操作的任务就是对种群的个体按照它们对环境适应的程度(适应度函数评价）施加一定的操作，从而实现优胜劣汰的进化过程，从优化搜索的角度而言，遗传操作可以使优化问题的解一代又一代地优化，并逼近最优解。遗传算法的基本操作包括选择、交叉和变异三个基本算子。

在遗传算法的计算过程中，存在着对其性能产生重大影响的一组参数。这组参数需要在初始阶段或种群的进化过程中对其进行合理的选择和控制。这些参数包括个体位串长度 $l$、种群规模 $N_g$、交叉概率 $p_c$ 和变异概率 $p_m$。

① 个体位串长度 $l$。个体位串长度 $l$ 取决于优化问题的精度。精度要求越高，位串长度就越长，但需要的计算时间也越长。为了提高运算效率，编长度位串或者在当前所达到的较小可行域内重新编码是一种比较可行的方法，并显示了良好的性能。

② 种群规模 $N_g$。大规模的种群含有较多模式，为遗传算法提供了足够的采样点，可以改进遗传算法搜索的质量，防止早熟收敛。但大规模的种群增加了个体适应度函数评价的计算量，使收敛速度降低。建议取值范围为 10 ～ 160。

③ 交叉概率 $p_c$。交叉概率 $p_c$ 控制着交叉算子的应用频率。在每一代新的种群中，需要对选中的个体的基因值进行交叉操作。交叉概率 $p_c$ 越大，种群中新结构的个体引入的就越快，已获得的优良基因结构的丢失速度也就越高。而交叉概率 $p_c$ 太小，则会导致搜索阻

滞，造成早熟收敛。建议取值范围为0.40～0.99。

④ 变异概率 $p_m$。变异操作是保持种群多样性的有效手段，交叉操作结束后，交配池中的全部个体位串上的每位等位基因以变异概率 $p_m$ 随机改变，因此每一代种群中大约发生 $n$ 次变异。变异概率 $p_m$ 太小，可能会使某些基因过早丢失的信息无法恢复，而变异概率 $p_m$ 过大，则搜索将变成随机搜索。一般情况下，在不使用交叉算子时，变异概率 $p_m$ 取较大值0.4～1.0。而在与交叉算子联合使用时，变异概率 $p_m$ 通常取较小值0.000 1～0.5。当变异操作算子用做核心搜索算子时，比较理想的是自适应设置变异概率 $p_m$，以实现遗传算法从"整体搜索"慢慢过渡到"局部搜索"。

(5) 基本遗传算子

在生物工程中，遗传基因的操作是非常复杂的，包括繁殖、杂交、变异、缺失、异位、分离、迁移等。

目前遗传算法主要模拟繁殖、杂交、变异而提出选择、交叉、变异三种基本遗传算子。

① 选择算子。选择算子(Selection Operator)又称再生算子(Reproduction Operator)。选择的目的是把当前代中优胜的个体选择出来，以形成一个新的种群，该种群称为交配池。交配池是当前代和下一代之间的中间种群。选择操作是建立在种群中各个体的适应度函数值评估基础上的。选择的方法有多种，目前最常用的选择方法是适应度比例方法(Fitness Proportional Model)，也称为赌轮法(Roulette Wheel)或蒙特卡洛(Monte Carlo)选择。在该法中，各个体被选进交配池中的概率和其适应度函数值成比例。

设当前代中有 $N_g$ 个个体。各个体的适应度函数值 $F_i(i=1,2,\cdots,N_g)$ 或定标后的适应度函数值 $F'_i(i=1,2,\cdots,N_g)$，可采用下面的赌轮技术从当前代的 $N_g$ 个个体中选择 $N_r(N_r \leqslant N_g$，通常取 $N_r=N_g)$ 个个体(允许重复)组成交配池。

(a) 计算 $s_{um}=\sum_{i=1}^{N_g}F_i$ 或 $s_{um}=\sum_{i=1}^{N_g}F'_i$，令 $k=0$。

(b) 产生一个0与 $s_{um}$ 之间随机数 $r_m=q_{random}\cdot s_{um}$。其中，$q_{random}$ 是(0,1)区间上的伪随机数。

(c) 从当前代中编号为1的个体开始，将其适应度函数值与后继个体的适应度函数值相加，直到累加和等于或大于 $r_m$ 时为止，则最后一个被加进去的个体就是一个被选进交配池中的个体。令 $k=k+1$。

(d) 若 $k=N_r$，则选择结束；否则，转步骤(b)。

用赌轮技术选择当前代中的优胜个体组成交配池的过程是随机的，但每个个体被选择进交配池中的机会都直接与该个体的适应度函数值成比例。当然，由于选择的随机性，种群中适应度函数值最小的个体也可能被选中，这会影响到遗传算法的计算效果，但随着进化过程的进行，这种偶然性的影响将会逐渐消失。

② 交叉算子。选择算子并不能产生新的个体，交叉算子(Crossover Operation)可以产生新的个体，从而检测搜索空间中的新点。交叉算子是遗传算法中最主要的遗传操作，在遗传算法中使用交叉算子来产生下一代新的个体。选择算子每次仅作用在当前代中的一个个体上，而交叉算子每次作用在从交配池中随机选取的两个个体(父代)上。交叉算子每次对父代作用后，产生两个新的个体(子代)。子代的两个个体通常是与父代不同的，并且子代的两个个体彼此也不相同；但是每个子代的个体都包含两个父代个体的某些遗传基因。常用

的基本交叉算子有单点交叉算子和双点交叉算子两种。

(a) 单点交叉算子。单点交叉(One-point Crossover) 的具体操作如下：

设个体位串长度为$l$,在$l$和$l-1$之间随机地产生一个随机正整数$i$(交叉点),并从交配池中随机确定两个父代个体,将它们在交叉点$i$后的部分结构(即第$i+1$到第$l$个基因) 进行互换,从而生成两个新的子代个体。例如,设个体位串长度为$l=7$,交叉点为$i=4$,则

| | 父代 | | 子代 | |
|---|---|---|---|---|
| 个体 $A$ | 1001 \| 101 | | 1001100 | 个体 $A'$ |
| | ↑↓ | 交叉 | | |
| 个体 $B$ | 1011 \| 100 | | 1011101 | 个体 $B'$ |

由此可知,子代的新个体$A'$是由父代个体$A$的第$1\sim4$个基因和父代个体$B$的第$5\sim7$个基因组成;而子代的新个体$B'$是由父代个体$B$的第$1\sim4$个基因和父代个体$A$的第$5\sim7$个基因组成,即交换父代个体$A$和个体$B$的第4个基因后的部分(即第$5\sim7$个基因) 形成了子代个体$A'$和$B'$。

(b) 双点交叉算子。双点交叉(Tail-tail Crossover) 同单点交叉类似,只是需要随机地确定2个交叉点$i$和$j(1\leqslant i<j\leqslant l)$。通过交换两个父代个体的2个交叉点间的部分结构(即第$i+1$个到第$j-1$个基因),从而形成两个子代新个体。例如,设个体位串长度为$l=7$,2个交叉点分别为$i=2$和$j=6$,则

| | 父代 | 子代 | |
|---|---|---|---|
| 个体 $A$ | 10 \| 111 \| 11 | 1011011 | 个体 $A'$ |
| | ↑↓ | | |
| 个体 $B$ | 00 \| 110 \| 00 | 0011100 | 个体 $B'$ |

由此可知,子代的新个体$A'$和新个体$B'$是通过交换父代个体$A$和个体$B$的第$3\sim5$个基因而得到的。

(c) 交叉概率$p_c$。在进行交叉操作时,有时并不是把交配池中的所有$N_r$个个体都进行交叉,而只是对其中的一部分个体用作交叉算子,因此,就需要确定交叉概率$p_c(0<p_c<1)$。然后从交配池中随机地选出$p_cN_r/2$(取整) 对个体进行交叉操作。交配池中余下的个体直接复制到下一代,即复制概率$p_r=1-p_c$。

③ 变异算子。变异算子(Mutation Operator) 的基本内容是对种群中的个体在某些位串上作基因值变动,其基本步骤如下。

ⅰ) 在种群中,以预先确定的变异概率$p_m$随机地确定需要进行变异操作的个体。变异概率$p_m$通常都取得很小,如取$p_m=0.001\sim0.05$。

ⅱ) 对需要进行变异操作的个体,按预先确定的变异算子进行变异操作。

在遗传算法中引入变异操作的目的有两个,一是使遗传算法具有局部的随机搜索能力,当遗传算法通过交叉操作已接近最优解邻域时,利用变异算子的这种局部随机搜索能力,可以加速向最优解收敛。显然,这种情况下的变异概率$p_m$应取较小值,否则会破坏接近最优解的种群。二是使遗传算法可维持种群的多样性,以防止出现不成熟的收敛现象。因此,在搜索早期或种群规模$N_g$较小时,变异概率$p_m$应取较大值。

常用的变异算子有如下两种：

(a) 基本变异算子。在位号 $1\sim l$ 间随机地确定需要进行变异操作的位号,位号可以使 1 个或多个。根据确定的位号,改变个体位串相应位上的基因值。例如,设个体位串长度为 $l=7$,随机确定的 2 个变异位号为 2 和 7,则

个体 $A$　1 | 0 | 1100 | 1 |　→　新个体 $A'$　1 | 1 | 1100 | 0 |

由此可知,新个体 $A'$ 是通过对个体 $A$ 的第 2 位 0 和第 7 位 1 取反而得到的,即将个体 $A$ 的第 2 个基因由 0 变异为 1,第 7 个基因由 1 变异为 0。

(b) 逆转变异算子。逆转变异算子(Inversion Operator) 是变异算子的一种特殊形式,其基本操作内容是:在位号 $1\sim l$ 间随机地确定 2 个逆转点 $i$ 和 $j$ $(i<j)$,然后将个体位串中的第 $i$ 位到第 $j$ 位的基因值逆向排序,其余各位的基因保持不变,从而得到变异操作后的新个体。例如,设个体位串长度为 $l=7$,随机确定的 2 个逆转点分别为 $i=3$ 和 $j=6$,则

个体 $A$　01 | 0101 | 1　→　新个体 $A'$　01 | 1010 | 1

由此可见,新个体 $A'$ 是通过对个体 $A$ 的第 3 位到第 6 位的基因串 0101 逆向排序 1010 而得到的。

(6) 最佳个体保存方法

最佳个体保存方法的基本思想是设法保存种群中适应度函数值最大的个体,即把种群中适应度函数值最大的个体不进行配对而直接复制到下一代中,这种选择操作又称为复制(Copy)。设当前代(第 $t$ 代) 种群中 $A(t)$ 中 $a'(t)$ 为适应度函数值最大的最佳个体,$A(t+1)$ 为新一代种群,若 $A(t+1)$ 中不存在 $a'(t)$,则把 $a'(t)$ 作为 $A(t+1)$ 中的第 $N_g+1$ 个个体。

采用这种方法的优点是,在进化过程中每一代的最优解可以不被遗传操作(交叉、变异)所破坏,从而在理论上可保证算法的收敛性。但这也隐含了一种危机,即局部最优个体的基因会急剧增加,进而使进化有可能局限于局部最优解。也就是说,这种方法的全局搜索能力差,它更适合单峰性质的搜索空间的搜索,而不适合多峰性质的搜索空间搜索。所以,这种方法一般都与其他的选择方法结合使用。

2. 遗传算法的模式定理

在选择、交叉、变异算子的作用下,那些低阶、定义长度短、超过种群平均适应度函数值的模式的生存数量,将随着迭代次数的增加以指数概率增长,这就是模式定理(Schema Theorem)。

由 J. H. Holland 提出的遗传算法的模式定理是遗传算法的基本原理,它从进化动力学的角度提供了能够较好地解释遗传算法机理的一种数学工具,同时也是编码策略、遗传策略等分析的基础。

## 9.2.3　遗传算法的计算步骤

如上所述,式(9.3) 或式(9.5) 的优化问题均可转化为用遗传算法求解适应度函数 $F(\boldsymbol{X})$(式(9.10)) 无约束极大值问题。

一个遗传算法最基本的参数有:种群规模 $N_g$、交配池规模 $N_r$、交叉概率 $p_c$ 和变异概率 $p_m$。在根据式(9.3) 或式(9.5) 的优化问题确定了适应度函数 $F(\boldsymbol{X})$,定标后适应度函数 $F'(\boldsymbol{X})$ 和基本参数 $N_g$、$N_r$、$p_c$ 及 $p_m$ 后,可按下述步骤用遗传算法求得式(9.3) 或式(9.5) 的优化问题的最优解 $X^*$ 和 $f(\boldsymbol{X}^*)$。

(1) 输入 $F(\boldsymbol{X})$、$F'(\boldsymbol{X})$、$N_g$、$N_r$、$p_c$ 和 $p_m$，以及迭代计算的代数 $N_t$。

(2) 初始化。在解空间 $\mathcal{D}\subset R^n$ 中随机地生成 $N_g$ 个点 $x^{(i)}(i=1,2,\cdots,N_g)$，并用二进制编码方法将这 $N_g$ 个点 $x^{(i)}(i=1,2,\cdots,N_g)$ 表示成位串长为 $l$ 的 $N_g$ 个个体，于是这 $N_g$ 个个体组成了初始代种群，令 $t=0$。

(3) 适应度函数值计算。计算第 $t$ 代种群中各个体的适应度函数值 $F_i(i=1,2,\cdots,N_g)$ 和定标后的适应度函数值 $F'_i(i=1,2,\cdots,N_g)$。

(4) 交配池。根据第 $t$ 代种群中各个体定标后的适应度函数值 $F'_i(i=1,2,\cdots,N_g)$，用赌轮法生成由 $N_r$ 个个体组成的交配池。

(5) 根据确定的交叉概率 $p_c$ 在交配池中随机地选出 $p_cN_r/2$ 对个体父代进行交叉操作，并将所得子代和交配池中不进行交叉操作的个体作为下一代的个体。

(6) 变异操作。根据确定的变异概率 $p_m$，对步骤(5) 所得种群进行变异操作，并将所得新个体添加进步骤(5) 所得种群中。

(7) 最佳个体保存。若步骤(6) 所得种群中无第 $t$ 代种群中的最佳个体 $a'(t)$，则添加进步骤(6) 所得的种群中，设新种群中互不相同的个体个数为 $N'_g$。

(8) 计算步骤(7) 所得种群中各个体的适应度函数值 $F_i(i=1,2,\cdots,N'_g)$ 和定标后的适应度函数值 $F'_i(i=1,2,\cdots,N'_g)$，若 $N'_g=N_g$，则转步骤(10)；否则，转步骤(9)。

(9) 确定新一代种群。若 $N'_g<N_g$，则在第 $t$ 代种群中选出 $N_g-N'_g$ 个在步骤(7) 所得种群中没有出现的较好的个体添加进步骤(7) 所得种群中，组成新一代种群，转步骤(10)；否则，当 $N'_g>N_g$ 时，在步骤(7) 所得种群中根据个体定标后的适应度函数值 $F'_i(i=1,2,\cdots,N'_g)$ 依次淘汰最差的 $N'_g-N_g$ 个个体，组成新一代种群，转步骤(10)。

(10) 终止准则。若 $t=N_t$，则在第 $t$ 代种群中确定一个或几个定标后适应度函数值 $F'_i(i=1,2,\cdots,N_g)$ 最大的较佳个体，并通过译码得到较优解 $X^*$，输出最优解 $X^*$、$F(X^*)$；否则，令 $t=t+1$，转步骤(4)。

上述遗传算法的计算步骤仅仅是一种较典型的计算步骤，可以考虑根据计算情况不断调整种群规模 $N_g$、交配池规模 $N_r$、交叉概率 $p_c$ 和变异概率 $p_m$ 以及采用不同的终止准则等灵活地设计遗传算法的计算步骤。

【例 9.3】 一元函数优化实例

求一元目标函数

$$f(x)=x\sin(10\pi\cdot x)+2.0$$

在 $x\in[-1,2]$ 内的最大值。

解 (1) 编码

变量 $x$ 作为实数，可以视为遗传算法的表现型形式，从表现型到基因型的映射即为编码，通常采用二进制编码形式，将某个变量值代表的个体表示为一个{0,1} 二进制位串。位串的长度取决于问题的求解精度。如果问题的求解精度要求设定到小数点后 6 位，由于区间长度为 $2-(-1)=3$，必须将闭区间[$-1$,2] 分为 $3\times10^6$ 等份。

因为

$$2\,097\,152=2^{21}<3\times10^6\leqslant2^{22}=4\,194\,304$$

所以编码的二进制位串长度 $l$ 至少要 22 位，即 $l=22$。

将一个二进制位串$(b_{21}b_{20}\cdots b_0)$ 转化为区间[$-1$,2] 内对应的实数很简单，只需要进行两步计算即可。

① 将一个二进制位串($b_{21}b_{20}\cdots b_0$)代表的二进制数转化为十进制数，即

$$x' = (b_{21}b_{20}\cdots b_0) = \left(\sum_{i=0}^{21} b_i \cdot 2^i\right)_{10}$$

② 对应的区间[-1,2]内的实数为

$$x = -1.0 + x' \cdot \frac{2-(-1)}{2^{22}-1}$$

例如，一个二进制位串 $s_1 = < 1000101110110101000111 >$ 表示实数值 0.637 197。

$$x' = (1000101110110101000111)_2 = \left(\sum_{i=0}^{21} b_i \cdot 2^i\right)_{10} = 2\ 255\ 967$$

$$x = -1.0 + 2\ 255\ 967 \cdot \frac{3}{2^{22}-1} = 0.637\ 197$$

二进制位串 $< 0000000000000000000000 >$ 与 $< 1111111111111111111111 >$ 分别表示区间[-1,2]的两个端点值 -1 和 2。

(2) 产生初始种群

一个个体由位串长度 $l=22$ 的随机产生的二进制位串组成个体的基因码，可以产生一定数目的个体组成种群。种群的大小(规模)就是种群中个体数目 $N_g$。

(3) 计算适应度

对于个体的适应度函数值的计算，考虑到本例中目标函数在定义域内均大于 0，而且是求目标函数的最大值，所以直接引用目标函数作为适应度函数，即 $F(s)=f(x)$。

这里的二进制位串 $s$ 对应变量 $x$ 的值。例如，有 3 个个体的二进制位串为

$$s_1 = < 1000101110110101000111 >$$
$$s_2 = < 0000001110000000010000 >$$
$$s_3 = < 1110000000111111000101 >$$

分别对应变量 $x$ 的值为 $x_1=0.637\ 197$，$x_2=0.958\ 973$，$x_3=1.627\ 888$。其适应度函数值为

$$F(s_1) = f(x_1) = 2.586\ 345$$
$$F(s_2) = f(x_2) = 1.078\ 878$$
$$F(s_3) = f(x_3) = 3.250\ 650$$

显然，上述 3 个个体中 $s_3$ 的适应度函数值最大，$s_3$ 为最佳个体。

(4) 遗传操作

下面介绍交叉和变异这两个遗传操作是如何工作的。

假设经过选择操作(例如用赌轮法)选出了 2 个个体，首先执行单点交叉，如

$$s_2 = < 0000001110000000010000 >$$
$$s_3 = < 1110000000111111000101 >$$

例如随机选择交叉点为 5，经过交叉操作后子代的新个体为

| 父代 | | 子代 |
|---|---|---|
| $s_2 = < 00000 \mid 01110000000010000 >$ | | $s'_2 = < 00000 \mid 00000111111000101 >$ |
| | ↑↓ 交叉 | |
| $s_3 = < 11100 \mid 00000111111000101 >$ | | $s'_3 = < 11100 \mid 01110000000010000 >$ |

两个子代新个体的适应度函数值分别为

$$F(s'_2)=F(-0.998\,113)=1.940\,865$$

$$F(s'_3)=F(1.666\,028)=3.549\,245$$

子代新个体 $s'_3$ 的适应度函数值比其两个父代 $s_2$ 和 $s_3$ 的适应度函数值都高。

其次考察变异操作。假设已经过一个小概率选择了 $s_3$ 的第5个基因(即第5位)进行变异操作，即

父代 子代

$s_3=<1110\mid 0\mid 00000111111000101>$ 变异 $s'_3=<1110\mid 1\mid 00000111111000101>$

子代新个体的适应度函数值为

$$F(s'_3)=F(1.721\,638)=0.917\,743$$

子代新个体 $s'_3$ 的适应度函数值比其父代个体 $s_3$ 的适应度函数值减小了，但是如果选择第 10 个基因进行变异操作，即

父代 子代

$s_3=<111000000\mid 0\mid 111111000101>$ 变异 $s''_3=<111000000\mid 1\mid 111111000101>$

子代新个体 $s''_3$ 的适应度函数值为

$$F(s''_3)=F(1.666\,028)=3.459\,245$$

子代新个体 $s''_3$ 的适应度函数值比其父代个体 $s_3$ 的适应度函数值提高了，这说明了变异操作的“扰动”作用。

(5) 模拟结果

假设种群的规模 $N_g=50$，交叉概率 $p_c=0.25$，变异概率 $p_m=0.01$，按照基本遗传算法的计算步骤，在运行到第 89 代时获得最佳个体，即

$$s^*=<1101001111110011001111>$$

$$x^*=1.850\,549,\quad f(x^*)=3.850\,274$$

种群中最佳个体的进化情况见表 9.2。

**表 9.2 最佳个体的进化情况**

| 世代数 | 个体的二进制串 | $x$ | 适应度 |
|---|---|---|---|
| 1 | 1000111000010110001111 | 1.831 624 | 3.534 806 |
| 4 | 0000011011000101001111 | 1.842 416 | 3.790 362 |
| 7 | 1110101011100111001111 | 1.854 860 | 3.833 280 |
| 11 | 0110101011100111001111 | 1.854 860 | 3.833 286 |
| 17 | 1110101011111101001111 | 1.847 536 | 3.842 004 |
| 18 | 0000111011111101001111 | 1.847 554 | 3.842 102 |
| 34 | 1100001101111011001111 | 1.853 290 | 3.843 402 |
| 40 | 1101001000100011001111 | 1.848 443 | 3.846 232 |
| 54 | 1000110110100011001111 | 1.848 699 | 3.847 155 |
| 71 | 0100110110001011001111 | 1.850 897 | 3.850 162 |
| 89 | 1101001111110011001111 | 1.850 549 | 3.850 274 |
| 150 | 1101001111110011001111 | 1.850 549 | 3.850 274 |

# 9.3 遗传算法在机械工程中的应用

遗传算法在求解最优化问题时，不需要函数的导数信息，适合于求解大规模、复杂的优化问题，因此，遗传算法为解决机械工程领域特殊化的优化问题提供了新的手段和方法。本节简要介绍遗传算法在机械工程领域中的两个应用实例。

## 9.3.1 三杆桁架结构优化设计

设有三杆平面桁架，结构布局和材料是已给定的。桁架承受两种可能载荷，其一为 $P_1=20\ 000$ N，其二为 $P_2=20\ 000$ N，桁架布局和受力如图9.2所示。已知参数为 $E=7\times10^4$ MPa，$\rho=2\ 768\ \mathrm{kg/m^3}$，$h=25.40$ cm，设杆件的容许拉应力为 $\sigma_{all}^{+}=20\ 000\ \mathrm{N/cm^2}$，容许压应力为 $\sigma_{all}^{-}=-15\ 000\ \mathrm{N/cm^2}$，要求用遗传算法选择截面面积 $A_1$ 和 $A_2$（$A_3=A_2$）使结构最轻。

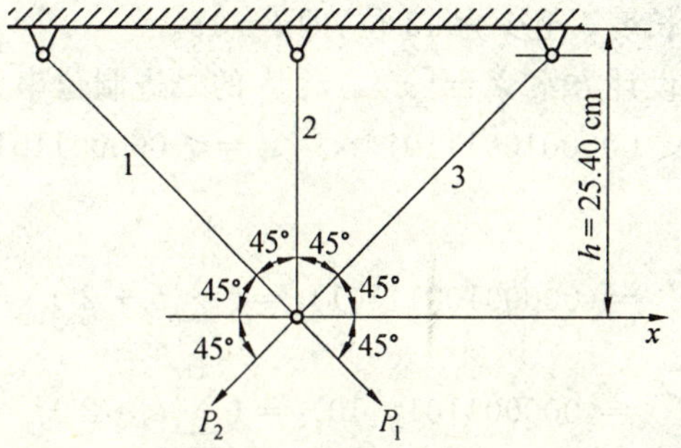


图9.2 三杆平面桁架

**解** 设设计变量 $\boldsymbol{X}=[A_1\quad A_2]^{\mathrm{T}}=[x_1\quad x_2]^{\mathrm{T}}$，则该问题的数学模型为

$$\min_{X\in R^2} f(\boldsymbol{X})=2\sqrt{2}x_1+x_2$$

$$\text{s.t.}\quad g_1(\boldsymbol{X})=P_1\frac{x_2+\sqrt{2}x_1}{\sqrt{2}x_1^2+2x_1x_2}-200\leqslant 0$$

$$g_2(\boldsymbol{X})=P_1\frac{\sqrt{2}x_1}{\sqrt{2}x_1^2+2x_1x_2}-200\leqslant 0$$

$$g_3(\boldsymbol{X})=P_1\frac{x_2}{\sqrt{2}x_1^2+2x_1x_2}-150\leqslant 0$$

$$g_i(\boldsymbol{X})=0.2-x_{i-3}\leqslant 0(i=4,5)$$

$$g_i(\boldsymbol{X})=x_{i-5}-1\leqslant 0(i=6,7)$$

由于该问题属于只含有不等式约束条件的优化问题，故可按式(9.6)建立适应度函数，即

$$F(\boldsymbol{X})=G(\boldsymbol{X})\cdot P(\boldsymbol{X})$$

$$G(\boldsymbol{X})=\begin{cases}\dfrac{1}{1+(1.1)^{f(\boldsymbol{X})}} & (f(\boldsymbol{X})\geqslant 0)\\[2ex] \dfrac{1}{1+(0.9)^{-f(\boldsymbol{X})}} & (f(\boldsymbol{X})<0)\end{cases}$$

$$P(\boldsymbol{X})=\frac{1}{(1.1)^{\varphi(\boldsymbol{X})}}$$

$$\varphi(\boldsymbol{X})=\sum_{i=1}^{7}g_i(\boldsymbol{X})\quad (g_j(\boldsymbol{X})>0)$$

于是，该优化问题就就转化为

$$\max_{\boldsymbol{X}\in R^2}F(\boldsymbol{X})$$

设要求精确到小数点后 3 位，设计变量的值域均为$[a_i,b_i]=[0.2,1]$ $(i=1,2)$。则 $x_1,x_2$ 取值的数目为

$$(b_i-a_i)\times 10^4=8\ 000$$

因为 $$4\ 096=2^{12}<8\ 000\leqslant 2^{13}=8\ 192$$

可得编码的二进制位串长度 $l$ 至少为 13 位，即 $l=13$。

设随机产生的某个设计方案 $X=[x_1\quad x_2]^{\mathrm{T}}$ 的二进制位串为

$$s_1=<0000010011101>\qquad s_2=<0000011010110>$$

相应的十进制数为

$$x'_1=(0000010011101)_2=(\sum_{i=0}^{13}b_i\cdot 2^i)_{10}=157$$

$$x'_2=(0000011010110)_2=(\sum_{i=0}^{13}b_i\cdot 2^i)_{10}=214$$

则 $$x_1=0.2+157\times\frac{0.8}{2^{13}-1}=0.215\qquad x_2=0.2+214\times\frac{0.8}{2^{13}-1}=0.221$$

同样，可产生若干个初始设计方案。设选取方案总数为 10，即种群规模 $N_g=10$。交叉概率 $p_c=0.7$，变异概率 $p_m=0.125$，最大代数设定为 70，即 $N_t=70$，三杆桁架的计算结果见表 9.3。

**表 9.3 三杆桁架优化结果**

| | $A_1/\mathrm{cm}^2(x_1)$ | $A_2/\mathrm{cm}^2(x_2)$ | W/kg |
|---|---|---|---|
| GA 算法 | 0.787 | 0.416 | 2 641 |
| 精确解 | 0.788 | 0.408 | 2 639 |
| 准则法(齿行法) | 0.774 | 0.453 | 2 642 |

## 9.3.2 齿轮传动系统优化设计

双级齿轮传动系统如图 9.3 所示。设计目标为传动比 $i=\dfrac{1}{6.931}$，设计要求为每个齿轮的齿数在[14,60] 范围内。

**解** 设设计变量 $\boldsymbol{X}=[z_D\quad z_B\quad z_F\quad z_A]^{\mathrm{T}}=[x_1\quad x_2\quad x_3\quad x_4]^{\mathrm{T}}$，目标函数 $f(\boldsymbol{X})$ 为设计传动比与要求的传动比之间的差量。当目标函数取最小值 0 时，设计传动比与要求的传

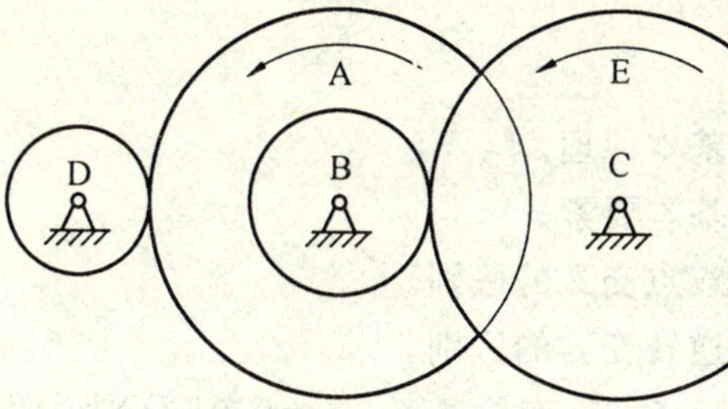


图 9.3　双级齿轮传动

动比相等，满足设计要求，因此，该问题的数学模型为

$$\min_{X\in R^4} f(\boldsymbol{X})=(\frac{1}{6.931}-\frac{x_1x_2}{x_3x_4})$$

$$\text{s.t.}\quad g_i(\boldsymbol{X})=14-x_i\leqslant 0(i=1,2,3,4)$$

$$g_i(\boldsymbol{X})=x_{i-4}-60\leqslant 0(i=5,6,7,8)$$

由于该问题属于只含有不等式约束条件的优化问题，故可按式(9.6)建立适应度函数，即

$$F(\boldsymbol{X})=G(\boldsymbol{X})\cdot P(\boldsymbol{X})$$

$$G(\boldsymbol{X})=\begin{cases}\dfrac{1}{1+(1.1)^{f(\boldsymbol{X})}} & (f(\boldsymbol{X})\geqslant 0)\\ \dfrac{1}{1+(0.9)^{-f(\boldsymbol{X})}} & (f(\boldsymbol{X})<0)\end{cases}$$

$$P(\boldsymbol{X})=\frac{1}{(1.1)^{\varphi(\boldsymbol{X})}}$$

$$\varphi(\boldsymbol{X})=\sum_{i=1}^{8}g_i(\boldsymbol{X})\quad (g_j(\boldsymbol{X})>0)$$

于是，该优化问题就就转化为

$$\max_{X\in R^4} F(\boldsymbol{X})$$

选取种群规模 $N_g=21$，交叉概率 $p_c=0.60$，变异概率 $p_m=0.02$。利用基于遗传算法的混合离散变量优化方法进行求解。表 9.4 是利用遗传算法求解双级齿轮传动系统优化问题的优化结果。

**表 9.4　双级齿轮传动系统的优化结果**

| | 初始解 | 优化结果 |
|---|---|---|
| $x_1$ | 18 | 16 |
| $x_2$ | 15 | 19 |
| $x_3$ | 33 | 43 |
| $x_4$ | 41 | 49 |
| $f$ | $3.0\times10^{-3}$ | |

## 习　题

9.1　简述遗传算法的基本原理。

9.2　简述遗传算法的基本要素。

9.3　简述单点交叉和双点交叉的区别。

9.4　简述基本变异和逆转变异的区别。

9.5　简述交叉概率 $p_c=0.25$，变异概率 $p_m=0.01$ 分别说明什么问题。

9.6　简述如何保存最佳个体。

9.7　简述工程遗传算法的计算步骤。

# 第10章 机械优化设计实例

【内容提要】 针对机械优化设计实践中需要注意的问题介绍一些可供使用的方法；通过对塑料、橡胶挤出机螺杆参数优化设计、圆柱蜗杆减速器优化设计、平面连杆机构优化设计等工程实例的分析，说明在解决工程实际问题时，建立优化设计数学模型，选择适当的优化方法，编制计算机程序等问题。

【课程指导】 通过对本章机械优化设计实例的学习，掌握机械优化设计问题求解的一般过程以及建立数学模型、选择优化方法和优化结果分析的基本原则。

近年来，优化设计作为一种现代先进的设计方法，在机械设计方面，获得了非常广泛的应用。

本书开始就介绍，机械优化设计包括两个方面的工作：一是由机械实际设计问题建立优化设计的数学模型；二是选择并运用优化方法及其程序求得最优解，即最优设计方案。在前面各章讲述各种优化方法时，为了简明起见，直接举一些简单的函数为例来说明优化设计方法的应用，涉及机械设计的实际例子较少，因此，也就很少论及机械实际设计问题转化为优化设计问题这一重要步骤。通常机械实际设计问题都比较复杂，要把它抽象为优化设计的数学形式需要引用一些计算公式，并进行分析和推导，然后确定合适的设计变量、目标函数与约束条件。

本章在讲述机械优化设计实践中的几个问题后，通过3个机械设计的典型例子，说明按照设计要求建立优化设计数学模型的过程，同时介绍优化方法与计算结果。

## 10.1 机械优化设计实践中的几个问题

### 10.1.1 机械优化设计的一般步骤

机械优化设计的全过程一般可分为如下几个步骤。

(1)根据机械设计实际问题对设计所提出的要求，建立机械优化设计数学模型。

(2)依据所建立的数学模型的性质，选择合适的优化方法。

(3)依据所建立的机械优化设计数学模型和选择的优化方法，编写计算机程序，包括与实际设计问题有关的专用程序和与优化方法有关的通用程序。

(4)准备必要的初始数据，上机调试并进行计算，求得优化设计的最优解。

(5)优化设计结果的分析与评判。分析与评判优化设计结果的目的是考证优化设计结果是否满足设计要求，若不能满足设计要求或结果不够理想，则需对所建立的数学模型、所选择的优化方法和输入的初始数据是否正确进行仔细的检查，对检查出的问题进行必要的修正后再做运算，直至获得满足设计要求的最优解为止。

### 10.1.2 建立数学模型的基本原则

建立正确的数学模型是解决优化设计问题的关键。对优化设计的数学模型的建立难以给出一定的模式，主要是靠借鉴、实践、观察与思索。在具体实施中，一般可按以下步骤进行。

(1)根据已初步确定的设计方案，凭借以往的产品及经验收集与确定参数的类型、初始值及其可变动的范围等信息。

(2)确定独立的设计变量，即规定出哪些参数是需要通过求解数学模型才能确定的参数。

(3)确定目标函数或评价函数，并写出其数学表达式。当要求多项设计指标达到尽可能好的数值时，需按多目标优化设计问题来建立目标函数。

(4)凭借以往的产口设计方法确定或经验预测可能发生破坏或失效的形式，并将其表示为等式或不等式形式的约束条件，以保证在求解过程中使设计点的移动限制在设计可行域内。

(5)对建立的优化设计数学模型进行再分析，以尽可能减少设计变量的个数和约束条件的个数。必要时，还需要对设计变量、约束函数和目标函数作某种变换，以改善约束函数和目标函数的性态，提高优化计算过程的稳定性和计算效率。

(6)根据所选用的优化方法，编制计算程序。同时选定设计变量的初始值、上限值和下限值，以及与优化方法有关的一些操作参数等。

建立数学模型的主要内容包括选择设计变量、建立目标函数和确定约束条件。

1. 设计变量的选择

设计变量是需要在设计过程中进行选择并最终确定的各项独立参数。虽然凡能影响设计质量或结果的可变参数均可作为设计变量，但设计变量太多，会增加计算的难度和工作量，且会由于问题过分复杂而失去实际意义；设计变量太少，则减少设计自由度，难以甚至无法得到较好的优化结果。总的原则应该在确保优化效果的前提下，尽可能地减少设计变量。

在机械优化设计中，对某一参数是否作为设计变量，必须考察这种参数是否能够控制，实行起来是否便利，制造加工成本如何，以及允许调整范围等实际问题。要把有关参数中对优化目标影响最大的那些独立参数作为设计变量，此外，应力求选取容易控制调整的参数(如连杆机构中的杆件长度)作为设计变量。对有关材料的机械性能，由于可供选用的材料往往是有限的，而且它们的机械性能又常常需要采用试验的方法来确定，无法直接控制，所以作设计常量处理较为合理。那些根据以往材料或经验可确定的参数，受客观条件限制无法随意变动的参数，也都应取作设计常量。

总之对影响设计质量的各种参数要认真分析，慎重合理地选取设计变量。

对于应力、应变、压力、挠度、功率、温度等设计者不能直接判断，而是一些具有一定函数关系式计算出的因变量，当它们在数学上易于消去时，也可不定为设计变量，但如果避免这种参数在数学上有困难，则也可取为设计变量。

2. 目标函数的建立

目标函数是以设计变量表示设计所要追求的某种性能指标的解析表达式，用来评价设计方案的优劣程度。

对于不同的设计，有不同的衡量评价标准。从使用性能出发，要求效率最高，功率利用率最好，可靠性最好，测量或运动传递误差最小，平均速度最大或最小，加速度最大或最小，尽可能满足某动力学参数要求等。从结构型式出发，要求质量最轻，体积最小等。也有从经济性考虑，要求成本最低，工时最少，生产率最高，产值最大等，而且往往同时兼顾几个方面的要求。

一般说来，目标函数越多，设计结果越趋于完善，但优化设计的难度也相应增加(参阅第6章)。实际应用中应尽量控制目标函数的数目，抓问题的主要矛盾，针对影响机械设计的质量和使用性能最重要、最显著的问题来建立目标函数，保证重点要求的实现，其余的要求可处理成设计约束来加以保证。

3.约束条件的确定

设计约束是考虑边界和性能对设计变量取值的限制条件。

边界条件规定设计变量的取值范围，在机械优化设计中，先对每个设计变量给出明确的上、下界限约束是完全可能的，实际证明也是很有益的。尽管其中某些约束会由于引入其他约束条件成为不起作用的消极约束，但对求解中确定计算初始点，估计可行域，判断结果合理性等都会带来好处。

在优化设计中，对于一个性能指标，可以取为目标函数，也可以定为设计约束(或称为性能约束)，例如，机械设计中的强度条件、刚度条件、稳定性条件、振动性条件、振动稳定性条件等。从计算角度上讲，约束函数的检验相对容易处理，因此，可利用目标函数和设计约束可以相互置换的特点，根据需要灵活使用。

在确定设计约束时，一般比常规设计考虑更多方面的要求，例如，工艺、装配、各种失效形式、造价、性能要求等。只要某种限制能够用设计变量表示为约束函数(包括经验公式、近似表达式等)，都可以确定为约束条件。

当然不必要的限制，不仅是多余的，还将使设计可行域缩小(即限制了设计空间)，进而会影响最优结果的获得。

4.数学模型的尺度变换

数学模型的尺度变换，就是指改变各个坐标的比例，从而改善数学模型性态的一种技巧。

(1)设计变量的尺度变换

在机械优化设计中，各个设计变量的量纲可能不同，而且数量级也可能不同，甚至差别很大。例如，一种动压轴承的优化设计，其设计变量为

$$\boldsymbol{X}=\left[\frac{L}{D} \quad C \quad \mu\right]^{\mathrm{T}}=[x_1 \quad x_2 \quad x_3]^{\mathrm{T}} \tag{10.1}$$

式中 $x_1$—— 轴承长度 $L$ 与轴承直径 $D$ 之比，一般为 $0.2 \sim 0.5$，$x_1=L/D$；

$x_2$—— 轴承的径向间隙，常用值为 $0.012 \sim 0.15$ mm，$x_2=C$；

$x_3$—— 润滑油的动力黏度，一般取值为 $0.000\ 65 \sim 0.007$ Pa·s，$x_3=\mu$。

由此可见，三个设计变量的量纲不同，数量级差别达几千到几万倍。若直接用这些设计变量建立数学模型，则由于各坐标分量的尺度(或称标度) 相同，而各个设计变量的数量级相差很大，使运算过程中各个设计变量的灵敏度差别极大，从而造成计算过程的不稳定和收敛性很差，乃至出现“病态现象”。

为了克服上述出现的问题，需要对设计变量作变换，变换之后使各个设计变量在数量级上相同或相近。这种变换实际上是改变设计变量坐标分量的比例，将其缩小或放大若干倍，所以称为尺度变换或坐标变换。本例中的设计变量 $x_2$、$x_3$ 可变换成与 $x_1$ 同等数量级，变换方法为

$$\begin{cases} x'_2 = \dfrac{1}{\bar{x}_2} x_2 \\ x'_3 = \dfrac{1}{\bar{x}_3} x_3 \end{cases} \tag{10.2}$$

式中 $\bar{x}_2$—— 取 0.012 ～ 0.15 的平均值；

$\bar{x}_3$—— 取 0.000 65 ～ 0.007 的平均值；

$x'_2$、$x'_3$—— 经过尺度变换的对应于 $x_2$、$x_3$ 的设计变量。

经过这样的变换，$x'_2$、$x'_3$ 变为无量纲，而且与 $x_1$ 等数量级相同。数学模型中采用 $x_1$、$x'_2$、$x'_3$ 这 3 个设计变量，就能改善设计变量对数值变化灵敏度的反应及提高计算过程的稳定性。不过在求得最优解之后，要做反变换以求得真正的解。例如，已求出最优解为 $X^* = [x_1^* \quad x'^*_2 \quad x'^*_3]^T$，其中 $x'^*_2$、$x'^*_3$ 需做反变换，即

$$\begin{cases} x_2^* = \bar{x}_2 x'^*_2 \\ x_3^* = \bar{x}_3 x'^*_3 \end{cases} \tag{10.3}$$

最后得最优解为 $X^* = [x_1^* \quad x_2^* \quad x_3^*]^T$。

(2) 约束条件的尺度变换

在约束条件中，也会遇到上述类似的情况，例如，某一设计变量 $x_i$ 的取值范围规定为

$$0.01 \leqslant x_i \leqslant 1000$$

可写成两个边界约束条件，即

$$\begin{cases} g_1(\boldsymbol{X}) = 0.01 - x_i \leqslant 0 \\ g_2(\boldsymbol{X}) = x_i - 1\,000 \leqslant 0 \end{cases} \tag{10.4}$$

由式(10.4)中两个约束函数式可看出，当 $x_i$ 值变化相同时，在 $g_1(\boldsymbol{X})$ 和 $g_2(\boldsymbol{X})$ 中反应灵敏度完全不同，这也影响计算过程的稳定性。为了改善这种不利情况，也可仿照前述方法做尺度变换，即令

$$x_a = \frac{1}{0.01} x_i \quad x_b = \frac{1}{1\,000} x_i$$

于是式(10.4)可写成

$$\begin{cases} g_1(\boldsymbol{X}) = 1 - x_a \leqslant 0 \\ g_2(\boldsymbol{X}) = x_b - 1 \leqslant 0 \end{cases} \tag{10.5}$$

这样，两个约束函数的灵敏度完全相同，便于计算，求出的解需做还原变换。

在机械优化设计中，零件的强度与刚度的约束、齿轮齿数的约束等，都可做类似的变换，使得约束的限制范围均为 0 ～ 1。若 $\sigma$、$[\sigma]$ 分别为零件的应力和许用应力，$f$、$[f]$ 分别为零件的变形和许用变形，$z$、$[z]$ 分别为齿轮的最小齿数和容许的最小齿数，设计中要求

$$\sigma \leqslant [\sigma] \quad f \leqslant [f] \quad z \geqslant [z]$$

可写成

$$\frac{\sigma}{[\sigma]}\leqslant 1 \quad \frac{f}{[f]}\leqslant 1 \quad \frac{z}{[z]}\geqslant 1$$

则约束函数为

$$\begin{cases} g_1(\boldsymbol{X})=\dfrac{\sigma}{[\sigma]}-1\leqslant 0 \\ g_2(\boldsymbol{X})=\dfrac{f}{[f]}-1\leqslant 0 \\ g_3(\boldsymbol{X})=1-\dfrac{z}{[z]}\leqslant 0 \end{cases} \tag{10.6}$$

经过这样的变换，使变量无量纲化和约束函数规格化。

(3) 目标函数的尺度变换

有些非线性目标函数，由于其性态的偏心或歪曲严重，致使寻优计算效率很低，例如，一个二元二次函数

$$f(\boldsymbol{X})=144x_1^2+4x_2^2-8x_1x_2 \tag{10.7}$$

其等值线是一组偏心程度很大的扁椭圆，如图 10.1(a) 所示。对于这种情况，曾在第 4 章第 2 节讲过，当初始点选在椭圆长轴附近时，最速下降法寻优过程极其缓慢。

为了改善这种不利情况，可对目标函数进行尺度变换，即令

$$\hat{x}_1=12x_1 \quad \hat{x}_2=2x_2 \tag{10.8}$$

代入原目标函数式(10.7) 中，得

$$f(\hat{\boldsymbol{X}})=\hat{x}_1^2+\hat{x}_2^2-\frac{1}{3}\hat{x}_1\hat{x}_2 \tag{10.9}$$

这时，以 $\hat{x}_1$ 和 $\hat{x}_2$ 为坐标的等值线如图 10.1(b) 所示，其偏心程度有了很大的改善。显然，目标函数 $f(\hat{\boldsymbol{X}})$ 比 $f(\boldsymbol{X})$ 求解效率高，而且求得解之后做反变换亦不难。由这个例子可看到，目标函数的尺度变换是按一定比例缩小或放大各设计变量，目的在于使函数性态得到改善，从而有利于提高计算效率。

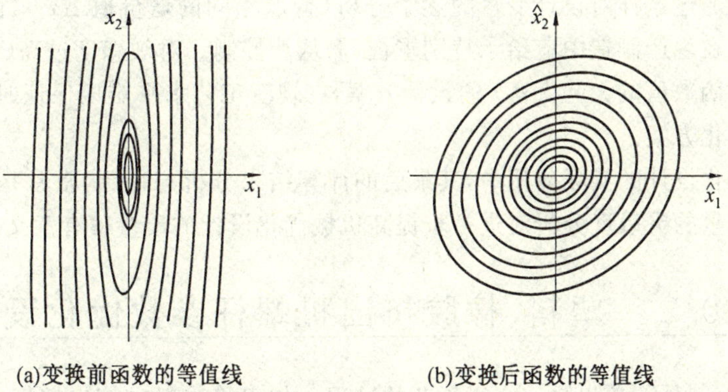


(a)变换前函数的等值线　　(b)变换后函数的等值线

图 10.1　目标函数尺度变换前后性态(等值线) 的变化

### 10.1.3　优化方法的选择

机械优化设计中常用的一些优化方法，在前面第3章～第8章已作介绍，各种方法都有其特点和一定的适用范围。选择优化方法时除考虑各种方法的特点和使用范围外，还应综

合考虑以下几方面问题。

(1) 设计变量是连续的还是离散的以及维数的多少。维数较低时,可选用结构简单且易于编程的优化方法;维数较高时,则应选择收敛速度较快的优化方法。

(2) 目标函数是单目标还是多目标,目标函数的连续性及其一阶、二阶偏导数是否存在以及是否易于求得,对于求导困难或导数不存在时,应避免求导而采用直接法。

(3) 有无约束,约束条件是不等式约束,还是等式约束,还是两者同时兼有。如果具有等式约束,显然不能选择约束优化问题的直接解法,而只能选择约束优化问题的间接解法。

在优化方法的实际使用中,除了个别简单问题和学习需要外,一般应尽量选用现有优化程序。因为使用通用优化程序,对不同类型的具体优化问题仅仅只要按规定格式编写目标函数和约束条件子程序,这对优化技术的应用与推广无疑是十分有利的。

### 10.1.4 计算结果的分析与评判

由于机械设计问题的复杂性,或建立数学模型中可能的失误,对优化计算得到的结果要进行仔细的分析和评判,以保证设计的合理性。

目标函数的最优值,是对优化计算结果进行分析和评判的重要依据,将它与原始方案的目标函数值作比较,可看出优化设计的效果,若多给几个不同的初始点进行计算,从其结果可以大致判断出全局最优解。

对计算结果得到的最优解,需要检查它们的可行性和合理性。对于大多数机械优化设计问题,最优解往往位于一个或几个不等式约束面上,其约束函数值等于或接近于零。若约束函数值全部不接近于零,即其所有的约束条件都不起作用,这时必须进一步研究所给约束条件对该设计问题是否完善,所取得的最优解是否正确。

对各设计变量还可进一步作关于该设计方案的灵敏度分析。通过对某设计变量 $x_i^*$ 加减 $\Delta x_i$ 后,计算其目标函数值和约束函数值,从其变化可看出此设计变量在该设计方案中的地位与作用。通过这样对设计变量的逐个分析(皆取相同的增量值 $\Delta x_i$),由其结果可明确那些设计变量在生产制造中应给予特别重视,需从严控制。对敏感度过高(设计变量的微小变化引起目标函数值的大起大落)的设计方案,在现有工艺水平难以保证时,则应重新选用其他合适的优化方案。

在机械优化设计的实际应用中,其最后的计算结果分析与评判,常常是不容忽视的,特别是对设计变量的灵敏度分析对进一步提高机械优化设计的质量很有意义。

## 10.2 塑料、橡胶挤出机螺杆参数优化设计

塑料、橡胶制品的挤出是一个很复杂的过程。如何将物料在挤出螺杆中的挤出过程抽象为数学模型,用计算机按照挤出理论进行优化设计,是塑料、橡胶挤出机设计的重要课题。

### 10.2.1 挤出过程

塑料及橡胶之所以能进行成型加工,是由它们本身的性质所决定的。由高分子物理学

得知，高聚物一般存在着玻璃态、高弹态和粘流态三种物理状态，在一定条件下，这三种物理状态将发生相互转化。塑料及橡胶的成型加工是在粘流态下进行的。

如图10.2所示，物料由料斗进入机筒后，随着螺杆的旋转而被逐渐推向机头。在螺杆加料段，螺杆被松散的固体粒子(或粉末)所充满，物料开始被压实。当物料进入螺杆压缩段后，由于螺槽逐渐变浅，以及滤网、分流板和机头的阻力，在物料中形成了很高的压力，把物料压得很密实。同时在机筒的外部加热和螺杆、机筒对物料的混合、剪切等综合作用所产生的内摩擦热的作用下，物料的温度逐渐升高，与机筒壁相接触的某一点的物料温度达到粘流温度，开始熔融。随着物料的向前输送，熔融的物料量逐渐增多，而未熔融的物料量逐渐减少，大约在压缩段结束处，物料全部熔融而转变为粘流态，但这时各点的温度尚不很均匀，经过螺杆均化段的均匀作用后就比较均匀了，最后螺杆将熔融物料定量、定压、定温地挤出机头。

应用高聚物挤出理论，将上述物理过程抽象为数学模型，并考虑到产量波动、长径比、压缩比，以及强度、刚度、稳定性及几何约束条件，对螺杆几何参数进行优化以获得较小的功耗。

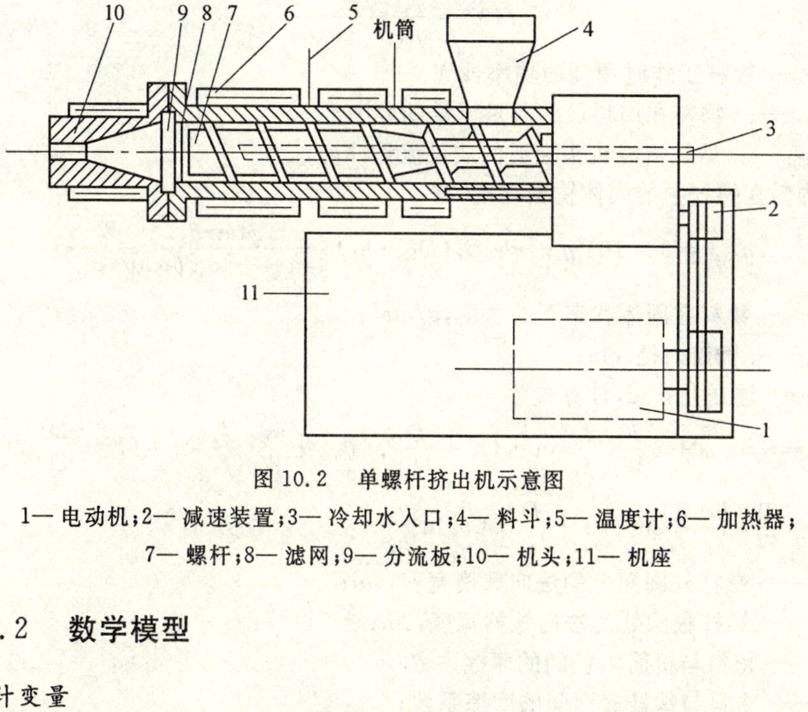


图10.2 单螺杆挤出机示意图

1—电动机；2—减速装置；3—冷却水入口；4—料斗；5—温度计；6—加热器；7—螺杆；8—滤网；9—分流板；10—机头；11—机座

## 10.2.2 数学模型

1.设计变量

将螺杆几何参数作为设计变量，而将物料性质及工艺条件视为设计常量，螺杆几何参数如图10.3所示。

$$\boldsymbol{X}=[l_1 \quad l_2 \quad h_1 \quad h_3 \quad e_1 \quad \delta_1 \quad \theta_b]^T = [x_1 \quad x_2 \quad x_3 \quad x_4 \quad x_5 \quad x_6 \quad x_7]^T \tag{10.10}$$

式中 $l_1$——加料段(固体输送段)轴向长度，cm；

$l_2$——熔融段轴向长度，cm；

$h_1$——加料段螺槽深度，cm；

$h_3$——均化段(熔体输送段)螺槽深度，cm；

$e_1$—— 主螺纹法向螺棱宽度,cm;

$\delta_1$—— 螺杆与机筒间隙,cm;

$\theta_b$—— 主螺纹外圆螺纹升角,rad。

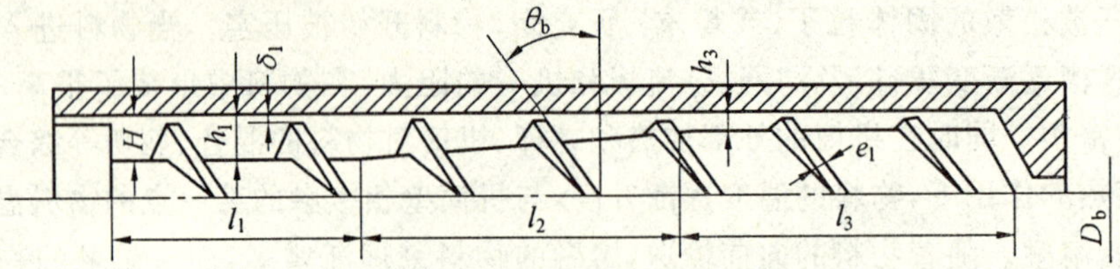


图 10.3 螺杆几何参数

2. 目标函数

从挤出机的能量平衡来看,在挤压系统中对物料所消耗的能量应等于对物料的加热能量和对螺杆输入功率的总和,但习惯上为了衡量螺杆加工不同物料所消耗的机械功率的大小,假设机筒加热功率相同时,以螺杆每单位生产能力所消耗的机械功率作为衡量的标准,称为螺杆的单耗 $P/G$,选择螺杆单耗作为优化目标,则目标函数可按如下形式表示。

$$f(\boldsymbol{X})=\frac{2P}{q_{\mathrm{m(s)}}+q_{\mathrm{m(L)}}} \tag{10.11}$$

式中 $P$—— 螺杆工作时消耗的功率,kW;

$q_{\mathrm{m(s)}}$—— 物料在加料段的质量流量,kg/h;

$q_{\mathrm{m(L)}}$—— 熔体流经机头通道的质量流量,kg/h。

根据物料在螺杆中的固体输送理论,有

$$q_{\mathrm{m(s)}}=6\times10^{-2}\rho_s\pi^2nh_1D_b(D_b-h_1)\frac{\tan\varphi\tan\theta_b}{\tan\varphi+\tan\theta_b}\left(\frac{\overline{W}}{\overline{W}+e_1}\right) \tag{10.12}$$

式中 $\rho_s$—— 物料在固体状态下的密度,g/cm³;

$D_b$—— 机筒内径,cm;

$\varphi$—— 输送角,rad,计算式为

$$\cos\varphi=K\sin\varphi+2\frac{h_1}{W_b}\frac{f_s}{f_b}\sin\theta_b\left(K+\frac{\overline{D}}{D_b}\cot\theta_b\right)+\frac{W_s}{W_b}\frac{f_s}{f_b}\sin\theta_b\left(K+\frac{D_s}{D_b}\cot\theta_b\right)+\frac{\overline{W}}{W_b}\frac{h_1}{Z_1}\frac{1}{f_b}\sin\overline{\theta}\left(1+\frac{\overline{D}}{D_b}\cot\overline{\theta}\right)\ln\frac{p_2}{p_1} \tag{10.13}$$

$W_b$—— 螺杆外圆面上的法向螺槽宽度,cm;

$W_s$—— 螺杆根圆处的法向螺槽宽度,cm;

$f_b$—— 物料与机筒内壁间的摩擦系数;

$f_s$—— 物料与螺杆表面间的摩擦系数;

$\overline{D}$—— 螺杆平均直径,cm;

$D_s$—— 螺杆根部直径,cm;

$Z_1$—— 螺杆加料段螺纹线长度,cm;

$\overline{\theta}$—— 螺杆平均螺纹升角,rad;

$p_1$—— 加料段入口处压力,MPa;

$p_2$—— 加料段结束处(即熔融段开始处)压力,MPa;

$\overline{W}$—— 螺槽平均宽度,cm,由式(10.14)求得

$$\overline{W}=\frac{\pi}{z}(D_{b}-h_{1})\sin\overline{\theta}-e_{1} \tag{10.14}$$

式中 $z$—— 螺杆螺纹头数；

$K$—— 常数，由式(10.15)求得

$$K=\frac{\overline{D}}{D_{b}}\frac{\sin\overline{\theta}+f_{s}\cos\overline{\theta}}{\cos\overline{\theta}-f_{s}\sin\overline{\theta}} \tag{10.15}$$

其余符号同式(10.10)。

根据物料在螺杆中的熔体输送理论，有

$$q_{m(L)}=3.6\rho_{m}\left[\frac{z\pi D_{b}nh_{3}(s_{1}/z-\hat{e})\cos^{2}\theta_{b}}{120}\right]-3.6\rho_{m}\left[\frac{zh_{3}^{3}(s_{1}/z-\hat{e})\sin\theta_{b}\cos\theta_{b}}{12\eta_{1}}\frac{\Delta p_{1}}{l_{3}}+\frac{\pi^{2}D_{b}^{2}\delta_{1}^{3}\tan\theta_{b}}{12\eta_{2}\hat{e}}\frac{\Delta p_{1}}{l_{3}}\right] \tag{10.16}$$

式中 $\rho_{m}$—— 物料在熔融状态下的密度，g/cm$^3$；

$n$—— 螺杆转速，r/min；

$s_1$—— 螺杆螺距，cm；

$\hat{e}$—— 螺杆轴向螺棱宽度，cm；

$\eta_1$—— 螺杆螺槽中的熔体粘度，MPa·s；

$\eta_2$—— 螺杆与机筒间隙中的熔体粘度，MPa·s；

$\Delta p_1$—— 熔融段压力差，MPa。

其余符号同式(10.10)～(10.15)。

螺杆工作时所需要的总功率可由式(10.17)求得

$$P=10.78\times10^{-5}k_{1}z\left(\frac{2\pi^{3}\overline{D}^{3}n^{2}\eta_{1}l}{h_{1}+h_{3}}+\frac{\pi^{2}\overline{D}^{2}n^{2}e_{1}l\eta_{2}}{\delta_{1}\tan\theta_{b}}\right) \tag{10.17}$$

式中 $k_1$—— 有效系数，随不同物料而异，对聚氢乙烯，$k_1=3$；对聚乙烯，$k_1=2$；对聚苯乙烯，$k_1=1.5$；对橡胶，$k_1=2\sim2.5$；

$l$—— 螺杆有效工作长度，cm。

其余符号同式(10.10)～(10.16)。

3. 约束函数

挤出机螺杆优化设计的约束条件较多，包括边界约束和性能约束。

(1) 设计变量上下限的边界约束

由于本例中设计变量的个数是7，因此，设计变量上下限的边界约束条件共有14个，它们是：

$$\begin{cases}g_{j}(\boldsymbol{X})=1-\dfrac{x_{i}}{x_{li}}-e_{j}\leqslant0 & (i=1,2,\cdots,7;j=1,3,\cdots,13)\\ g_{j}(\boldsymbol{X})=\dfrac{x_{i}}{x_{ui}}-1-e_{j}\leqslant0 & (i=2,4,\cdots,7;j=2,4,\cdots,14)\end{cases} \tag{10.18}$$

式中 $x_{li}$—— 设计变量 $x_i$ 的下限；

$x_{ui}$—— 设计变量 $x_i$ 的上限；

$e_j$—— 第 $j$ 个约束条件的约束余量(即约束容差)，$e_j=-10^{-3}$，下同。

(2) 设计变量的性能约束

设计变量的性能约束包括强度条件、变形条件、压缩比条件、长径比条件、副螺纹存在条件和产量波动条件共8个，它们是：

$$g_j(\boldsymbol{X})=g'_j(\boldsymbol{X})-e_j\leqslant 0\quad (j=15,16,\cdots,22)\tag{10.19}$$

式中 $g'_j(X)$—— 第 $j$ 个性能约束函数。

下面给出性能约束函数 $g'_j(\boldsymbol{X})$。

① 强度约束。由扭矩引起的剪切应力为

$$\tau=4\ 960\frac{P_{\max}\eta}{n_{\max}D_s^3(1-C^4)}\tag{10.20}$$

式中 $\tau$—— 剪切应力,MPa;

$P_{\max}$—— 挤出机最大传动功率,kW,由式(10.21)求得

$$P_{\max}=50.28v_{\max}d_b\tag{10.21}$$

$v_{\max}$—— 螺杆最大圆周速度,m/min;

$d_b$—— 螺杆顶部直接,cm;

$\eta$—— 挤出机传动效率,本例中 $\eta=0.8$;

$n_{\max}$—— 螺杆最高转速,r/min;

$C$—— 螺杆冷却孔径与根部直径之比。

其余符号同式(10.13)。

由轴向力引起的应力

$$\sigma_c=(0.115\sim 0.125)\Delta p_3\frac{d_b^2}{D_s^2(1-C^4)}\tag{10.22}$$

式中 $\sigma_c$—— 轴向力引起的应力,MPa;

$\Delta p_3$—— 挤出机机头压力差,MPa。

其余符号同式(10.20)、式(10.21)。

由螺杆自重产生的应力为

$$\sigma_b=\frac{l^2(d_b+D_s)^2\rho}{10D_s^3(1-C^4)}\tag{10.23}$$

式中 $\sigma_b$—— 螺杆自重产生的应力,MPa;

$l$—— 螺杆有效工作长度,cm;

$\rho$—— 螺杆材料密度,g/cm³,钢材取 $\rho=7.85\ \text{g/cm}^3$。

其余符号同式(10.22)。

螺杆工作中所受应力,应按第三强度理论计算,即

$$\sigma_r=\sqrt{(\sigma_c+\sigma_b)^2+4\tau}\leqslant[\sigma]\tag{10.24}$$

式中 $\sigma_r$—— 螺杆工作中所受应力,MPa;

$[\sigma]$—— 螺杆材料的许用应力,MPa,取 $[\sigma]=425$ MPa。

其余符号同式(10.20) ~ 式(10.23)。

由此,强度约束为

$$g'_{15}(\boldsymbol{X})=\sigma_r-[\sigma]\leqslant 0\tag{10.25}$$

② 挠度条件。根据螺杆装配条件,将螺杆受力状态简化为悬臂梁,其变形条件为

$$y_B=\frac{G(l_1+l_2+l_3)^3}{8EI}\times 10^2\leqslant\delta_0\tag{10.26}$$

由此,挠度条件约束为

$$g'_{16}(\boldsymbol{X})=y_B-\delta_0\leqslant 0\tag{10.27}$$

③ 压缩比条件。为使固体床能够得到进一步压缩,以排除夹杂在固体床内的气体,同时获得致密性制品,螺杆熔融段要有足够的压缩比,即熔融段开始与结束处容积的变化为

$$i_1 \leqslant \frac{(D_s - h_1)h_1}{(D_s - h_3)h_3} \leqslant i_2 \tag{10.28}$$

式中 $i_1$—— 最小压缩比；

$i_2$—— 最大压缩比。

其余符号同式(10.10)、式(10.13)。

$i_1$、$i_2$ 与物料有关，设计时可根据所选物料确定。

由此，压缩比条件约束为

$$g'_{17}(\boldsymbol{X}) = \frac{(D_s - h_1)h_1}{(D_s - h_3)h_3} - i_1 \leqslant 0 \tag{10.29}$$

$$g'_{18}(\boldsymbol{X}) = i_2 - \frac{(D_s - h_1)h_1}{(D_s - h_3)h_3} \leqslant 0 \tag{10.30}$$

④ 长径比条件。长径比是螺杆的重要性能指标，直接影响制品质量和挤出机生产能力。

$$r_1 \leqslant \frac{l_1 + l_2 + l_3}{d_b} \leqslant r_2 \tag{10.31}$$

式中 $r_1$—— 最小长径比；

$r_2$—— 最大长径比。

由此，长径比条件约束为

$$g'_{19}(\boldsymbol{X}) = \frac{l_1 + l_2 + l_3}{d_b} - r_1 \leqslant 0 \tag{10.32}$$

$$g'_{20}(\boldsymbol{X}) = r_2 - \frac{l_1 + l_2 + l_3}{d_b} \leqslant 0 \tag{10.33}$$

⑤ 副螺纹存在条件。对于分离型螺杆，由于它在普通型螺杆的熔融段增加一条副螺纹，为避免主、副螺纹重合，应满足如下关系：

$$|\theta_b - \theta| \geqslant 0.1K \tag{10.34}$$

式中 $\theta$—— 副螺纹升角，rad；

$K$—— 与加工刀具有关的系数。

其余符号同式(10.10)。

由此，副螺纹存在条件约束为

$$g'_{21}(\boldsymbol{X}) = 0.1K - |\theta_b - \theta| \leqslant 0 \tag{10.35}$$

⑥ 熔融段轴向长度条件。提高挤出机进料段的固体输送能力是提高挤出机生产能力的一个先决条件，而螺杆的熔融塑化能力则是提高生产能力和保证制品质量的关键，因此，从研究物料的熔融理论出发应满足如下关系：

$$\left| l_2 - \frac{h_1}{\varphi'}\left(2 - \frac{A}{\varphi'}\right)\sin\theta_b \right| \leqslant \frac{s_1}{\cos\theta_b} \tag{10.36}$$

式中 $A$—— 螺杆熔融段渐变度系数；

$\varphi'$—— 物料熔融系数。

其余符号同式(10.10)、式(10.16)。

由此，熔融段轴向长度条件约束为

$$g'_{22}(\boldsymbol{X}) = \frac{s_1}{\cos\theta_b} - \left| l_2 - \frac{h_1}{\varphi'}\left(2 - \frac{A}{\varphi'}\right)\sin\theta_b \right| \leqslant 0 \tag{10.37}$$

### 10.2.3 算法及实现过程

图 10.4 为挤出机螺杆参数优化设计程序结构框图。图 10.5 为优化方法流程图。

程序中约束优化方法选用内点惩罚函数法，用 Powell 法求无约束最优解，一维搜索选用二次插值法。

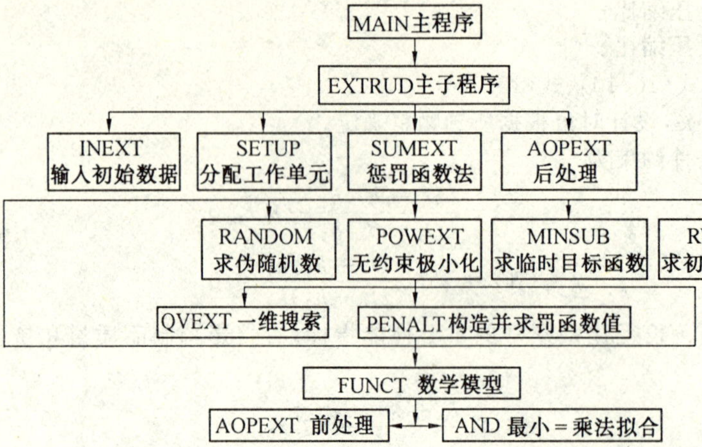


图 10.4 挤出机螺杆参数优化设计程序结构框图

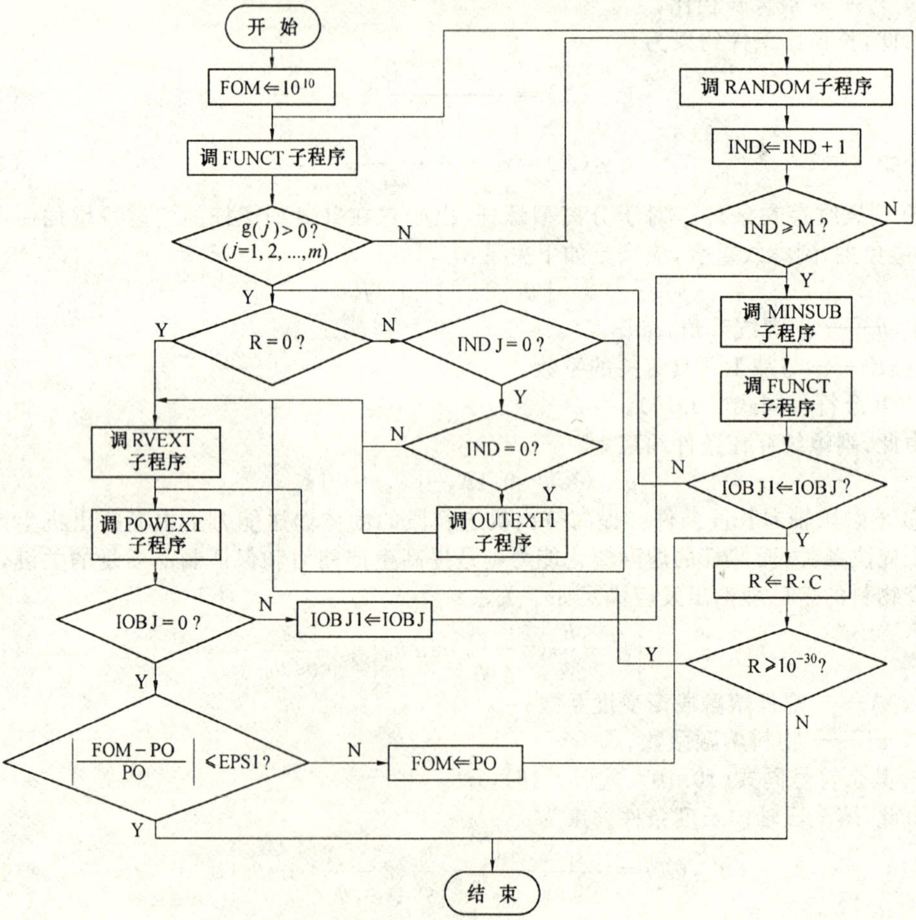


图 10.5 优化方法流程图

### 10.2.4 实例计算

实例计算结果见表10.1。

表10.1 几种型号橡胶、塑料挤出机螺杆参数优化设计结果

| 机器类型 | 参数 | | | | | | | |
|---|---|---|---|---|---|---|---|---|
| | 螺杆直径 $D$/mm | 螺杆转速 $n$/(r·min$^{-1}$) | 长径比 | 固体输送段轴向长度 $l_1$/cm | 熔体输送段轴向长度 $l_2$/cm | 均化段轴向长度 $l_3$/cm | 固体输送段螺槽深度 $h_1$/cm | 均化段螺槽深度 $h_3$/cm |
| 塑料挤出机 | 30 | 80 | 12 | 4.500 | 18.289 | 7.312 | 0.249 | 0.169 |
| | 65 | 80 | 22 | 13.000 | 90.582 | 32.500 | 0.185 | 0.122 |
| | 90 | 80 | 20 | 18.004 | 125.242 | 32.502 | 0.195 | 0.125 |
| 橡胶冷喂料挤出机 | 65 | 27 | 11 | 27.255 | 11.904 | 31.430 | 1.420 | 1.117 |
| | 80 | 27 | 8 | 24.963 | 7.316 | 32.000 | 0.875 | 0.713 |
| | 115 | 27 | 11 | 45.004 | 29.457 | 55.606 | 2.618 | 2.051 |

| 机器类型 | 参数 | | | | | | |
|---|---|---|---|---|---|---|---|
| | 主螺旋升角 $\theta_1$ | 副螺旋升角 $\theta_2$ | 螺棱宽度 $e$/cm | 间隙 $\delta$/cm | 固体料质量流率 $q_{m(s)}$/(kg·h$^{-1}$) | 熔体输送流率 $q_{m(l)}$/(kg·h$^{-1}$) | 功率损耗 $P$/kW |
| 塑料挤出机 | 20°34′ | 19°36′ | 0.120 | 0.010 | 9.863 | 9.188 | 0.681 |
| | 26°5′ | 23°39′ | 0.250 | 0.031 | 35.335 | 34.554 | 5.744 |
| | 26°5′ | 23°39′ | 0.350 | 0.033 | 58.462 | 53.929 | 12.230 |
| 橡胶冷喂料挤出机 | 25°30′ | | 0.260 | 0.030 | 115.047 | 107.439 | 5.943 |
| | 24°5′ | | 0.320 | 0.032 | 115.096 | 113.688 | 9.132 |
| | 23°30′ | | 0.460 | 0.038 | 758.744 | 718.189 | 61.866 |

## 10.3 平面连杆机构优化设计

平面连杆机构的类型很多，具体设计要求也不尽相同，现以曲柄摇杆机构的两类运动学设计为例来说明连杆机构优化设计的一般步骤和方法。

### 10.3.1 曲柄摇杆机构再现已知运动规律的优化设计

再现已知运动规律是指当主动件运动规律已定时，要求从动件按给定规律运动。图

10.6 为一曲柄摇杆机构的运动简图，当曲柄 $l_1$ 做等速转动时，要求摇杆 $l_3$ 按已知的运动规律 $\Psi_E(\varphi)$ 运动。

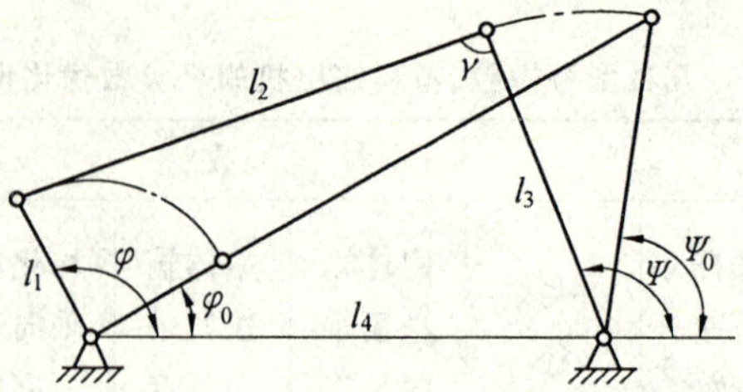


图 10.6 曲柄摇杆机构简图

1. 设计变量

考虑到机构的杆长按比例变化时，不会改变其运动规律，因此在计算时常取曲柄为单位长度，即 $l_1=1$，而其他杆长则按比例取为 $l_1$ 的倍数。若取曲柄 $l_1$ 的初始位置角为机构极限位置时的极限角 $\varphi_0$，则 $\varphi_0$ 及相应的摇杆 $l_3$ 位置角 $\Psi_0$ 均为杆长的函数，可按下列关系求得

$$\varphi_0=\arccos\left[\frac{(l_1+l_2)^2+l_4^2-l_3^2}{2(l_1+l_2)l_4}\right] \tag{10.38}$$

$$\Psi_0=\arccos\left[\frac{(l_1+l_2)^2-l_4^2-l_3^2}{2l_3l_4}\right] \tag{10.39}$$

因此，只有 $l_2,l_3,l_4$ 为独立变量，则设计变量为

$$\boldsymbol{X}=[x_1\quad x_2\quad x_3]^{\mathrm{T}}=[l_2\quad l_3\quad l_4]^{\mathrm{T}} \tag{10.40}$$

2. 目标函数

可根据给定的运动规律与机构实际运动规律间的偏差为最小的要求来建立目标函数，即

$$f(\boldsymbol{X})=\sum_{i=1}^{m}(\Psi_{Ei}-\Psi_i)^2 \tag{10.41}$$

式中 $m$—— 输入角的等分数；

$\Psi_{Ei}$—— 期望输出角，即

$$\Psi_{Ei}=\Psi_E(\varphi_i) \tag{10.42}$$

$\Psi_i$—— 实际输出角。

由图 10.7 可知

$$\Psi_i=\begin{cases}\pi-\alpha_i-\beta_i & (0\leqslant\varphi_i\leqslant\pi)\\ \pi-\alpha_i+\beta_i & (\pi\leqslant\varphi_i\leqslant 2\pi)\end{cases} \tag{10.43}$$

$$\alpha_i=\arccos\left[\frac{\rho_i^2+l_3^2-l_2^2}{2\rho_i l_3}\right] \tag{10.44}$$

$$\beta_i=\arccos\left[\frac{\rho_i^2+l_4^2-l_1^2}{2\rho_i l_4}\right] \tag{10.45}$$

$$\rho_i=\sqrt{l_1^2+l_4^2-2l_1l_4\cos\varphi_i} \tag{10.46}$$

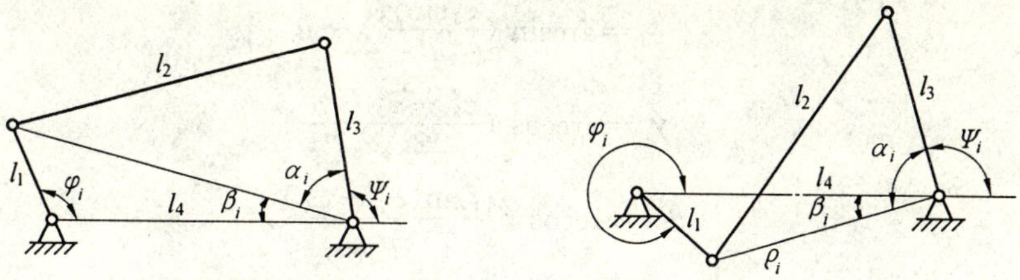


(a) $0\leqslant\varphi_i<\pi$　　(b) $\pi\leqslant\varphi_i<2\pi$

图 10.7　曲柄摇杆机构的运动学关系

3. 约束条件

根据曲柄摇杆机构曲柄存在的条件

$$\begin{cases} l_1 \leqslant l_2 \quad l_1 \leqslant l_3 \quad l_1 \leqslant l_4 \\ l_1 + l_4 \leqslant l_2 + l_3 \quad l_1 + l_2 \leqslant l_3 + l_4 \quad l_1 + l_3 \leqslant l_2 + l_4 \end{cases} \tag{10.47}$$

得约束条件

$$g_1(\boldsymbol{X}) = 1 - x_1 \leqslant 0 \tag{10.48}$$

$$g_2(\boldsymbol{X}) = 1 - x_2 \leqslant 0 \tag{10.49}$$

$$g_3(\boldsymbol{X}) = 1 - x_3 \leqslant 0 \tag{10.50}$$

$$g_4(\boldsymbol{X}) = 1 - x_1 - x_2 + x_4 \leqslant 0 \tag{10.51}$$

$$g_5(\boldsymbol{X}) = 1 - x_2 - x_3 + x_1 \leqslant 0 \tag{10.52}$$

$$g_6(\boldsymbol{X}) = 1 - x_1 - x_3 + x_2 \leqslant 0 \tag{10.53}$$

根据对传动角的要求及曲柄与机架处于共线位置时所得的 $\gamma_{\max}$，$\gamma_{\min}$ 和机构尺寸的关系，即

$$\gamma_{\max} = \arccos\left[\frac{l_2^2 + l_3^2 - (l_4 + l_1)^2}{2l_2 l_3}\right] \leqslant [\gamma_{\max}] \tag{10.54}$$

$$\gamma_{\min} = \arccos\left[\frac{l_2^2 + l_3^2 - (l_4 - l_1)^2}{2l_2 l_3}\right] \geqslant [\gamma_{\min}] \tag{10.55}$$

得约束条件

$$g_7(\boldsymbol{X}) = \arccos\left[\frac{x_1^2 + x_2^2 - (l_3 + 1)^2}{2x_1 x_2}\right] - [\gamma_{\max}] \leqslant 0 \tag{10.56}$$

$$g_8(\boldsymbol{X}) = [\gamma_{\min x}] - \arccos\left[\frac{x_1^2 + x_2^2 - (l_3 - 1)^2}{2x_1 x_2}\right] \leqslant 0 \tag{10.57}$$

这是一个具有 3 个设计变量，8 个不等式约束条件的约束优化设计问题，可选用约束优化方法程序来计算。

### 10.3.2　曲柄摇杆机构再现已知运动轨迹的优化设计

再现已知运动轨迹是指机构的连杆曲线尽可能地接近某一给定曲线。图 10.8 为一用向量表示的连杆机构简图。若在规定区间内的等分点 $i = 1,2,\cdots,m$ 处，给定曲线的坐标 $(x_{Ei}, y_{Ei})$ 为已知，而由四杆机构连杆上的某点 $E$ 所描绘的曲线的相应坐标 $(x_i, y_i)$，可用下列标量方程式表示。

$$\begin{cases} x_i = z_6 \cos\alpha + z_1 \cos\varphi_i + z_5 \cos(\lambda + \delta_i + \varphi_0) \\ y_i = z_6 \sin\alpha + z_1 \sin\varphi_i + z_5 \sin(\lambda + \delta_i + \varphi_0) \end{cases} \tag{10.58}$$

$$\delta_i = \arcsin\left(\frac{z_3 \sin\gamma_i}{\rho}\right) - \beta_i \tag{10.59}$$

$$\gamma_i = \arccos\left(\frac{z_2^2 + z_3^2 - \rho^2}{2z_2 z_3}\right) \tag{10.60}$$

$$\beta_i = \arccos\left(\frac{z_1 \sin(\varphi_i - \varphi_0)}{\rho}\right) \tag{10.61}$$

$$\rho = \sqrt{z_1^2 + z_4^2 - 2z_1 z_4 \cos(\varphi_i - \varphi_0)} \tag{10.62}$$

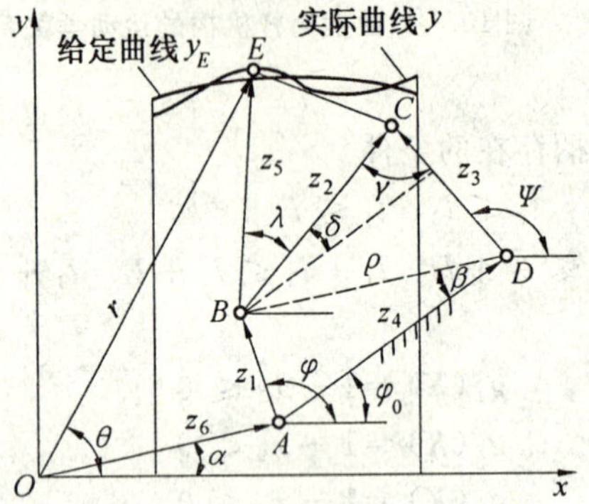


图 10.8　曲柄摇杆机构的向量关系

1. 设计变量

由上述可见，连杆上一点 $E$ 的坐标是杆长 $z_1$、$z_2$、$z_3$、$z_4$、$z_5$、$z_6$ 及角度 $\alpha$、$\varphi_0$、$\lambda$ 的函数，它们均应列为设计变量。若对曲柄转角提出要求时，$\varphi_i$ 也应列为设计变量，即

$$\begin{aligned} \boldsymbol{X} = &[x_1 \quad x_2 \quad x_3 \quad x_4 \quad x_5 \quad x_6 \quad x_7 \quad x_8 \quad x_9 \quad x_{10}]^{\mathrm{T}} = \\ &[z_1 \quad z_2 \quad z_3 \quad z_4 \quad z_5 \quad z_6 \quad \alpha \quad \varphi_0 \quad \lambda \quad \varphi_i]^{\mathrm{T}} \end{aligned} \tag{10.63}$$

2. 目标函数

若要求设计一个四杆机构，使其连杆上的一点 $E$ 所描绘的实际曲线 $y$ 尽可能地接近给定曲线 $y_E$，而其曲柄转角 $\varphi_i$ 尽可能地接近要求值时，目标函数可表示为

$$f(\boldsymbol{X}) = \omega_1 \sum_{i=1}^{m} (y_i - y_{Ei})^2 + \omega_2 \sum_{i=1}^{m-1} (\varphi_{i+1} - \varphi_i - \Delta\varphi_i)^2 \tag{10.64}$$

式中　$y_i$—— 实际曲线 $y$ 的离散值，由式(10.58) 给出；

$y_{Ei}$—— 已知曲线 $y_E$ 的离散值；

$\varphi_i$—— 与位置 $x_i$（由式(10.58)）有关的曲柄角度；

$\Delta\varphi_i$—— 要求的曲柄转角；

$\omega_1$、$\omega_2$—— 加权因子，根据目标函数中两种偏差的重要程度来选择。当曲柄的角度偏差不需考虑时，则取 $\omega_2 = 0$。

3. 约束条件

(1) 等式约束

根据图 10.8，用向量表示的四杆机构的两个环路方程为

$$\begin{cases} r = z_6 + z_1 + z_5 \\ z_1 + z_2 = z_4 + z_3 \end{cases} \tag{10.65}$$

则构成了 $4 \times m(i = 1, 2, \cdots, m)$ 个等式约束条件，即

$$h_{1i}(\boldsymbol{X})=x_i-z_6\cos\alpha-z_1\cos\varphi_i-z_5\cos(\lambda+\delta_i+\varphi_0)=0 \tag{10.66}$$

$$h_{2i}(\boldsymbol{X})=y_i-z_6\sin\alpha-z_1\sin\varphi_i-z_5\sin(\lambda+\delta_i+\varphi_0)=0 \tag{10.67}$$

$$h_{3i}(\boldsymbol{X})=z_1\cos\varphi_i+z_2\cos(\delta_i+\varphi_0)-z_4\cos\varphi_0-z_3\cos\Psi_i=0 \tag{10.68}$$

$$h_{3i}(\boldsymbol{X})=z_1\sin\varphi_i+z_2\sin(\delta_i+\varphi_0)-z_4\sin\varphi_0-z_3\sin\Psi_i=0 \tag{10.69}$$

式(10.66)～(10.69)形成了一个四杆机构及其连杆上 $E$ 点的轨迹。

(2) 不等式约束

根据问题的设计要求,可按满足许用转动角、曲柄存在条件及杆长的尺寸限制等列出不等式约束条件,见式(10.56)、式(10.57)、式(10.48)～(10.53)等。

这是一个同时具有等式约束和不等式约束的约束最优化问题,可用外点惩罚函数法或混合惩罚函数法求解。

### 10.3.3 实例计算

设计一曲柄摇杆机构,要求曲柄 $l_1$ 从 $\varphi_0$ 转到 $\varphi_m=\varphi_0+90^\circ$ 时,摇杆 $l_3$ 的转角最佳再现已知的运动规律为

$$\Psi_E=\Psi_0+\frac{2}{3\pi}(\varphi-\varphi_0)$$

且已知 $l_1=1, l_4=5, \varphi_0$ 为极限角,其传动角允许在 $45^\circ\leqslant\gamma\leqslant135^\circ$ 范围内变动。

**解** (1) 数学模型的建立

图 10.9 为该机构的运动简图。在这个问题中,已知 $l_1=1, l_4=5$,且 $\varphi_0$ 和 $\Psi_0$ 不是独立参数,它们由下式给出

$$\varphi_0=\arccos\left[\frac{(1+l_2)^2-l_3^2+25}{10(1+l_2)}\right]$$

$$\Psi_0=\arccos\left[\frac{(1+l_2)^2-l_3^2-25}{10l_3}\right]$$

所以该问题只有两个独立参数 $l_2$ 和 $l_3$,因此设计变量

$$\boldsymbol{X}=[x_1\quad x_2]^{\mathrm{T}}=[l_2\quad l_3]^{\mathrm{T}}$$

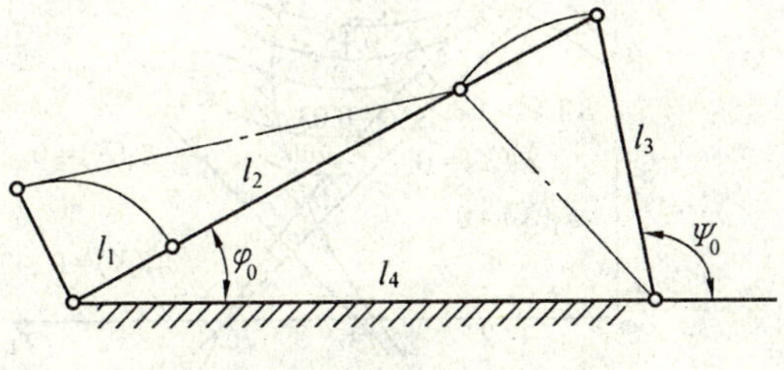


图 10.9 实例计算用机构简图

将输入角分成 30 等份,并用近似公式计算,可得目标函数的表达式为

$$f(\boldsymbol{X})=\sum_{i=1}^{30}[(\Psi_i-\Psi_{Ei})^2(\varphi_i-\varphi_{i-1})]$$

式中 $\Psi_i$—— 当 $\varphi=\varphi_i$ 时的机构实际输出角;

$\Psi_{Ei}$—— 当 $\varphi=\varphi_i$ 时的机构理想输出角。

$\Psi_i$ 由下式计算

$$\Psi_i = \pi - \alpha_i - \beta_i$$

$$\alpha_i = \arccos\left(\frac{r_i^2 + l_3^2 - l_2^2}{2r_i l_3}\right) = \arccos\left(\frac{r_i^2 + x_2^2 - x_1^2}{2r_i x_2}\right)$$

$$\beta_i = \arccos\left(\frac{r_i^2 + l_4^2 - l_1^2}{2r_i l_4}\right) = \arccos\left(\frac{r_i^2 + 24}{10r_i}\right)$$

$$r_i = \sqrt{l_1^2 + l_4^2 - 2l_1 l_4 \cos\varphi_i} = \sqrt{26 - 10\cos\varphi_i}$$

$\Psi_{Ei}$ 由下式计算

$$\Psi_{Ei} = \Psi_0 + \frac{2}{3\pi}(\varphi_i - \varphi_0)^2$$

约束函数按曲柄存在条件和对传动角的限制要求来确定，即

$$g_1(\boldsymbol{X}) = -x_1 \leqslant 0$$

$$g_2(\boldsymbol{X}) = -x_2 \leqslant 0$$

$$g_3(\boldsymbol{X}) = 6 - x_1 - x_2 \leqslant 0$$

$$g_4(\boldsymbol{X}) = x_1 - x_2 - 4 \leqslant 0$$

$$g_5(\boldsymbol{X}) = x_2 - x_1 - 4 \leqslant 0$$

$$g_6(\boldsymbol{X}) = x_1^2 + x_2^2 - 1.414x_1x_2 - 16 \leqslant 0$$

$$g_7(\boldsymbol{X}) = 36 - x_1^2 - x_2^2 - 1.414x_1x_2 \leqslant 0$$

(2) 优化计算结果

这是一个具有 2 个设计变量，7 个不等式约束条件的约束最优化问题，该问题的图解如图 10.10 所示。可行域为由 $g_6(\boldsymbol{X})=0$ 和 $g_7(\boldsymbol{X})=0$ 的两条曲线所围成的区域，该问题采用惩罚函数法求解，最优解为

$$\boldsymbol{X}^* = \begin{bmatrix} 4.128\,6 \\ 2.332\,5 \end{bmatrix} \quad f(\boldsymbol{X}^*) = 0.015\,6$$

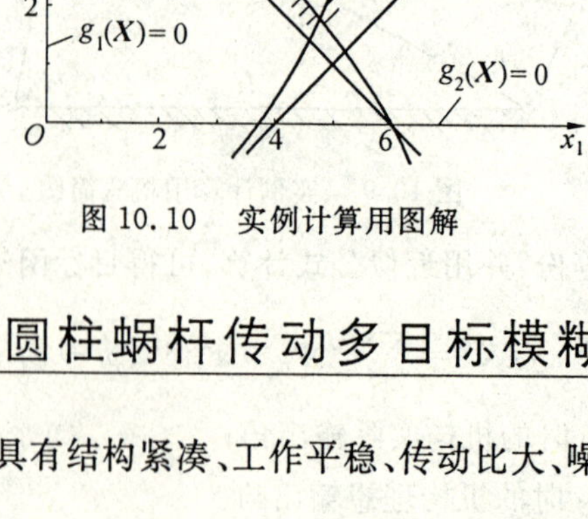

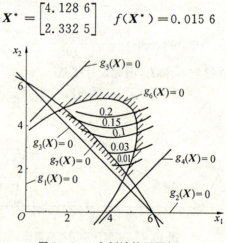

图 10.10 实例计算用图解

## 10.4 普通圆柱蜗杆传动多目标模糊优化设计

由于普通圆柱蜗杆传动具有结构紧凑、工作平稳、传动比大、噪声小等特点，因此在机械传动中广泛使用。

设计离心泵站传动装置的 ZA 圆柱蜗杆减速器。已知输入功率 $P_1 = 7.5$ kW，转速 $n_1 =$

1 450 r/min，传动比 $i=20$。载荷平稳，蜗杆材料为45号钢，表面淬火硬度为40～55 HRC。蜗轮材料为ZCuSn10Pl，砂模铸造。

### 10.4.1 数学模型

1. 设计变量

在传动比 $i$、输入功率 $P_1$ 及 $n_1$ 一定的情况下，对于单蜗杆传动可选取蜗杆头数 $z_1$、模数 $m$、直径系数 $q$ 为设计变量，即

$$\boldsymbol{X}=[x_1 \quad x_2 \quad x_3]^{\mathrm{T}}=[z_1 \quad m \quad q]^{\mathrm{T}} \tag{10.70}$$

2. 目标函数

这里选取蜗轮齿冠体积最小和蜗杆挠曲量最小为目标函数以减少贵重金属的用量，降低成本和减小蜗杆变形提高蜗杆传动精度

$$f(\boldsymbol{X})=[f_1(\boldsymbol{X}) \quad f_2(\boldsymbol{X})]^{\mathrm{T}} \tag{10.71}$$

蜗轮齿冠体积 $V$ 由下式给出

$$V=\frac{\pi b(d_{\mathrm{e}}^2-d_0^2)}{4} \tag{10.72}$$

式中 $d_{\mathrm{e}}$—— 齿圈外径，mm，$d_{\mathrm{e}}=d_{\mathrm{a2}}+m=mz_2+3m$；

$d_0$—— 内径，mm，$d_0=d_{\mathrm{f}}-2m=mz_2-6.4m$；

$b$—— 齿宽，mm，$b=0.65d_{\mathrm{a1}}=0.65m(q+2)$；

$d_{a2}$—— 蜗轮齿顶圆直径，mm；

$m$—— 模数，mm；

$z_2$—— 蜗轮齿数，$z_2=iz_1$；

$d_{f2}$—— 蜗轮齿根圆直径，mm；

$z_1$—— 蜗杆头数；

$d_{a1}$—— 蜗杆齿顶圆直径，mm；

$q$—— 蜗杆直径系数。

将上式关系代入蜗轮齿圈的体积计算式中，经过整理得目标函数为

$$f_1(\boldsymbol{X})=V=\frac{0.65\pi m^3(q+2)}{4}[(iz_1+3)^2-(iz_1-6.4)^2] \tag{10.73}$$

为使蜗杆轴挠曲量减小，需使蜗杆轴刚度趋于最大，蜗杆轴的挠曲主要是由圆周力 $F_{t1}$ 和径向力 $F_{r1}$ 造成的，轴的啮合部位引起的挠曲量为

$$f_2(\boldsymbol{X})=\delta=\frac{\sqrt{F_{t1}^2+F_{r1}^2}}{48EJ}L^3 \tag{10.74}$$

3. 约束函数

(1) 齿面接触应力 $\sigma_H$ 小于许用接触应力 $[\sigma_H]$，即

$$g_1(\boldsymbol{X})=\sigma_H=Z_E\sqrt{\frac{9K_AT_2}{m^3qz_2^2}}\leqslant[\sigma_H] \tag{10.75}$$

式中 $\sigma_H$—— 齿面接触应力，MPa；

$[\sigma_H]$—— 蜗轮齿圈材料的许用接触应力，MPa；

$Z_E$—— 蜗轮弹性系数，$\sqrt{\mathrm{MPa}}$；

$K_A$—— 载荷系数；

$T_2$—— 蜗轮传递的转矩，N·mm。

(2) 蜗轮齿根弯曲应力 $\sigma_F$ 小于许用弯曲疲劳应力$[\sigma_F]$，即

$$g_2(\boldsymbol{X})=\sigma_F=\frac{1.64K_AT_2}{m^2d_1z_2}Y_{Fa}Y_\beta\leqslant[\sigma_F] \tag{10.76}$$

式中 $\sigma_F$—— 轮齿弯度疲劳应力，MPa；

$[\sigma_F]$—— 蜗轮许用弯曲疲劳应力，MPa；

$Y_{Fa}$—— 蜗轮齿形系数；

$Y_\beta$—— 螺旋角系数。

(3) 齿面的相对滑动速度 $V_s$ 小于最大许用相对滑动速度$[V_s]$，即

$$g_3(\boldsymbol{X})=V_s=\frac{mn_1}{19\,100}\sqrt{q^2+z_1^2}\leqslant[V_s] \tag{10.77}$$

(4) 设计变量的边界约束，即

$$g_4(\boldsymbol{X})=z_1-z_1^u\leqslant 0 \tag{10.78}$$

$$g_5(\boldsymbol{X})=z_1^l-z_1\leqslant 0 \tag{10.79}$$

$$g_6(\boldsymbol{X})=m-m^u\leqslant 0 \tag{10.80}$$

$$g_7(\boldsymbol{X})=m^l-m\leqslant 0 \tag{10.81}$$

$$g_8(\boldsymbol{X})=q-q^u\leqslant 0 \tag{10.82}$$

$$g_9(\boldsymbol{X})=q^l-q\leqslant 0 \tag{10.83}$$

$$g_{10}(\boldsymbol{X})=z_2-z_2^u\leqslant 0 \tag{10.84}$$

$$g_{11}(\boldsymbol{X})=z_2^l-z_2\leqslant 0 \tag{10.85}$$

式中 $l$—— 约束上限；

$u$—— 约束下限。

各模糊约束的取值见表 10.2。

**表 10.2 模糊约束的上下限**

| 上下限 | | $[\sigma_H]$ /MPa | $[\sigma_F]$ /MPa | $[V_S]$ /(m·s$^{-1}$) | $z_1$ | $m$ | $q$ | $z_2$ |
|---|---|---|---|---|---|---|---|---|
| 上界 | 上限 | 182 | 87 | 16 | 2 | 3 | 8 | 30 |
| | 下限 | 173 | 82 | 15 | 1 | 2 | 6 | 27 |
| 下界 | 上限 | — | — | — | 6 | 20 | 18 | 86 |
| | 下限 | — | — | — | 4 | 18 | 16 | 80 |

4. 模糊约束的非模糊处理

各模糊约束的隶属函数应根据约束的性质及设计要求来确定，这里就对性能约束和边界约束两类模糊子集，采用线性隶属函数，并构造各子目标函数的隶属函数。

(1) 性能约束隶属函数 $\mu_{Gj}(\boldsymbol{X})$

$$\mu_{Gj}(\boldsymbol{X})=\begin{cases}1 & (g_j(x)\leqslant b_j)\\ [(b_j+d_j)-g_j(x)]/b_j & (b_j<g_j(x)<b_j+d_j)\\ 0 & (g_j(x)\geqslant b_j+d_j)\end{cases} \tag{10.86}$$

(2) 设计变量约束隶属函数 $\mu_{xj}$

$$\mu_{xj}=\begin{cases}1 & (x_j^l<x_j<x_j^u)\\ 1-\dfrac{(x_j-x_j^u)}{d_l^u} & (x_j^u\leqslant x_j\leqslant x_j^u+d_j^u)\\ 1+\dfrac{(x_j-x_j^l)}{d_j^l} & (x_j^l-d_j^l\leqslant x_j\leqslant x_j^l)\\ 0 & (x_j>x_j^u+d_j^u \text{ 或 } x_j<x_j^l-d_j^l)\end{cases}\tag{10.87}$$

(3) 各子目标函数的模糊目标 $\underset{\sim}{F}_i$ 的隶属函数 $\mu_{fi}(\boldsymbol{X})$

$$\mu_{fi}(\boldsymbol{X})=\begin{cases}1 & (f_i(\boldsymbol{X})\leqslant f_i^{\min})\\ \left[\dfrac{f_i^{\max}-f_i(\boldsymbol{X})}{f_i^{\max}-f_i^{\min}}\right]^q & (f_i^{\min}<f_i(\boldsymbol{X})<f_i^{\max})\\ 0 & (f_i(\boldsymbol{X})\geqslant f_i^{\max})\end{cases}\tag{10.88}$$

### 10.4.2 算法及实现过程

采用 MATLAB 实现蜗杆传动多目标模糊优化算法,用数学方法来描述最优化问题。模型中的数学关系式反映了最优化问题所要达到的目标和各种约束条件。MATLAB 常用的数学模型为

$$\begin{cases}\min\limits_{X\in R^n} f(x)\\ \text{s.t.}\quad \boldsymbol{Ax}\leqslant \boldsymbol{b}\\ \boldsymbol{Aeqx}=\boldsymbol{beq} & (\text{线性等式约束})\\ c(x)\leqslant 0 & (\text{大量线性不等式约束})\\ Ceq(x)=0 & (\text{非线性等式约束})\\ \boldsymbol{lb}\leqslant \boldsymbol{x}\leqslant \boldsymbol{ub} & (x\text{ 的下界和上界})\end{cases}\tag{10.89}$$

式中,$\boldsymbol{x}$、$\boldsymbol{b}$、$\boldsymbol{beq}$、$\boldsymbol{lb}$ 和 $\boldsymbol{ub}$ 均为向量;$\boldsymbol{A}$ 和 $\boldsymbol{Aeq}$ 为矩阵;$c(x)$ 和 $Ceq(x)$ 为函数。在 MATLAB 中解决非线性多目标优化问题由 fmincon() 和 fminimax() 函数来实现,其程序框图如图 10.11 所示。

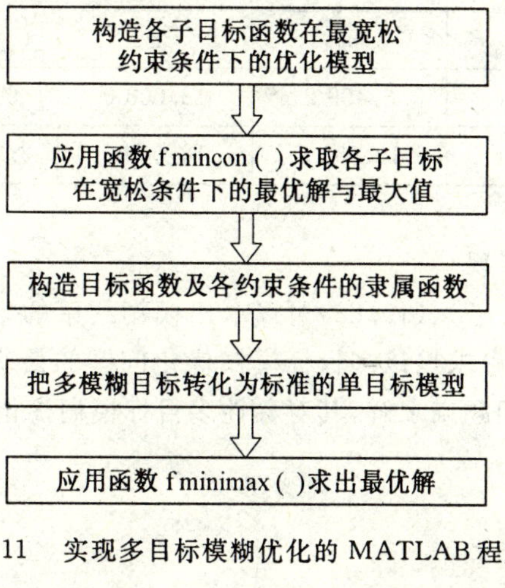


图 10.11 实现多目标模糊优化的 MATLAB 程序框图

根据公式(10.73)～(10.85),代入相应的参数,编写MATLAB的M文件。

1. 求约束最宽松条件下单目标最优解

在约束最宽松的条件下先求 $\boldsymbol{X}$ 的最优值,各参数选取,编写相应的程序如下。

① 编写目标函数 $f_1(\boldsymbol{X})$ 的 wormobj1.m 文件

```
function f=wormobj1(x)
f=0.51*x(2)^3*(x(3)+2)*((20*x(1)+3)^2-(20*x(1)-6.4)^2)
```

②编写约束函数 worm.m 文件

```
function [C,Ceq]=worm(x)
C(1)=20900*sqrt(1/(x(2)^3*x(3)*x(1)^2))-182;
…
C(5)=27-20*x(1);
Ceq=[];
```

③编写常量,变量取值范围 wormconst.m 文件

```
lb=[1,2,6];%设计变量下限
ub=[6,20,18]; %设计变量上限
x0=[1,2,6];%变量初始值
options = optimset('display','off','LargeScale','off');
%计算非线性约束的最优值;
[x,f]=fmincon('wormobj1',x0,[],[],[],[],lb,ub,'worm',options)
```

在MATLAB命令窗口输入:wormconst,就可以得到最优解。

最优解为 $\boldsymbol{X}^*=[\ 4.300\ 0,\ 3.409\ 2,\ 18.000\ 0]$,$f_1^{\min}=6.405\ 1e5$;

同上述步骤①～③,可求出蜗杆挠曲量的最优解。

$\boldsymbol{X}^*=[\ 1.350\ 0,\ 10.953\ 6,\ 18.000\ 0]$,$f_2^{\min}=2.216\ 4e-4$;

把 $\boldsymbol{X}^*$ 代入其余的子目标函数,便得到 $f_i^{\max}$ 的值,其中 $f_1^{\max}=6.376\ 1e6$,$f_2^{\max}=0.024\ 4$;其各子目标优化参数见表10.3。

**表10.3 单目标模糊优化的最优解、最优值和最大值**

| 单目标函数 | 最优解 $\boldsymbol{X}^*$ | | | 最优值 $f_i^{\min}$ | 最大值 $f_i^{\max}$ |
|---|---|---|---|---|---|
| | $z_1$ | $m$ | $q$ | | |
| $f_1(\boldsymbol{X})$ | 4.300 0 | 3.409 2 | 18.000 0 | 6.405 1e5 | 6.376 1e6 |
| $f_2(\boldsymbol{X})$ | 1.350 0 | 10.953 6 | 18.000 0 | 2.216 4e−4 | 0.024 4 |

2. 多目模糊优化算法实现

利用公式(10.86)、(10.87)、(10.88)可以求出模糊约束的隶属函数和目标函数的隶属函数,利用最大最小值法可以求出该多目标模糊优化问题的最优解。把多目标模糊优化问题转化为单目标模糊优化问题来求解,其对称性多目标模糊优化模型如下。

$$
\begin{cases}
\min\limits_{X\in R^n \ \lambda\in R^1}(-\lambda) \\
\mu_{f1}=\lambda-\left[\dfrac{6.376\ 1e6-f_1(\boldsymbol{X})}{5.7356e6}\right]^{1/2}\leqslant 0 \\
\mu_{f2}=\lambda-\left[\dfrac{0.024\ 4-f_2(\boldsymbol{X})}{0.024\ 2}\right]^{1/2}\leqslant 0 \\
\lambda-\dfrac{182-\sigma_H}{9}\leqslant 0 \\
\lambda-\dfrac{87-\sigma_F}{5}\leqslant 0 \\
\lambda-\dfrac{16-V_S}{1}\leqslant 0 \\
\lambda-\mu_i(\boldsymbol{X})\leqslant 0 \\
\lambda-1\leqslant 0 \\
-\lambda\leqslant 0
\end{cases}
\tag{10.90}
$$

运用 MATLAB 工具箱 fminimax 函数来编写程序。

①编写目标函数 multi_obj.m 文件

```
function f=multi_obj(x)
f=-x(4);
```

②编写约束的隶属函数 multi.m 文件

```
function [C,Ceq]=multi(x)
%各性能隶属度约束
C(1)=x(4)-sqrt((6.3762e6-(0.51*x(2)^3*(x(3)+2)*((20*x(1)+3)^2-(20*x(1)-6.4)^2)))/5.7356e6);
...
C(5)=x(4)-(16-x(2)* 0.0759*sqrt(x(3)^2+x(1)^2))/1;
Ceq=[];
```

③编写常量及设计变量的取值范围的 multi_const.m 文件

```
lb=[1,2,6,0];
ub=[6,20,18,1];
x0=[1,2,6,0.5];
%各设计变量隶属度约束
A=[-1,0,0,1;1,0,0,2;0,-1,0,1;0,1,0,2;0,0,-1,2;0,0,1,2];
b=[-1,6,-2,20,-6,18]';
x=fminimax('multi_obj',x0,A,b,[],[],lb,ub,'multi')
```

在命令窗口中输入 multi_const,则可以计算出最优解 $\boldsymbol{X}=[2.171\ 9,\ 5.727\ 0,\ 16.255\ 1,\ 0.872\ 4]$,则

$z_1=2.171\ 9, m=5.727\ 0, q=16.255\ 1, \lambda=0.872\ 4$。

同以上步骤可求出非对称多目标模糊优化问题的最优值,其各求解模型优化结果见表10.4。

圆整后的优化解在可行域范围内，蜗轮齿冠体积和蜗杆轴挠曲量为 1.427 8e6 和 0.002 7，即蜗轮齿冠体积比原设计方案目标值下降了 36.72%，蜗杆轴挠曲量也比原设计方案下降了 84.48%，大大提高了传动刚度。

表 10.4　多目标模糊优化的最优解和最优值

| 求解模型 | 最优解 $X^*$ | | | 最优值 | |
|---|---|---|---|---|---|
| | $z_1$ | $m$ | $q$ | $f_1(X)^*$ | $f_2(X)^*$ |
| 原设计方案 | 2 | 8 | 10 | 2.256 2e6 | 0.017 4 |
| 对称性多目标模糊优化 | 2.171 9 | 5.727 0 | 16.255 1 | 1.372 2e6 | 0.003 3 |
| 非对称多目标模糊优化 | 2.285 9 | 5.544 3 | 16.032 1 | 1.297 0e6 | 0.004 2 |
| 圆整后设计方案 | 2 | 6 | 16 | 1.427 8e6 | 0.002 7 |

## 10.5　基于 ANSYS 软件的优化过程简介

ANSYS 软件是融结构、流体、电场、磁场、声场分析于一体的大型通用有限元分析软件，由美国 ANSYS 公司开发，是现代产品开发中的高级计算机辅助工具之一。基于有限元分析理论，ANSYS 软件涵盖了很强的优化分析功能，主要包括设计优化、形状优化等。

### 10.5.1　采用 ANSYS 软件实现优化设计的基本过程

ANSYS 的优化分析过程与传统的优化设计过程相类似，在优化设计之前，要首先确定设计变量(Design Variables)、状态变量(State Variables)和目标函数(Objective Function)。一般情况下 ANSYS 优化的数学模型要用参数化来表示，其中包括设计变量、约束条件和目标函数的参数化表示。对于多目标函数的优化，可以采用统一目标函数法将多目标问题转化为单目标问题来求解。由于 ANSYS 的优化技术是建立在有限元分析基础上，在进行优化设计之前，首先要完成该参数化模型的有限元分析，其中包括前处理、施加载荷和边界条件并求解、后处理，并将该分析过程作为一个分析文件保存，以便于优化设计过程的再次利用。

ANSYS 提供了两类优化方法即零阶方法与一阶方法。零阶方法属于直接法，它是通过调整设计变量的值，采用曲线拟合的方法去逼近状态变量和目标函数，可以很有效地处理大多数的工程问题。一阶方法为间接法，是基于目标函数对设计变量的敏感程度的方法，在每次迭代中，计算梯度确定搜索方向。由于该方法在每次迭代中要产生一系列的子迭代，它所占用的时间相对较多，但是其计算精度要高，适合于精确的优化分析。另一方面，ANSYS 可以将多种优化方法混合使用，为了提高收敛速度，用户可以先采用某种优化方法迭代几次，然后再利用其他方法进行迭代。对于这两类方法，ANSYS 程序提供了一系列的分析—评估—修正的循环过程，即对初始设计进行分析，对分析结果就设计要求进行评估，然后修正设计，这一循环过程重复进行直到所有的设计要求都满足为止。

ANSYS优化结果数据库文件Jobname.opt中记录有当前的优化环境，包括优化变量定义、参数、所有优化设置和设计序列集合。在优化结果序列中，完全满足状态变量规定约束条件的结果序列解释可行的优化序列，可行的优化结果序列中包含一个最优设计序列。在优化结果序列中并不一定所有的结果序列完全满足状态变量规定的约束条件，这些不满足优化约束条件的优化序列称之为不可行的优化结果序列。

ANSYS优化分析过程可以采用批处理的方式或GUI交互方式来完成，其中，GUI交互方式适合于一般用户；批处理方式利用ANSYS的APDL参数化语言实现，适合于对ANSYS命令和APDL语言熟悉的人员，或者大型的复杂优化问题。基于APDL的ANSYS优化设计主要分析过程如下。

(1)利用APDL的参数技术和ANSYS的命令创建参数化分析文件，用于优化循环，主要包含以下面步骤。

①在前处理器中建立参数化的模型；

②在求解器中求解；

③在后处理器中提取并指定状态变量和目标函数。

(2)进入优化设计器OPT，执行优化分析过程。

①指定分析文件；

②声明优化变量，包括设计变量、状态变量和目标函数；

③选择优化工具或优化方法；

④进行优化分析；

⑤查看优化设计序列结果。

(3)检验设计优化序列。

### 10.5.2 ANSYS中的优化方法原理

优化方法是使单个函数(目标函数)在约束条件下达到最小值的传统化的方法。ANSYS程序提供了一系列优化工具和方法。下面对ANSYS中的优化工具和方法进行简要的叙述。

1.单步运行法

单步运行法(Single Run Method)是“设计优化(Design Optimization)”模块确省设置的优化方法，每执行一次循环，实现一次优化循环，并求出一个FEA解。可以通过一系列的单次循环，每次求解前设定不同的设计变量来研究目标函数与设计变量的变化关系。该方法往往为其他优化方法或工具提供一个初始优化序列，如扫描方法或子问题方法(Sub Problem method)等。

2.随机搜索法

随机搜索方法(Random Search Method)进行多次循环，每次循环设计变量随机变化，用户可以指定最大循环次数和期望合理解的数目。本工具主要用来研究整个设计空间，并为以后的优化分析提供合理的初始解，如往往作为零阶方法的前期优化处理。另外，该方法也可以用来完成一些小的优化设计任务，例如可以做一系列的随机搜索，然后通过查看结果来判断当前设计空间是否合理。

3. 乘子法

乘子法(Multiplier Method)该方法是利用设计变量极限值来生成设计序列,主要目的是分析目标函数和状态变量的关系以及设计变量对目标函数的影响。

4. 最优梯度法

最优梯度法(Optimum Gradient Method)对指定的参考设计序列,计算目标函数和状态变量对设计变量的梯度。参考设计序列可以指定为某个具体的设计序列,或者已经获得的最优设计序列,或者最后获得的设计序列。使用最优梯度方法可以确定局部的设计敏感性。

5. 扫描法

扫描法(DV Sweeps Method)用于在设计空间内完成扫描分析,它按照单一步长在每次计算后将设计变量在变化范围内加以改变,从而获得多个设计序列。对于目标函数和状态变量的整体变化评估可以用该方法进行实现。

6. 子问题法

子问题法(Sub-Problem Method)按照单一步长在每次计算后将设计变量在变化范围内加以改变。对于目标函数和状态变量的整体变化评估可以用本工具实现。

7. 一阶优化法

一阶优化法(First-Order Method)使用因变量对设计变量的偏导数,在每次迭代中,计算梯度确定搜索方向,并用线搜索法对无约束问题进行最小化,因此,每次迭代都由一系列子迭代组成。采用该方法需要指定最大迭代次数(NITR)、线搜索步长范围(SIZE)以及设计变量变化程度的正偏差(DELTA)。

8. 用户优化算法

用户优化算法(User Optimization Method)替代 ANSYS 的优化工具,用户可以用外部过程(USEROP)来执行自己的优化方法和工具。

上述方法中除了一阶优化法和用户优化算法之外,其他方法皆为零阶方法,一阶优化法为一阶方法。

### 10.5.3 ANSYS 优化典型实例

【例 10.1】 利用 ANSYS 的 APDL 语言求正弦函数 $f(\alpha)=\sin(\alpha)$ 在 $4\leqslant\alpha\leqslant5$ 上 的极小点。优先利用操作系统的记事本创建一个分析文件 sin. mac, 其中包含下面一行语句: $y=\sin(x)$,然后,利用记事本创建 APDL 命令流文件 SinOpt. txt,其包含的命令如下。

```
finish
/clear
/filnam, SinOpt
x=4
/input,'sin','mac',',,0
/opt                                ! 进入 ANSYS 优化处理器
opclr
opanl,'func','mac',''               ! 指定分析文件名称
opvar,x,dv,4,5                      ! x 为设计变量,变化范围为[4, 5]
```

```
opvar,y,obj,0.1                    ! y为目标函数,并给定初始值
                                   ! 优化控制设置选项
opdata,,,                          ! 指定优化数据的存储文件名
oploop,top,proc,all                ! 控制读取分析文件的方式
opprnt,on                          ! 指定是否存储计算的详细信息
opkeep,on                          ! 存储数据库和结果
                                   ! 第一次优化:单步优化
optype,run
opexe
                                   ! 第二次优化:子问题方法
optype,subp
opsubp,50,10,
opeqn,2,0,2,0,0,
opexe
oplist,all,,0                      ! 列出所有设计序列
                                   ! 绘制优化过程中X-Y曲线
xvaropt,x
plvaropt,y
```

将上述两个文件放置在ANSYS的工作目录中,在ANSYS启动后,利用菜单File > Read Input from...选择SinOpt.txt文件,将执行优化过程。优化结束后将显示优化过程中的$X-Y$曲线和优化序列,如图10.12和图10.13所示。目标函数的极小点为$x$取4.723 8时,$y$为$-0.999\ 93$。

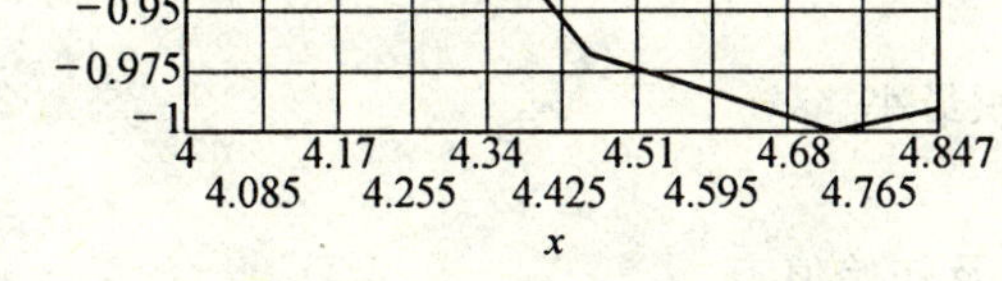

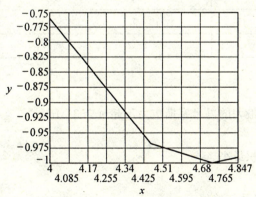

图10.12 优化过程中$X-Y$曲线

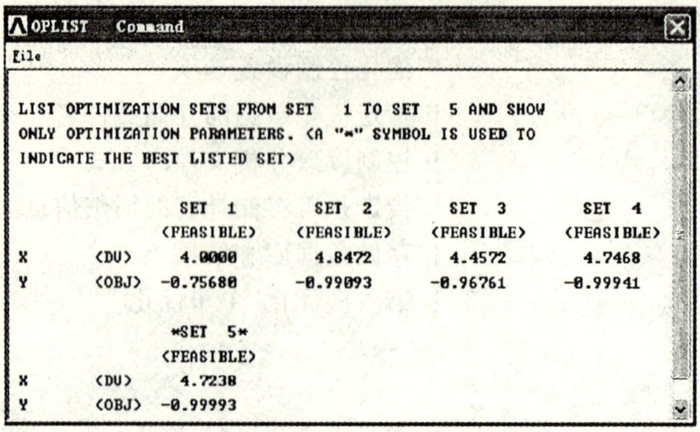


图 10.13 所有的设计序列

**【例 10.2】** 对中央有圆孔的正方形平板零件，圆孔处受到均匀的压力 70 MPa。本问题的目标是改变平板的三维尺寸以及孔的直径使得在满足最大的冯米塞斯(Von Mises)应力不超过 125 MPa 的条件下，结构的体积最小。考虑到模型的对称性，取模型的 1/4 进行建模，采用 ANSYS 的 PLANE2 单元对结构进行网格划分。零件的弹性模量为 210 GPa，泊松比为0.3。

1. 设计变量

模型中平板的三维尺寸以及孔的直径为设计变量，其参数变化范围见表 10.5。

**表 10.5 设计参数的变化范围**

| 设计参数 | 最小值 | 最大值 |
|---|---|---|
| 高度 $H$/mm | 10 | 15 |
| 宽度 $W$/mm | 10 | 15 |
| 厚度 $T$/mm | 0.1 | 0.3 |
| 内孔半径 $R$/mm | 2 | 4 |

2. 状态变量

整个结构所受到的最大的冯米塞斯应力不超过 353 MPa。

3. 目标函数

有孔平板结构的体积最小。

4. 主要计算步骤

(1)定义设计变量以及初始值

在工具菜单上，选择 Parameters > Scalar Parameters，在 Selection 下面的空格上，输入 $H = 12$，并键击 Accept；输入 $W = 12$，并键击 Accept；输入 $R = 3$，并键击 Accept；输入 $T = 0.2$，并键击 Accept；键击 Close 关闭对话框。

在工具菜单上，选择 PlotCtrls > Numbering，系统将弹出绘图控制对话框，将直线的显示方式切换为 ON，并选择 OK 退出。

(2)定义单元类型、平板厚度以及材料属性

①定义单元类型与参数选项。在主菜单上，选择 Preprocessor > Element Type >

Add/Edit/Delete > Add。在 library of Element Types 域中选择 Structural Solid 中的 Triangle 6 node 2 单元，键击 OK 关闭对话框。系统将回到 Element Types 对话框。在对话框中键击 options...设置该单元的参数选项，在 Element behavior K3 域中设置为 Plane strs w/thk，并选择 Close 退出。

②定义实常数。在主菜单上，选择 Preprocessor > Real Constants > Add/Edit/Delete > Add。在 Element Type for Real Constants 对话框中选择 OK 设置实常数，在弹出的对话框中设置 Thickness 为 T，并选择 OK 退出。

③定义材料属性。在主菜单上，选择 Preprocessor > Material Props > Material Models>Structural>Linear> Elastic > Isotropic。设置弹性模量 EX 为 2.1e5，泊松比 PRXY 为 0.3。选择 OK 退出对话框。系统返回 Define Material Model Behavior 对话框，在 Material 菜单中，选择 Exit 退出该对话框，返回系统主界面。

(3) 利用尺寸变量建立模型

在主菜单上，选择 Preprocessor > Modeling > Create > Areas > Rectangle > By Dimensions。如图 10.14 所示，在 X1 处填入 0，在 X2 处填入 W；在 Y1 处填入 0，在 Y2 处填入 H，选择 OK 退出。

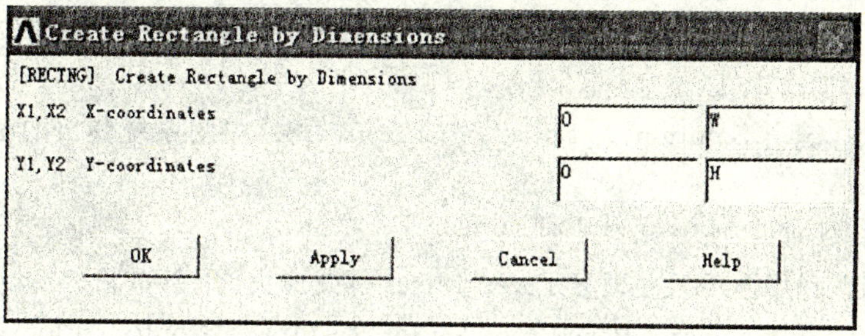


图 10.14 参数化建立矩形平面

在主菜单上，选择 Preprocessor > Modeling > Create > Areas > Circle > Solid Circle，输入半径 Radius 为 R，选择 OK 退出。

在主菜单上，选择 Preprocessor > Modeling > Operate > Booleans > Subtract > Areas，选择所建立的正方形，并键击 Apply，选择建立的圆形，并键击 OK，将圆面从正方形中减除，形成二维有孔平板的四分之一结构，如图 10.15 所示。

(4)划分网格

在主菜单上，选择 Preprocessor > Meshing > Mesh Tool。在弹出的 MeshTool 对话框中，设置直线上单元的尺寸，键击 Lines 的 Set 按钮，选择标号为 L2 和 L3 的两条线，并键击 Apply，在弹出的 Element Sizes on Picked Lines 对话框中，设置 NDIV 的值为 6，并键击 Apply。按照上面的方法键击 Lines Set 按钮，选择标号为 L9、L10 和 L5 的 3 条线，并键击 Apply，设置 NDIV 的值为 10，并键击 OK 退出。

系统返回 MeshTool 对话框，键击 Mesh 按钮，选择所建立的面域模型对二维有孔平板结构进行网格划分，如图 10.16 所示。网格划分后，键击 OK 退出。

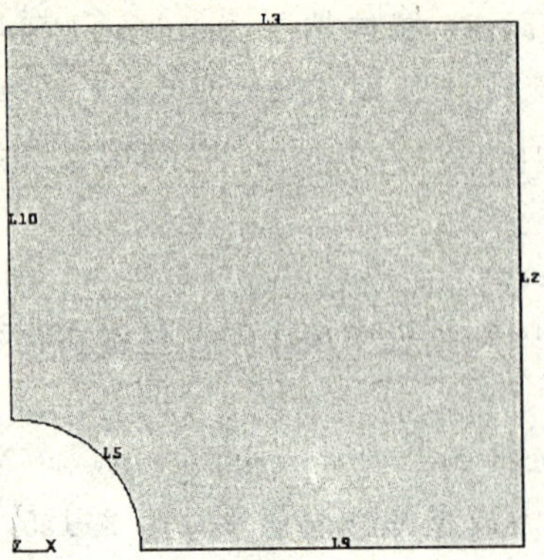


图 10.15 二维有孔平板四分之一结构

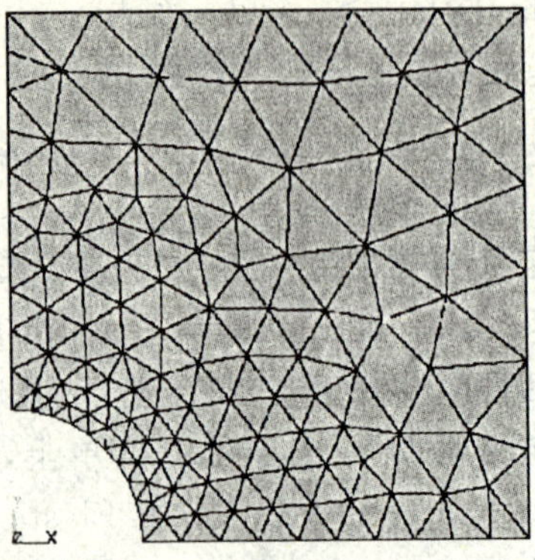

图 10.16 有孔平板网格图

(5)施加载荷和边界条件

在主菜单上,选择 Solution > Define Loads > Apply > Structural > Displacement > Symmetry B.C. > On Lines。选择 L9 和 L10 号线,并选择 OK。

在主菜单上,选择 Solution > Define Loads > Apply > Structural > Pressure > On Lines。选择第 5 号线,并选择 OK。输入压力值 PRES value 为 70,并选择 OK 退出。

(6)求解

在主菜单中,键击 Solution > Solve > Current LS。关闭系统弹出的信息框,并选择 OK,进行分析计算。

(7)查看求解结果

计算完成后,利用通用后处理显示 von Mises 等效应力,命令如下:

在主菜单上,选择 General Post Proc > Plot Results > Contour Plot > Nodal Solu。系统将弹出 Contour Nodal Solution Data 对话框。选择命令 Nodal Solution > Stress > von Mises Stress. 选择 OK 进行显示,则在主界面中将显示应力云图。

对节点的应力值进行排序。在主菜单上,选择 General Post Proc > List Results > Sorted Listing > Sort Nodes。系统弹出 Sort Nodes 对话框,在 Item, Comp Sort nodes based on 域中选择 Stress 并在右侧栏中选择 von Mises SEQV,并选择 OK。

(8)创建优化过程数据表

①在工具菜单上,选择 Parameters > Get Scalar Data > Results Data > Global Measures,选择 OK。如图 10.17 所示,系统将弹出 Get Global Measures from Selected Node Set 对话框。提取应力 Stress 的子项目 von Mises SEQV,并将参数定义(Name of Parameter to be defined)为 SMAX。键击 OK 退出。

②在主菜单中,选择 General Postproc > Element Table > Define Table > Add。系统弹出 Define Additional Element Table Items 对话框,在 Lab User Label for item 区域填入 VOLUME,在 Item, Comp Results data item 域中选择 Geometry 和子项目 Elem volume VOLU,并选择 OK。键击 Close 关闭对话框。

在主菜单中,选择 General Postproc > Element Table > Sum of Each Item > OK,系统弹出 SSUM Command 信息窗口,显示 TOTAL VOLUME 为 27.386 3(当前参数下1/4 平板的体积)。

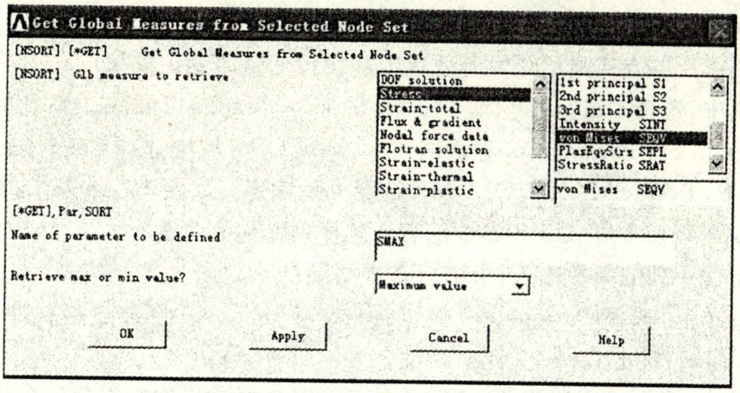


图 10.17 定义最大 von Mises 应力参数

在工具菜单上，选择 Parameters > Get Scalar Data > Results Data > Elem Table Sums > OK，在 Name of Parameter to be defined 区域中填写 VOLUME，键击 OK 退出。

(9)指定优化过程日志文件

在工具菜单上，选择 File > Write DB Log File，键入文件名 Plate，并选择 OK 退出。

(10)指定优化文件

在主菜单中，选择 Design Opt > Analysis File > Assign，键入文件名 Plate，并选择 OK 退出。

(11)指定设计变量(平板的长、宽、高以及内孔半径)

在主菜单中，选择 Design Opt > Design Variables > Add。系统弹出 Define a Design Variable 对话框。选择 H，给定 MIN 为 10 ，MAX 为 15，键击 Apply；选择 W，给定 MIN 为 10 ，MAX 为 15，键击 Apply；选择 R，给定 MIN 为 2，MAX 为 4，键击 Apply；选择 T，给定 MIN 为0.1，MAX 为 0.3，键击 OK，关闭设计变量对话框。选择 Close 退出 Design Variables 对话框。

(12)指定状态变量

在主菜单中，选择 Design Opt > State Variables > Add. 选择 SMAX，给定最大值为 MAX 为 125，并选择 OK 退出。选择 Close 退出 State Variables 对话框。

(13)定义目标函数(整个结构的体积)

在主菜单中，选择 Design Opt > Objective。系统将弹出 Define Objective Function 对话框，在 NAME Parameter name 域中选择 VOLUME，并选择 OK 退出。

(14)选择优化工具，指定迭代次数。本例中选用了子问题法(Sub Problem)。

在主菜单中，选择 Design Opt > Method/Tool。在弹出的对话框中选择 Sub-Problem 选择 OK 确定，接受 Sub-Problem 的默认设置，选择 OK 退出。

(15) 执行优化过程

在主菜单中，选择 Design Opt > Run，执行优化过程。

(16) 查看优化结果

在主菜单中，选择 Design Opt >Design Sets > List & OK

上述表中数据表明：标记为(INFEASIBLE)的优化序列为不可行的优化序列(因为其最大的冯米塞斯等效应力超过了许用应力)。从上表中可以看出当结构取最优序列时，其体积为 15.963 $mm^3$，最大的冯米塞斯等效应力为 123.502 MPa。

(17)利用图形的方式显示最大等效应力和设计变量的变化规律

在主菜单中，选择 Design Opt >Design Sets > Graphs/Tables。系统弹出 Graph/list Tables of Design Set Parameters 对话框，在 XVAROPT 域中选择 Set Number，在 NVAR 域中选择 H,R,T,W,SMAX,VOLUME 选择 OK 确定。如图 10.18 所示，系统将显示 H, R,T,W,SMAX 以及 VOLUME 参数随着优化序列变化的曲线。

(18)将最优序列的参数输入，求解后查看结果

在工具菜单上，选择 Parameters > Scalar Parameters。将上述最优序列的参数值输入，并键击 Accept；键击 Close 关闭对话框。

在主菜单中，Solution > Solve > Current LS，选择 OK 进行有限元分析计算。计算完成后，利用通用后处理显示 von Mises 等效应力。命令为 General Post Proc > Plot Results>Contour Plot>Nodal Solution>Stress>von Mises。选择 OK 进行显示，如图 10.19 所示。

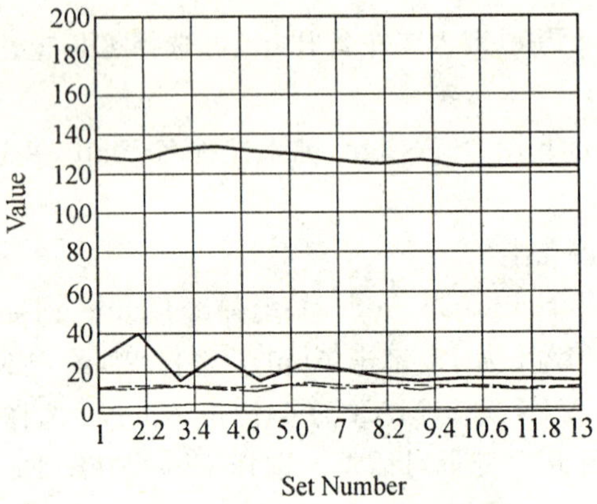


图 10.18 参数随着优化序列变化的曲线

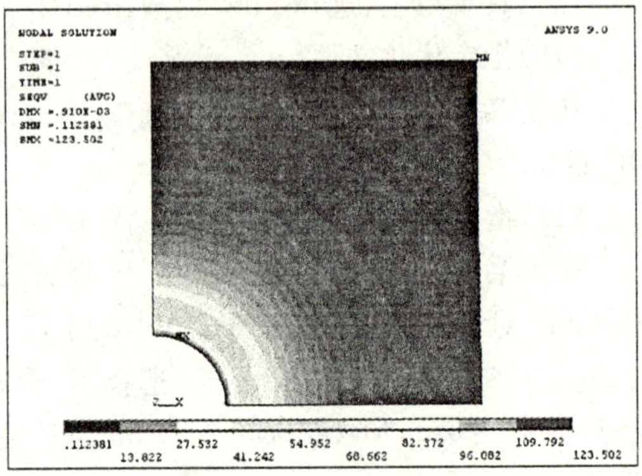


图 10.19 最优参数下的 von Mises 应力云图

# 参考文献


[1] 孙全颖.电工机械优化设计[M].北京:机械工业出版社,1997.

[2] 孙靖民.机械优化设计[M].北京:机械工业出版社,2003.

[3] 韩林山.机械优化设计[M].郑州:黄河水利出版社,2003.

[4] 叶元烈.机械优化理论与设计[M].北京:中国计量出版社,2000.

[5] 陈秀宁.机械优化设计[M].杭州:浙江大学出版社,1999.

[6] 张济川.机械最优化及应用实例[M].北京:新时代出版社,1990.

[7] 方世杰.机械优化设计[M].北京:机械工业出版社,2003.

[8] 孙国正.优化设计及应用[M].北京:人民交通出版社,1992.

[9] 朱文予.机械概率设计与模糊设计[M].北京:高等教育出版社,2001.

[10] 黄洪钟.模糊设计[M].北京:机械工业出版社,1999.

[11] 陈举华.机械结构模糊优化设计方法[M].北京:机械工业出版社,2001.

[12] 陈立周.工程离散变量优化设计方法——原理与应用[M].北京:机械工业出版社,1989.

[13] 汪萍,侯慕英.机械优化设计[M].武汉:武汉地质学院出版社,1986.

[14] 陈立周,张会英,吴清一,等.机械优化设计[M].上海:上海科学技术出版社,1982.

[15] LAI Y N, WANG S S, ZHANG G Y. Optimization design of space attitude adjusting mechanism based on the virtual prototype[C]. The 3rd International Symposium on Instrumentation Science and Technology,August 18-22,Xi'an, 2004:1170-1174.

[16] ZHANG G Y, LAI Y N, YANG L M, etc. Fuzzy finite element optimization of three-axis simulating table structure[C]. The IEEE International Conference on Fuzzy System, St. Louis, MO,USA,May,2003:1333-1338.

[17] 赖一楠, 张广玉, 杨乐民.具有模糊约束的机械结构优化设计[J].哈尔滨理工大学学报, 2002(5):76-78.

[18] 游斌弟,赖一楠. 蜗杆传动的多目标模糊优化及Matlab算法实现[J].哈尔滨理工大学学报, 2006(12):30-33.

[19] LAI Y N, MENG Z X, LAI M Z. An improved fuzzy algorithm with dynamically adjusting the basic control quantity and the scaling factor[C]. The Third International Conference on Machine Learning and Cybernetics (ICMLC 2004). August 26-29, Shanghai, 2004:1045-1049.

[20] 韩林山.现代设计理论与方法[M].郑州:黄河水种出版社,2011.

[21] 曾广武.船舶结构优化设计[M].武汉:华中科技大学出版社,2004.

[22] 王小平,曹立明.遗传算法——理论、应用与软件实践[M].西安:西安交通大学出版社,2002.

[23] 程万奎,张云廉,崔敏,等.挤出机螺杆参数优化设计[J].哈尔滨电工学院学报,1986(3):239-247.

[24] 程万奎,孙全颖.普通圆柱蜗杆减速器优化设计[J].哈尔滨电工学院学报,1987(3):303-311.